해설

la Vida 생명과학 I

기출 문제집 (하)편

반승현

la Vida 생명과학 I

기출 문제집 (하)편

목차

Ⅳ. 사람의 유전 (2) - 가계도

1) Part 1

번호	정답	번호	정답	번호	정답	번호	정답	번호	정답
01	⑤	13	④	25	⑤	37	②	49	②
02	$\frac{3}{4}$	14	⑤	26	④	38	①	50	⑤
03	②	15	①	27	⑤	39	④	51	⑤
04	①	16	③	28	②	40	①	52	①
05	①	17	①	29	⑤	41	⑤	53	③
06	③	18	⑤	30	④	42	③	54	④
07	②	19	②	31	⑤	43	⑤	55	②
08	⑤	20	①	32	②	44	④	56	①
09	$\frac{1}{4}$	21	②	33	⑤	45	①	57	①
10	⑤	22	②	34	③	46	②	58	①
11	①	23	①	35	④	47	⑤	59	③
12	③	24	⑤	36	③	48	⑤		

2) Part 2

01 × / ⓑ / $\frac{1}{2}$
02 ○ / 0 / $\frac{1}{2}$
03 0 / 2 / 0
04 A* / 1 / $\frac{1}{8}$
05 a / 여자 / $\frac{21}{128}$
06 상 / ○ / ○
07 ○ / × / $\frac{3}{16}$
08 × / A / 0
09 DD / 2 / $\frac{3}{4}$
10 × / ○ / $\frac{1}{8}$
11 × / 2 / $\frac{7}{16}$
12 × / ○ / B
13 × / 2 / 0
14 ㉣ / 자녀 1 / h
15 d / × / 0
16 ㉡ / 1 / $\frac{1}{4}$

빠른 정답

V. 돌연변이

1) Part 1

01	③	16	③	31	④	46	③	61	②
02	②	17	④	32	④	47	②	62	②
03	①	18	⑤	33	⑤	48	②	63	④
04	③	19	①	34	①	49	④	64	②
05	②	20	⑤	35	⑤	50	②	65	①
06	④	21	⑤	36	④	51	①	66	①
07	①	22	③	37	②	52	③	67	①
08	②	23	③	38	④	53	②	68	③
09	③	24	⑤	39	③	54	②	69	⑤
10	②	25	①	40	④	55	③	70	③
11	①	26	⑤	41	⑤	56	①	71	①
12	②	27	⑤	42	①	57	⑤	72	⑤
13	④	28	③	43	③	58	②		
14	④	29	④	44	②	59	⑤		
15	④	30	①	45	④	60	⑤		

2) Part 2

01	㉢ / T, t / ×	07	ⓓ / ○ / ×	13	4 / T / $\frac{1}{4}$	19	남자 / ㉣ / ○
02	남자 / 2 / ○	08	× / 2, 3, 1, 0 / AaBB	14	× / h / $\frac{1}{4}$	20	× / 2 / 0
03	× / ○ / 자녀 3	09	Ⅰ / 2 / ○	15	2n / ㉡, ㉢ / ×	21	H / 불가능 / HHHH TTT RR
04	2 / 3 / ○	10	아버지 / H^* / ×	16	× / AaBBDdEe / 18		
05	× / 1 / T, t	11	2 / V / ×	17	㉥ / Ⅱ / 2		
06	BD / BB / D	12	Ⅱ, Ⅲ / b, B / 2	18	× / 2 / $\frac{1}{4}$		

Ⅵ. 전도&근수축

1) Part 1

01 ②
02 ①
03 ④
04 ①
05 ⑤
06 ⑤
07 ①
08 ①
09 ②
10 ⑤
11 ④
12 ①
13 ①
14 ⑤
15 ②
16 ③
17 ②
18 ⑤
19 ⑤
20 ⑤
21 ④
22 ①
23 ②
24 ①
25 ④
26 ⑤
27 ①
28 ①
29 ①
30 ④
31 ③
32 ②
33 ⑤
34 ①
35 ②
36 ②
37 ⑤
38 ⑤
39 ⑤
40 ②
41 ⑤
42 ①
43 ①
44 ④
45 ①
46 ③
47 ②
48 ②
49 ③
50 ①
51 ①
52 ①
53 ⑤
54 ⑤
55 ②
56 ①
57 ③
58 ②
59 ④
60 ⑤
61 ④
62 ①
63 ⑤
64 ③
65 ③
66 ①
67 ③
68 ⑤
69 ⑤
70 ②
71 ①
72 ⑤
73 ③
74 ①
75 ④
76 ⑤
77 ②
78 ②
79 ④
80 ⑤
81 ③
82 ④
83 ③
84 ③
85 ⑤
86 ②
87 ③
88 ①

2) Part 2

01 (나) / d_2 / ○
02 (가) / × / 3.5
03 4 / d_1 / 작
04 × / × / B
05 1 / ○ / 작
06 d_4 / ○ / 5.25
07 d_3 / ○ / ㅋ
08 2 / 5 / 4
09 +30 / 1 / −20
10 d_3 / 1 / +10
11 ㅋ / d_5 / ○
12 × / 0.6 / 1.2
13 ㉢ / 1.9 / $\frac{2}{5}$
14 1.2 / $\frac{1}{2}$ / 1.8
15 × / ㉠ / ㉢
16 ㉢ / ○ / ×
17 × / ○ / $8d$
18 ⓑ / t_3 / 7
19 X / 짧 / 0.6
20 ㉢ / 2.2μm / ㅋ

사람의 유전(2)

Part 1) 기출 문제
Part 2) 고난도 N제

여자친구도 있었으면서 나한테 그런 거라고?
아니면, 뭐야? 양다리라도 걸치려고 그런 거였어?
그러다가도 혹시 나 혼자 과하게 망상했던 건 아닐까, 하는 생각도 든다.
이성적으로는 내가 잘못한 게 아님이 분명한데, 설렜던 순간들이 떠오르다 감정이 왈칵 쏟아졌다.
처음에는 배신감과 허무함뿐이었는데, 시간이 갈수록 그냥 눈물만 났다.
울기 싫은데 고작 그런 사람한테 감정 소모하기 싫은데 눈물이 멈추지 않았다.
꾹 참으며 계속 걸어가는데, 어떤 여자가 말을 걸었다.
"괜찮..으세요..? 무슨 일이에요..?"
평소 같았으면, 괜찮지 않아도 괜찮다고 말할 텐데, 참던 눈물이 터져 나오며 속상한 일을 털어놓았다.

훌쩍거리면서 좋아하던 오빠도 나를 좋아하는 줄 알았는데,
그 오빠랑 오늘 저녁에 만나기로 했는데, 방금 다른 여자랑 뽀뽀하는 걸 봤다고 했다.
그 언니는 말 없이 이야기를 들어주다, 꼭 안아주며 말했다.
"많이 힘들죠.. 그래도 그런 사람 때문에 너무 아파하지 말아요.."
별거 아닌 한 마디인데도, 그렇게 10분 정도 울자 조금씩 괜찮아졌다.

"혹시 번호 알려주실 수 있으세요?
지금은.. 꼴이 이래서 조금 그런데, 나중에 밥이라도 사드리고 싶어요.."
언니는 내 핸드폰에 자기 번호를 적어주며 말했다.
"세상 서럽게 울어서 제가 다 마음이 아팠어요. 다음에 보면 웃는 얼굴 보여줘요!"

세상에 이런 사람만 있다면 얼마나 좋을까.

PART 1

01 14학년도 9월 9번 | 정답 ⑤

문항 해설

1. 가계도 해석

부모 모두 병이 나타나는데, 영희는 병이 나타나지 않으므로 병이 우성이고 상염색체에 있는 유전자입니다.
(* 부모와 다른 표현형인 딸 → 상이라고 하셔도 되고, 혈액형 유전자와 같은 염색체에 있으므로 상염색체에 있는 유전자라고 하셔도 됩니다.)

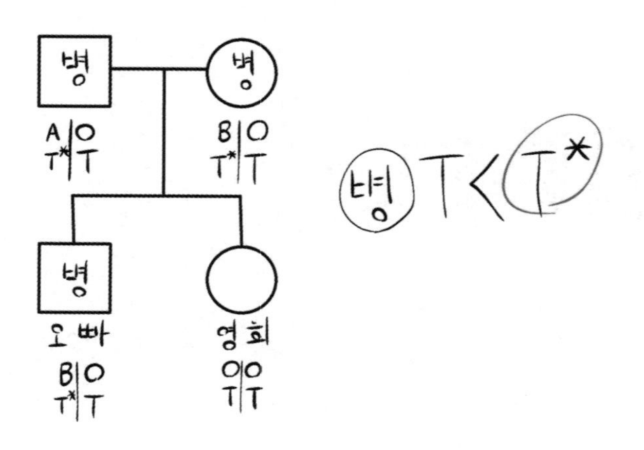

문항 해설

ㄱ ㄴ ㄷ

02 16학년도 3월 17번 | 정답 $\frac{3}{4}$

문항 해설

1. 조건 해석

아버지는 a가 없으므로 우성 유전자만 갖고 있습니다.
그런데 오빠와 남동생의 표현형이 서로 다르므로 X 염색체에 있는 유전자임을 알 수 있습니다.
(* 아버지가 우성 유전자'만' 갖고 있는데 오빠와 남동생의 표현형이 우성 표현형으로 같지 않습니다. 둘의 표현형이 다르므로 아버지의 우성 유전자를 받지 않을 수 있어야 합니다. 아버지에게 특정 대립유전자를 받지 않는 경우는 아들이므로 X 염색체에 있는 유전자밖에 없습니다. 따라서 X 염색체에 있는 유전자임을 알 수 있게 됩니다.)
어머니는 P가 나타나지만, 남동생은 P가 나타나지 않으므로 병이 우성입니다.

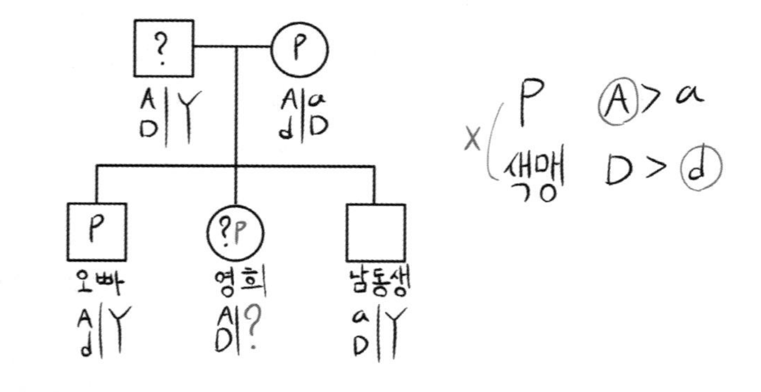

확률

영희 남자

(* 분홍색은 비율입니다.)

영희의 염색체 구성은 AD/Ad, AD/aD 두 가지가 모두 가능합니다.
P와 색맹에 대해 모두 정상인 남자는 aD/Y입니다.

1) 영희가 AD/Ad일 확률 : $\frac{1}{2}$

'여자 아이가 태어날 때' AD/Ad × aD/Y → P만 나타날 확률 : 1

$\frac{1}{2} \times 1 = \frac{1}{2}$

2) 영희가 AD/aD일 확률 : $\frac{1}{2}$

'여자 아이가 태어날 때' AD/aD × aD/Y → P만 나타날 확률 : $\frac{1}{2}$

$\frac{1}{2} \times \frac{1}{2} = \frac{1}{4}$

이므로 $\frac{1}{2} + \frac{1}{4} = \frac{3}{4}$입니다.

다른 풀이

이 부분을 '문제편 – 교배와 사람의 유전 (1)에서 개념 설명 Ⅳ' 방식으로 풀이하면 다음과 같습니다.

영희 남자

A|A D|d A|a D|D × a D|Y → $\frac{6}{8} = \frac{3}{4}$

☑ comment

> 검토진 : 아버지가 열성 유전자가 없고 아버지와 아들의 표현형이 다를 때, 이 형질은 X 염색체 유전이라는 것도 종종 나오는 패턴이니 한 번 짚어둡시다. 마찬가지로, 아들이 열성 유전자가 없고 아버지와 아들의 표현형이 달라도 X 염색체 유전입니다.

03 14학년도 9월 17번 | 정답 ②

☑ 참고 사항

> 원래 문제의 조건은 '(가)와 (나)는 각각 한 쌍의 대립유전자에 의해 결정되며, 각 형질을 결정하는 대립유전자 사이의 우열 관계는 분명하다.' 였습니다. 이 조건을 유지할 경우 복대립을 고려할 때 문제를 풀 수 없어 현재의 조건으로 수정했습니다.

문항 해설

1. 가계도 해석

부모와 다른 표현형인 자손

1) (가) → 3의 아빠와 엄마는 모두 (가)가 발현되었는데, 3은 (가)에 대해 정상이므로 (가)는 우성 형질이고, '상'염색체에 있는 유전자입니다.

2) (나) → 1의 아빠와 엄마는 (나)에 대해 정상인데, 1의 바로 오른쪽에 있는 사람은 (나)가 발현되었으므로 (나)는 병이 열성입니다. 그런데 구성원 2는 (나)가 발현되었는데, 2의 아빠는 (나)에 대해 정상이므로 (나)가 X 염색체에 있는 유전자라면 병이 우성이어야 함을 알 수 있습니다. (나)는 열성이므로 '상'염색체에 있는 유전자입니다.

2. 조건 해석

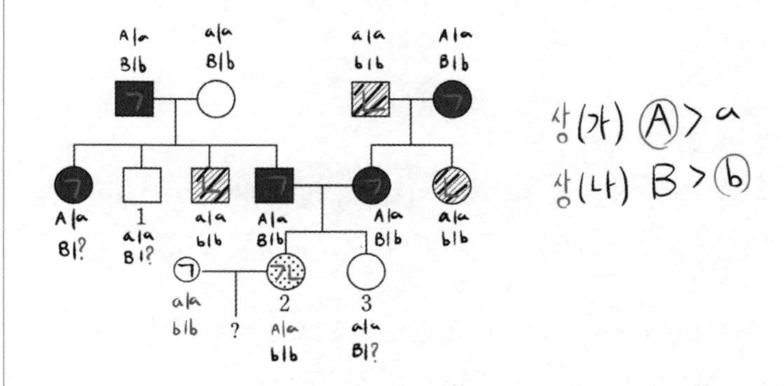

선지 해설

ㄱ. (가)는 정상이 열성이므로 aa 동형 접합성입니다.

ㄴ. (가) 발현될 확률 : $\frac{3}{4}$, (나)가 발현될 확률 : $\frac{1}{4}$이므로 $\frac{3}{4} \times \frac{1}{4} = \frac{3}{16}$입니다.

ㄷ. ㉠과 같은 '유전자형'을 가질 확률입니다.

(가)에 대해 aa를 가질 확률 : $\frac{2}{4}$

(나)에 대해 bb를 가질 확률 : 1

$\frac{2}{4} \times 1 = \frac{1}{2}$ 이므로 아닙니다.

04 15학년도 7월 18번 | 정답 ①

문항 해설

1. 가계도 해석

어머니는 A형, 딸은 O형, 아들은 AB형입니다.
딸의 O와 아들의 B는 아버지에게 받은 유전자이므로
아버지는 B형입니다.

2. 유전자 조건

아버지는 ㉠에 대해 정상이므로 정상 유전자'만' 갖고 있고,
어머니는 ㉠이 나타났으므로 병 유전자'만' 갖고 있습니다.

그런데 딸과 아들의 ㉠에 대한 표현형이 서로 다르므로,
X 염색체에 있는 유전자임을 알 수 있습니다.

X 염색체에 있는 유전자이므로 딸의 유전자형은 TT^*인데, ㉠에 대해 정상이므로 $T > T^*$임을 알 수 있습니다.

선지 해설

ㄱ

ㄴ. 아버지는 B형이므로 아버지의 혈액은 항 A 혈청에 응집되지 않습니다.

ㄷ. 어머니와 아버지의 혈액형에 대한 유전자형은 각각 AO, BO 이므로 A형인 아이가 태어날 확률 : $\frac{1}{4}$

아버지는 TY, 어머니는 T^*T^*이므로 유전병 ㉠인 아들이 태어날 확률 : $\frac{1}{2}$

따라서 $\frac{1}{4} * \frac{1}{2} = \frac{1}{8}$입니다.

05 15학년도 7월 20번 | 정답 ①

문항 해설

1. 성/상 찾기

여자인 2에서 A가 있으므로 Y 염색체에 있는 유전자가 아님을 알 수 있습니다.
(* 물론 1이 A를 갖고 있는데, 아들인 5가 A가 없음을 통해서도 판단할 수 있습니다.)

그런데 3은 A가 있는데, 8은 A가 없으므로 상염색체에 있는 유전자입니다.
(* X 염색체에 있는 유전자라면 3의 A는 8에게 줄 수밖에 없습니다.)

2. 자료 해석

유전자를 채울 때, 있음보단 없음을 먼저 판단하는 게 유리합니다.
있음의 경우 1개만 있는지 2개만 있는지 확정할 수 없어 유전자형을 확정할 수 없지만,
없음의 경우 유전자형을 확정할 수 있기 때문입니다.

따라서 없음을 기준으로 유전자형을 채우면 아래와 같습니다.

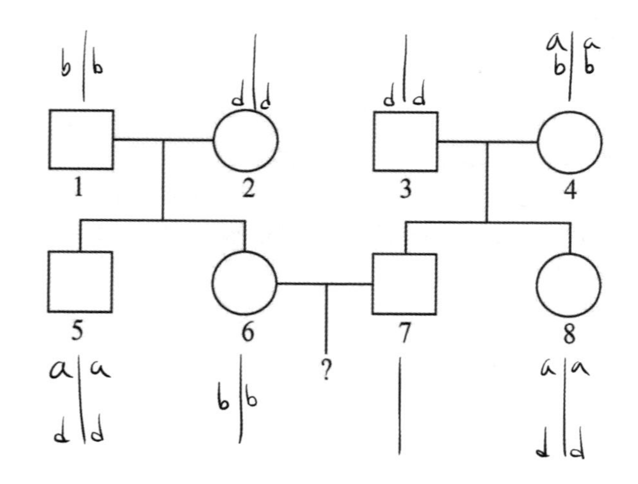

(* A*, B*, D*의 경우 a, b, d로 작성했습니다.)

이후 동형 접합성을 위/아래로 올리고 내리면

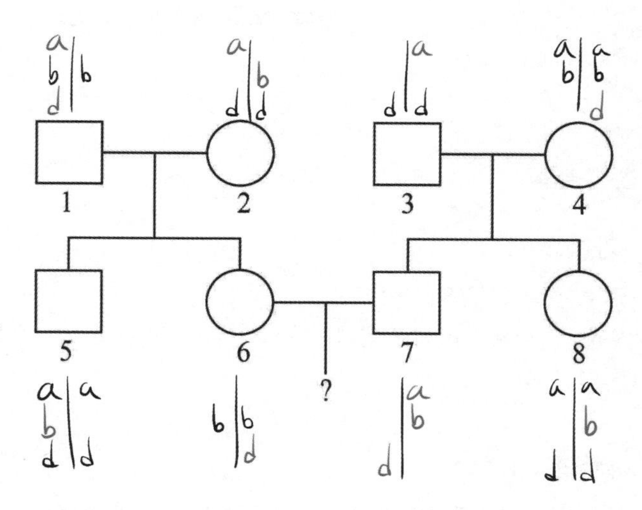

이렇게 되고, 나머지를 채우면 됩니다.

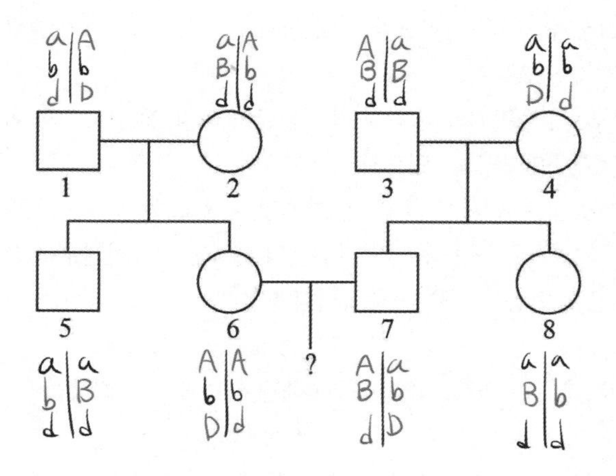

선지 해설

ㄱ. (가)라는 하나의 형질을 세 쌍의 대립유전자가 결정하므로 다인자 유전입니다.

ㄴ. 구성원 1, 4, 5, 7, 8로 총 5명입니다.

ㄷ. AbD/ABd만 가능하므로 $\frac{1}{4}$입니다.

comment

대립유전자가 2종류(A/a)일 때 이런 식으로 특정 대립유전자의 유무로 성/상을 판단하는 경우는 대부분

① 남자에게 특정 대립유전자(A)가 없음 = 다른 종류의 대립유전자(a)'만' 있음
→ 아들 또는 아빠가 해당 유전자(a)를 갖고 있지 않음 : X 염색체에 있는 유전자
딸 또는 엄마가 해당 유전자(a)가 없음 : Y 염색체에 있는 유전자

② 여자에게 특정 대립유전자(A)가 없음
→ 아들 또는 아빠가 다른 종류의 대립유전자(a)를 갖고 있지 않으면 Y 염색체에 있는 유전자

③ 남자에게 특정 대립유전자(A)가 있음
→ X 염색체에 있는 유전자라면 딸 또는 엄마도 반드시 해당 유전자(A)를 갖고 있어야 하고,
Y 염색체에 있는 유전자라면 아들 또는 아빠도 반드시 해당 유전자(A)를 갖고 있어야 함

해당 내용을 암기 후 적용하는 연습을 하기보다는, 문제를 풀 때마다 동형 접합성 조건 또는 성염색체를 어떻게 줄 수 있는지에 대해 생각하며 푸는 연습을 하시기 바랍니다.
어차피 외워서 적용하라 해도 대부분은 잘 못하고, 조건을 조금만 바꿔도 못 푸는 경우가 많습니다.

06 〉 17학년도 7월 16번 | 정답 ③

문항 해설

1. 자료 해석

그림을 통해 ㉠은 상염색체에 있는 유전자,
㉡은 X 염색체에 있는 유전자임을 알 수 있습니다.

(가)는 암컷의 세포이며 ㉡이 발현되지 않았고,
(나)는 수컷의 세포임을 알 수 있습니다.

표에서 아빠인 A가 우성 형질인 ㉡이 발현되었으므로, 딸인 C도 발현되어야 합니다.
그리고 D는 발현되지 않았으므로 수컷임을 알 수 있습니다.
따라서 암컷은 B와 C 2마리인데, (가)를 가진 개체는 ㉡이 발현되지 않은 암컷이므로 (가)는 B의 세포입니다.

(다) 세포에는 H가 있으므로 ㉠이 발현되어야 합니다.
A와 C는 ㉠에 대해 정상이므로 (다)는 D의 세포임을 알 수 있습니다.

(나)는 수컷의 세포이므로 A의 세포입니다.
따라서 (라)는 C의 세포입니다.

선지 해설

ㄱ 아들인 D가 H를 갖고 있으므로 부모 중 한 명 이상 H를 갖고 있어야 합니다.
그런데 아빠인 A는 hh이므로 엄마가 갖고 있어야 합니다.
따라서 ⓐ는 H입니다.

ㄴ D는 수컷이 맞습니다.

~~ㄷ~~ (라)는 C의 세포입니다.

07 〉 14학년도 수능 17번 | 정답 ②

문항 해설

1. 가계도 해석

부모와 다른 표현형인 자손 → ×
구성원 5와 아빠를 통해 X 염색체에 있는 유전자라면 정상이 우성임을 알 수 있음

2. 혈액형 표 해석

1의 혈장과 4의 적혈구를 섞었을 때 응집됐으므로 1의 혈장에는 응집소가 있습니다.
3의 혈장과 1/4의 적혈구를 섞었을 때 응집됐으므로 3의 혈장에는 응집소가 있습니다.
그런데 1의 혈장과 1의 적혈구는 응집이 되지 않는데, 3의 혈장은 1의 적혈구와 응집이 됐으므로
1의 혈장에는 α 또는 β 중 한 가지만 있음을 알 수 있습니다.
(* 응집소가 α, β 모두 있었다면 1의 혈장과 1의 적혈구를 섞었을 때도 응집 반응이 나타나야 합니다.)

A형과 B형은 완전히 대칭이기에 해당 표만으로는 확정할 수 없습니다.
그런데 가계도 그림에서 1은 A형이므로, 1에 β가 있음을 알 수 있습니다.
1은 A형이고, 3의 혈장과 응집이 됐으므로 3의 혈장에는 α가 있음을 알 수 있습니다.

그런데, 3의 적혈구는 β가 있는 1의 혈장과 '최소한' α는 있는 3의 혈장 모두에 응집 반응이 일어나지 않았으므로 O형임을 알 수 있습니다.
따라서 3의 혈장에는 α, β가 모두 있음(O형)을 알 수 있습니다.

4의 적혈구는 1의 혈장과 응집됐으므로 B형이나 AB형임을 알 수 있습니다.
그런데 1의 적혈구와 4의 혈장이 응집되지 않았으므로 4는 AB형임을 확정할 수 있습니다.

(* 사전에 혈액형별 +, − 패턴을 외워두시면 이렇게 해석할 필요가 없습니다.
다만, 구성원 1, 3, 4의 적혈구와 1, 3, 4의 혈장을 순서대로 제시

해준 경우에만 사용 가능하다는 단점이 있습니다.
적혈구와 혈장의 순서를 임의로 섞거나, 1, 3, 4의 적혈구와 2, 5의 혈장 등으로 나타내는 경우 사용할 수 없습니다.
따라서 논리적으로 생각해서 찾는 연습도 해두시는 걸 권장합니다.)

3. 조건 해석

구성원 1과 2는 한 종류의 유전자만 갖습니다.
구성원 1은 ㉠이 발현되었으므로 병 유전자'만' 갖습니다.
구성원 2는 ㉠에 대해 정상이므로 정상 유전자'만' 갖습니다.
그런데 구성원 3과 4의 표현형이 다르므로 ㉠은 X 염색체에 있는 유전자임을 알 수 있습니다.

또한, 구성원 3의 경우 유전자형은 '병정'이 되는데 표현형이 정상이므로 정상이 우성임을 알 수 있습니다.

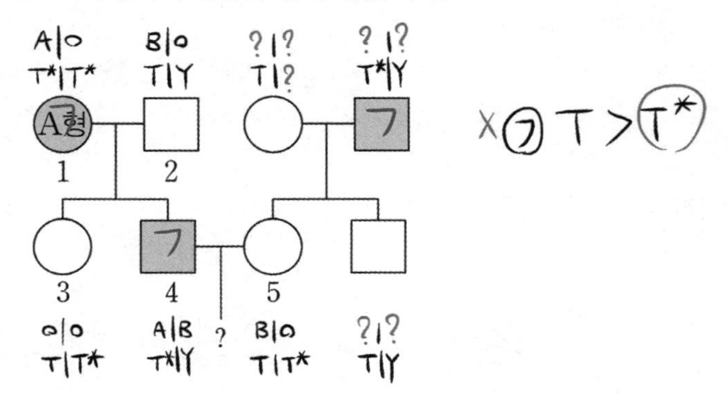

선지 해설

ㄱ. ⓐ는 -입니다.

ㄴ. 3과 5는 모두 T*를 가지고 있습니다.

ㄷ. A형일 확률 : $\frac{1}{4}$, ㉠인 아들일 확률 : $\frac{1}{4}$이므로 $\frac{1}{4} \times \frac{1}{4} = \frac{1}{16}$ 입니다.

comment

검토진 : 해설에서 논리적으로 혈액형을 찾는 법을 알려주었으므로, 혈액형을 찾는 패턴에 대해 간단히 적어보고자 합니다.
① 모든 사람의 혈액형이 다른지 확인합니다. 두 사람의 혈액형이 같다면 두 사람의 가로줄(적혈구)과 세로줄(혈장)의 (+)/(-)패턴이 완전히 동일해야 하며, 두 사람의 적혈구와 혈장을 어떤 방식으로 섞어도 (-)가 나와야합니다.
② 혈액형과 적혈구가 상호 응집되는 두 사람은 각각 A형과 B형입니다. 우하향 대각선(↘)을 대칭축으로 서로 (+)가 있는 두 사람이 있다면 각각 A형과 B형이며, 없다면 A형과 B형이 동시에 존재하지 않는다는 점도 체크하고 가야합니다.
③ AB형이라면 (자신을 제외한) 다른 모든 혈액형에 대해 적혈구는 모두 응집 반응 결과가 (+), 혈청은 모두 응집 반응 결과가 (-)여야하고, O형이라면 (자신을 제외한) 다른 모든 혈액형에 대해 적혈구 모두 응집 반응 결과가 (-), 혈청은 모두 응집 반응 결과가 (+)여야 합니다.

08 15학년도 수능 20번 | 정답 ⑤

문항 해설

1. 가계도 해석

부모와 다른 표현형인 자손

1) 구성원 6의 엄마와 아빠는 ㉡에 대해 정상인데 6은 병 → ㉡은 병이 열성

2) 구성원 7의 엄마와 아빠는 ㉠에 대해 정상인데 7은 병 → ㉠은 병이 열성

㉠은 혈액형과 같은 염색체에 있으므로 '상'염색체에 있는 유전자

(* 혹시 모르셨다면 아셔야 합니다.)

구성원 6과 6의 엄마를 통해, ㉡이 X 염색체에 있는 유전자라면 ㉡은 정상이 우성

2. 조건 해석

구성원 2와 3은 R와 R* 중 한 종류만 갖고 있습니다.

구성원 2는 ㉡에 대해 정상이므로 정상 유전자'만' 갖고 있고,

구성원 3은 ㉡에 대해 병이므로 병 유전자'만' 갖고 있습니다.

그런데 2와 3의 아들과 딸의 ㉡에 대한 표현형이 서로 다르므로 ㉡은 X 염색체에 있는 유전자임을 알 수 있습니다.

(* 상염색체에 있는 유전자라면 표현형이 서로 같아야 합니다. 이해가 되지 않는다면 처음에는 꼭 직접 써서 확인해보세요.)

X 염색체에 있는 유전자이므로 ㉡은 정상이 우성입니다.

3. 혈액형 표 해석

2의 혈청과 응집된 적혈구가 있으므로 2의 혈청에는 응집소가 있습니다.

3의 혈청과 응집된 적혈구가 있으므로 3의 혈청에도 응집소가 있습니다.

그런데, 2의 혈청과 2의 적혈구는 응집되지 않았는데, 4의 혈청과 2의 적혈구는 응집됐으므로 2의 혈청에 α와 β가 모두 있을 순 없습니다.

마찬가지로 4의 혈청과 4의 적혈구는 응집되지 않았는데, 2의 혈청과 4의 적혈구는 응집됐으므로 4의 혈청에 α와 β가 모두 있을 순 없습니다.

그런데 2와 4의 응집 반응 표가 서로 다르므로 다른 혈액형입니다.

따라서 2와 4는 각각 한 명은 A형, 다른 한 명은 B형임을 알 수 있습니다.

(* 이 표만으로는 확정할 수 없습니다.)

구성원 1의 적혈구는 2의 혈청과 4의 혈청 모두에 응집됐으므로 1은 AB형입니다.

(* 사전에 혈액형별 +, - 패턴을 외워두시면 이렇게 해석할 필요가 없습니다.

다만, 구성원 1, 2, 4의 적혈구와 1, 2, 4의 혈장을 순서대로 제시해준 경우에만 사용 가능하다는 단점이 있습니다.

적혈구와 혈장의 순서를 임의로 섞거나, 1, 2, 4의 적혈구와 3, 5, 7의 혈장 등으로 나타내는 경우 사용할 수 없습니다.

따라서 논리적으로 생각해서 찾는 연습도 해두시는 걸 권장합니다.)

1의 혈액형은 AB형이므로 1과 혈액형이 같은 5도 AB형입니다.

2는 A형 또는 B형인데, 구성원 3이 A형이므로 2는 B형입니다.

(* 구성원 2가 A형이라면, 2와 3 모두 A형이 되는데, 그러면 AB형인 5가 태어날 수 없습니다.)

따라서 구성원 4는 A형입니다.

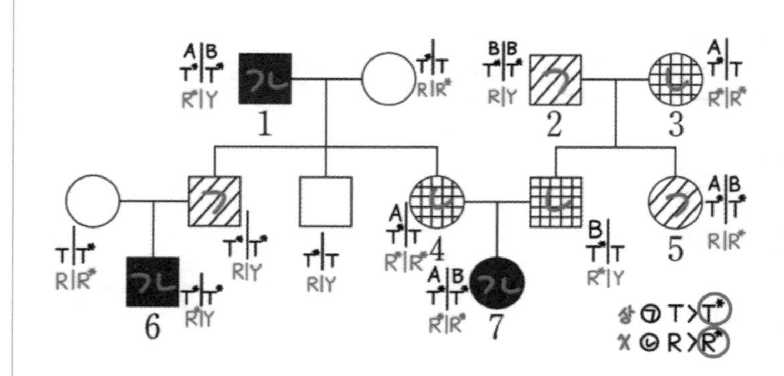

(* 혈액형 중 빈 곳은 확정 불가능합니다.)

선지 해설

㉠ ㉡

㉢ ㉠이 발현될 확률 : $\frac{2}{4}$

㉡이 발현될 확률 : $\frac{1}{4}$

이므로 $\frac{2}{4} \times \frac{1}{4} = \frac{1}{8}$ 입니다.

09 　15학년도 6월 17번 | 정답 $\frac{1}{4}$

☑ **참고**

이 문제는 원래 발문은 '1~4에서 '세포' 1개당 ~' 였습니다.
이 경우 핵상이 n일 수도 있으므로 문제를 풀 수 없습니다.
따라서 체세포로 수정하였습니다.

문항 해설

1. 가계도 해석

1) 부모와 다른 표현형인 자손 → ×
2) 구성원 2와 6 → X 염색체에 있는 유전자라면 ㉠은 병이 우성, ㉡은 정상이 우성
   구성원 4와 8 → X 염색체에 있는 유전자라면 ㉠은 정상이 우성
   따라서 ㉠은 상염색체에 있는 유전자

2. 조건 해석

구성원 1에서 A*의 DNA 상대량이 2인데 1은 ㉠이 발현되었으므로 A*가 병 유전자입니다.
4에서 A*의 DNA 상대량이 1이므로 유전자형은 AA*입니다.
이형 접합성인데 ㉠이 발현되었으므로 ㉠은 병이 우성입니다.

구성원 1과 2에서 B*의 DNA 상대량은 1로 같습니다.
그런데 1과 2의 ㉡에 대한 표현형이 다르므로 ㉡은 X 염색체에 있는 유전자임을 알 수 있습니다.
(* 상염색체에 있는 유전자라면 BB*로 유전자형이 같을 테니 표현형도 같아야 합니다.)
따라서 ㉡은 정상이 우성입니다.

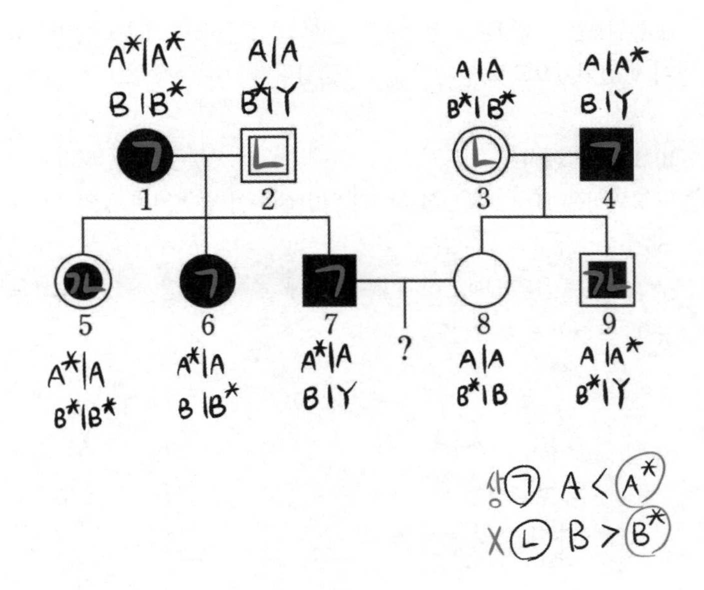

확률 구하기

㉠이 발현될 확률 : $\frac{2}{4}$

(남자 아이가 태어났는데) ㉡이 발현될 확률 : $\frac{1}{2}$

이므로 $\frac{2}{4} \times \frac{1}{2} = \frac{1}{4}$ 입니다.

10 　16학년도 9월 20번 | 정답 ⑤

문항 해설

1. 가계도 해석

1) 부모와 다른 표현형인 자손 → 없음
2) 구성원 1과 ㉠만 발현된 딸 → X 염색체에 있는 유전자라면 ㉠은 병이 우성, ㉡은 정상이 우성
   구성원 6과 딸 → X 염색체에 있는 유전자라면 ㉠은 정상이 우성, ㉡은 병이 우성
   따라서 ㉠과 ㉡은 상염색체에 있는 유전자입니다.

2. 조건 해석

1) 표 (가) 해석

구성원 2는 A의 DNA 상대량이 2인데 ㉠이 발현되었으므로 A가 병 유전자입니다.

구성원 6은 A의 DNA 상대량이 1이므로 유전자형이 AA*인데 병이 발현되었으므로 ㉠은 병이 우성입니다.

2) 표 (나) 해석

구성원 3은 B의 DNA 상대량이 2인데 ㉡이 발현되지 않았으므로 B는 정상 유전자입니다.

구성원 4는 B의 DNA 상대량이 1인데 ㉡이 발현되지 않았으므로 ㉡은 정상이 우성입니다.

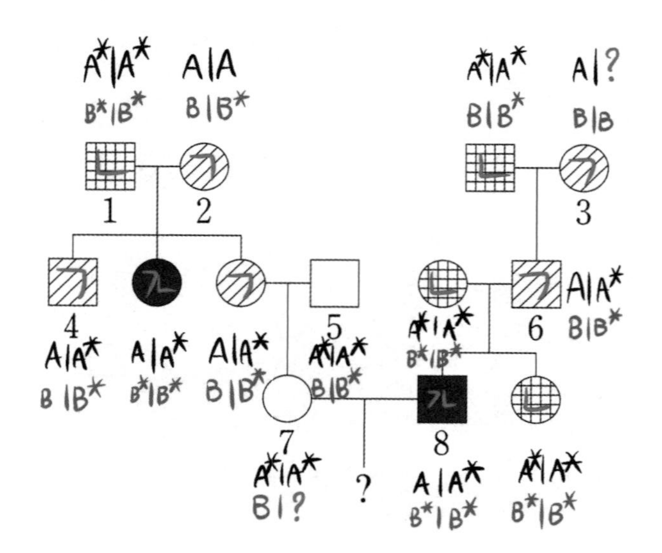

선지 해설

ㄱ ㄴ

ㄷ 7에서 ㉡에 대한 유전자형은 BB와 BB*가 모두 가능합니다. 이때, BB인 경우와 BB*인 경우의 비율이 1:2이므로 BB인 경우에는 $\frac{1}{3}$을, BB*인 경우에는 $\frac{2}{3}$를 곱해야 합니다.

따라서,

1) ㉠이 발현될 확률 : $\frac{2}{4}$

2) ㉡이 발현될 확률

2-1) 7의 ㉡에 대한 유전자형이 BB인 경우 : $\frac{1}{3} \times 0 = 0$

2-2) 7의 ㉡에 대한 유전자형이 BB*인 경우 : $\frac{2}{3} \times \frac{2}{4} = \frac{1}{3}$

이므로 $0+\frac{1}{3} = \frac{1}{3}$입니다.

따라서 ㉠과 ㉡이 모두 나타날 확률은 $\frac{2}{4} \times \frac{1}{3} = \frac{1}{6}$입니다.

11 16학년도 수능 17번 | 정답 ①

문항 해설

1. 가계도 해석

부모와 다른 표현형인 자손 → ×

구성원 1과 딸 → X 염색체에 있는 유전자라면 ㉠은 정상이 우성
구성원 3과 6 → X 염색체에 있는 유전자라면 ㉡은 병이 우성, ㉢은 정상이 우성

2. 추가 조건 해석

1) 구성원 5는 B의 DNA 상대량이 2인데 ㉡이 발현되지 않았으므로 B는 정상 유전자
여자인 구성원 2에서 B의 DNA 상대량이 1이므로 유전자형은 BB*인데 ㉡이 발현되었으므로 ㉡은 병이 우성
구성원 2와 7은 B에 대한 DNA 상대량이 1로 같은데 표현형이 서로 다르므로 ㉡은 X 염색체에 있는 유전자
(* 상염색체에 있는 유전자라면 유전자형이 BB*로 같으므로 표현형이 같아야 합니다.)

2) 구성원 8은 C의 DNA 상대량이 2인데 ㉢이 발현되었으므로 C는 병 유전자입니다.

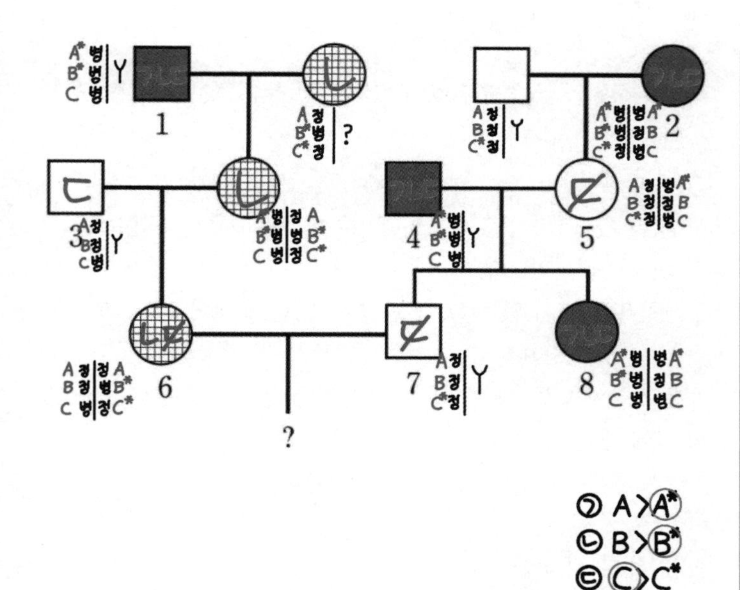

선지 해설

ㄱ

ㄷ 6과 7은 ㉠에 대해 정상 유전자밖에 없으므로 ㉠이 발현되는 아이가 태어날 수 없습니다.

12 19학년도 4월 15번 | 정답 ③

문항 해설

1. 가계도 해석

부모와 다른 표현형인 자손 → 구성원 3과 4는 ㉡이 발현되었는데 8은 정상이므로 ㉡은 정상이 열성입니다.

구성원 2와 6 → X 염색체에 있는 유전자라면 ㉡은 병이 우성
구성원 6과 9 → X 염색체에 있는 유전자라면 ㉠은 정상이 우성

2. 추가 조건

4와 8에서 t의 DNA 상대량이 같은데 표현형이 서로 다르므로 X 염색체에 있는 유전자입니다.

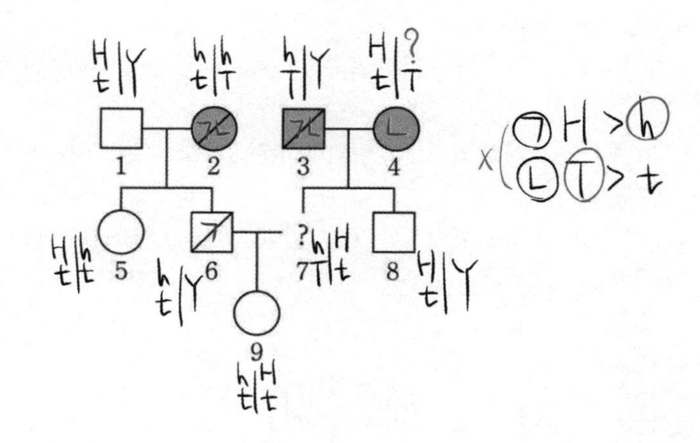

선지 해설

ㄱ

ㄴ 2, 5, 6, 9로 총 4명이 맞습니다.

ㄷ hhTt, hT/Y 가 가능하므로 $\frac{2}{4}=\frac{1}{2}$ 입니다.

13 14학년도 10월 19번 | 정답 ④

문항 해설

1. 가계도 해석

부모와 다른 표현형인 자손 → ×

2. 추가 조건 해석

1) 구성원 2는 H*이 없으므로 H만 갖고 있습니다.

그런데 ㉠에 대해 정상이므로, ㉠은 정상이 우성입니다.

구성원 2는 우성 유전자'만' 갖고 있는데 5와 6의 표현형이 서로 다릅니다.
따라서 ㉠은 X 염색체에 있는 유전자임을 알 수 있습니다.
(* 상염색체에 있는 경우 2에게 똑같이 우성 유전자를 받게 되므로 표현형이 서로 다를 수 없습니다.)

2) 5와 6에서 T*의 수가 같습니다.

그런데 5와 6의 ㉡에 대한 표현형이 서로 다르므로 ㉡은 X 염색체

에 있는 유전자임을 알 수 있습니다.
(* 상염색체에 있는 유전자라면 표현형이 서로 다를 수 없습니다.)

T*의 수가 같음에도 표현형이 달라야 하므로 1개씩 갖고 있음을 알 수 있습니다.
따라서 구성원 6의 유전자형은 TT*인데, ㉡이 발현되었으므로 ㉡은 병이 우성입니다.

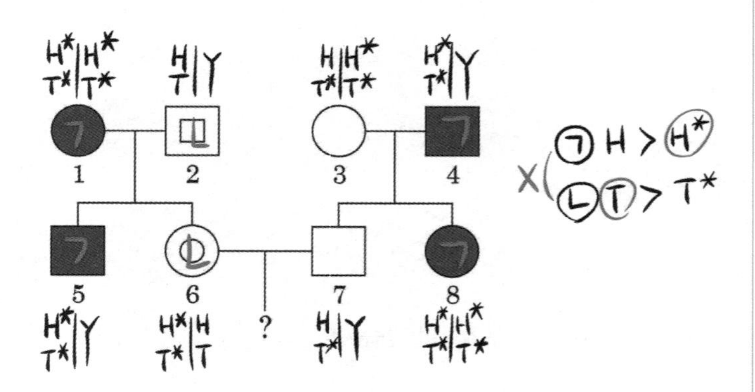

선지 해설

ㄷ 여자여야 하므로 7에게 HT*를 받아야 합니다.
이때 ㉠과 ㉡이 모두 정상이어야 하므로 6에게 H*T*를 받아야 합니다.
따라서 $\frac{1}{4}$ 입니다.

14 16학년도 10월 19번 ❙ 정답 ⑤

문항 해설

1. 가계도 해석

부모와 다른 표현형인 자손
1) 구성원 1과 2는 ㉠이 발현되었는데 6은 정상 → ㉠은 정상이 열성 + 상
2) 구성원 5와 6은 ㉡에 대해 정상인데 11은 병 → ㉡은 병이 열성

구성원 6과 11 → X 염색체에 있는 유전자라면 ㉡은 정상이 우성

2. 조건 해석

구성원 6은 A*가 없으므로 A만 있는데, ㉠에 대해 정상이므로 A가 정상 유전자입니다.
구성원 3은 B*가 없으므로 B만 있는데, ㉡에 대해 정상이므로 B가 정상 유전자입니다.
㉡은 정상이 우성이므로 3은 우성 유전자'만' 갖고 있는데, 9와 10의 ㉡에 대한 표현형이 다릅니다.
따라서 ㉡은 X 염색체에 있는 유전자입니다.

3. 가계도 채우기

(* 색맹이 발현된 구성원에는 숫자에 ○를, 발현되지 않은 구성원에는 / 표시를 했습니다. 표현형을 모르는 구성원의 경우 아무것도 표시하지 않습니다.)

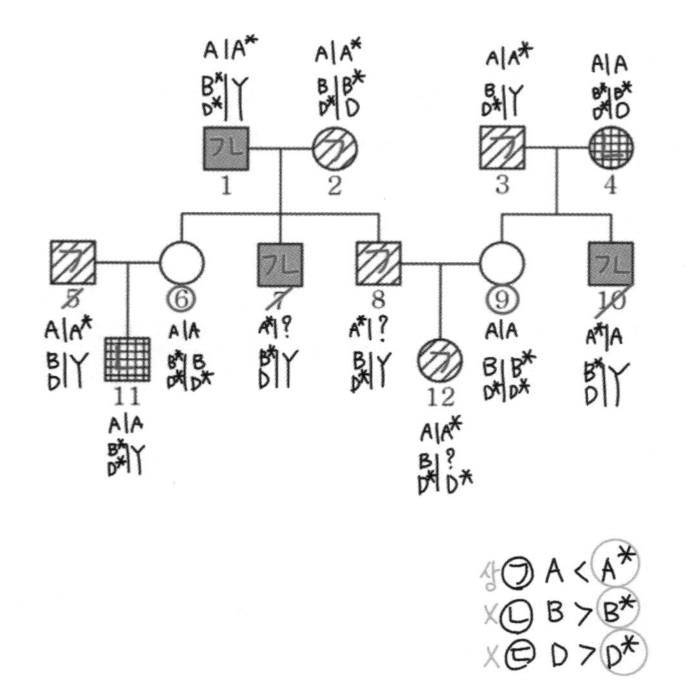

선지 해설

ㄱ 8은 색맹이 맞습니다.

ㄴ 모두 1개로 같습니다.

ㄷ Ⅰ. ㉡에 대해 정상이면서 색맹일 확률 : $\frac{3}{4}$

Ⅱ. ㉠에 대해 정상일 확률

1) 8의 ㉠에 대한 유전자형이 A*A*일 확률 : $\frac{1}{3}$,

A*A* × AA → ㉠이 정상일 확률 : 0

$\frac{1}{3} \times 0 = 0$

2) 8의 ㉠에 대한 유전자형이 A*A 일 확률 : $\frac{2}{3}$,

A*A × AA → ㉠이 정상일 확률 : $\frac{2}{4} = \frac{1}{2}$

$\frac{2}{3} \times \frac{1}{2} = \frac{1}{3}$

$0+\frac{1}{3} = \frac{1}{3}$이므로 $\frac{3}{4} \times \frac{1}{3} = \frac{1}{4}$입니다.

15 〉 17학년도 3월 19번 ❙ 정답 ①

문항 해설

1. 가계도 해석

부모와 다른 표현형인 자손 : 구성원 3과 4는 (가)가 발현되었는데 정상인 아들이 있음 → (가)는 병이 우성

구성원 1과 5 → X 염색체에 있는 유전자라면 (가)와 (나)는 병이 우성
구성원 4와 6이 아닌 아들 → X 염색체에 있는 유전자라면 (나)는 정상이 우성
따라서 (나)는 상염색체에 있는 유전자입니다.

2. DNA 상대량 해석

1) ㉠ 해석

구성원 3은 ㉠이 없는데 (가)가 발현되었습니다.
따라서 ㉠은 (가)에 대해 정상 유전자입니다.

구성원 3은 (가)에 대해 우성 유전자'만' 갖고 있는데, 아들들의 표현형이 같지 않습니다.
따라서 (가)는 X 염색체에 있는 유전자임을 알 수 있습니다.

2) ㉡ 해석

구성원 2는 ㉡이 없는데 (나)가 발현되었으므로 ㉡은 정상 유전자입니다.

구성원 1은 ㉡이 1이므로 (나)에 대해 병 유전자와 정상 유전자를 모두 갖고 있는데
(나)에 대해 정상이므로 (나)는 정상이 병에 대해 우성입니다.

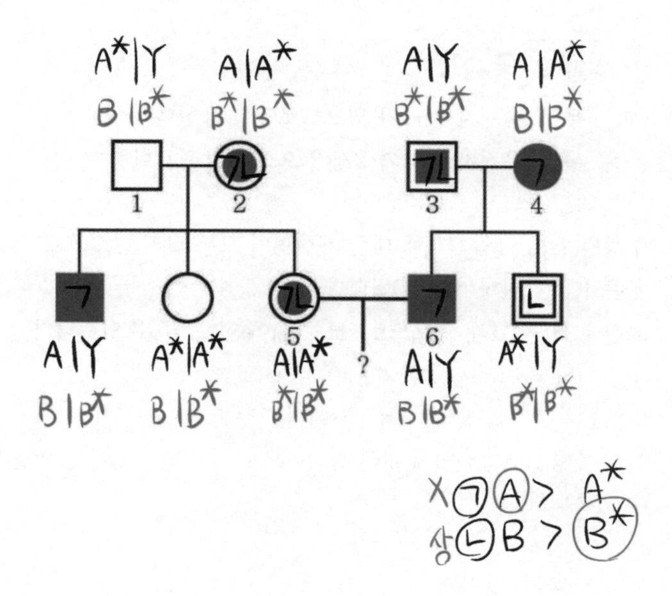

선지 해설

ㄱ. ㉡은 정상 유전자이므로 B가 맞습니다.

ㄴ. ⓐ+ⓑ+ⓒ+ⓓ = 1+1+0+1 = 3입니다.

ㄷ. '여자 아이가 태어날 때' (가)가 발현될 확률 : 1

(나)가 발현될 확률 : $\frac{2}{4} = \frac{1}{2}$

이므로 $1 \times \frac{1}{2} = \frac{1}{2}$입니다.

16 〉 18학년도 6월 17번 | 정답 ③

문항 해설

1. 가계도 해석

부모와 다른 표현형인 자손 → ×

2. 추가 조건 해석

㉠은 '우성' 유전자인 H가 있으므로 H_ 표현형
㉢은 '우성' 유전자인 H가 2개 있으므로 H_ 표현형

구성원 1, 2, 4의 (가)에 대한 표현형이 모두 같지 않으므로
㉡은 H_ 표현형이면 안 됩니다.
그런데 H*이 1개 있으므로, H*Y여야 함을 알 수 있습니다.

(가)는 X 염색체에 있는 유전자이며,
1, 2, 4 중 2명이 (가)에 대해 정상이므로 H가 정상 유전자임을 알 수 있습니다.

3. ㉡ 우열 찾기

구성원 3은 ㉠, ㉡ 순으로 정병 / Y 이고,
구성원 6과 7은 각각 정정 / Y, 병정 / Y 이므로
ⓐ는 정정 / 병정입니다.

구성원 5는 3에게 정병을 받고, 구성원 ⓐ는 (나)에 대해 정상 유전자로 동형 접합성이므로
5에게 (나)에 대한 정상 유전자를 주게 됩니다.
5는 (나)에 대한 유전자형이 이형 접합성인데 ㉡이 발현되었으므로
㉡은 병이 우성임을 알 수 있습니다.

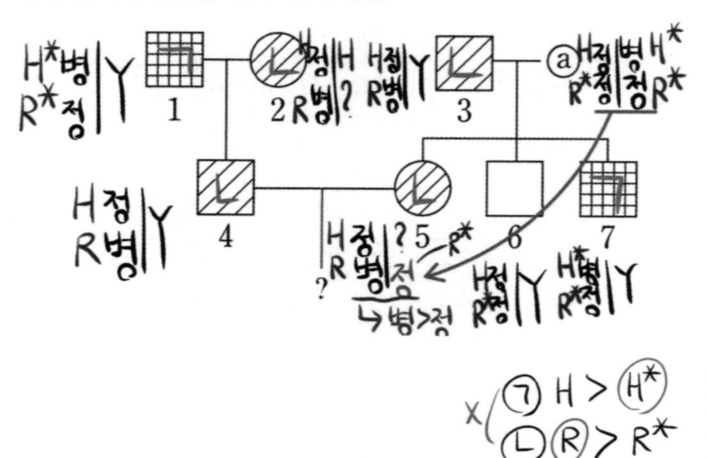

선지 해설

ㄱ. X 염색체에 있는 유전자가 2개인 ㉢은 여자이므로 구성원 2입니다.

ㄴ.

ㄷ. 구성원 5는 아래와 같이 2가지 경우가 가능합니다.

이때 각각의 경우가 나올 확률은 같으므로 비율은 1:1입니다.

1. 5의 유전자형이 HR / HR*일 경우 : $\frac{1}{2} \times 0 = 0$

2. 5의 유전자형이 HR / H*R*일 경우 : $\frac{1}{2} \times 0 = 0$

이므로 0+0 = 0입니다.

17 〉 18학년도 수능 17번 | 정답 ①

문항 해설

1. 가계도 해석

구성원 2와 5 → X 염색체에 있는 유전자라면 (가)와 (나)는 우성 형질
구성원 3과 7 → X 염색체에 있는 유전자라면 (가)는 정상이 우성
따라서 (가)는 상염색체에 있는 유전자이므로 (다)도 상염색체에 있는 유전자

2. 추가 조건 (1)

구성원 1은 D/D* 중 한 종류만 갖고 있는데, 1은 (다)가 발현되었으므로
병 유전자'만' 갖고 있음을 알 수 있습니다.

따라서 구성원 5와 6도 (다)에 대한 병 유전자를 1에게 받게 되는데, 5와 6은 (다)에 대해 정상이므로 정상 유전자도 있음을 알 수 있습니다.

정상 유전자와 병 유전자가 모두 있는데 표현형이 정상이므로 정상이 병에 대해 우성입니다.

3. 추가 조건 (2)

1) A/A*

(가)는 상염색체에 있는 유전자이므로 ⓐ=1이고 ㉡의 ?는 2입니다.
㉠은 AA*, ㉡은 AA, ㉢은 A*A*이므로 ㉠과 ㉡의 표현형이 같습니다.
1, 2, 5 중 1과 5는 (가)의 표현형이 정상으로 같으므로 ㉠과 ㉡이 각각 1과 5 중 하나, 2는 ㉢입니다.
따라서 (가)는 병이 열성이고, A*A*인 2에게 5는 A *을 받게 되므로 ㉠이 5입니다.
남은 ㉡은 1이 됩니다.

2) B/B*

구성원 ㉣은 B*의 DNA 상대량이 0이므로 B_ 표현형
구성원 ㉥은 B가 있으므로 B_ 표현형입니다.

그런데 3, 4, 8의 (나)에 대한 표현형이 모두 같지는 않으므로 ㉤은 B* 표현형이어야 합니다.

㉤은 B*가 1개 있으므로 B* 표현형이기 위해선 B*Y여야 합니다.
따라서 X 염색체에 있는 유전자임을 알 수 있습니다.

또한, 3, 4, 8 중 2명이 (나)가 발현되었으므로 (나)는 병이 우성입니다.
남자인 3이 ㉤이므로 딸인 8은 아빠인 3에게 B*를 받게 됩니다.
따라서 ㉥이 8이고 ㉣이 4입니다.

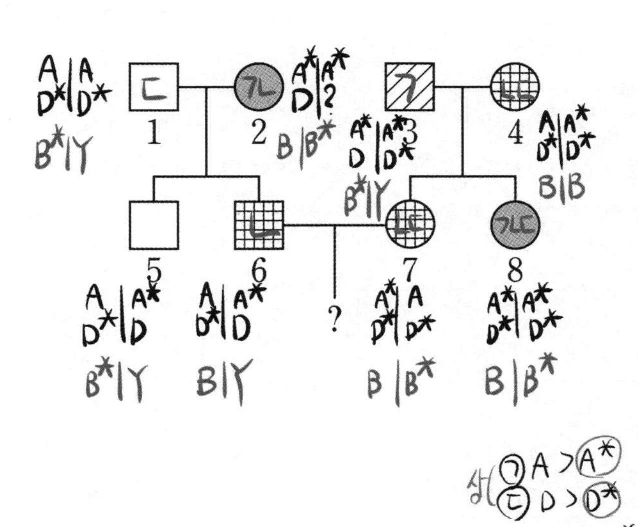

선지 해설

ㄱ) ⓐ+ⓑ = 1+0 = 1입니다.

ㄴ) A, B, D는 모두 우성 유전자이므로 (가), (나), (다) 순으로 정, 병, 정을 찾으면 됩니다.
따라서 A, B, D를 모두 가진 사람은 (나)만 발현된 6으로 1명입니다.

ㄷ) (가)와 (다) 중 (다)만 발현될 확률 : $\frac{2}{4}$

남자 아이일 때 (나)가 발현될 확률 : $\frac{1}{2}$

따라서 $\frac{2}{4} \times \frac{1}{2} = \frac{1}{4}$입니다.

18 〉 16학년도 7월 20번 ▎ 정답 ⑤

문항 해설

1. 가계도 해석

부모와 다른 표현형인 자손
1) 3과 4는 ㉠에 대해 정상인데, 6은 병 → ㉠은 병이 열성
2) 1과 2는 ㉢에 대해 정상인데, 5는 병 → ㉢은 병이 열성 + 상

2. 생식 세포 조건

구성원 5는 ㉢이 발현되었으므로 ㉢에 대한 유전자형이 '병병'인데, 생식 세포에서 D를 가질 수 있으므로 D가 병 유전자입니다.

3. DNA 상대량 조건

1과 2는 A의 DNA 상대량이 1로 같은데 표현형이 서로 다르므로 ㉠은 X 염색체에 있는 유전자이고, A가 병 유전자이며 정상이 우성입니다.

구성원 4는 BB인데 ㉡이 발현되었으므로 B가 병 유전자입니다.
구성원 5는 여자이므로 ㉡에 대한 유전자형이 BB*인데 ㉡이 발현되었으므로 ㉡은 병이 우성입니다.

4. 다시 생식 세포 조건

구성원 5의 유전자형은 AA*BB*DD임을 알고 있습니다.

그런데 A, B, D를 모두 가질 확률이 $\frac{1}{2}$이어야 하므로 A와 B가 같은 염색체에 있는 유전자임을 알 수 있습니다.

따라서 ㉡도 X 염색체에 있는 유전자입니다.

(* 이런 식으로 같은 염색체에 있음을 추론하는 문항은 낼 수 있을지 없을지 조금 애매합니다.
저자와 검토진의 의견은 '낼 수 있다'입니다.)

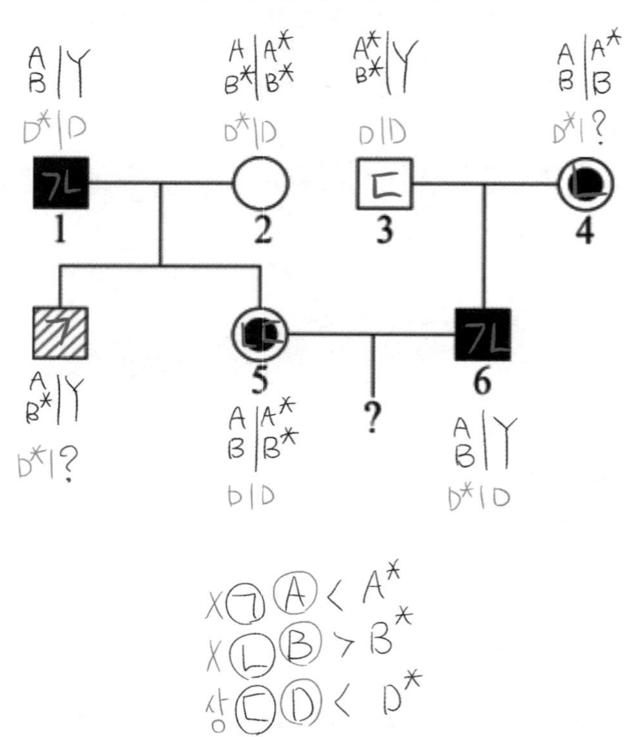

선지 해설

ㄱ ㄴ

ㄷ ㉠과 ㉡이 발현되기 위해선, AB/AB 또는 AB/Y만 가능하므로 $\frac{2}{4} = \frac{1}{2}$

㉢이 발현되기 위해선 DD여야 하므로 $\frac{2}{4} = \frac{1}{2}$

$\frac{1}{2} \times \frac{1}{2} = \frac{1}{4}$입니다.

19

19학년도 9월 19번 | 정답 ②

문항 해설

1. 가계도 해석

부모와 다른 표현형인 자손 → ×

구성원 1&5 → X 염색체에 있는 유전자라면 ㉠은 병이 우성

구성원 3&7 → X 염색체에 있는 유전자라면 ㉡은 정상이 우성

2. DNA 상대량 조건

1, 2, 5의 A* 합과 3, 6, 7의 A* 합이 같아야 합니다.

이런 조건은 $\frac{1}{1}$, $\frac{2}{2}$, $\frac{3}{3}$, $\frac{4}{4}$, $\frac{5}{5}$, $\frac{6}{6}$로 해석하는 게 유리할 수도 있고,

	1, 2, 5 A*	3, 4, 7 A*
(상) 병이 열성		
(상) 병이 우성		
(X) 병이 열성		
(X) 병이 우성		

이런 식으로 그냥 다 세는 게 훨씬 빠를 수도 있습니다.

합이 같지 않을 때는 분모 분의 분자 해석하는 게 압도적으로 유리하지만,
합이 같을 때는 편하신 대로 하시면 됩니다.
(* 사실 이 문제처럼 합이 같고, 가족 단위라면 99% 'X' 염색체에 있는 유전자입니다.)

둘 다 할 줄 아셔야 되는데, 초반에는 유전자를 빠르게 세는 연습을 많이 해두시는 게 좋으므로 모든 케이스를 전부 세면서 푸시는 걸 추천드립니다.

	1, 2, 5 A*	3, 6, 7 A*
(상) 병이 열성	5	3~4
(상) 병이 우성	3~4	5
(X) 병이 열성	모순이므로 할 필요 ×	
(X) 병이 우성	2~3	3

이므로 ㉠은 X 염색체에 있는 유전자이고, 우성 형질임을 알 수 있습니다.

3. B*의 DNA 상대량 조건

2와 5는 모두 여자입니다.
따라서 이 조건은 성/상에 대한 조건이라기보단 우열에 대한 조건일 확률이 높습니다.
(* 성/상을 구분하려면 '일반적으론' 남자와 여자를 비교해야 됩니다.)

구성원 2와 5의 ㉡에 대한 표현형이 서로 다르므로 둘 중 한 명은 B*B*입니다.
그런데 2가 5보다 B*이 더 많으므로 2가 B*B*임을 알 수 있습니다.
따라서 ㉡은 병이 열성입니다.

4. 생식 세포 조건

생식 세포 조건은 보통 여러 정보를 주는 경우가 많습니다.
예를 들어, 5에서 A가 있는 생식 세포가 형성된다고 했으므로 5는 A가 있습니다.
우성 유전자인 A가 있는데 ㉠이 발현되었으므로 ㉠은 병이 우성임을 알 수 있습니다.
(* 처음 DNA 상대량 조건을 해석하기 전에 이 부분을 먼저 해석 했으면 약간 더 유리할 수 있습니다. 그러나 평가원에서 DNA 상대량 조건을 먼저 제시했다면, DNA 상대량 조건 먼저 해석하는 게 맞습니다. 물론 다음번에도 이런 식으로 조건이 나온다면 먼저 참고할 순 있겠죠.)

구성원 5의 ㉠과 ㉡에 대한 유전자형이 AA*BB*임을 위의 두 조건을 통해 알아냈습니다.
그런데 생식 세포에서 A와 B*를 모두 가질 확률이 $\frac{1}{2}$이므로 A와 B*가 같은 염색체에 있음을 알 수 있습니다.
(* 서로 다른 염색체에 있다면 $\frac{1}{2}*\frac{1}{2} = \frac{1}{4}$입니다.)
(* 이런 식으로 같은 염색체에 있음을 추론하는 문항은 출제될 수 있을지 선이 애매합니다. 개인적으로는 이 정도는 충분히 출제 가능하다 생각합니다.)

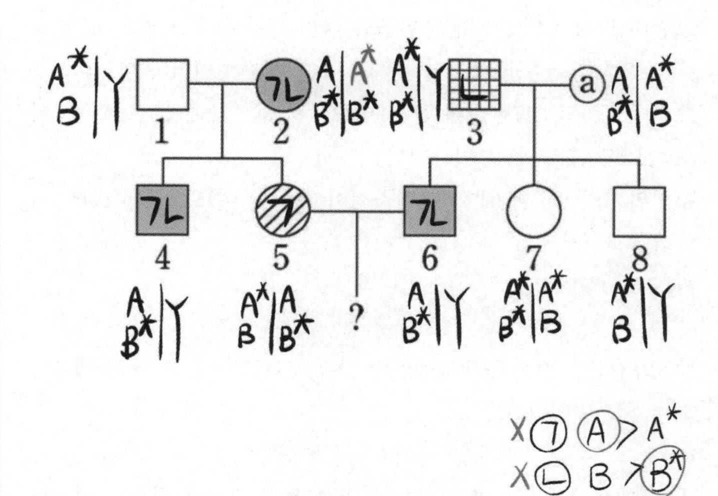

(* 구성원 2의 파란색 A*은 DNA 상대량 조건을 통해 확정할 수 있습니다.)

선지 해설

ㄱ. ㉠은 우성 형질입니다.

ㄴ. 2는 B*B*, ⓐ는 BB*이므로 서로 다릅니다.

ㄷ. AB* / AB*와 AB* / Y가 가능하므로 $\frac{2}{4}=\frac{1}{2}$입니다.

20 　20학년도 9월 19번 | 정답 ①

문항 해설

1. 가계도 해석

부모와 다른 표현형인 자손 → ×

구성원 1&5 → X 염색체에 있는 유전자라면 (다)는 정상이 우성
구성원 3&7 → X 염색체에 있는 유전자라면 (가)는 정상이 우성
구성원 4&8 → X 염색체에 있는 유전자라면 (나)는 정상이 우성

2. DNA 상대량 표 해석

㉡은 H*이 없으므로 H_ 표현형입니다.
㉢은 H가 있으므로 H_ 표현형입니다.

그런데 1, 2, 6의 (가)에 대한 표현형이 모두 같지는 않으므로 ㉠은 표현형이 다른 1이어야 하고, H* 표현형이어야 합니다.
그런데 H*의 DNA 상대량이 1이므로 X 염색체에 있는 유전자이고, H*Y 임을 알 수 있습니다.
구성원 5의 (가)에 대한 유전자형이 H*H*이므로 2는 HH*입니다.
따라서 ㉢이 2이고 ㉡은 6입니다.

(가)와 (다)는 같은 염색체에 있는 유전자이므로 (다)도 X 염색체에 있는 유전자입니다.
(나)는 다른 염색체에 있으므로 상염색체에 있는 유전자입니다.
(* Y 염색체에 있는 유전자는 여러 이유로 고려할 필요가 없습니다. 왜인지 모르시겠다면 가계도 해설지 앞의 Y 염색체 부분을 읽어주세요.)

3. 분모/분자 해석

$2 = \frac{2}{1} = \frac{4}{2}$ 입니다.

그런데, 7과 8에서 R의 DNA 상대량이 4라면 7과 8 모두 유전자형이 RR이므로
7과 8의 엄마와 아빠도 R를 갖고 있어야 합니다.
그런데 4는 (나)가 발현되지 않았으므로 아님을 알 수 있습니다.

따라서 $\frac{2}{1}$이고, 7과 8의 (나)에 대한 표현형이 서로 같으므로 각각 R를 하나씩 갖고 있음을 알 수 있습니다.
3과 4에서 3만 (나)가 발현되므로 3은 RR*, 4는 R*R*임을 알 수 있습니다.

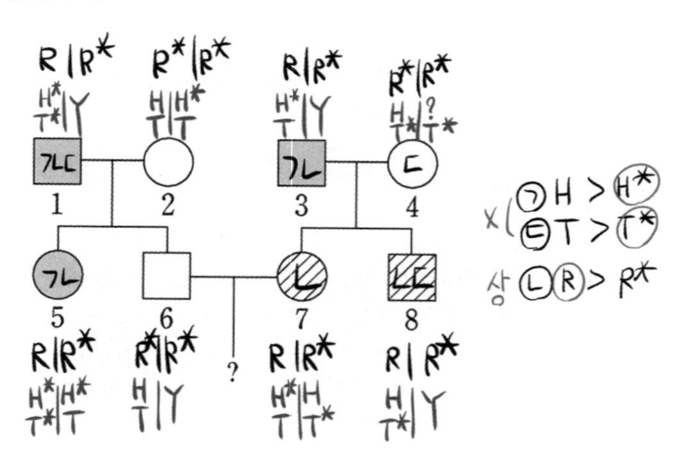

선지 해설

ㄱ. ㉡은 6이 맞습니다.

ㄴ. TT*이므로 이형 접합성입니다.

ㄷ. (나)가 발현되지 않을 확률 : $\frac{2}{4}$

(가), (다) 중 (가)만 발현될 확률 : $\frac{1}{4}$

이므로 $\frac{2}{4} \times \frac{1}{4} = \frac{1}{8}$입니다.

21

20학년도 6월 19번 | 정답 ②

문항 해설

1. 가계도 해석

부모와 다른 표현형인 자손 → ×
(* 사실 있는데, 이 문제를 처음 봤으면 못 보는 게 정상입니다.)

구성원 2와 6 → X 염색체에 있는 유전자라면 (가)와 (나)는 병이 우성
구성원 3과 7 → X 염색체에 있는 유전자라면 (가)는 정상이 우성
따라서 (가)는 상염색체에 있는 유전자이므로, (나)는 X 염색체+우성입니다.

2. 추가 조건 해석

구성원 1과 ⓐ에서 H의 수가 같습니다.
이 말은 X 염색체에 있는 유전자든, 상염색체에 있는 유전자든 둘의 표현형이 같음을 의미합니다.
(* Y 염색체에 있는 유전자라면 표현형이 다를 수도 있습니다.)
따라서 6과 ⓐ의 (가)에 대한 표현형은 정상으로 같은데, 9는 (가)가 발현되었으므로 (가)는 병이 열성입니다.
(* 이 부분이 위에 처음에는 못 보는 게 정상이라 한 부분입니다. 다음에도 이런 조건이 또 나온다면 그때는 바로 할 수 있어야 합니다.)

성/상과 우/열이 모두 나왔으므로 유전자를 채우면 다음과 같습니다.

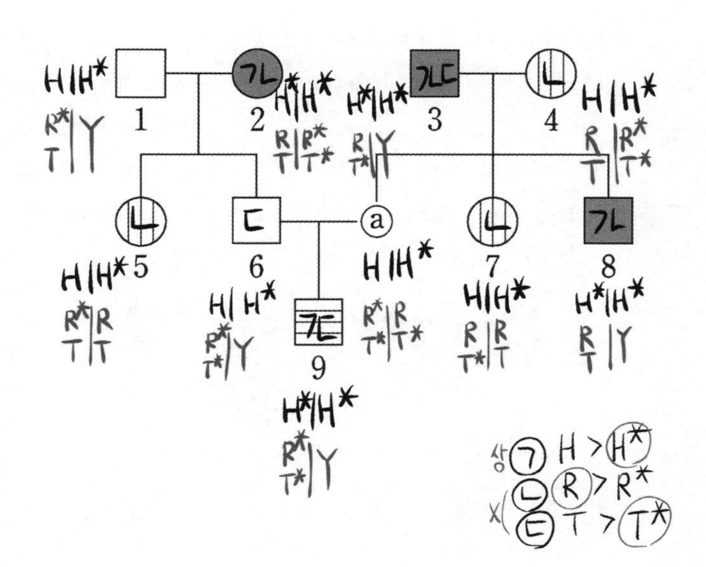

선지 해설

ㄱ. (가)는 열성 형질입니다.

ㄴ. ⓐ에서 (다)에 대한 유전자형은 T*T*이므로 (다)가 발현되었습니다.

ㄷ. (가)가 발현될 확률 : $\frac{1}{4}$

(나)와 (다)가 발현될 확률 : $\frac{2}{4}$

이므로 $\frac{1}{4} \times \frac{2}{4} = \frac{1}{8}$ 입니다.

22 〉 20학년도 3월 16번 ❙ 정답 ②

문항 해설

1. 가계도 해석

구성원 4와 9 → (가)가 X 염색체에 있는 유전자라면 정상이 우성

2. 조건 해석

3배이므로 $\frac{3}{1}$ 또는 $\frac{6}{2}$로 해석할 수 있습니다.

$\frac{6}{2}$인 경우 4, 7, 8, 9의 표현형이 모두 같아야 하므로 $\frac{3}{1}$입니다.

4의 유전자형은 Tt인데 (가)에 대해 정상이므로 (가)는 정상이 우성임을 알 수 있습니다.

그런데 t의 수가 3인데, 7과 9 모두 (가)가 발현되기 위해선 X 염색체에 있는 유전자여야 함을 알 수 있습니다.

3. 혈액형 채우기

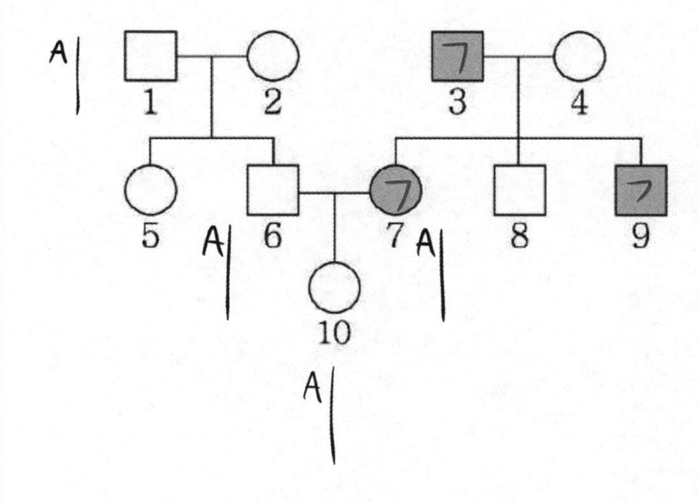

구성원 1은 A가 있고, 10과 혈액형이 같으므로 10도 A가 있습니다. 6과 7의 혈액형은 같은데 A가 있는 10이 태어났으므로 6과 7도 A가 있습니다.

이때, 1, 2, 5, 6의 혈액형이 모두 달라야 하는데 1과 10의 혈액형은 같으므로

1, 6, 10 순으로 A - AB - A형이거나 AB - A - AB형임을 알 수 있습니다.

A형 사이에서 AB형은 태어날 수 없으므로 A - AB - A 임을 확정할 수 있습니다.

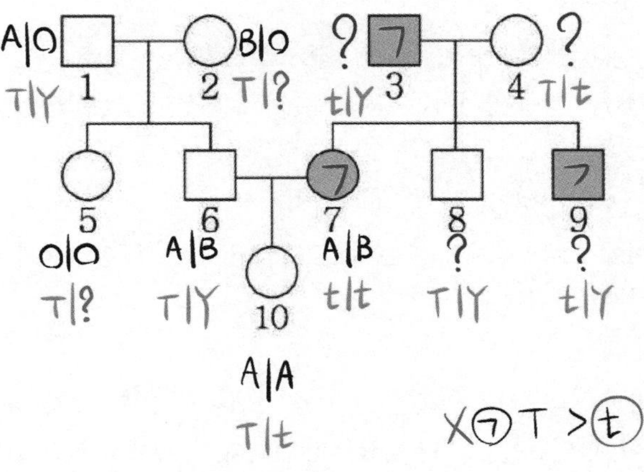

(* 보라색 ?는 혈액형을 확정할 수 없습니다.)

선지 해설

ㄱ. 열성 형질입니다.

ㄴ. BO이므로 이형 접합성입니다.

ㄷ. (가)가 발현될 확률 : $\frac{1}{2}$

A형일 확률 : $\frac{1}{4}$

$\frac{1}{2} \times \frac{1}{4} = \frac{1}{8}$입니다.

23 21학년도 10월 17번 | 정답 ①

문항 해설

1. 가계도 해석

1) 부모와 다른 표현형인 자녀 → 9의 엄마와 아빠는 (나)에 대해 정상인데 9는 (나) 발현 → (나)는 병이 열성
2) 구성원 1과 5 → X 염색체에 있는 유전자라면 (가)는 병이 우성
구성원 3과 8 → X 염색체에 있는 유전자라면 (가)는 정상이 우성 따라서 (가)는 상염색체에 있는 유전자

구성원 4와 9 → X 염색체에 있는 유전자라면 (나)는 정상이 우성

2. 조건 해석

(가)는 상염색체에 있는 유전자이므로,
1~4에서 병이 열성이면 a의 합은 5~6, 정상이 열성이면 6입니다.

(나)는 열성 형질이므로
1~4에서 성염색체에 있는 유전자면 b의 합은 3, 상염색체에 있는 유전자면 5입니다.

따라서 (가)는 병이 열성, (나)는 상염색체에 있는 유전자입니다.
(* 이때, 연관을 고려할 필요는 없습니다. 문제에서 연관임을 제시해주지 않았고, 연관임을 추론할 수 있는 조건도 없기에 연관임을 증명할 수 없기 때문입니다. 연관이라 가정하고 풀었을 때, 모순이 나오지 않았다고 해서 연관인 것은 아니니까요. 따라서 시험장이면 독립이라는 전제 하에 푸시면 됩니다. 참고로 이 문제에서는 연관이라 가정할 경우, 6은 aabb이므로 1도 ab를 갖는데, 표현형을 고려할 때 1은 AB / ab가 됩니다. 그런데 2도 aabb이므로 7에게 ab를 주게 되는데 7은 표현형을 고려할 때 Ab / ab가 됩니다. 그런데 7의 Ab는 1에게서 받을 수 없으므로 모순됩니다.)

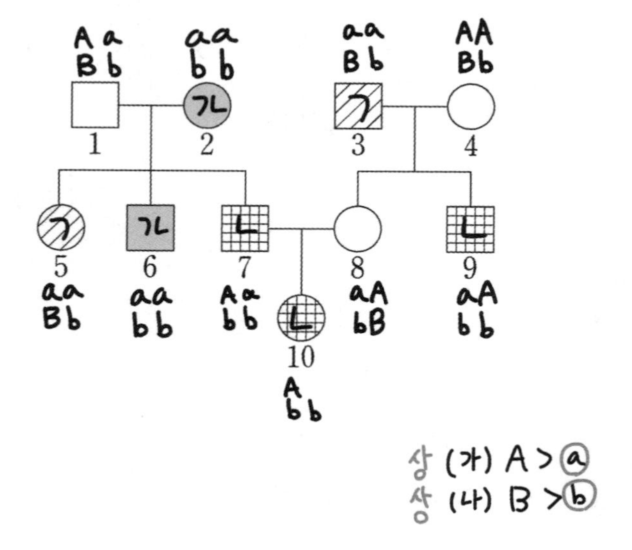

선지 해설

ㄱ.

ㄴ. 4에서 (가)의 유전자형은 a의 개수 조건에 의하여 AA로 확정됩니다.

ㄷ. (가)에 대해 정상일 확률 : $\frac{3}{4}$, (나)에 대해 정상일 확률 : $\frac{1}{2}$

이므로 $\frac{3}{4} \times \frac{1}{2} = \frac{3}{8}$입니다.

24 20학년도 4월 19번 | 정답 ⑤

문항 해설

1. 가계도 해석

부모와 다른 표현형인 자손 → 1과 2는 (가)에 대해 정상인데 6은 (가)가 발현됐으므로 (가)는 병이 열성이고, 상염색체에 있는 유전자입니다.
따라서 (나)와 (다)는 X 염색체에 있는 유전자입니다.
(* 5는 (다)가 발현되지 않았는데 7은 (다)가 발현되었으므로 Y는 고려할 필요 없습니다. 아빠가 같으니까 Y 염색체에 있는 유전자라면 5와 7의 표현형도 같아야 합니다.)

구성원 2와 7 → (나)는 X 염색체에 있는 유전자이므로 병이 우성임을 알 수 있습니다.

2. 추가 조건 (1)

5~9, 총 5명 중 4명이 t를 갖고 있습니다.
따라서 한 명은 T'만' 갖고 있음을 알 수 있습니다.

그런데 남자인 5, 7, 9에서 7과 9는 (다)가 발현되었고, 5는 발현되지 않았으므로
5가 T만 갖고 있는 구성원임을 알 수 있습니다.
(* 셋 다 t를 갖고 있었다면 셋의 표현형이 모두 같아야 합니다.)

따라서 (다)는 열성 형질임을 알 수 있습니다.

3. 추가 조건 (2)

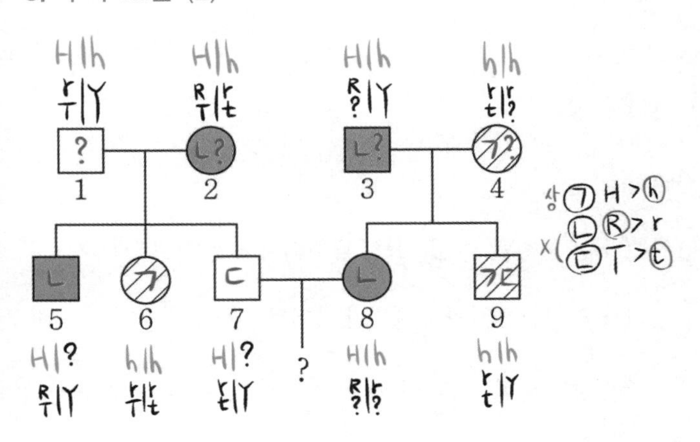

가계도를 채우면 위와 같습니다.

이때, 구성원 3과 4에서 T는 1~2개임을 알 수 있습니다.

그런데 5와 7에서 H는 2~4개이므로 $\frac{2}{2}$ 임을 알 수 있습니다.

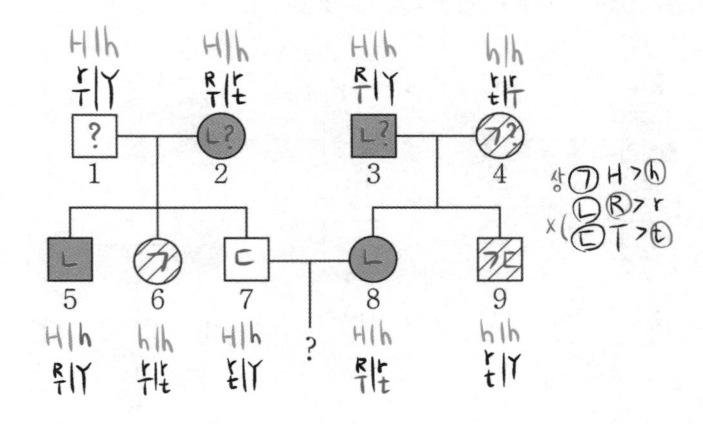

선지 해설

ㄱ. (나)는 우성 형질, (다)는 열성 형질입니다.

ㄴ.

ㄷ. (가)가 발현될 확률 : $\frac{1}{4}$

(나)와 (다) 중 (나)만 발현될 확률 : $\frac{1}{2}$

이므로 $\frac{1}{4} \times \frac{1}{2} = \frac{1}{8}$ 입니다.

25 21학년도 7월 20번 | 정답 ⑤

문항 해설

1. 가계도 해석

1) 부모와 다른 표현형인 자녀
→ 6의 엄마와 아빠는 (나)가 발현되었는데 6은 정상인 딸 → (나)는 정상이 열성 + 상
→ 10의 엄마와 아빠는 (가)는 병, (다)가 정상인데 10은 (가)는 정상, (다)는 병 → (가)는 정상이 열성, (다)는 병이 열성

2) 구성원 8과 10 → X 염색체에 있는 유전자라면 (가)는 병이 우성, (다)는 정상이 우성

2. 조건 해석

성/상을 아는 유전자가 (나) 밖에 없으므로 (나)를 기준으로 유전자를 나열하면 다음과 같음을 알 수 있습니다.

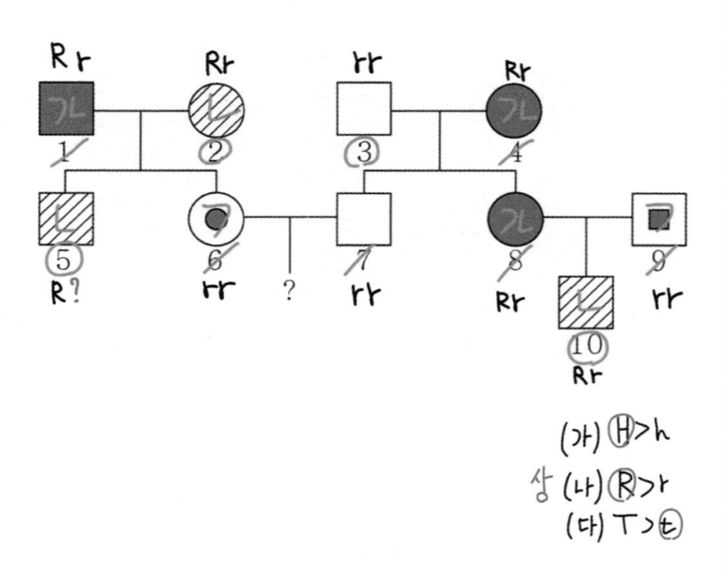

(* (다)가 발현된 경우는 숫자에 ○를, 발현되지 않은 경우는 숫자에 / 표시를 했습니다.)

따라서 ⓑ는 6 or 7이므로 t도 6개 또는 7개가 있어야 합니다.

그런데 이미 (다)가 발현된 사람이 4명이므로 (다)가 상염색체에 있는 유전자라면 ⓑ는 6보다 커지게 됩니다.
따라서 (다)는 X 염색체에 있는 유전자입니다.

(가)는 (나) 또는 (다)의 유전자와 같은 염색체에 있는 유전자입니다. 이때 H가 ⓐ개 있다는 조건은 아무 의미가 없는 조건이므로 가정해야 합니다.

(가)와 (나)가 연관이라면, 그림과 같이 4의 HR이 8에게로 가고, 8에서 HR이 10에게 가야 하는데 10은 H_ 표현형이 아니므로 모순됩니다.

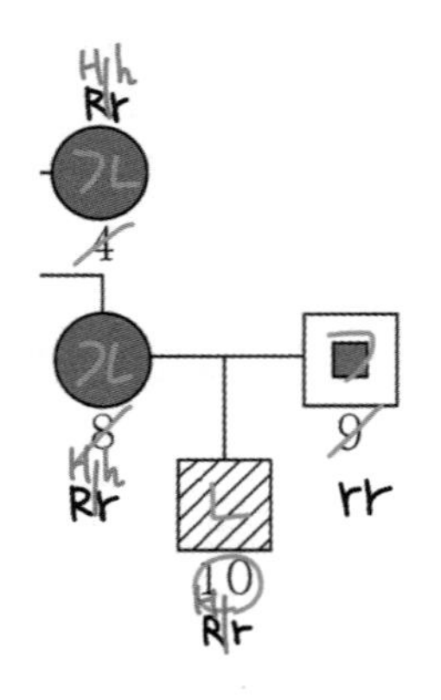

따라서 (가)와 (다)가 연관된 유전자입니다.

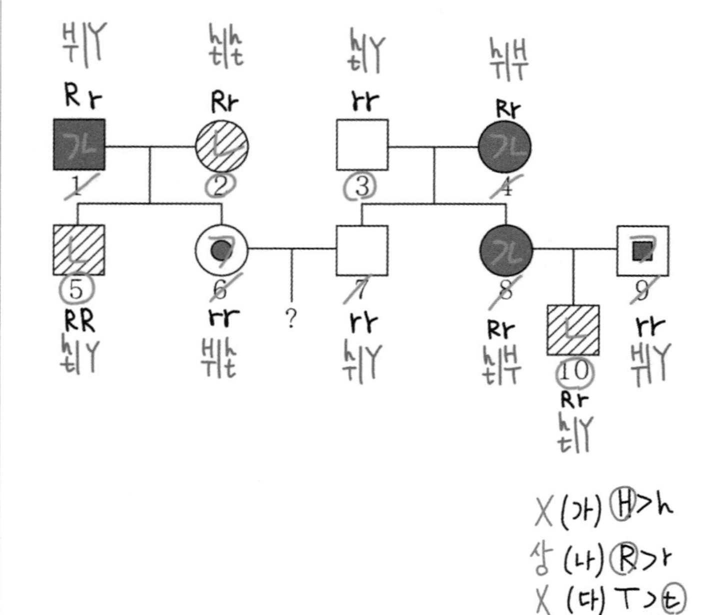

(* (다)가 발현된 경우는 숫자에 ○를, 발현되지 않은 경우는 숫자에 / 표시를 했습니다.)

이를 통해, ⓑ=7이고 ⓐ=5임을 알 수 있습니다.

선지 해설

ㄱ

ㄷ (나)는 발현될 수 없으므로 발현되지 않을 확률 : 1

(가)와 (다) 중 1가지 형질만 발현될 확률 : $\frac{3}{4}$

이므로 $1\times\frac{3}{4}=\frac{3}{4}$ 입니다.

26 21학년도 9월 19번 | 정답 ④

문항 해설

1. 가계도 해석

부모와 다른 표현형인 자손 → ×

구성원 4와 7 → (나)는 병이 우성

2. 조건 해석

구성원 ⓑ는 (가)와 (나) 모두 발현이거나 모두 정상입니다.
그런데 모두 정상일 경우 ⓑ와 6은 (나)에 대해 정상인데 9는 (나)가 발현됐으므로
(나)는 병이 열성이며 상염색체에 있는 유전자여야 합니다.
따라서 ⓑ는 (나)가 발현되어야만 하므로 ⓐ가 모두 정상, ⓑ가 모두 발현입니다.

여자인 ⓐ에서 (가)가 정상인데, 1은 (가)가 발현되었으므로 (가)는 정상이 우성입니다.

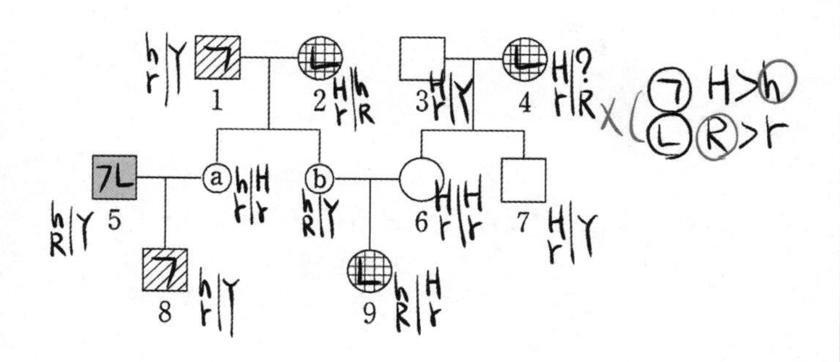

선지 해설

ㄱ ⓐ는 (가)와 (나)가 모두 발현되지 않았습니다.

ㄴ 맞습니다.

ㄷ hhRr, HhRr, hrY, HrY인 자손이 태어날 수 있으므로 hR, HR, hr, Hr 4가지 표현형이 가능합니다.

☑ comment

(나)가 우성 형질임을 알고 있으므로 구성원 6은 (나)에 대한 유전자형이 정상 유전자로 동형 접합성임을 알 수 있습니다.
따라서 구성원 9는 6에게 (나)에 대한 정상 유전자를 받게 되는데, (나)가 발현되었으므로 ⓑ에게 (나)에 대한 병 유전자를 받음을 알 수 있습니다.
구성원 ⓑ는 (나)에 대한 병 유전자를 갖고 있는데, (나)는 병이 우성이므로 (나)가 발현됨을 알 수 있습니다.
따라서 ⓑ가 (가)와 (나) 모두 발현된 사람임을 알 수도 있습니다.

27 21학년도 4월 17번 | 정답 ⑤

문항 해설

1. 가계도 해석

1) 부모와 다른 표현형인 자녀 → ×

2) 구성원 4와 5 → (나)는 정상이 우성

2. 조건 해석

구성원 2와 7은 (가)의 유전자형이 모두 동형 접합성이므로,
2는 (가)에 대한 정상 유전자를, 7은 (가)에 대한 병 유전자를 동형 접합성으로 가지고 있습니다.
따라서 ⓐ는 (가)에 대한 정상 유전자와 병 유전자를 모두 가지고 있어야만 하므로 ⓐ는 여자이고, ⓑ가 남자입니다.

ⓑ는 7을 통해 (가)에 대한 유전자형이 병Y 임을 알 수 있는데, 이 병 유전자는 4에게서 받은 유전자이므로 4를 통해 (가)는 정상이 우성임을 알 수 있습니다.

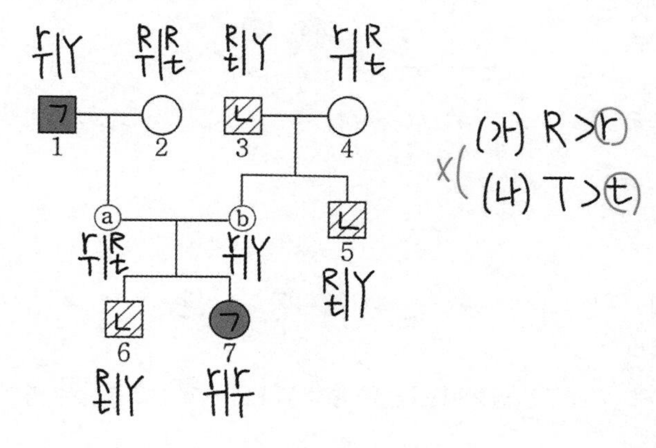

선지 해설

ㄱ ㄴ ㄷ

28 〉 18학년도 4월 20번 ❙ 정답 ②

문항 해설

1. 가계도 해석

부모와 다른 표현형인 자손 : 구성원 1과 2는 ㉡이 발현되었는데 5는 정상 → ㉡은 정상이 열성

구성원 2와 5 → X 염색체에 있는 유전자라면 ㉡은 병이 우성

2. 추가 조건 해석

구성원 1은 ㉡이 발현되었으므로 병 유전자'만' 갖고 있습니다.
병 유전자는 우성 유전자이므로 1은 우성 유전자만 갖고 있는데, 구성원 1과 5의 표현형이 서로 다르므로 ㉡은 X 염색체에 있는 유전자임을 알 수 있습니다.

3. 6과 7 성별 찾기

㉠과 ㉡이 같은 염색체에 있음을 토대로 채워보면 아래와 같습니다.
(* ㉠에 대해 병 유전자가 A 인지 A*인지 몰라 한글로 적었습니다.)

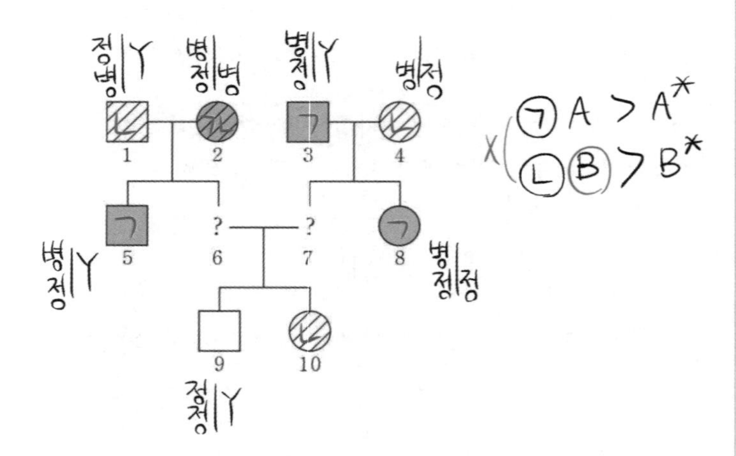

이때, 구성원 9의 '정정' 염색체는 6과 7 중 엄마에게 받은 염색체입니다.
그리고, 6과 7의 염색체 구성은 각각 1과 2, 3과 4에게 받은 염색체로 구성되어 있습니다.
따라서 9의 '정정' 염색체는 1, 2, 3, 4 중 한 사람으로부터 받게 된 염색체입니다.

1, 2, 3, 4 중 '정정' 염색체 구성을 가질 수 있는 사람은 구성원 4밖에 없으므로 4가 '정정' 염색체를 갖고 있음을 알 수 있습니다.
또한 9는 7에게서 '정정' 염색체를 받았으므로 7이 엄마이고, 6이 아빠입니다.

4에서 '정정' 염색체는 8번이 갖고 있는 염색체와 같은 염색체이므로 8의 유전자형을 확정할 수 있습니다.
8은 ㉠에 대해 병 유전자와 정상 유전자를 모두 갖고 있는데 ㉠이 발현되었으므로 ㉠은 병이 우성입니다.

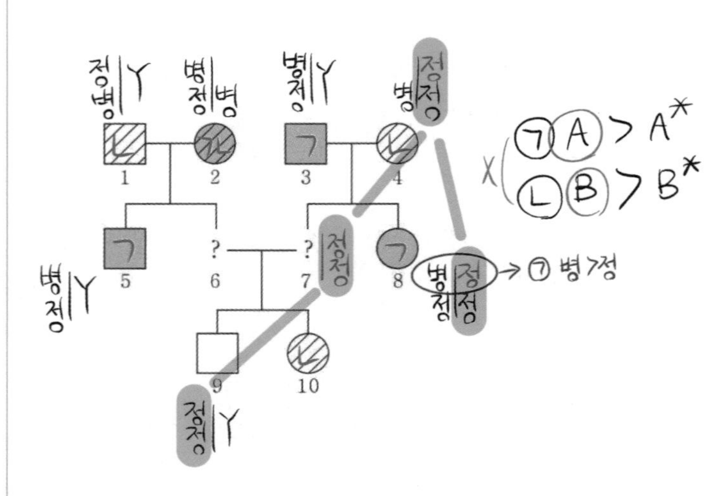

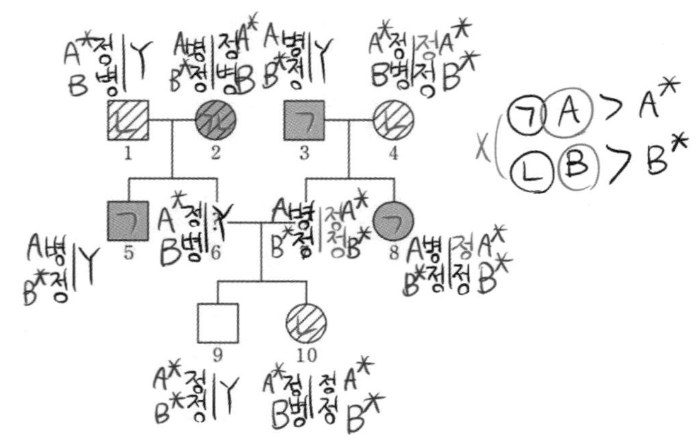

선지 해설

ㄱ. A는 병 유전자입니다.

ㄴ. 아닙니다.

ㄷ. ㉠과 ㉡이 모두 발현되어야 하므로 A와 B가 모두 있어야 합니다.

따라서 AA*BB*만 가능하므로 $\frac{1}{4}$입니다.

☑ comment

> 검토진 : 두 부모의 정보를 모두 알 수 없는 문제는 부모의 부모(1, 2, 3, 4)와 손자/손녀(9, 10)가 가지고 있는 유전자를 비교하면서 힌트를 발견할 수 있을 가능성이 큽니다.

29 20학년도 수능 17번 | 정답 ⑤

문항 해설

1. 가계도 해석

부모와 다른 표현형인 자손 → ×

구성원 2&5 → (나)는 병이 우성

2. DNA 상대량 표 해석

Sol1) H의 DNA 상대량이 0, 1, 2이므로 1, 2, 6 중 우성 표현형이 2명입니다.

따라서 (가)는 열성 형질임을 파악할 수 있으며 ㉠=0임을 알 수 있습니다.

㉠=0이므로 3은 T만 갖고 있습니다.

그런데 (나)가 발현되었으므로 (나)는 우성 형질입니다.

X 염색체에 있는 유전자이므로 구성원 3, 4, 5 중 DNA 상대량이 2일 수 있는 구성원은 여자인 4 밖에 없습니다.

따라서 ㉢=2이고, ㉡=1입니다.

Sol2) 처음 봤을 때 Sol1 같은 생각을 할 수 있었다면, 저렇게 푸시면 됩니다.

다만 모든 유전자가 X 염색체에 있으므로 가계도를 어느 정도 채운 후 다시 표로 돌아가는 것도 괜찮습니다.

이후의 풀이는 처음에 DNA 상대량 조건을 해석하지 못했다는 전제하의 풀이입니다.

3. 가계도 채우기

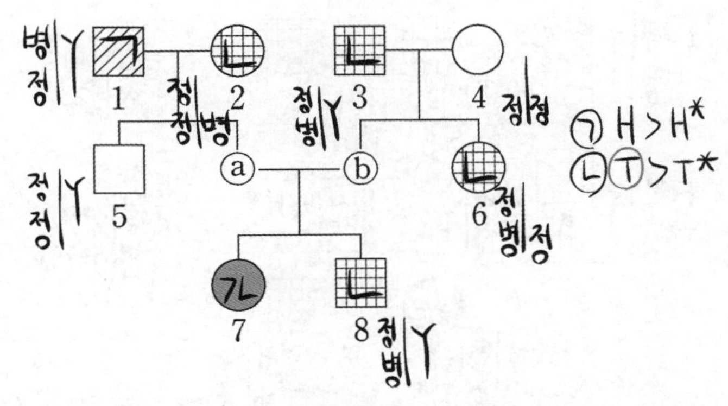

주어진 정보만으로 가계도를 채우면 위와 같음을 알 수 있습니다.

(나)에 대해선 우열을 이미 알고 있으므로, DNA 상대량에서 T*을 먼저 해석하면

구성원 3은 TY이므로 T*은 0

구성원 4는 T*T*이므로 T*은 2

구성원 5는 T*Y이므로 T*은 1

입니다.

따라서 ㉠=0, ㉢=2 ㉡=1이고, 이를 H의 DNA 상대량 표에 대입해보면,

구성원 2는 H의 DNA 상대량이 1이므로 HH*인데 (가)에 대해 정상이므로

(가)는 정상이 우성임을 알 수 있습니다.

DNA 상대량 표를 통해 가계도를 채우면 다음과 같음을 알 수 있습니다.

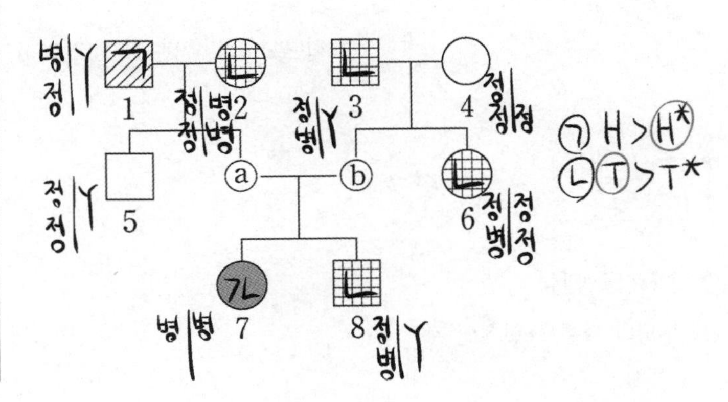

이때, 구성원 8의 '정병' 염색체는 '엄마'에게 받은 염색체이고, 이는 1/2 또는 3/4 중 한 사람에게 받은 염색체입니다.

그런데 유전자 구성이 '정병'인 염색체를 가질 수 있는 사람은 3밖에 없으므로
ⓑ가 엄마임을 알 수 있습니다.

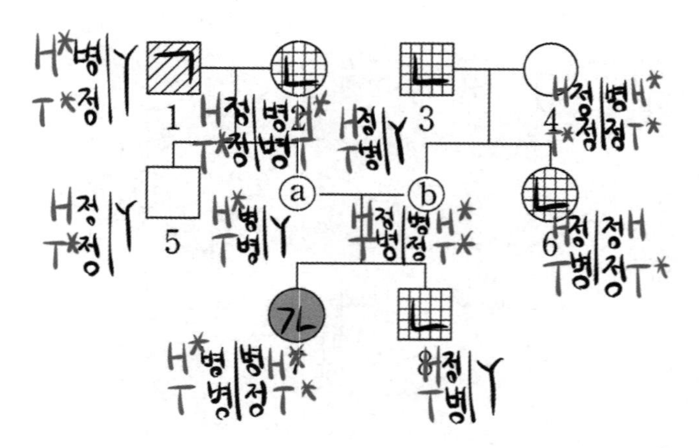

㉠ H > H*
㉡ T > T*

선지 해설

ㄱ (가)는 열성 형질이 맞습니다.

ㄴ 7에서 T:1, ⓐ에서 T:1 / 4에서 H*:1, ⓑ에서 H*:1 이므로 $\frac{1+1}{1+1}$ = 1입니다.

ㄷ HH*TT와 HTY가 가능하므로 $\frac{2}{4}=\frac{1}{2}$ 입니다.

30 22학년도 6월 17번 | 정답 ④

문항 해설

1. 가계도 해석

1) 부모와 다른 표현형인 자녀 → ×

2) 구성원 2와 4 → X 염색체에 있는 유전자라면 (가)는 정상이 우성
구성원 3과 6 → X 염색체에 있는 유전자라면 (가)는 병이 우성
따라서 (가)는 상염색체에 있는 유전자이고, 남은 (나)와 (다)는 X 염색체에 있는 유전자입니다.

2. 조건 해석

표는 '체세포 1개당'이므로 핵상은 고려할 필요가 없습니다.

구성원 2는 여자인데, ㉠~㉢의 DNA 상대량이 모두 1이므로 2의 표현형은 모두 우성 표현형입니다.
구성원 2는 (가)와 (나)에 대해 정상이므로 (가)와 (나)는 정상이 우성입니다.

A, B, d 중 우성 유전자 위주로 판단하는 게 판단이 쉽습니다.
(* 우성 유전자는 1개를 갖든, 2개를 갖든 가지고 있으면 표현형이 같으므로 판단하기 쉽습니다.)

구성원 1, 2, 3에서
㉠은 0, 1, 1인데 (가)에 대한 표현형이 다르므로 ㉠은 A가 아닙니다.
㉡은 0, 1, 0인데 (나)의 표현형이 다르므로 ㉡은 B가 아닙니다.
㉢은 1, 1, 2인데 (가)와 (나)의 표현형이 다르므로 ㉢은 d입니다.
따라서 남은 ㉠은 B, ㉡은 A임을 알 수 있습니다.

3, 6, 7 중 (다)가 발현된 사람은 1명입니다.
그런데 3의 (다)에 대한 유전자형은 dd이므로 6은 dY이고, 7은 ?d입니다.
그런데 이미 3과 6의 표현형은 열성 표현형으로 확정되었는데, 발현된 사람이 1명이라 제시되어 있으므로
7은 (다)가 발현되어야 하며, 열성 표현형이면 안 되므로 Dd이고 (다)는 병이 우성입니다.

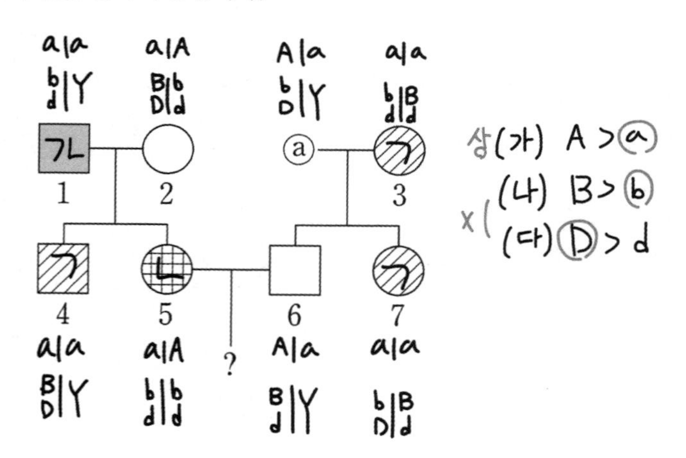

선지 해설

ㄱ

~~ㄴ~~ (가)에 대한 유전자형은 aa로 동형 접합성입니다.

ㄷ (가)가 발현될 확률 : $\frac{1}{4}$, (나)와 (다)가 모두 정상일 확률 :

$\frac{1}{2} \rightarrow \frac{1}{8}$

(가)가 정상일 확률 : $\frac{3}{4}$, (나)와 (다) 중 한 가지 형질만 발현

될 확률 : $\frac{1}{2} \rightarrow \frac{3}{8}$

이므로 $\frac{1}{8} + \frac{3}{8} = \frac{1}{2}$ 입니다.

31 22학년도 10월 19번 | 정답 ⑤

문항 해설

1. 가계도 해석

구성원 3, 4, 6에서 부모와 다른 표현형인 딸이 태어났으므로 (가)는 상염색체에 있는 유전자이며, 병이 열성입니다.

(나)와 (다)는 X 염색체에 있는 유전자인데, 구성원 2와 5를 통해 (나)는 정상이 우성임을 알 수 있습니다.

2. 조건 해석

우성 유전자와 열성 유전자 중 우성 유전자가 표현형과 엮어 판단하기 쉬우므로 우성 유전자를 먼저 해석합니다.
㉠은 열성 형질이므로 5와 6은 A를 가지면 안 됩니다. 따라서 ㉡이 A임을 알 수 있습니다.
같은 논리로 B가 ㉢임을 쉽게 알 수 있습니다.
따라서 남은 ㉠이 d인데, 6은 dd인데 표현형이 정상이므로 (다)는 우성 형질임을 알 수 있습니다.

또한, ⓐ는 X 염색체에 있는 유전자 d를 동형 접합성으로 가지므로 ⓐ가 여자이고, ⓑ는 남자입니다.

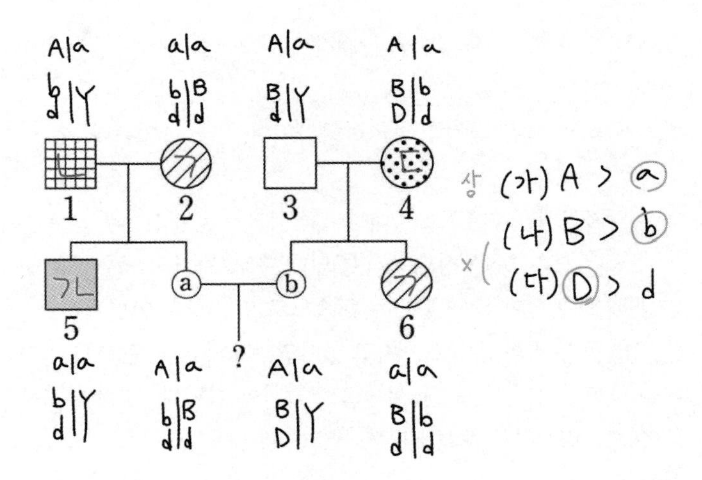

선지 해설

ㄱ ㄴ

ㄷ (가)가 발현될 확률 : $\frac{1}{4}$, (나)와 (다)가 발현되지 않을 확률

: $\frac{1}{4}$

이므로 $\frac{1}{4} \times \frac{1}{4} = \frac{1}{16}$ 입니다.

32 23학년도 9월 16번 | 정답 ②

문항 해설

1. 가계도 해석

부모와 다른 표현형인 자녀 → ×

구성원 1과 5 → X 염색체에 있는 유전자라면 (가)는 정상이 우성
구성원 4과 6 → X 염색체에 있는 유전자라면 (가)는 병이 우성
따라서 (가)는 상염색체에 있는 유전자이고, (나)는 X 염색체에 있는 유전자입니다.

(나)는 X 염색체에 있는 유전자이므로 구성원 1과 4에서 (나)는 정상이 우성임을 알 수 있습니다.

2. 조건 해석

표에서 Ⅰ과 Ⅲ은 H의 DNA 상대량이 같으므로 (가)의 표현형이 같습니다.
따라서 Ⅰ과 Ⅲ은 각각 2와 5중 하나이며, Ⅱ는 1입니다.

Ⅱ는 남자인데 ㉠의 DNA 상대량이 ⓒ이므로 ⓒ는 2가 아닙니다.
Ⅰ과 Ⅲ은 H의 DNA 상대량이 ⓑ인데 부모/자녀의 표현형을 고려할 때 표현형이 모두 같지는 않으므로 ⓑ는 2가 아닙니다.
(* H를 동형 접합성으로 가지고 있다면, 그 사람 기준 부모와 자녀의 표현형이 모두 H_ 표현형으로 같아야 합니다. 굉장히 자주 쓰이는 논리이므로 모르셨다면 꼭 알아두세요!)
따라서 ⓐ=2이고, 1, 2, 5의 (나)에 대한 유전자형이 각각 tY, Tt, tt임을 고려하면 Ⅲ이 5면서 ㉠은 t임을 쉽게 알 수 있습니다.
남은 ⓒ는 1이 되므로 ⓑ는 0이고, Ⅰ은 2입니다.

구성원 1은 H의 DNA 상대량이 1인데, (가)가 발현되었으므로 (가)는 병이 우성입니다.

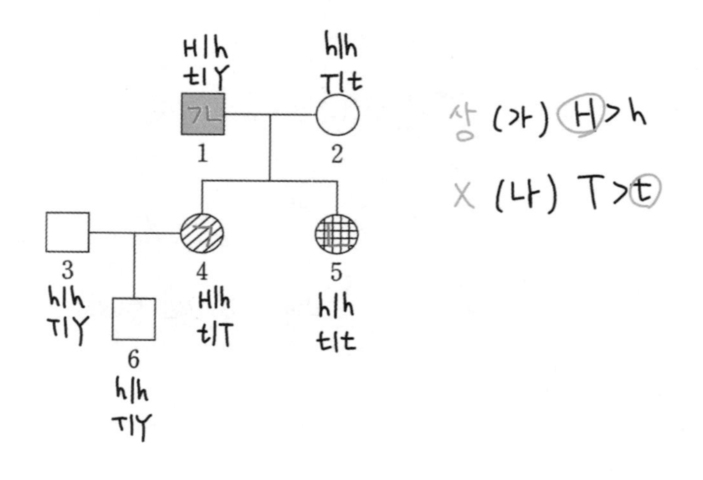

선지 해설

ㄱ ㄴ

ㄷ (가)가 발현될 확률 : $\frac{1}{2}$, (나)가 발현될 확률 : $\frac{1}{4}$이므로 $\frac{1}{2}\times\frac{1}{4} = \frac{1}{8}$입니다.

33 24학년도 6월 16번 | 정답 ⑤

문항 해설

1. 가계도 해석

구성원 4와 7 → X 염색체에 있는 유전자라면 (가)와 (나)는 병이 우성

2. 추가 조건 해석

구성원 1은 a가 1개 있는데 정상 표현형이므로 (가)는 X 염색체에 있는 유전자입니다.
따라서 (나)는 상염색체에 있는 유전자입니다.
(* 엄밀히 말하면 Y 염색체에 있는 유전자도 고려해야 합니다. Y 염색체에 있는 유전자일 경우 아빠/아들의 표현형이 반드시 같아야 하고, 모든 여자의 표현형이 같아야 하는데 아니므로 상염색체에 있는 유전자임을 알 수 있습니다.)

구성원 5는 (가)가 발현되었으므로 ㉡=0이고, 1의 (나)에 대한 유전자형이 bb이므로 5의 (나)에 대한 유전자형은 Bb입니다.
따라서 ㉠=1이고 남은 ㉢=2입니다.

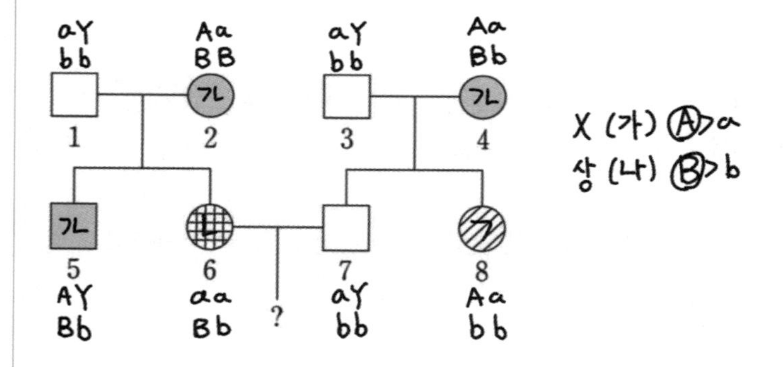

선지 해설

ㄱ ㄴ

ㄷ (가)가 발현되지 않을 확률 : 1, (나)가 발현될 확률 : $\frac{1}{2}$이므로 $1\times\frac{1}{2} = \frac{1}{2}$입니다.

34 24학년도 수능 19번 | 정답 ③

문항 해설

1. 추가 조건 해석

가계도만으로는 알 수 있는 정보가 없으므로 추가 조건 해석으로 시작합니다.

h의 DNA 상대량이 주어졌으므로 '0'을 찾을 생각을 해야 합니다. h가 0개인 사람은 H'만' 가지고 있는 사람입니다.

ⓒ는 여자인데, H만 가지고 있다면 2와 3의 (가)에 대한 표현형이 다를 수 없으므로 불가능합니다.
따라서 ⓐ 또는 ⓑ가 H만 갖고 있는 사람인데, 둘 중 누가 H만 갖고 있든 엄마와 아들 관계이므로
(가)의 유전자가 상염색체에 있는 유전자든, X 염색체에 있는 유전자든 둘의 표현형은 H_ 표현형으로 같을 수밖에 없습니다.

조건에서 ⓐ~ⓒ 중 (가)가 발현된 사람은 1명이라 했으므로 (가)는 정상이 우성이고 병이 열성입니다.
또한, ⓐ와 ⓑ 중 누가 H만 가지고 있는 사람이든, 구성원 4 또는 6을 통해 H를 주지 않을 수 있어야 함을 알 수 있습니다.
(* ⓐ와 4가 표현형이 다르고, ⓑ와 6이 표현형이 다르므로 우성 유전자를 준 것은 확실히 아니기 때문입니다.)
따라서 (가)의 유전자는 X 염색체에 있는 유전자임을 알 수 있습니다.
(* 아니면 (가)는 병이 열성임이 밝혀졌으므로 구성원 4와 6을 보고 ⓐ~ⓒ에서 h가 0개이려면 X 염색체에 있는 유전자여야 함을 바로 알 수도 있습니다.)

ⓐ는 구성원 4에게 h를 물려주었으므로, h의 DNA 상대량이 0인 사람은 ⓑ입니다.
아들이 H를 갖고 있으므로 ⓐ도 H를 가져야 하므로 ⓐ는 Hh입니다.
따라서 ㉠=1, ㉡=0, ㉢=2입니다.

2. (나)의 우열 찾기

구성원 ⓒ는 2에게서 (가)와 (나)에 대한 '병정' 유전자를 물려받았으므로 '병정' 유전자를 갖고 있습니다.
또한, 6에게 (가)와 (나)에 대한 '병병' 유전자를 물려주었으므로 '병병' 유전자를 갖고 있음을 알 수 있습니다.
그런데 이 '병병' 유전자는 3에게서 받은 유전자이므로 3도 '병병' 유전자를 갖고 있습니다.
그런데 3은 (나)에 대한 표현형이 정상이므로 (나)는 정상이 우성입니다.
(* 다른 풀이 : 구성원 6은 (나)가 발현되었으므로 ⓑ 또는 ⓒ에게 (나)에 대한 병 유전자를 받았습니다.
이 유전자를 ⓒ에게 받았다면, ⓒ의 부모인 2 또는 3에게서 (나)에 대한 병 유전자를 받은 것이므로 (나)는 병이 열성입니다.
이 유전자를 ⓑ에게 받았다면, 1 또는 ⓐ에게 받은 건데, 1은 정상이므로 위와 같은 이유로 (나)는 정상이 우성이고, ⓐ에게 받았다면 ⓐ와 ⓒ의 유전자형이 서로 같으므로 위와 같은 논리로 (나)는 정상이 우성입니다.

따라서 (나)는 정상이 우성임을 바로 알 수도 있습니다.)

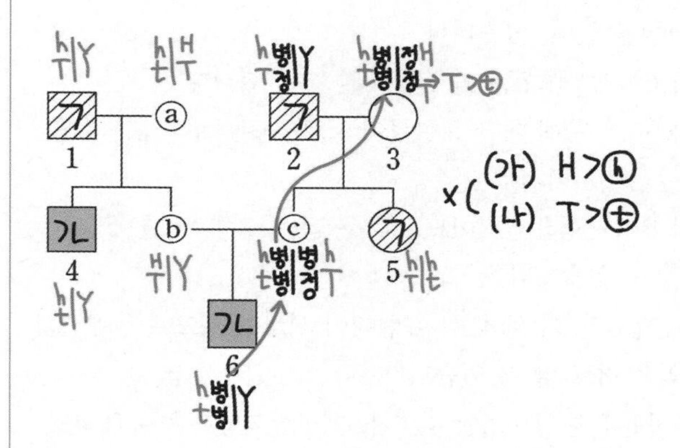

선지 해설

35 〉 24학년도 9월 19번 | 정답 ④

문항 해설

1. 가계도 해석

구성원 1, 2, 4 → (나)는 병이 우성

구성원 2와 4 → X 염색체에 있는 유전자라면 (나)는 병이 우성
구성원 2와 5 → X 염색체에 있는 유전자라면 (가)는 병이 우성

2. 추가 조건 해석

구성원 1, 3, 6은 모두 (나)가 발현되었으므로 B가 있음을 알 수 있습니다.

구성원 1은 4를 통해 BB가 아님을 알 수 있고, 구성원 6은 7을 통해 BB가 아님을 알 수 있습니다.
따라서 1과 6에서 ㉠+B는 1+1임을 알 수 있습니다.
그런데 1과 6의 (가)에 대한 표현형이 서로 다르므로 (가)는 X 염색체에 있는 유전자이며,
구성원 1의 유전자형은 ㉠Y이므로 ㉠은 정상 유전자이고, 정상이 열성임을 알 수 있습니다.
(* 구성원 1과 6의 (가)에 대한 표현형이 서로 다르므로 ㉠은 열성 유전자임을 바로 알 수 있습니다.
추가로, 구성원 3은 ㉠이 없는데 (가)가 발현되었음을 통해서도 ㉠이 정상 유전자임을 알 수 있어야 합니다.)

또한, 문제에서 (가)와 (나)는 서로 다른 염색체에 있는 유전자라 제시해주었으므로 (나)는 상염색체에 있는 유전자입니다.
(* 구성원 5는 (나)가 발현되었는데, 7은 (나)가 발현되지 않았으므로 Y 염색체에 있는 유전자는 아닙니다.)

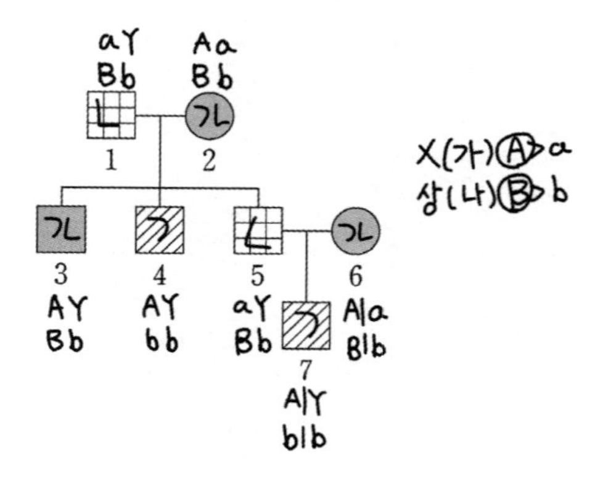

선지 해설

ㄱ

ㄴ

ㄷ (가)가 발현될 확률 : $\frac{1}{2}$, (나)가 발현될 확률 : $\frac{3}{4}$이므로

$\frac{1}{2} \times \frac{3}{4} = \frac{3}{8}$입니다.

☑ comment

형질의 발현은 우성 유전자의 유무에 따라 달라집니다. 남녀가 표현형이 다를 때, 한 명은 우성 유전자를 가지고 있고, 한 명은 우성 유전자를 가지고 있지 않습니다. 이 둘이 같은 유전자를 공유할 때, 그 유전자는 열성 유전자일 수밖에 없습니다.

36 〉 22학년도 9월 17번 | 정답 ③

문항 해설

1. 가계도 해석

1) 부모와 다른 표현형인 자녀 → 5의 엄마와 아빠는 (나)가 발현되었는데 5는 정상 → (나)는 병이 우성

2) 구성원 2와 5 → X 염색체에 있는 유전자라면 (가)는 정상이 우성, (나)는 병이 우성

2. 조건 해석

A+b의 DNA 상대량을 볼 땐 0을 먼저 보는 게 가장 유리합니다.
1, 2, 3의 경우 A와 b가 각각 몇인지를 고려해야 하는데, 0은 0+0으로 확정되기도 하고,
무엇보다 b가 없으므로 B'만' 가지고 있음을 알 수 있기 때문입니다.

따라서 표현형을 고려할 때, A+b가 0인 ㉠은 1 또는 2여야 합니다.
그런데 5에서 (나)가 발현되지 않았으므로 ㉠은 1이고, (나)가 X 염색체에 있는 유전자임을 알 수 있습니다.
(* ㉠이 2일 경우, 2와 5의 표현형은 서로 같아야 합니다.)
또한, 구성원 1은 A가 없으므로 a만 가지고 있는데, (가)가 발현되

었으므로 (가)는 병이 열성입니다.

실제로 이 문제를 처음 풀 때는, 이후에도 표를 해석하며 (가)의 성/상을 찾는 게 바람직한 태도입니다.
실제로 저도 처음 이 문제를 풀 때는 조건들을 토대로 (가)의 성/상을 찾으려 했습니다.
하지만 이 문제는 성/상을 고려하여 표를 해석해도 (가)의 성/상이 나오지 않습니다.
따라서 (가)의 성/상을 가정해야만 하는 문제입니다.
(* 이렇게 출제된 적은 처음입니다.
개인적으로 이렇게 내는 게 좋은 문제인지는 잘 모르겠지만,
평가원에서 이렇게 출제하였으므로 가정하여 푸는 것도 대비하셔야 합니다.)

만약 (가)도 X 염색체에 있는 유전자라면,
구성원 5의 유전자형은 병정 / Y
구성원 6의 유전자형은 병병 / Y
이므로 구성원 2의 유전자형은 병정 / 병병입니다.
따라서 (가)에 대해 병 유전자로 동형 접합성을 갖게 되는데, (가)가 발현되지 않았으므로 모순됩니다.

따라서 (가)는 상염색체에 있는 유전자입니다.

이후 가계도를 완성하면 다음과 같음을 알 수 있습니다.

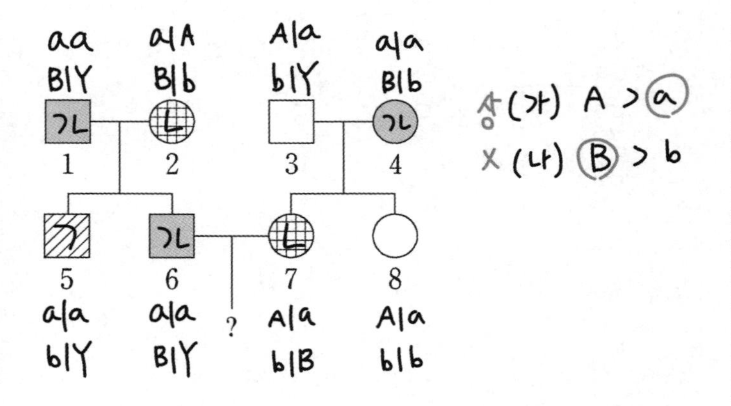

이를 토대로 매칭하면 다음과 같습니다.

구성원	㉠	㉡	㉢	㉣	㉤	㉥
번호	1	5	2	4	3	8

선지 해설

ㄱ ✗

ㄷ (가)는 발현, (나)는 정상이어야 합니다.

(가)가 발현될 확률 : $\frac{1}{2}$, (나)가 정상일 확률 : $\frac{1}{4}$이므로

$\frac{1}{2} \times \frac{1}{4} = \frac{1}{8}$입니다.

comment

이런 식으로 DNA 상대량이 문제에 주어진 경우, 부모와 자녀의 표현형이 서로 다를 경우, 각각 열성 유전자를 가짐을 활용하면 유용한 경우가 많습니다.

예를 들어, 형질 (가)를 결정하는 유전자가 A와 a이고, A>a일 때,
엄마와 아들의 표현형이 서로 다르다면, 엄마가 아들에게 a를 주었음을 확정할 수 있으므로
엄마와 아들 각각이 a를 가짐을 알 수 있습니다.

이는 성/상을 고려할 때, 엄마-딸, 엄마-아들, 아빠-딸 관계에서는 항상 사용할 수 있지만,
아빠-아들의 경우 성염색체에 있는 유전자일 경우 Y 염색체를 주게 되므로 사용할 수 없습니다.
(* 물론 상염색체에 있는 유전자일 경우 항상 사용할 수 있습니다.)

37 23학년도 4월 19번 | 정답 ②

문항 해설

1. 가계도 해석

구성원 4, 5, 6 → 4와 5는 (나)가 걸렸는데 6은 걸리지 않았으므로 (나)는 병이 우성입니다.

2. 추가 조건 해석

3, 4, 5에서 4와 5는 (나)가 걸렸으므로 T를 반드시 갖고 있습니다. 따라서 ㉠=0이고, H가 없는데 3은 (가)가 발현되었으므로 (가)는 병이 열성입니다.
이를 통해 4는 H를 갖고 있지 않음을 알 수 있으므로 ㉡=1이고, 남은 ㉢=2입니다.

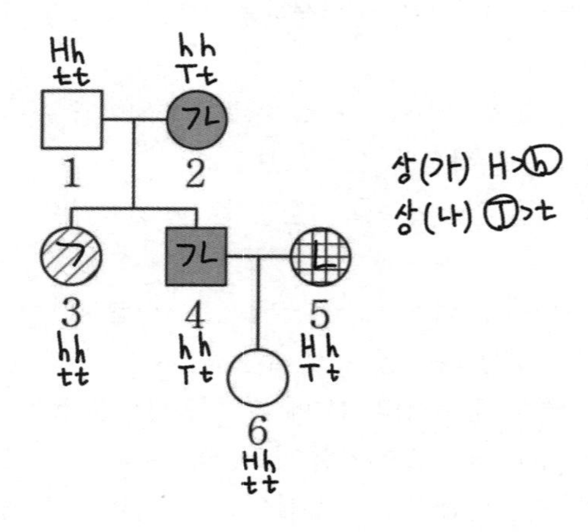

선지 해설

ㄱ ㄴ

ㄷ (가)가 발현될 확률 : $\frac{1}{2}$, (나)가 발현될 확률 : $\frac{3}{4}$이므로 $\frac{1}{2}\times\frac{3}{4}=\frac{3}{8}$입니다.

38 23학년도 10월 20번 | 정답 ①

문항 해설

1. 가계도 해석

구성원 2와 5 → X 염색체에 있는 유전자라면 (나)는 병이 우성
구성원 3과 7 → X 염색체에 있는 유전자라면 (나)는 정상이 우성
따라서 (나)는 상염색체에 있는 유전자이고, (가)는 X 염색체에 있는 유전자입니다.

(가)는 구성원 3과 6에서 정상이 우성임을 알 수 있습니다.

2. 추가 조건 해석

(가)는 정상이 우성이므로 3과 7은 A가 없음을 알 수 있습니다.
따라서 ⓐ와 ⓑ는 A의 DNA 상대량이 0이므로 3일 수 없으므로 ⓒ=3입니다.
구성원 5는 남자이므로 유전자형이 AYbb임을 알 수 있습니다.
따라서 (나)는 병이 우성입니다.

7은 (나)가 발현되지 않았으므로 ⓐ=2이고, 남은 ⓑ=1입니다.

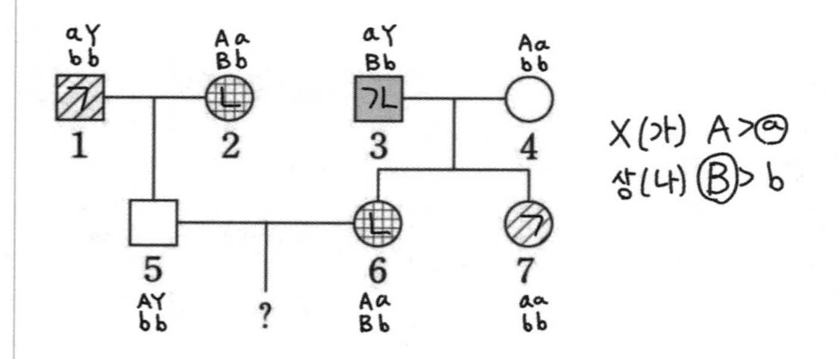

선지 해설

ㄱ ㄴ

ㄷ (가)가 발현될 확률 : $\frac{1}{4}$, (나)가 발현될 확률 : $\frac{1}{2}$이므로 $\frac{1}{4}\times\frac{1}{2}=\frac{1}{8}$입니다.

39 〉 22학년도 수능 19번 ❙ 정답 ④

문항 해설

1. 가계도 해석

1) 부모와 다른 표현형인 자녀 → ×

2) 구성원 1와 6 → X 염색체에 있는 유전자라면 (나)는 병이 우성

2) 조건 해석

㉠+㉡의 DNA 상대량 합을 해석해야 합니다.

일단, 1, 3, 6 ⓐ에서 확정 가능한 유전자를 나열하면 다음과 같음을 알 수 있습니다.

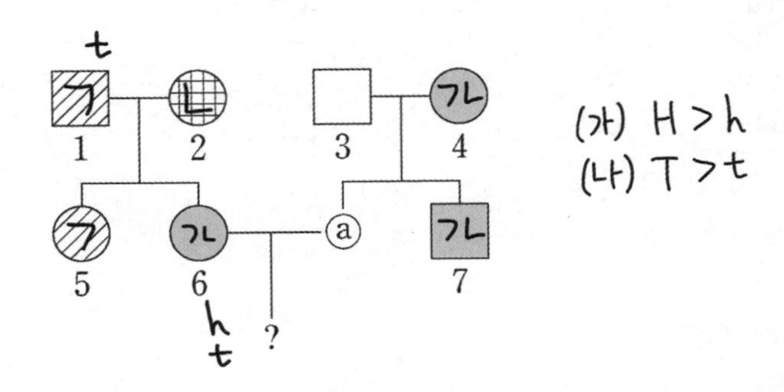

(* 구성원 1과 6의 (나)에 대한 표현형이 서로 다르므로 각각 t를 가짐을 알 수 있습니다.
구성원 2와 6의 (가)에 대한 표현형이 서로 다르므로 각각 h를 가짐을 알 수 있습니다.
구성원 3과 7은 아빠와 아들이므로 성염색체에 있는 유전자일 경우 열성 유전자를 갖지 않을 수 있으므로 제외했습니다.)

이때 6에서 ㉠+㉡이 3이므로 ㉠과 ㉡은 모두 우성 유전자일 수는 없습니다.
3은 ㉠+㉡이 0인데 3과 6의 표현형은 아예 다릅니다. 따라서 ㉠과 ㉡은 모두 열성 유전자일 수 없습니다.
따라서 ㉠과 ㉡ 중 하나는 우성, 다른 하나는 열성 유전자임을 알 수 있습니다.

이때, 3은 (가)와 (나) 중 한 유전자에 대해 우성 유전자만 갖고 있는데 7은 (가)와 (나)가 모두 발현되었으므로
해당 유전자는 X 염색체에 있는 유전자입니다.

그런데, (나)는 X 염색체에 있는 유전자라면 병이 우성임을 알고 있으므로
3은 (가)에 대한 유전자를 우성 유전자만 갖고 있고, (가)는 X 염색체에 있는 유전자입니다.
또한 ㉠이 h, ㉡이 T이고, 3의 표현형을 통해 (가)는 정상이 우성, (나)는 병이 우성임을 알 수 있습니다.

이때, 22학년도 9월 모의고사 가계도 문제와 마찬가지로
(나)가 상염색체에 있는 유전자인지, 성염색체에 있는 유전자인지는 조건만으로는 확정할 수 없어 가정해야 합니다.

만약 (나)가 X 염색체에 있는 유전자라면,
구성원 1의 유전자형은 ht / Y이므로 5와 6은 1에게 ht를 받게 됩니다.

5는 (가) 발현 / (나) 정상이므로 ht / ht이고,
6은 (가) 발현 / (나) 발현이므로 ht / hT입니다.

따라서 2는 hhTt가 되는데, 2는 (가)가 발현되지 않으므로 모순됩니다.
따라서 (나)는 상염색체에 있는 유전자입니다.

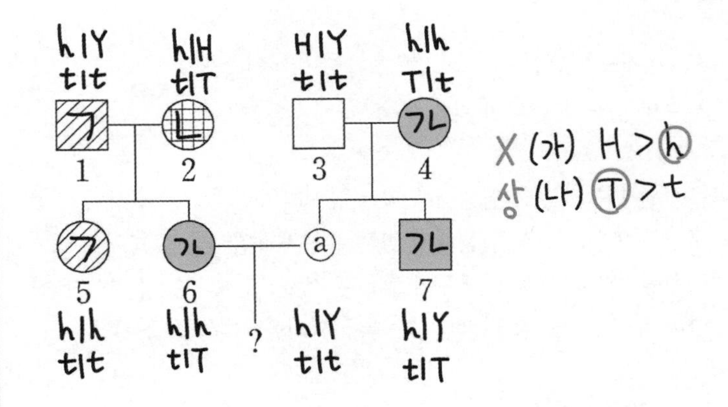

선지 해설

ㄱ ㉡

ㄷ (가)가 발현될 확률 : 1, (나)가 발현될 확률 : $\frac{1}{2}$이므로

$1 \times \frac{1}{2} = \frac{1}{2}$입니다.

☑ comment

> 검토진 : DNA 상대량 조건에서는 4와 0 등 특수한 값에 주목해서 보아야 하므로 구성원 3을 제일 먼저 중점적으로 살펴보아야 합니다.
>
> 이 문제에서 파악해 볼 수 있는 조건들은
> ① 3에서 ㉠과 ㉡이 없는데 (가)와 (나) 두 형질 모두 정상이므로 ㉠과 ㉡은 병 유전자이다.
> ② 3이 정상 유전자만 가지고 있는데, 7에서 (가)와 (나)가 모두 발현되었으므로 상염색체에 있는 유전자일 경우 정상이 열성이다.
> 등이 있습니다.

40 〉 22학년도 7월 15번 ❙ 정답 ①

문항 해설

1. 가계도 해석

부모와 다른 표현형인 자녀 → ×

구성원 1과 5 → X 염색체에 있는 유전자라면 (가)는 정상이 우성
구성원 3과 8 → X 염색체에 있는 유전자라면 (가)는 병이 우성
구성원 3과 7 → X 염색체에 있는 유전자라면 (나)는 정상이 우성
따라서 (가)는 상염색체에 있는 유전자임을 알 수 있습니다.

2. 조건 해석

표에서 ㉠과 ㉢의 DNA 상대량 합과 ㉡과 ㉣의 DNA 상대량 합을 더하면
㉠+㉡+㉢+㉣의 DNA 상대량 합을 알 수 있습니다.

그런데 Ⅰ과 Ⅲ에서 합이 3이고, Ⅱ에서는 합이 4이므로
(가)와 (나) 중 한 쌍은 상염색체에 있는 유전자이고, 다른 한 쌍은 X 염색체에 있는 유전자이며,
Ⅰ과 Ⅲ은 남자이고, Ⅱ는 여자임을 알 수 있습니다.

따라서 (나)는 X 염색체에 있는 유전자이고 정상이 우성입니다.

또한, Ⅱ는 8인데, (나)에 대한 유전자형이 bb이므로 ㉣이 b이고, 남은 ㉢은 B임을 알 수 있습니다.
그러면 Ⅱ는 ㉠과 ㉡이 1개씩 있으므로 (가)에 대한 유전자형이 Aa로 결정되는데 (가)가 발현되었으므로 (가)는 병이 우성입니다.

구성원 Ⅰ은 B만 있으므로 Ⅰ이 6임을 알 수 있는데, Ⅰ의 (가)에 대한 유전자형이 ㉠㉠인데 (가)가 발현되지 않았으므로 ㉠은 a이고, ㉡이 A입니다. 남은 Ⅲ은 3입니다.

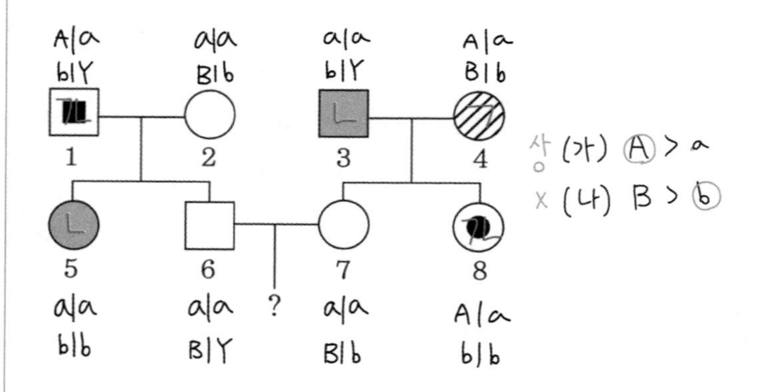

선지 해설

㉠ ✓

✗ 6과 7의 (가)에 대한 유전자형이 모두 aa이므로 (가)가 발현될 확률은 0입니다.
따라서 (나)가 발현될 확률만 구하면 되는데, 이는 $\frac{1}{4}$ 입니다.

41 15학년도 9월 20번 | 정답 ⑤

☑ 참고

원래 문제의 2번째 조건은 '㉠과 ㉡은 각각 한 쌍의 대립유전자에 의해 결정되며, 각 형질에서 대립유전자 사이의 우열 관계는 분명하다.'였습니다. 이 경우 복대립 유전을 고려할 때 문제를 풀 수 없으므로 수정했습니다.

문항 해설

1. 가계도 해석

부모와 다른 표현형인 자손

1) 구성원 1과 2는 ㉠이 발현되었는데 아들은 정상 → ㉠은 병이 우성
2) 구성원 4와 5는 ㉡이 정상인데 6은 발현 → ㉡은 병이 열성

2. 혈액형 찾기

㉠과 ㉡에 대한 우열을 다 채우면 아래와 같습니다.

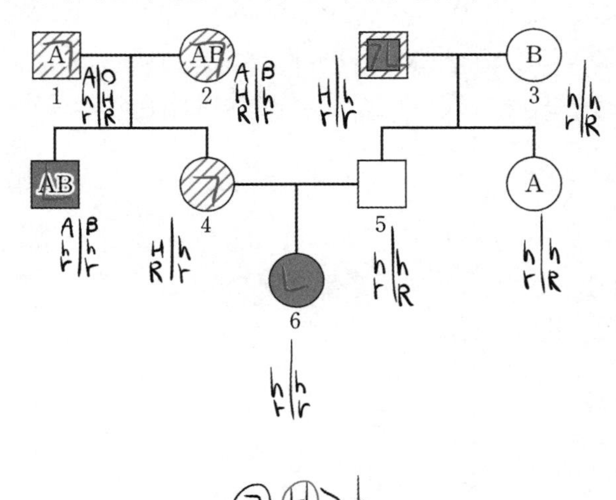

구성원 4의 ABO식 혈액형에 대한 유전자형은 이형 접합성이므로, OB임을 알 수 있습니다.
구성원 3은 B형이고, hR이 있는 염색체를 딸에게 주었습니다. 그런데 딸은 A형이므로 구성원 3의 유전자형은 Bhr / OhR임을 알 수 있습니다.
이후에는 에미넴이 랩하듯 채우다보면 아래와 같습니다.

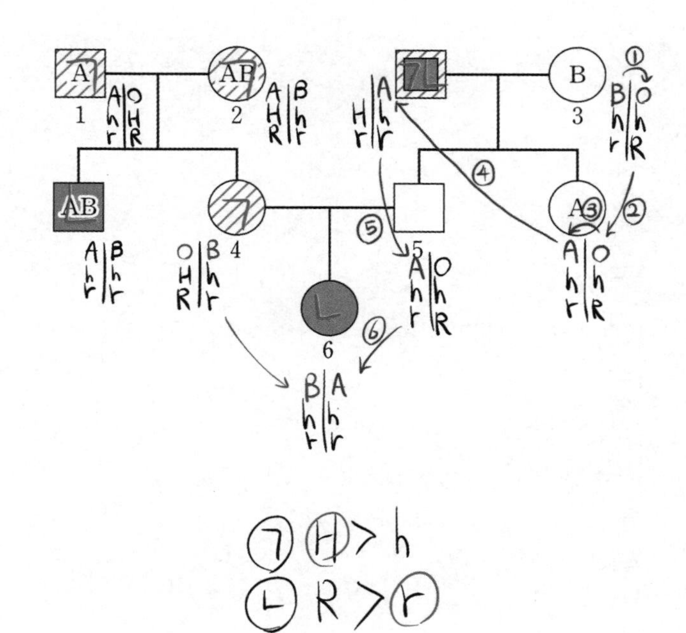

선지 해설

ㄱ Hh로 같습니다.

ㄴ 맞습니다.

ㄷ Bhr / OhR 만 가능하므로 $\frac{1}{4}$이 맞습니다.

42 〉 19학년도 6월 10번 | 정답 ③

문항 해설

1. 가계도 해석

구성원 1과 2는 ㉠이 발현되었는데, 3은 정상이므로 ㉠은 병이 우성입니다.

2. 혈액형 찾기

가계도를 주어진 조건대로 채우면 다음과 같습니다.

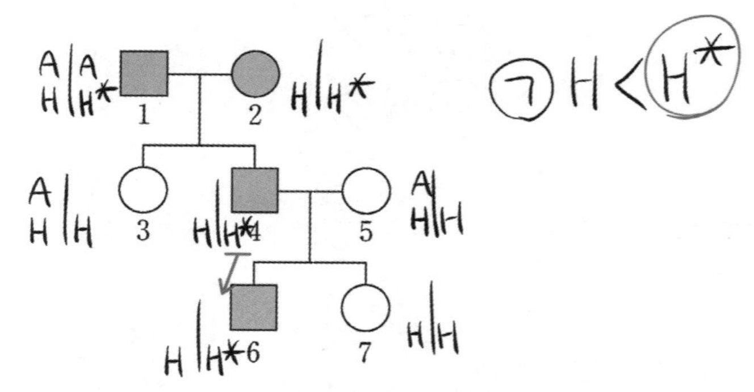

구성원 6의 H*는 4에게 받은 H*입니다.
그런데 6은 B형이어야 하므로 H*에 A가 같이 있으면 안 됩니다.
따라서 구성원 2에게 H*를 받았음을 알 수 있습니다.
구성원 5는 A형이므로 유전자형이 AA 또는 AO입니다.
그런데 B형인 6이 태어날 수 있어야 하므로 AO이고, 6에게 OH를 줬음을 알 수 있습니다.

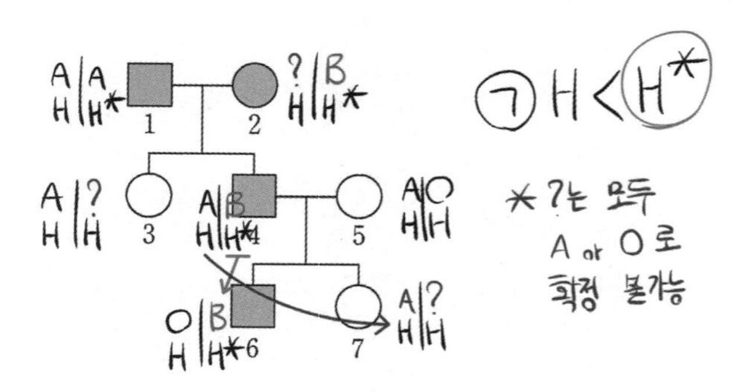

선지 해설

㉠

ㄴ 2로부터 받은 유전자입니다.

ㄷ 구성원 4에게 AH를 받기만 하면 되므로 $\frac{1}{2}$입니다.

43 〉 22학년도 4월 18번 | 정답 ⑤

문항 해설

1. 가계도 해석

부모와 다른 표현형인 자녀 → 구성원 3, 4, 7에서 (나)는 병이 열성

구성원 4&7 → X 염색체에 있는 유전자라면 (가)는 병이 우성, (나)는 정상이 우성
구성원 5&8 → X 염색체에 있는 유전자라면 (나)는 병이 우성이므로 (나)는 상염색체에 있는 유전자이고, (가)는 X 염색체에 있는 유전자이며 우성 형질입니다.

2. 조건 해석

혈액형을 추론해야 하는데,
ⓐ, 5, 8, 9의 혈액형이 모두 다르고 5가 A형이므로
ⓐ는 B형이고, 8과 9는 각각 AB형과 O형 중 한 명임을 알 수 있습니다.
(* ⓐ, 5, 8, 9처럼 가족 4명의 표현형이 모두 다르려면 부모가 AO/BO이고, 자녀가 AB/OO거나
반대로 부모가 AB/OO이고, 자녀가 AO/BO임은 알고 계셔야 합니다.)

1은 A형인데 ⓐ가 B형이므로 각각 AO, BO임을 알 수 있고,
연관된 유전자인 (나)의 우열을 알고 있으므로 (나)를 고려하여 채우면 다음과 같음을 알 수 있습니다.

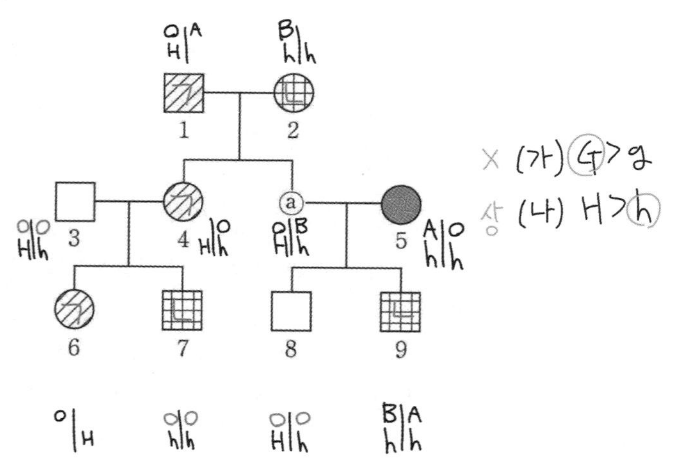

(* 파란색 O는 3, 7, 8의 혈액형이 같다는 조건으로 채운 겁니다.)

이때, 6이 A형이어야 하므로 4가 AH임을 알 수 있고, 이는 1에게서 받은 유전자이므로 1은 AA임을 알 수 있습니다.
이를 통해 가계도를 모두 채우면 다음과 같습니다.

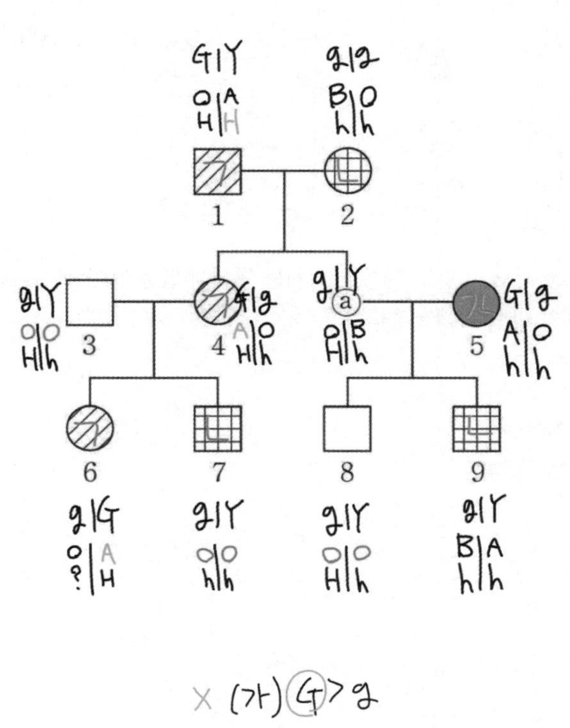

선지 해설

ㄱ

ㄷ (가)가 발현될 확률 : $\frac{1}{2}$, A형이면서 (나)가 발현되지 않을 확률 : $\frac{1}{2}$이므로

$\frac{1}{2} \times \frac{1}{2} = \frac{1}{4}$입니다.

44

18학년도 10월 15번 | 정답 ④

문항 해설

1. 가계도 해석

부모와 다른 표현형인 자손 → ×

2. 추가 조건 이용

구성원 1, 2, 3, 4는 순서대로 A, B, A, AB형이고, 3, 4, 5의 혈액형은 모두 달라야 합니다.
서로 다른 세 사람이 A(또는 B)를 가질 경우 셋의 혈액형이 서로 다를 순 없으므로
구성원 1과 2의 유전자형은 각각 AO, BO입니다.
(* AA(또는 BB)면 3, 4, 5에게 A(또는 B)를 반드시 줘야하므로 3, 4, 5의 혈액형이 모두 다를 수 없습니다.)

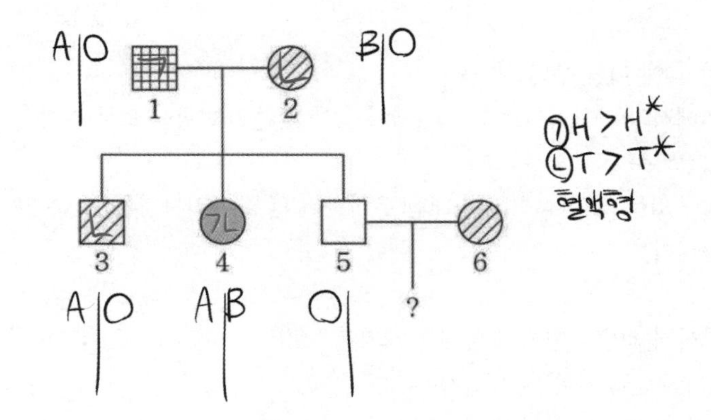

3. 우열 찾기

1) ㉠에 대한 우열 찾기

구성원 1, 3, 4에서 A가 있는 염색체는 모두 같은 염색체입니다.
따라서 A가 있는 염색체에 ㉠에 대한 유전자도 모두 같은 유전자입니다.
그런데 1, 3, 4의 ㉠에 대한 표현형이 모두 같지는 않으므로 A가 있는 염색체에 있는 유전자는 열성 유전자임을 알 수 있습니다.

따라 1의 A 염색체 옆에 유전자는 '병'
3의 A 염색체 옆에 유전자는 '정'
4의 A 염색체 옆에 유전자는 '병'
임을 알 수 있습니다.
(* A 염색체에 있는 ㉠에 대한 유전자가 '열성'이므로 표현형 발현

에 영향을 끼치지 못합니다.)

따라서 구성원 2의 유전자형은 B병 / O정이 되므로 ㉠에 대해 병 유전자와 정상 유전자를 모두 갖게 됩니다.

그런데 ㉠에 대해 정상이므로 ㉠은 정상이 병에 대해 우성임을 알 수 있습니다.

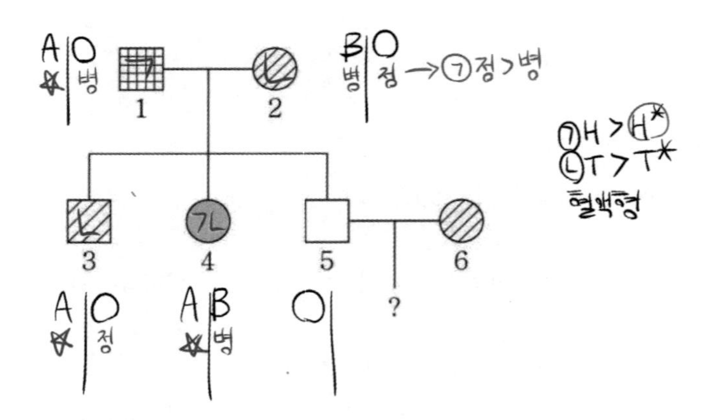

(* 물론 1, 3, 4 말고 다른 염색체를 통해 우열을 찾아도 됩니다. 여러 가지 방법이 가능합니다.)

2) ㉡에 대한 우열 찾기

위에서와 마찬가지로 1, 3, 4에서 ㉡에 대한 표현형이 모두 같지는 않으므로

A가 있는 염색체에 ㉡에 대한 유전자는 열성 유전자임을 알 수 있습니다.

따라서 1의 A 염색체 옆에 유전자는 '정'
3의 A 염색체 옆에 유전자는 '병'
4의 A 염색체 옆에 유전자는 '병'
임을 알 수 있습니다.

그러므로 2는 ㉡에 대한 유전자형이 병 유전자로 동형 접합성이므로 구성원 5도 2에게서 '병' 유전자를 받아야 합니다.

그런데 5는 ㉡에 대해 정상이므로 ㉡은 정상이 병에 대해 우성임을 알 수 있습니다.

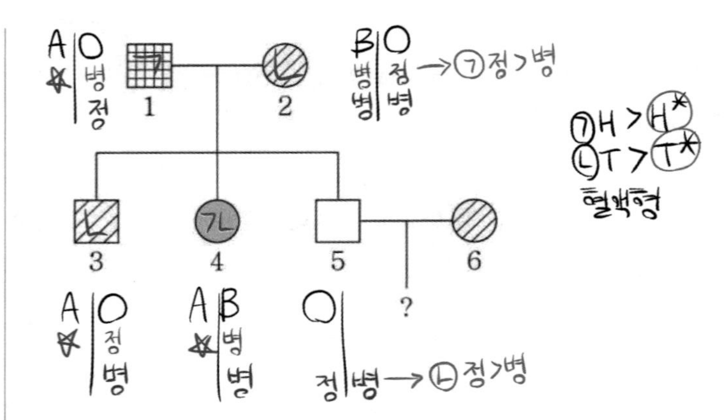

(* 물론 1, 3, 4 말고 다른 염색체를 통해 우열을 찾아도 됩니다. 여러 가지 방법이 가능합니다.)

선지 해설

ㄱ

ㄷ

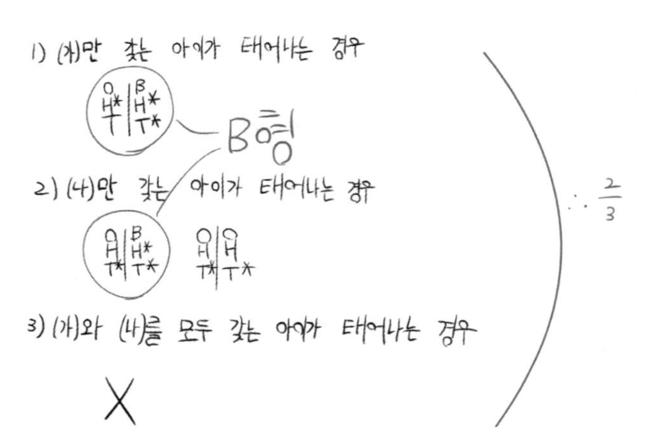

45 〉 17학년도 4월 19번 | 정답 ①

문항 해설

1. 가계도 해석

부모와 다른 표현형인 자손 : 구성원 1과 2는 ㉡에 대해 정상인데 5는 병 → ㉡은 병이 열성

2. 가계도 채우기

혈액형과 ㉡만으로 최대한 유전자를 채우면 다음과 같습니다.

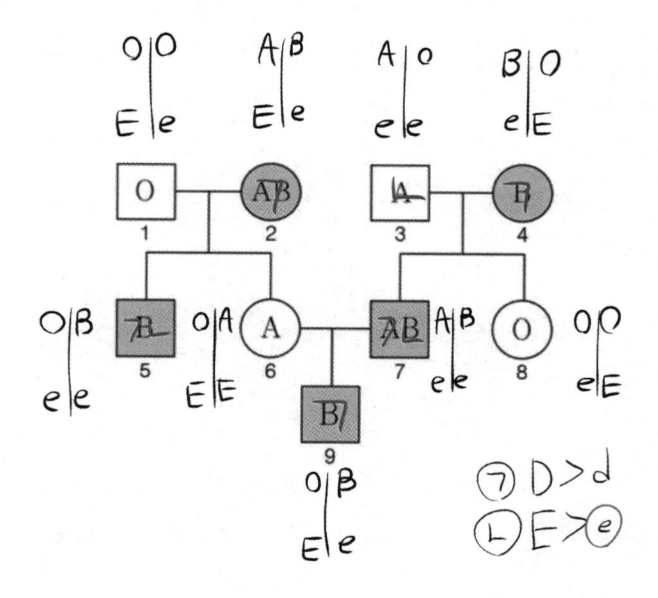

구성원 1, 6, 9에서 O와 E가 있는 염색체는 모두 같은 염색체입니다.
따라서 ㉠에 대한 유전자도 모두 같은 유전자(☆)를 갖고 있습니다.
그런데 1, 6, 9의 ㉠에 대한 표현형이 모두 같지는 않으므로 ☆은 열성 유전자임을 알 수 있습니다.
따라서 6의 A와 E가 있는 염색체에 ㉠에 대한 유전자는 '정상' 유전자입니다.
(* 열성 유전자는 표현형에 영향을 끼치지 못합니다.)

마찬가지로, 구성원 1과 5에서 O와 e가 있는 염색체는 같은 염색체입니다.
따라서 ㉠에 대한 유전자도 같은 유전자(ㅁ)를 갖고 있습니다.
그런데 1과 5의 ㉠에 대한 표현형이 서로 다르므로 ㅁ은 열성 유전자임을 알 수 있습니다.
따라서 5의 B와 e가 있는 염색체에 ㉠에 대한 유전자는 '병' 유전자입니다.
(* 열성 유전자는 표현형에 영향을 끼치지 못합니다.)

따라서 구성원 2는 ㉠에 대한 유전자가 '정병'으로 이형 접합성인데 ㉠이 발현되었으므로
㉠은 병이 정상에 대해 우성임을 알 수 있습니다.

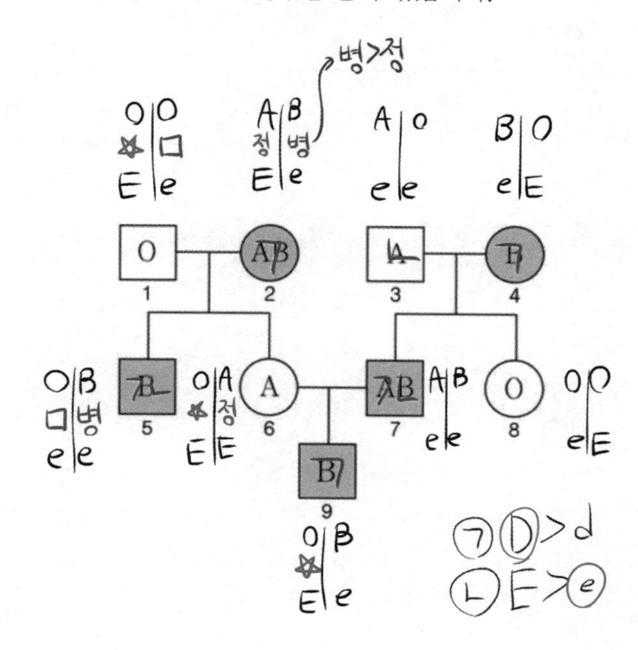

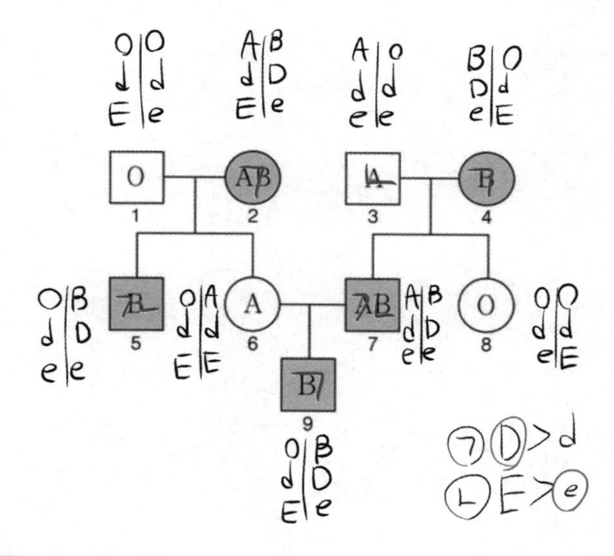

선지 해설

ㄱ. ㉠은 우성 형질이 맞습니다.

ㄴ. 6은 E만 갖고 있습니다.

ㄷ. 7에게서 B, D, e가 있는 염색체를 받는다면, ㉠과 ㉡ 중 ㉠만 발현되게 되므로 $\frac{1}{2}$ 입니다.

☑ comment

> 검토진 : 유전 형질 ㉠의 우열을 결정하는 과정에서, 단순히 귀류법을 사용하는 방법보다는 해설에서 제시된 유전자의 이동에 따른 논리도 잘 익혀두시길 바랍니다. 변별하는 요소 중 하나로 쓰일 수 있습니다.

46 〉 21학년도 수능 15번 ▎ 정답 ②

문항 해설

1. 가계도 해석

구성원 3과 4는 (나)에 대해 정상인데 6은 (나)가 발현되었으므로 (나)는 병이 열성이고 상염색체에 있는 유전자입니다.
따라서 (가)와 (다)는 X 염색체에 있는 유전자입니다.

X 염색체에 있는 유전자이므로 구성원 3과 7에서 (가)는 병이 우성임을 알 수 있습니다.

2. (다)의 우열 찾기

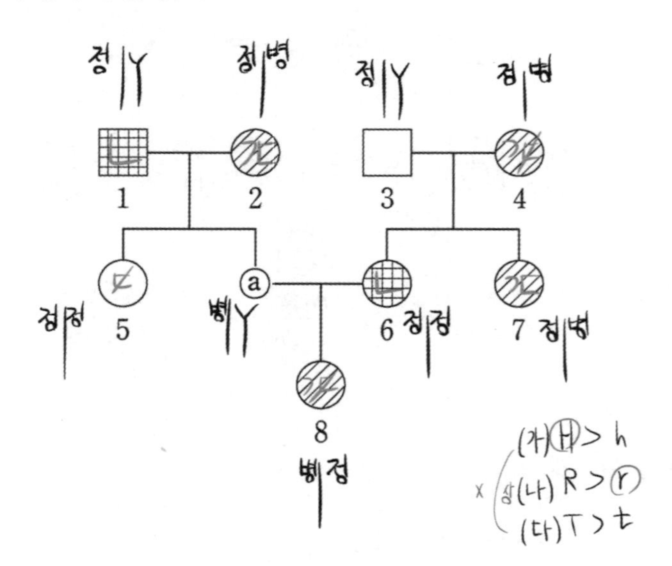

연관 관계를 통해 (다)의 우열을 알아내야 하므로 (가)에 대한 유전자를 가계도에 나타내면 위와 같습니다.
이때 구성원 2, ⓐ, 8에서 (가)에 대한 '병' 유전자가 있는 염색체는 모두 같은 염색체임을 알 수 있습니다.

따라서 같이 있는 (다)에 대한 유전자를 ☆이라 할 때, 2와 8에서 (다)에 대한 표현형이 서로 다르므로 ☆은 열성 유전자임을 알 수 있습니다.
(* ☆이 우성 유전자라면 2와 8의 (다)에 대한 표현형이 같아야 합니다.)

☆이 열성 유전자이므로 구성원 2에서
(가)에 대한 정상 유전자가 있는 염색체에서 (다)에 대한 유전자는 병 유전자임을 알 수 있습니다.
(* ☆은 열성 유전자이므로 표현형 결정에 영향을 끼치지 못하기 때문입니다.)

따라서 2는 5에게 '정병' 유전자가 있는 염색체를 주게 되는데, 5에서 (다)가 발현되지 않았으므로
5는 (다)에 대한 정상 유전자를 가지고 있고, (다)는 정상이 병에 대해 우성임을 알 수 있습니다.

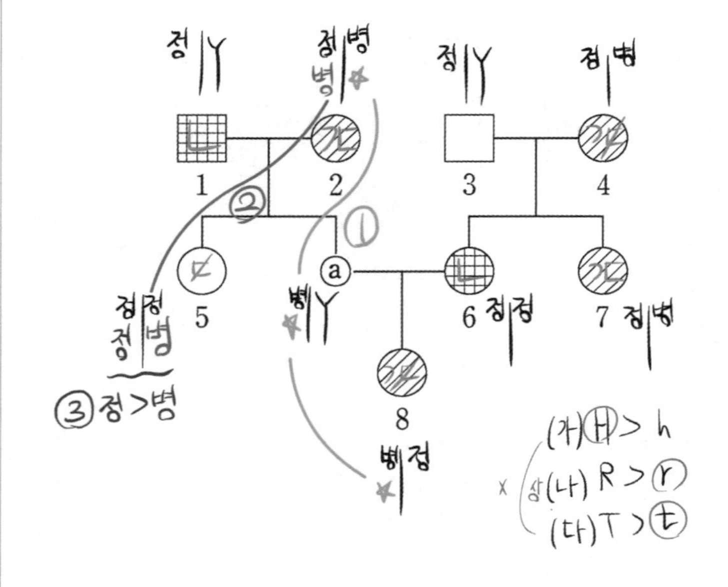

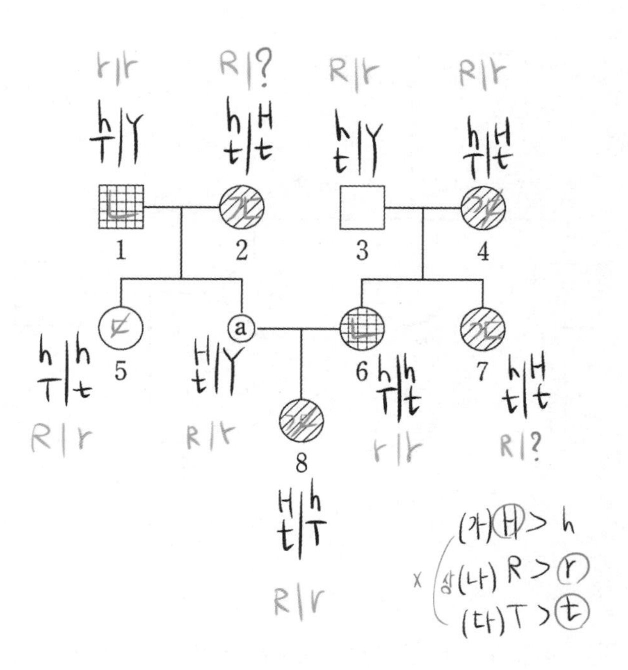

선지 해설

ㄱ. (나)는 상염색체에 있는 유전자입니다.

ㄴ.

ㄷ. (나)에 대해 정상일 확률 : $\frac{1}{2}$

(가)와 (다) 중 (가)만 발현될 확률 : $\frac{1}{4}$

이므로 $\frac{1}{2} \times \frac{1}{4} = \frac{1}{8}$ 입니다.

47 〉 18학년도 9월 19번 ❙ 정답 ⑤

문항 해설

1. 가계도 해석

부모와 다른 표현형인 자손

1) 구성원 1&2는 ㉠에 대해 정상인데 5는 ㉠이 발현되었으므로 ㉠은 병이 열성

2) 구성원 6&7은 ㉡이 발현되었는데 9는 ㉡에 대해 정상이므로 ㉡은 병이 우성

2. 혈액형 찾기

혈액형 표를 통해

3 : O형, 5 : B?, 8 : O형, 9 : AB형임을 알 수 있으므로,

혈액형과 ㉠, ㉡에 대한 유전자를 다 채우면 다음과 같습니다.

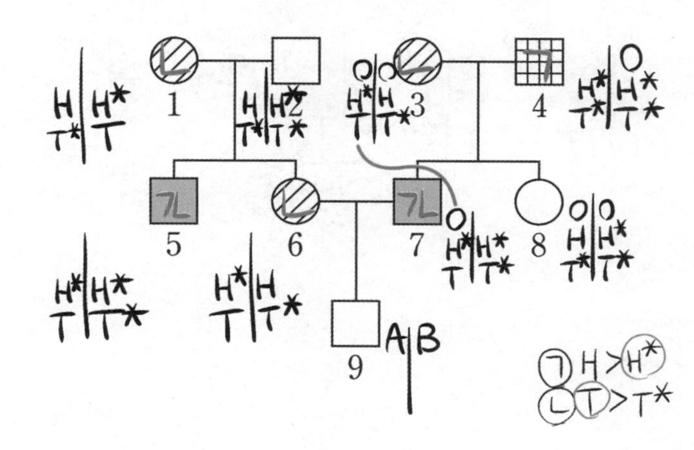

이때, 구성원 1, 5, 6에서 T가 있는 염색체는 모두 동일한 염색체입니다.

따라서 혈액형 유전자 또한 동일합니다.

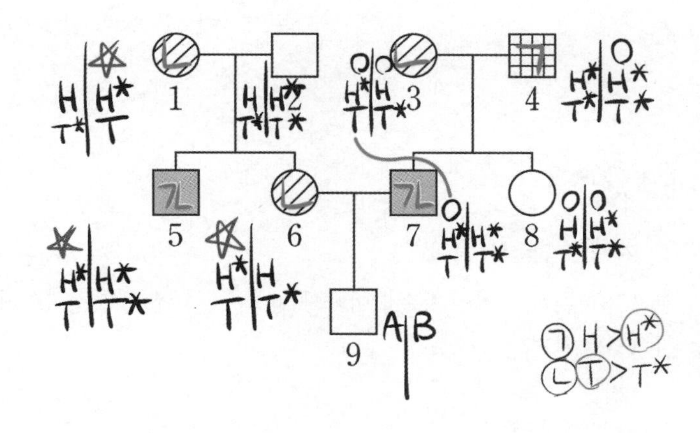

그런데 1, 5, 6의 혈액형이 모두 달라야 하므로 위의 보라색 별은 O임을 알 수 있습니다.

(* 서로 다른 세 명이 응집원 A(또는 B)를 공유하면 셋 다 혈액형이 다를 수 없습니다. 이는 굉장히 자주 쓰이므로 알아두시기 바랍니다.)

(* 해당 문제를 풀 때, 1, 2, 5, 6의 혈액형이 모두 다르므로

1과 2는 AB, OO 5와 6은 AO, BO

또는

1과 2는 AO, BO 5와 6은 AB, OO

중 하나임을 알고 푼 분도 많을 거라 생각합니다.

지금처럼 논리적으로 푸는 과정도 꼭 알아두시기 바랍니다.)

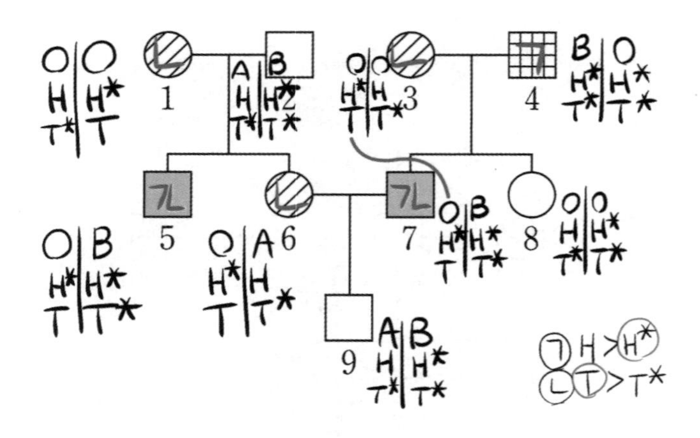

선지 해설

ㄱ ㄴ

ㄷ AHT* / OH*T 만 가능하므로 $\frac{1}{4}$가 맞습니다.

48 〉 19학년도 수능 19번 ❙ 정답 ⑤

문항 해설

1. 가계도 해석

부모와 다른 표현형인 자손 : 아빠와 엄마는 (가)에 대해 정상인데 자녀 2는 발현 → (가)는 병이 열성

2. 혈액형 찾기

주어진 조건대로 가계도를 표시하면 다음과 같습니다.

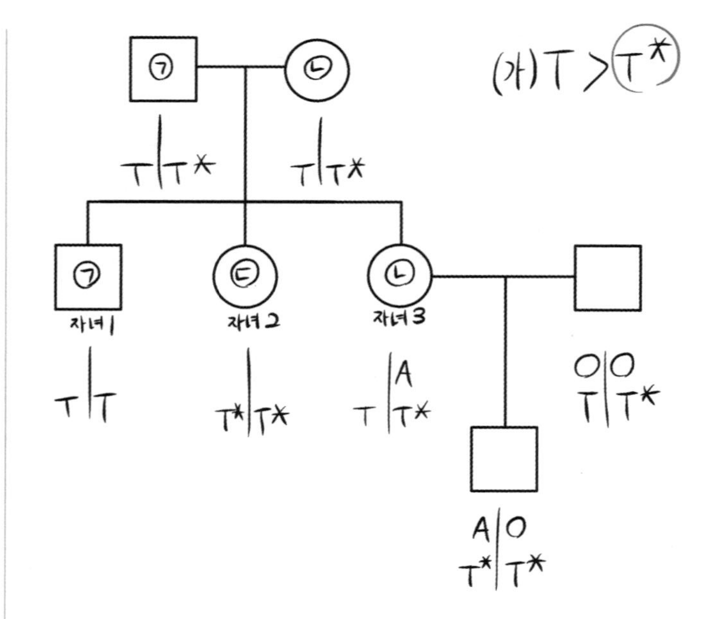

자녀 3의 AT*가 있는 염색체는 아빠와 엄마 중 한 사람에게 받은 염색체입니다.
아빠와 엄마의 (가)에 대한 유전자형이 TT*인데, 자녀 2는 T*T*이므로
자녀 2도 AT*가 있는 염색체를 갖고 있음을 알 수 있습니다.
(물론 자녀 3의 AT*가 있는 염색체가 엄마에게 받은 건지, 아빠에게 받은 건지는 아직 확정할 수 없습니다.)

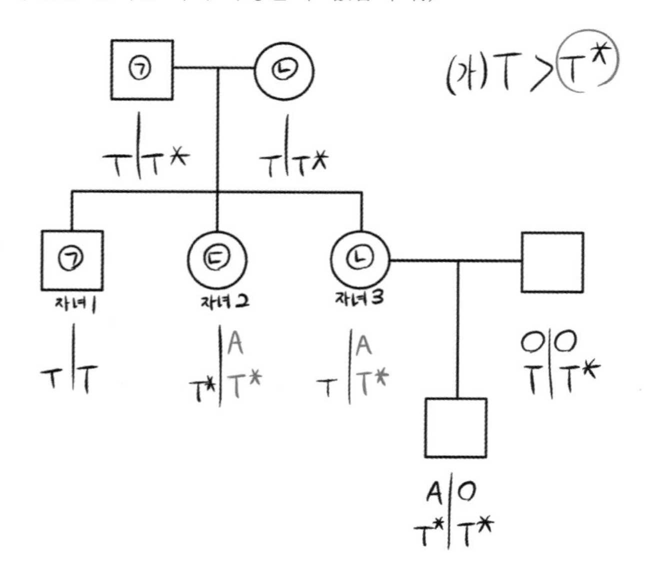

자녀 2와 3의 혈액형은 ㉢, ㉡으로 서로 다릅니다.
응집원 A(또는 B)를 서로 다른 세 사람이 가질 경우 셋의 혈액형이 다를 수는 없으므로
자녀 2와 3에서 AT*가 있는 염색체는 엄마에게 받은 염색체임을 알 수 있습니다.
(* 아빠에게 받았다면, 혈액형 ㉠, ㉢, ㉡이 셋 다 다를 수 없습니다.)

(* 응집원 A(또는 B)를 서로 다른 세 사람이 가질 경우 셋의 혈액형이 다를 수 없다는 건 꼭 알아두세요. 굉장히 자주 쓰입니다.)

여기서부터는 ㉢과 ㉡ 중 하나는 A형, 다른 하나는 AB형으로 가정을 해서 푸는 게 훨씬 쉽습니다.
시험장이라면 그렇게 푸셔도 당연히 괜찮습니다.
다만 이제 복대립 가계도가 본격적으로 나오기 시작했으므로 아래의 풀이도 같이 알아두시는 게 좋을 거라 생각합니다.

자녀 3과 엄마의 A 옆에 혈액형 유전자는 완전히 동일한 유전자임을 알 수 있습니다.
예를 들어, ㉡이 AB형이라면, B로 같을 거고,
㉡이 A형이라면 O로 같아야 합니다.
(* A로 같을 수는 없습니다. 서로 다른 세 사람이 A를 가지면 셋의 혈액형이 모두 다를 수 없습니다. 엄마가 AA일 경우, 자녀 1~3의 혈액형이 ㉠, ㉢, ㉡으로 모두 다를 수 없습니다. 자녀 3이 AA일 경우 아버지가 A를 갖게 되는데, 아버지가 A를 가질 경우 ㉠, ㉢, ㉡이 모두 다를 수 없습니다.)

따라서 옆의 혈액형을 ☆이라 두면, 자녀 2의 A 옆에 혈액형은 △ 정도로 둘 수 있습니다.

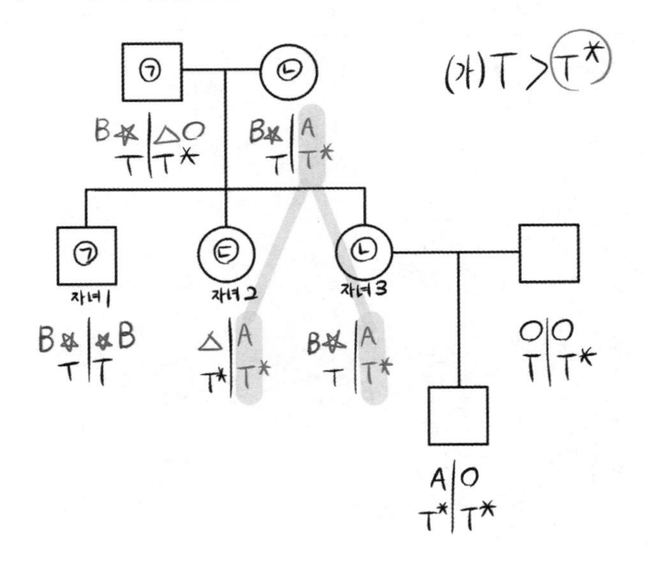

☆과 △는 각각 B와 O 중 하나이므로 유전자형이 ☆△인 아빠는 B형입니다.
자녀 1의 유전자형은 ☆☆인데 혈액형이 ㉠이므로 ☆이 B입니다.
(* 처음에는 이렇게 푸는 걸 어떻게 하냐 싶을 텐데, 하다보면 생각보다 쉽습니다.)

선지 해설

ㄱ. ㉡은 AB형입니다.

ㄴ. 아버지는 BO, 자녀 1은 BB 이므로 다릅니다.

ㄷ. 자녀 3에게 AT*를, 자녀 3의 배우자에게서 OT를 받아야 A형이면서 (가)가 발현되지 않으므로 $\frac{1}{4}$ 입니다.

comment

검토진 : 역대 평가원 가계도 문항 중 가장 난해한 문제였다고 생각합니다. 앞서 말했듯, 해설의 언급처럼 A(또는 B)유전자를 가지는 서로 다른 3개의 혈액형은 존재하지 않는다는 점을 기억해둡시다.

49 17학년도 9월 15번 | 정답 ②

문항 해설

1. 가계도 해석

구성원 1과 2는 ㉠이 발현되었는데 3은 ㉠에 대해 정상이므로 ㉠은 정상이 열성이며 상염색체에 있는 유전자입니다.

구성원 2와 3을 통해, ㉡이 X 염색체에 있는 유전자라면 정상이 우성임을 알 수 있습니다.

* 참고
현재 ㉠은 성/상과 우/열이 모두 나왔지만, ㉡은 성/상과 우/열이 모두 나오지 않았습니다.
그런데 추가적인 조건은 ㉠을 결정하는 유전자와 ㉡을 결정하는 유전자 중 하나만 혈액형을 결정하는 유전자와 같은 염색체에 있다는 게 전부입니다.
이때 ㉡이 혈액형을 결정하는 유전자와 같은 염색체에 있지 않으면, 과연 ㉡의 성/상과 우/열을 알 수 있을까요?
절대로 알 수 없습니다. 당장 성/상만 해봐도 둘 다 말이 됩니다.
따라서 이 경우에는 ㉡이 같은 염색체에 있음을 확정하고 풀어도 별 문제가 없습니다.

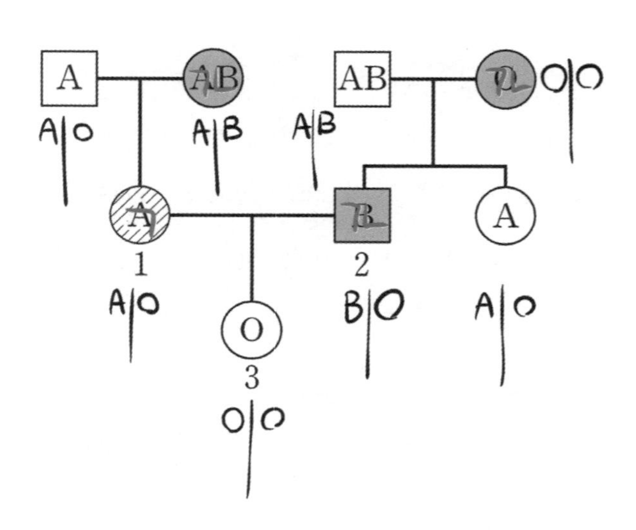

2. 조건 해석

㉠을 결정하는 유전자와 ㉡을 결정하는 유전자 중 하나만 혈액형을 결정하는 유전자와 같은 염색체에 있습니다.
따라서 혈액형을 먼저 채워놓고 생각해야 합니다.

구성원 2의 엄마, 구성원 2, 구성원 3에서 O가 있는 염색체는 모두 동열한 염색체임을 알 수 있습니다.
따라서 같이 있는 유전자도 모두 동일합니다.

이때 같이 있는 유전자가 우성 유전자라면 셋의 표현형도 완전히 동일해야 합니다.
그런데 셋의 표현형이 모두 같지는 않으므로 같이 있는 유전자는 열성 유전자임을 알 수 있습니다.

그런데 구성원 2의 어머니와 구성원 2는 ㉠과 ㉡이 모두 발현되었으므로 O가 있는 염색체 옆에는 '병' 유전자가,
구성원 3은 ㉠과 ㉡에 대해 모두 정상이므로 O가 있는 염색체 옆에 '정상' 유전자가 있음을 알 수 있습니다.
(* O와 같이 있는 유전자가 '열성' 유전자이기 때문에 표현형 발현에 영향을 끼치지 못하기 때문입니다.)

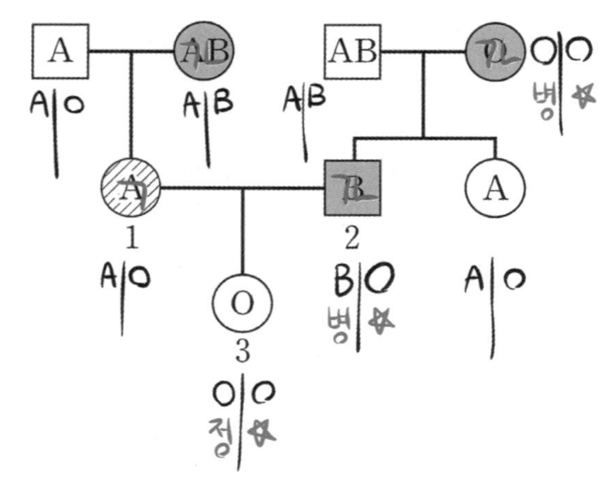

이때 구성원 2의 아빠는 2에게 B와 병 유전자를 줬으므로 아빠도 B와 병 유전자를 갖고 있어야 합니다.
그런데 ㉠과 ㉡에 대해 모두 정상이므로 정상 유전자도 갖고 있어야 하며, 정상이 병에 대해 우성임을 알 수 있습니다.
그런데 ㉠은 우성 형질임을 이미 알고 있습니다.
따라서 같은 염색체에 있는 유전자는 ㉡입니다.

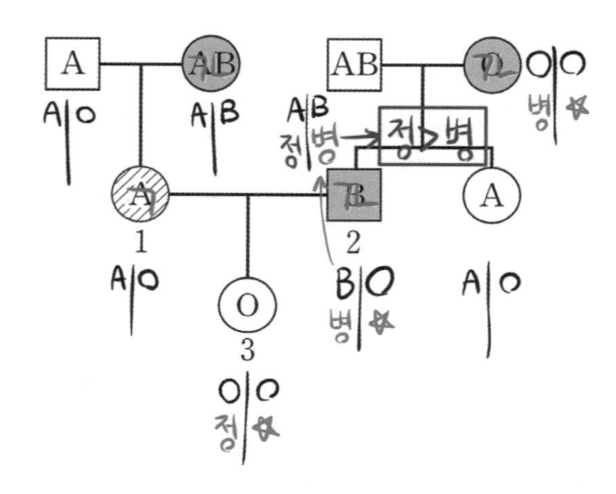

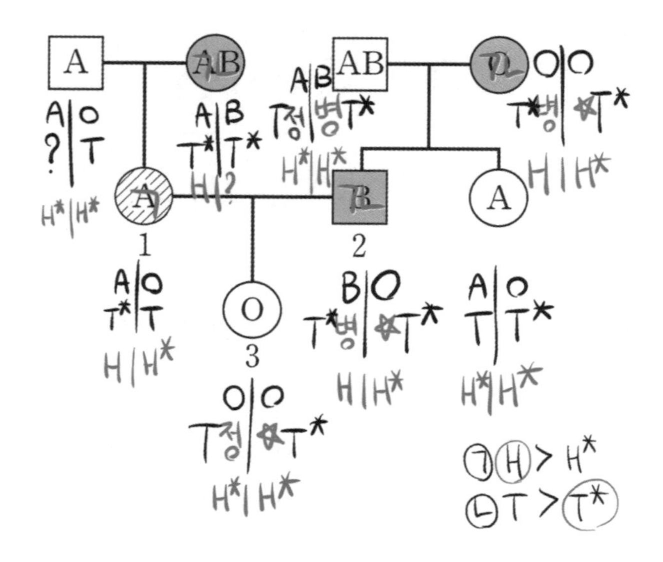

선지 해설

ㄱ. ~~ㄱ~~

ㄴ. T*T*이므로 맞습니다.

ㄷ. ㉠에 대해 정상일 확률 : $\frac{1}{4}$

㉡이 발현될 확률 : $\frac{2}{4}$

이므로 $\frac{1}{4} \times \frac{2}{4} = \frac{1}{8}$ 입니다.

50 17학년도 수능 17번 | 정답 ⑤

문항 해설

1. 가계도 해석

부모와 다른 표현형인 자손 : 구성원 6과 7은 ㉡에 대해 정상인데 8은 ㉡이 발현되었으므로 ㉡은 병이 열성입니다.

2. 유전자형 조건

구성원 2는 ㉠에 대한 유전자형이 동형 접합성이므로 '병' 동형 접합성입니다.

구성원 6은 2에게 ㉠에 대한 병 유전자를 받게 되는데 ㉠이 발현되지 않았으므로 정상 유전자도 있음을 알 수 있습니다.

남자인 6이 ㉠에 대한 유전자형을 이형 접합성으로 갖고 있으므로 상염색체에 있는 유전자이고, 정상이 병에 대해 우성임을 알 수 있습니다.

3. 혈액형 표 해석

1, 5, 6의 혈청은 각각 응집이 한 번 이상 됐으므로 α나 β를 갖고 있음을 알 수 있습니다.

그런데 1의 혈청은 1의 적혈구와 응집 반응이 일어나지 않는데, 5와 6의 혈청은 1의 적혈구와 응집 반응이 일어나므로 1의 혈청에는 α 또는 β 중 한 가지만 있음을 알 수 있습니다.

6의 혈청 또한 6의 적혈구와 응집 반응이 일어나지 않는데, 1과 5의 혈청은 6의 적혈구와 응집 반응이 일어나므로 6의 혈청에는 α 또는 β 중 한 가지만 있음을 알 수 있습니다.

따라서 1과 6은 각각 A형과 B형 중 하나입니다.

5의 혈청은 1의 적혈구와 6의 적혈구 모두에 응집되므로 응집소 α와 β가 모두 있음을 알 수 있습니다.

따라서 5는 O형입니다.

(* 사전에 혈액형별 +, − 패턴을 외워두시면 이렇게 해석할 필요가 없습니다.

다만, 구성원 1, 5, 6의 적혈구와 1, 5, 6의 혈장을 순서대로 제시해준 경우에만 사용 가능하다는 단점이 있습니다.

적혈구와 혈장의 순서를 임의로 섞거나, 1, 5, 6의 적혈구와 2, 3, 4의 혈장 등으로 나타내는 경우 사용할 수 없습니다.

따라서 논리적으로 생각해서 찾는 연습도 해두시는 걸 권장합니다.)

4. 추가 조건

1과 3은 β에 응집되지 않는다 했으므로 1이 A형이고, 6이 B형입니다.

3은 A형 또는 O형입니다.

5. 연관된 유전자 찾기

혈액형이 ㉠ 또는 ㉡ 중 하나의 유전자와 같은 염색체에 있으므로 혈액형을 먼저 다 채웁니다.

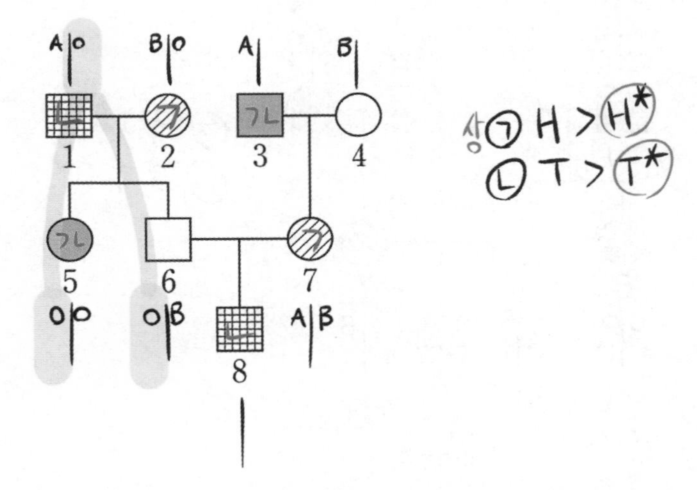

이때 구성원 1, 5, 6에서 O가 있는 염색체는 동일한 염색체입니다.

따라서 같이 있는 유전자도 같은 유전자입니다.

같이 있는 유전자가 '우성' 유전자였다면 1, 5, 6의 표현형이 모두 같아야 하는데,

1, 5, 6의 표현형이 모두 같지는 않으므로 '열성' 유전자가 같이 있음을 알 수 있습니다.

따라서 구성원 5의 O가 있는 염색체 옆에 '병' 유전자가,

구성원 6의 O가 있는 염색체 옆에 '정상' 유전자가 있음을 알 수 있습니다.

(* 열성 유전자는 표현형 발현에 영향을 끼치지 못하기 때문에 이렇게 쓸 수 있습니다.)

이는 구성원 2에게 받은 염색체이므로 2의 유전자형이 '병정'임을 알 수 있습니다.
그런데 ㉠과 ㉡은 모두 정상이 우성이므로 표현형이 정상인 ㉡이 혈액형과 같이 있는 유전자임을 알 수 있습니다.

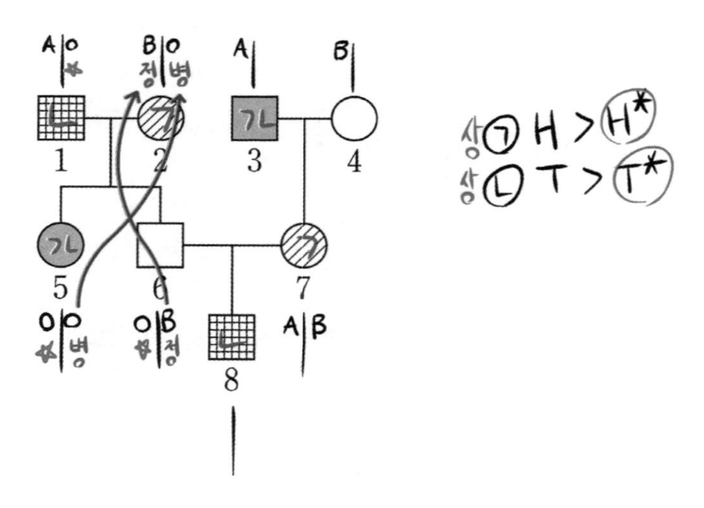

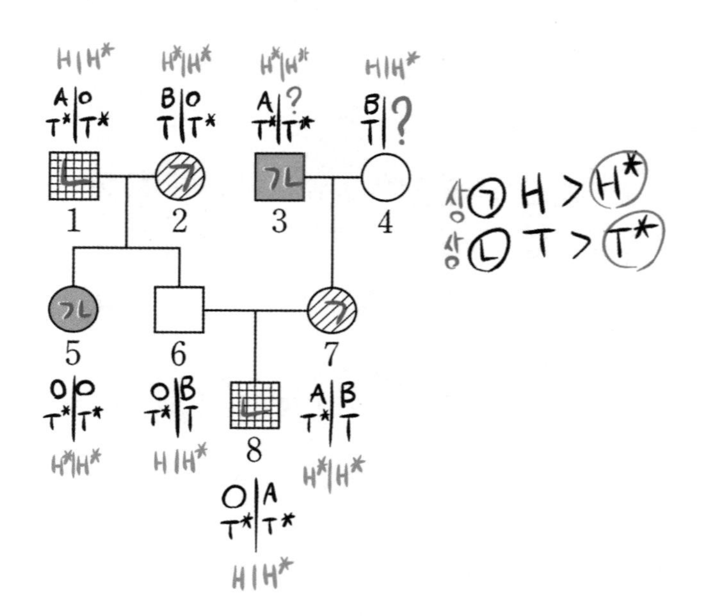

선지 해설

㉠

㉡ H와 T는 '우성' 유전자입니다.

따라서 ㉠과 ㉡에 대해 정상인 사람을 세면 됩니다.
4번과 6번이 정상이므로 2명이 맞습니다.

㉢ ㉠이 발현될 확률 : $\frac{2}{4}$

㉡은 정상일 확률 : $\frac{3}{4}$

$\frac{2}{4} \times \frac{3}{4} = \frac{3}{8}$

51 19학년도 10월 20번 | 정답 ⑤

문항 해설

1. 가계도 해석

부모와 다른 표현형인 자손 → ×

구성원 2와 5 → X 염색체에 있는 유전자라면 ㉡은 병이 우성
구성원 3과 6 → X 염색체에 있는 유전자라면 ㉠은 병이 열성

2. 조건 이용

가계도만으로 우열과 성상이 나온 게 없으므로 조건을 이용할 수밖에 없습니다.
X 염색체에 있는 유전자임을 증명할 수는 없으니 혈액형 유전자와 같이 있는 유전자를 찾아야 합니다.
따라서 혈액형을 채울 수 있는 만큼 먼저 채웁니다.

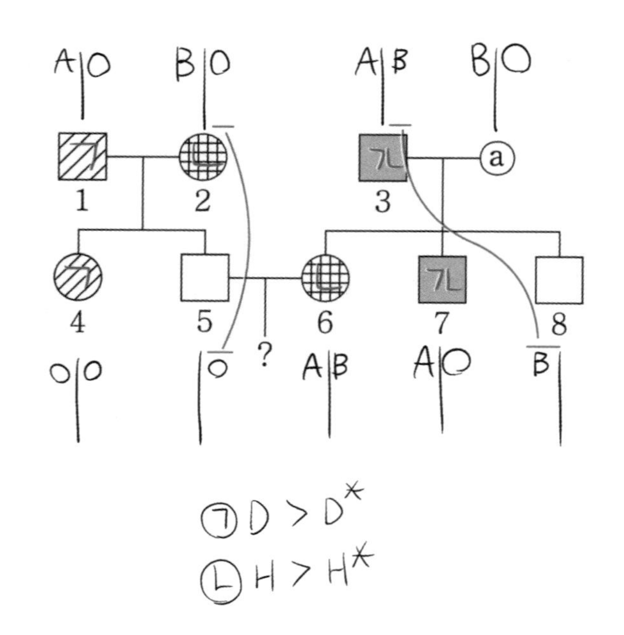

* 참고 : 구성원 5는 항 B 혈청에 응집되지 않았으므로 2가 5에게 B를 주지 않았음을 확정할 수 있습니다. 구성원 8도 항 A 혈청에 응집되지 않았으므로 최소한 3에게 A를 받지 않았음을 확정할 수 있습니다. 이 부분은 풀다가 헷갈릴 수도 있으므로 체크해두시는 것도 나쁘지 않습니다.

5와 6 사이에 자녀가 없으므로 왼쪽 구성원(Ⅰ)과 오른쪽 구성원(Ⅱ)을 나눠서 생각해야 합니다.

Ⅰ) 왼쪽 구성원 (1, 2, 4, 5)

구성원 2, 4, 5에서 O가 있는 염색체 3개는 같은 염색체입니다.
따라서 유전자도 같은 유전자를 공유하고 있습니다.
그런데 2, 4, 5 세 명의 ㉠과 ㉡에 대한 표현형이 모두 다르므로, ㉠과 ㉡ 중 어떤 유전자가 같이 있는 유전자든 열성 유전자가 있음을 알 수 있습니다.

Ⅰ-1) ㉠이 혈액형 유전자와 같이 있는 경우

O가 있는 염색체 옆의 유전자는 2, 4, 5 순서대로 '정', '병', '정'입니다.
따라서 구성원 1의 경우 ㉠에 대한 유전자가 A정 / O병이 되는데 ㉠이 발현되었으므로 ㉠은 병이 우성입니다.

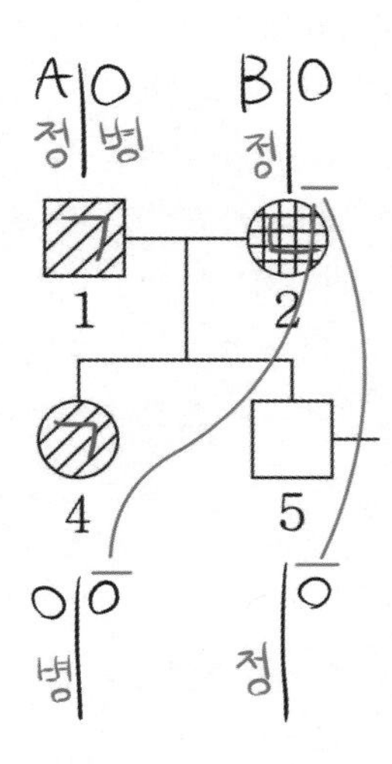

Ⅰ-2) ㉡이 혈액형 유전자와 같이 있는 경우

O가 있는 염색체 옆의 유전자는 2, 4, 5 순서대로 '병', '정', '정'입니다.
그런데 5의 염색체가 A정인지 O정인지 확정할 수 없습니다.
따라서 알 수 있는 정보가 사실상 아예 없습니다.

Ⅱ) 오른쪽 구성원 (3, ⓐ, 6, 7, 8)

Ⅱ-1) ㉠이 혈액형 유전자와 같이 있는 경우

구성원 3과 6에서 A가 있는 염색체는 같은 염색체인데 ㉠에 대한 표현형이 다릅니다.
따라서 ㉠에 대해 열성 유전자가 있음을 알 수 있습니다.

구성원 3과 8에서 B가 있는 염색체는 같은 염색체인데 ㉠에 대한 표현형이 다릅니다.
따라서 ㉠에 대해 열성 유전자가 있음을 알 수 있습니다.

구성원 3은 ㉠에 대해 열성 동형 접합성인데 ㉠이 발현되었으므로 ㉠은 열성 형질입니다.
이는 위의 Ⅰ-1번과 모순되므로 ㉡이 혈액형과 같은 염색체에 있는 유전자임을 알 수 있습니다.

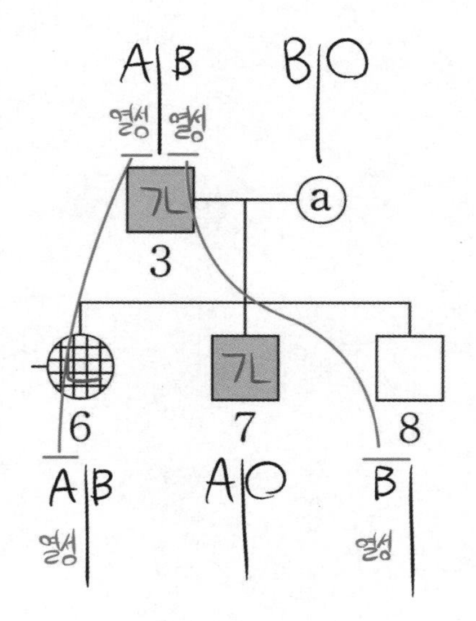

Ⅱ-2) ㉡이 혈액형 유전자와 같이 있는 경우

구성원 3과 8에서 B가 있는 염색체는 같은 염색체인데 ㉡에 대한 표현형이 다릅니다.
따라서 ㉡에 대해 열성 유전자가 같이 있음을 알 수 있습니다.

따라서 8에서 B가 있는 염색체 옆의 염색체에는 ㉡에 대해 정상 유전자를 갖고 있음을 알 수 있습니다.
이 염색체가 B를 갖고 있는 염색체인지 O를 갖고 있는 염색체인지 확정할 수는 없으나
6은 B를 갖고 있고, 7은 O를 갖고 있으므로 두 명 중 적어도 한 명은 ㉡에 대한 정상 유전자를 갖고 있을 수밖에 없습니다.
그런데 ㉡이 발현되었으므로 ㉡은 병이 우성임을 알 수 있습니다.

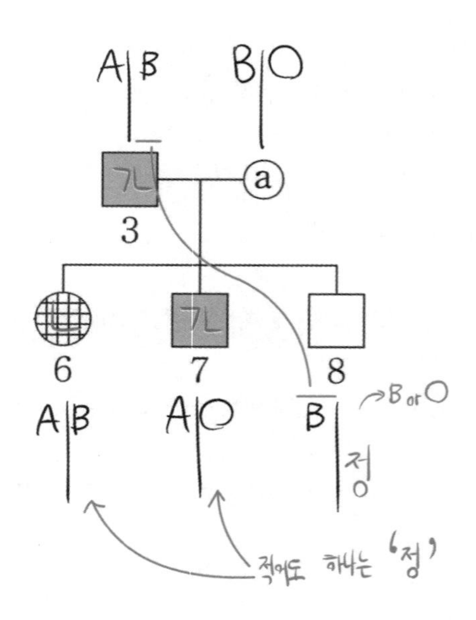

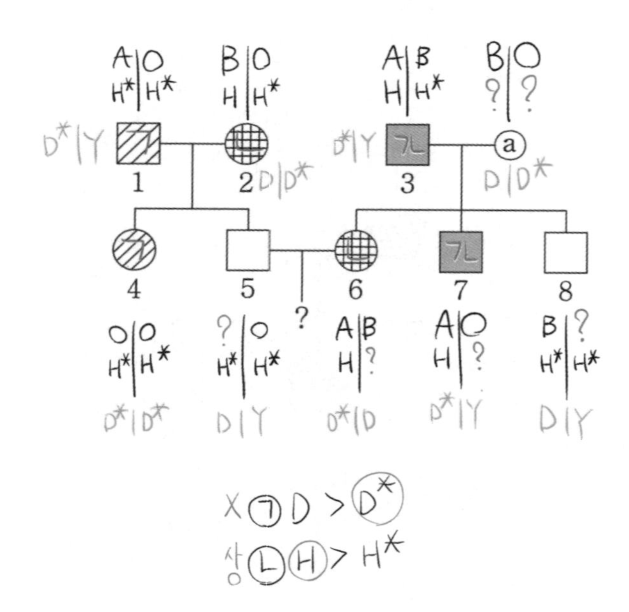

선지 해설

ㄱ

ㄴ 2에서 D*와 H*가 1개씩 있으므로 수의 합은 2
3에서 D*와 H*가 1개씩 있으므로 수의 합은 2
따라서 같습니다.

ㄷ 5의 혈액형이 AO인지, OO인지 확정할 수는 없지만 6에게서 AH를 받아야 하고,
받게 되는 순간 5가 AO든 OO든 A형이면서 ㉡이 발현됨을 알 수 있습니다.

따라서

1) A형인 아이가 태어났을 때, ㉡이 발현될 확률 : 1

2) ㉠이 발현될 확률 : (D*Y만 가능하므로) $\frac{1}{4}$

$1 \times \frac{1}{4} = \frac{1}{4}$입니다.

52 〉 17학년도 7월 20번 | 정답 ①

문항 해설

1. 가계도 해석

부모와 다른 표현형인 자손 : (가)와 (나)는 정상인데 (라)는 ㉡ 발현
→ ㉡은 병이 열성+상

2. 가계도 채우기

A/a와 ㉡이 같은 염색체에 있는 조건을 활용하기 위해, A/a를 최대한 채워야 합니다.
따라서 다인자 유전을 해석하는데, (나)의 경우 대문자 수가 6개이므로 AABBDD로 확정 가능합니다.
또한, AABBDD이므로 (라)와 (마)는 A, B, D를 모두 갖게 됩니다.

(마)는 대문자 수가 3개이므로 AaBbDd임이 확정되고, a, b, d는 (가)에게서 받은 유전자임을 알 수 있습니다.
그런데 (가)도 대문자 수가 3개이므로 AaBbDd임을 알 수 있습니다.

(라)는 대문자 수가 5개인데 d를 가지므로 AABBDd임을 알 수 있습니다.
따라서 (가)에게서 A, B, d를 받았음을 알 수 있습니다.

(라)와 (마)는 (가)에게 d를 받았지만 A/a와 B/b에 대해선 다른 유전자를 받았습니다.
따라서 A/a와 B/b가 같은 염색체에 있는 유전자임을 알 수 있습니다.
(* A/a나 B/b 중 D/d와 같은 염색체에 있는 유전자가 있다면, 유전자를 이렇게 받는 게 불가능함을 알 수 있습니다.)

이를 통해 ㉡의 유전자를 채우면 다음과 같음을 알 수 있습니다.

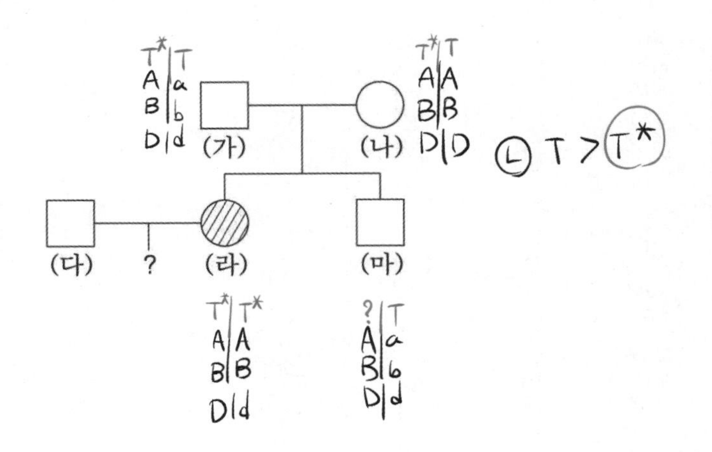

3. 조건 해석

Sol1) (다)는 A를 갖고 있고, 대문자 수가 2개입니다.
이는 A/a와 B/b가 같이 있는 염색체에서 대문자 수가 2개 있을 수도 있고,
A와 D를 1개씩 갖고 있을 수도 있습니다.

(라)는 A/a와 B/b가 있는 염색체에서 대문자 수의 구성이 (2, 2)이고, D/d가 있는 염색체에서 대문자 수의 구성이 (1, 0)이므로
(라)가 만들 수 있는 생식 세포의 유전자 구성은 (3, 2)임을 알 수 있습니다.

그런데 (다)와 (라) 사이에서 아이가 태어날 때, 대문자 수가 3개 또는 4개여야 하므로,
(다)는 대문자 수를 1개만 줘야함을 알 수 있습니다.

따라서 (다)는 A/a와 B/b가 같이 있는 염색체에서 대문자 수 구성이 (1, 1)입니다.
구체적인 유전자형은 알 수 없습니다. AAbbdd일 수도 있고, AaBbdd일 수도 있습니다.

Sol2) 아래와 같이 해석해도 괜찮습니다. (* 다만 위에처럼 푸는 게 정상적인 풀이 같습니다.)

(다)가 A와 D를 하나씩 갖고 있을 경우
A/a와 B/b가 있는 염색체에서 대문자 수는 (1, 0)
D/d가 있는 염색체에서 대문자 수는 (1, 0)
이므로 (다)가 만들 수 있는 생식 세포의 대문자 수 구성은 (2, 1, 0)이 됩니다.

그런데 (다)와 (라) 사이에서 아이가 태어날 때, 항상 대문자 수가 3개 또는 4개여야 하므로,
(2, 1, 0)이면 안 됨을 알 수 있습니다.
(* (2, 1, 0)일 경우 적어도 3종류 이상의 표현형인 자손이 태어나게 됩니다.)

따라서 (다)에서 대문자 수는 A/a와 B/b가 있는 염색체에 모두 있음을 알 수 있습니다.
그리고 3과 4의 차이가 1임을 통해 (2, 0) 꼴이 아닌 (1, 1)꼴임을 알 수 있습니다.

선지 해설

㉠

ㄱ. (다)에서 d는 2개이고, (가)에서 d는 1개이므로 (다)에서가 많습니다.

ㄴ. (나)는 대문자 수가 6개이며 ㉡에 대해 정상입니다.
㉡에 대해 정상인 경우로 케이스를 나눠보면
1) AABBTT*
2) AaBbTT*
3) AaBbTT
3가지가 가능합니다.

그런데 ㉠에 대한 유전자 중 소문자가 하나라도 포함되면 표현형 (6)이 불가능하므로
AABBTT*만 고려하면 됩니다.

AABBTT*일 확률 : $\frac{1}{4}$

D/d에서 대문자 수가 2개일 확률 : $\frac{1}{2}$

따라서 $\frac{1}{4} \times \frac{1}{2} = \frac{1}{8}$ 입니다.

53 23학년도 6월 17번 I 정답 ③

문항 해설

1. 가계도 해석

구성원 1과 5의 (가)에 대한 표현형이 서로 다르므로 둘 중 한 명은 Ee입니다.

(* 부모와 자식 관계에서 DNA 상대량이 2/0일 수 없으므로 한 명은 EE, 다른 한 명은 ee일 수 없습니다. 따라서 둘 중 한 명은 Ee입니다.)

마찬가지로, 3과 8의 (가)에 대한 표현형이 서로 다르므로 둘 중 한 명은 Ee입니다.

따라서 ㉠이 Ee입니다.

(* 가계도 그림만으로는 EE와 ee를 구분할 수 없습니다.)

2. 조건 해석

구성원 1에서 e, H, R이 연관되어 있고, T가 독립되어 있다고 제시되어 있으므로

㉡이 ee이고, ㉢은 EE입니다.

이를 통해 표를 E+(H+R+T)로 나누어 보면,

구성원	E	H+R+T
1	0	6
2	1	ⓐ–1
3	2	0
6	1	4
7	2	1

임을 알 수 있습니다.

따라서, H+R+T의 합이 6인 1과 0인 3을 채운 후, 기본적으로 유전자를 올리고 내리면 다음과 같음을 알 수 있습니다.

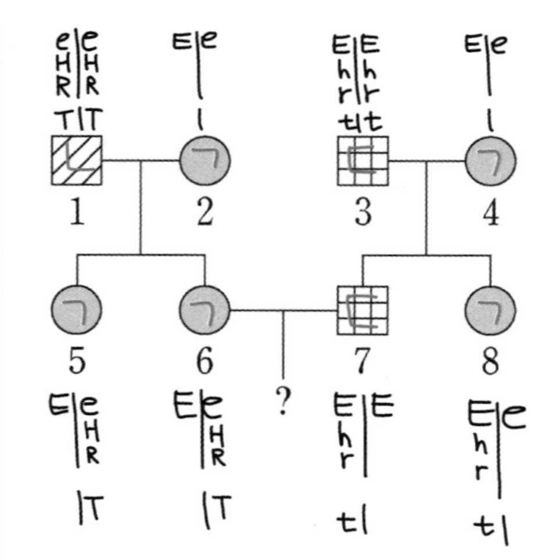

이때, 2, 4, 5, 8의 (나)의 표현형이 모두 같은데,

5는 대문자 수가 3~6개이고, 8은 0~3개이므로 3개로 같음을 알 수 있습니다.

이를 활용하여 다른 구성원들도 대문자 수를 모두 채우면 다음과 같음을 알 수 있습니다.

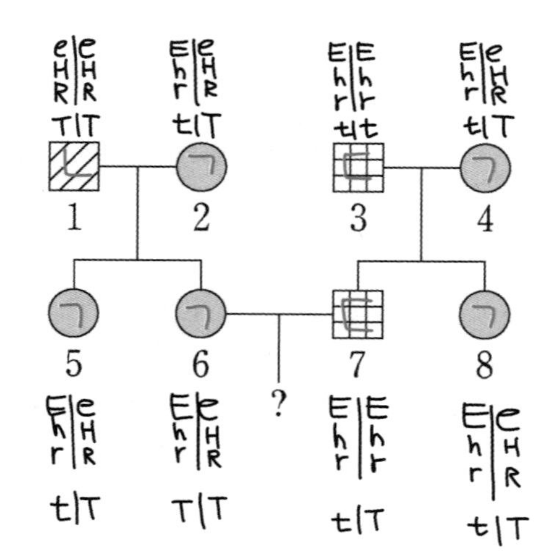

선지 해설

㉠ ㉡

ㄷ. (나)의 표현형이므로 E/e는 고려할 필요 없습니다.

(0, 2) × (0, 0) → (2, 0)

(1, 1) × (0, 1) → (2, 1)

이므로 (2, 0) × (2, 1) → (4, 3, 2, 1)로 4가지입니다.

54 23학년도 3월 17번 | 정답 ④

문항 해설

1. 가계도 해석

부모와 다른 표현형인 자녀 → 없음

구성원 2와 6 → X 염색체에 있는 유전자라면 (가)는 정상이 우성
구성원 4와 8 → X 염색체에 있는 유전자라면 (가)는 병이 우성
따라서 (가)는 상염색체에 있는 유전자입니다.

2. 추가 조건 해석

표에서 남자인 6과 8의 (나)에 대한 유전자형이 FF로 동형 접합성이므로 (나)는 상염색체에 있는 유전자입니다.

다음 조건에서 5와 7의 (나)의 표현형이 서로 같은데, 5는 F가 있고, 7은 F가 없으므로
E_ 표현형으로 같음을 알 수 있습니다.
따라서 5의 유전자형은 EF이고, 7의 유전자형은 EE 또는 EG입니다.

5, 6, 7에서 A의 DNA 상대량을 더한 값은 (가)가 병이 우성일 경우 1, 정상이 우성일 경우 2입니다.
그런데 G의 DNA 상대량을 더한 값은 0 또는 1이므로 1로 같아야 함을 알 수 있습니다.
따라서 (가)는 병이 우성이고, 7의 (나)에 대한 유전자형은 EG입니다.

3. 연관/독립 해석

두 유전자가 모두 상염색체에 있고, 특별한 조건이 없으므로 독립이라 하고 푸셔도 괜찮습니다.
(* 특별한 조건이 없을 때 연관임을 증명하려면 독립이라 가정했을 때 모순이 나와야 하는데, 독립이라 가정했을 때 모순이 나올 리 없기 때문입니다.)

정확한 풀이로는, 4의 (가)에 대한 유전자형이 Aa인데 7과 8의 (가)에 대한 유전자형은 aa이므로
(가)와 (나)가 연관이라면 7과 8은 4에게서 같은 염색체를 받았음을 알 수 있습니다.
그런데 7은 (나)에 대한 유전자형이 EG이고, 8의 유전자형은 FF이므로 같은 유전자가 없기에 4에게서 같은 염색체를 받지 않았음을 알 수 있습니다.
따라서 (가)와 (나)의 유전자는 독립된 유전자입니다.

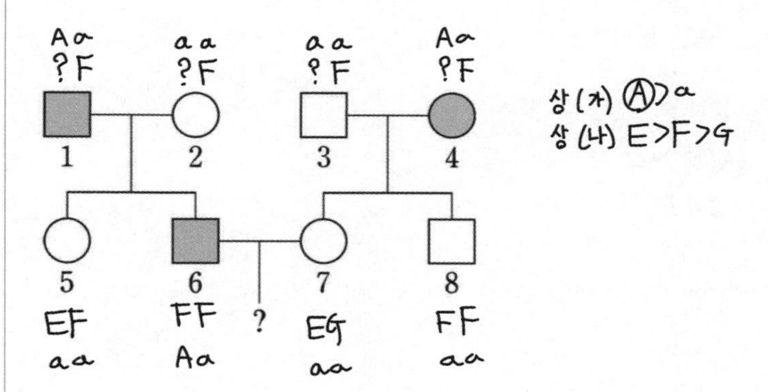

선지 해설

ㄱ

ㄷ (가)에 대한 표현형이 7과 같을 확률 : $\frac{1}{2}$

(나)에 대한 표현형이 7과 같을 확률 : $\frac{1}{2}$

이므로 $\frac{1}{2} \times \frac{1}{2} = \frac{1}{4}$ 입니다.

55 〉 21학년도 6월 17번 | 정답 ②

문항 해설

1. (나) 우열 결정

EG와 EE의 표현형이 같음 → E〉G
FG와 FF의 표현형이 같음 → F〉G
표현형이 4가지 → E=F〉G
(* 이런 꼴일 때는, A=B〉O로 생각하면 조금 더 편합니다.)

2. 가계도 해석

부모와 다른 표현형인 자손 → ×
구성원 1과 6 → X 염색체에 있는 유전자라면 (가)는 병이 우성

3. DNA 상대량 해석

$\frac{3}{2}=\frac{6}{4}=\frac{9}{6}$ 인데, 1, 2, 5, 6 네 명의 E의 합이 8보다 클 순 없으므로
$\frac{3}{2}$과 $\frac{6}{4}$ 중 하나입니다.

3, 4, 7, 8 중 r의 DNA 상대량 합이 2라면, 성염색체에 있는 유전자든 상염색체에 있는 유전자든 불가능하므로 $\frac{6}{4}$임을 알 수 있습니다.
(* 이 부분은 보자마자 되셔야 합니다. 물론 바로 되는 건 아니고, 평소에 세는 연습을 어느 정도는 해보셨어야 가능합니다.)

3, 4, 7, 8에서 r의 DNA 상대량 합이 4이므로 X 염색체에 있는 유전자임을 알 수 있습니다. 따라서 (가)는 병이 우성입니다.
(* 이 부분도 바로 판단 가능해야합니다. 안 된다면 세는 연습을 더 해주세요.)

1, 2, 5, 6은 가족인데 E의 DNA 상대량이 6입니다.
한 명이라도 E를 갖지 않으려면 유전자형이 EE, EE, EE, (나머지)여야 하는데,
가족이므로 이는 불가능합니다.
따라서 모든 구성원이 E를 갖고 있음을 알 수 있습니다.

4. 표현형 조건 해석

구성원 1, 2, 3, 4의 표현형이 모두 다른데, 1과 2는 이미 E가 있으므로 3과 4 중 한 명은 F_ 표현형, 다른 한 명은 GG 표현형이어야 합니다.
그런데 3은 (나)의 유전자형이 이형 접합성이므로 3이 FG, 4가 GG임을 알 수 있습니다.
구성원 4의 유전자형이 GG이므로 7과 8도 G를 갖게 되는데, 8의 (나)에 대한 유전자형도 이형 접합성이므로 FG임을 알 수 있습니다.

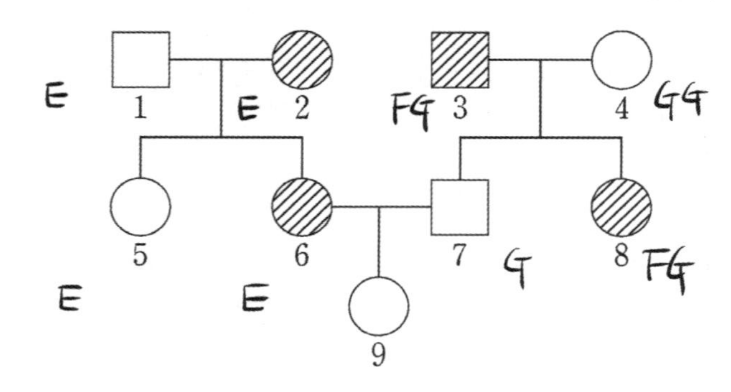

지금까지를 정리하면 위와 같습니다.

이때 표현형은 1과 2가 서로 달라야 하고, 2와 6도 서로 달라야 하므로
1과 6의 표현형이 서로 같음을 알 수 있습니다.
따라서, 6의 유전자형을 E☆이라 할 때, ☆은 구성원 1에게서 받은 유전자임을 알 수 있습니다.
(* 구성원 2에게 ☆을 받았다면 2와 6의 표현형이 같게 됩니다.)

2, 6, 7, 9의 표현형이 모두 달라야 하므로 9는 6에게 E를 받을 수 없습니다.
(* 표현형은 EF, E_, F_, GG 4가지인데, 이미 2와 6이 각각 EF, E_ 중 하나이기 때문입니다.)
따라서 9는 6에게 ☆을 받게 되고, ☆은 E가 아닙니다.

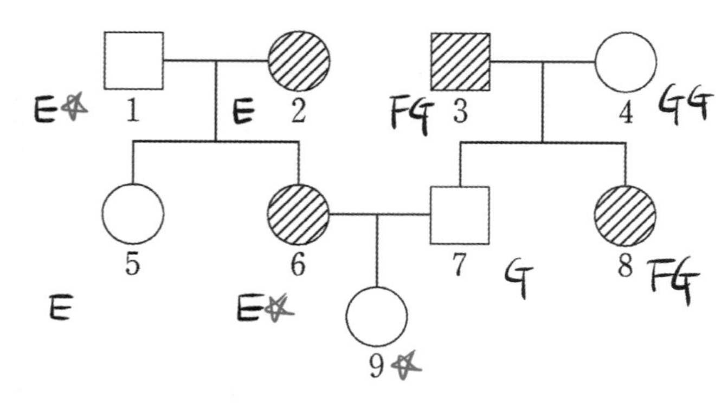

DNA 상대량 조건에서 1, 2, 5, 6의 E의 DNA 상대량 합이 6이었는데, ☆이 E가 아니므로 2와 5는 EE 동형 접합성일 수밖에 없음을 알 수

있습니다.
따라서 1과 6은 EF 표현형이어야 하므로 ☆은 F가 됩니다.
9의 표현형이 F_여야 하므로, 7은 GG가 됩니다.

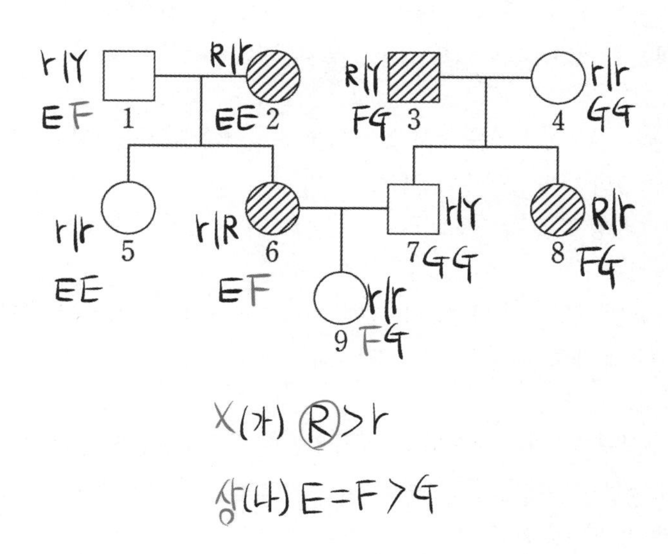

선지 해설

ㄱ (가)의 유전자는 X 염색체에 있습니다.

ㄴ 7의 (나)에 대한 유전자형은 GG로 동형 접합성입니다.

ㄷ (가)가 발현될 확률 : $\frac{2}{4}$

(나)에 대한 표현형이 F_일 확률 : $\frac{2}{4}$

이므로 $\frac{2}{4} \times \frac{2}{4} = \frac{1}{4}$입니다.

comment

검토진 : '복대립 가계도'가 낯선 신유형처럼 보이지만 E=F>G꼴은 결국 A=B>O로도 치환해서 생각해볼 수 있습니다. 이를 생각한다면 '4. 표현형 조건 해석'에서 9는 6에게 E를 받을 수 없다는 해석은 'A(또는 B)유전자를 가지는 서로 다른 3개의 혈액형은 존재하지 않는다'는 원리를 이용한 것임을 알 수 있습니다.

56 20학년도 10월 18번 | 정답 ①

문항 해설

1. 가계도 해석

알 수 있는 게 없습니다.

2. 추가 조건

Ⅰ. 4, 6, 10의 (나)에 대한 표현형이 모두 다름

4와 6은 모두 (가)에 대해 병 유전자를 갖고 있는데 (나)에 대한 표현형이 다르므로
(나)에 대한 유전자형은 다릅니다.
따라서 4와 6은 ⓐ에게서 각각 다른 X 염색체를 받았음을 알 수 있습니다.
따라서 ⓐ의 (가)에 대한 유전자형은 '병병'인데, 5와 7에서 (가)가 발현되지 않았으므로
(가)는 정상이 병에 대해 우성임을 알 수 있습니다.

Ⅱ. ⓑ, 8, 9의 (나)에 대한 표현형이 모두 다름

2와 3의 (나)에 대한 표현형은 각각 ㉡과 ㉢이므로
구성원 2의 유전자형은 ㉡Y로 둘 수 있고,
구성원 3의 유전자형은 ㉢?입니다.
그런데 ⓑ, 8, 9의 표현형이 모두 다르므로 2와 3 사이에서 ㉠ 표현형이 태어날 수 있어야 합니다.
따라서 3의 유전자형은 ㉠㉢으로 확정되고, ㉢>㉠입니다.

구성원 ⓑ와 8은 각각 ㉠과 ㉢ 표현형 중 하나가 되므로 9는 ㉡ 표현형이어야 합니다.
그런데 구성원 9의 유전자형이 RT이므로 R이 ㉡임을 알 수 있습니다.
㉢>㉠임을 이미 알고 있으므로 H가 ㉢, T가 ㉠이 됩니다.
(* 물론 표현형이 ㉡과 ㉢사이에서 ㉠, ㉡, ㉢이 모두 태어났으므로 ㉠이 제일 열성이라 해도 됩니다.)

구성원 ⓑ의 딸인 11의 (나)에 대한 표현형이 ㉡이므로 ⓑ는 H를 갖고 있으면 안 됩니다.
따라서 ⓑ가 TY, 8이 HY입니다.

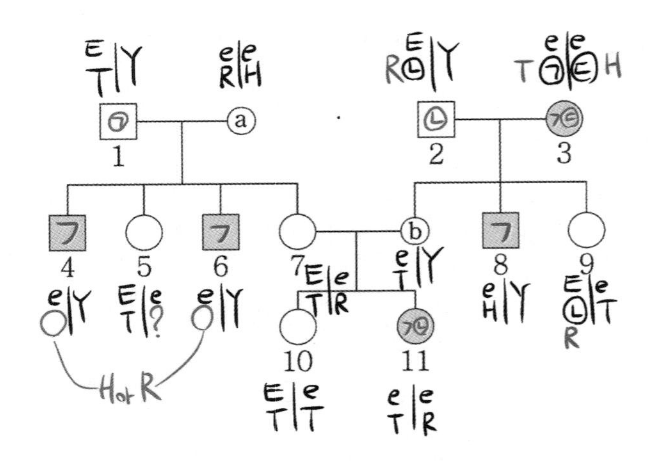

x (가) E > ⓔ
(나) H > R > T
ⓒ ⓛ ㉠

선지 해설

ㄱ)

ㄴ. ⓐ와 8의 (나)에 대한 표현형은 ⓒ으로 같습니다.

ㄷ. 1, 5, 7, 9, 10으로 5명입니다.

57 23학년도 수능 19번 Ⅰ 정답 ①

문항 해설

1. 가계도 해석

부모와 다른 표현형인 자녀 → ×

구성원 1과 3 → X 염색체에 있는 유전자라면 (가)는 정상이 우성

2. 조건 해석

구성원 3에서 E+F+F+G의 DNA 상대량 합이 2이므로 3은 F가 없음을 알 수 있습니다.
따라서 3의 (나)에 대한 유전자형은 EG입니다.

구성원 4에서 E+F+F+G의 DNA 상대량 합이 1이므로 4도 F가 없으며,
(가)와 (나)의 유전자는 X 염색체에 있는 유전자임을 알 수 있습니다.
(* 여자인 3이 E 또는 G를 가지므로 Y에 있는 유전자는 아닙니다.)
4는 F가 없으므로 G를 가지고 있음도 알 수 있습니다.

㉠~ⓒ은 0, 1, 2를 순서 없이 나타낸 것인데, 남자인 1과 5에서 F+G의 합이 2일 수는 없으므로
ⓛ=2임을 알 수 있습니다.

ⓛ=2이므로 ⓐ는 E+F+F+G=3이므로 F=1, G=0, E=1로 ⓐ의 (나)에 대한 유전자형은 EF입니다.

구성원 3과 ⓐ는 구성원 1에게서 같은 X 염색체를 물려 받았는데, 3과 ⓐ는 E를 공통적으로 가지고 있으므로 1이 E를 가지고 있음을 알 수 있습니다.
따라서 ㉠=0이고, 남은 ⓒ=1이므로 5는 FY임을 알 수 있습니다.

☑ comment

DNA 상대량이 나왔을 때는 항상 핵상이 2n인지 n인지 먼저 체크하는 습관을 들입시다. 가끔 핵상이 n인 세포로 DNA 상대량이 제시될 때도 있습니다. (* 세포 분열 파트에서도 주의하셔야 합니다!)

이를 통해 가계도를 완성하면 다음과 같습니다.

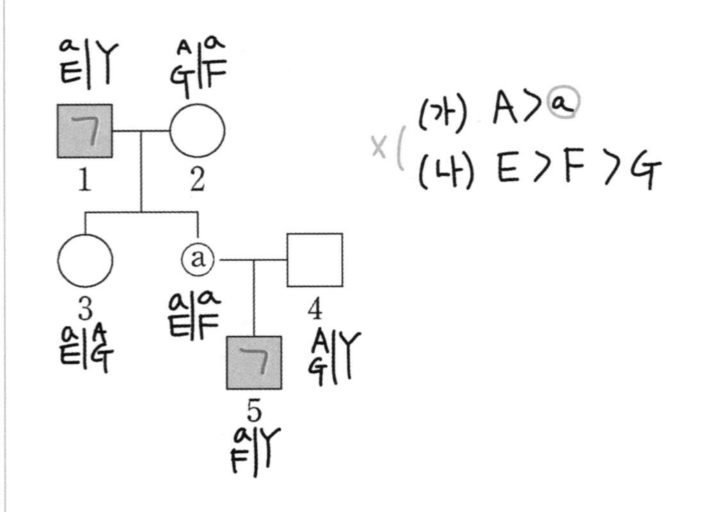

선지 해설

ㄱ

ㄴ 2, 3, 4로 3명입니다.

ㄷ A_F_ 표현형이므로 $\frac{1}{4}$입니다.

58 23학년도 7월 15번 | 정답 ①

문항 해설

1. 가계도 해석

표현형 발현 여부가 복잡하게 되어 있어 정리를 잘 하셔야 합니다.
저 같은 경우 이런 식으로 출제되면 (가)에 대한 표현형은 병이 걸렸을 경우 숫자에 동그라미를, 정상일 경우 숫자에 빗금을 긋고, (나)에 대한 표현형을 적어둡니다.
그림에도 위와 같이 표기하였으므로 참고 바랍니다.

구성원 7이 (가)가 발현되었을 경우, 6, 7, 8에서 (가)는 병이 우성입니다.
구성원 7이 (가)가 발현되지 않았을 경우, 2, 3, 4는 (가)가 발현되어야 합니다.
그러면 3, 4, 7/8에 의해 (가)는 병이 우성임을 알 수 있습니다.
(* 시험장에서는 아무 생각이 안 들면 무작위로 가정하셔도 괜찮습니다.
4번 하면 모든 경우의 수를 고려하는 게 되는데, 4번 다 하는데 10초도 안 걸리니까요.
다만 혼자 공부하실 땐 왜 7번을 기준으로 가정하는 게 합리적인지에 대해서도 생각해보시는 게 좋습니다.
현재 (가)는 발현된 사람이 3명, 발현되지 않은 사람이 1명입니다. 따라서 발현되지 않은 사람을 기준으로 분류하는 게 좋은데, 2, 3, 4에 발현되지 않은 사람을 가정하면 유의미한 내용을 얻기가 어려움을 알 수 있습니다. 다만 7의 경우 3, 4에 의해 병이 우성임이 바로 나오므로 가장 합리적입니다.
물론 이 부분도 엄밀히 말하면 모든 경우를 다 가정한 것과 같지만, 평상시 가계도를 열심히 공부한 학생이라면 발현되지 않은 사람을 기준으로 분류해야겠다 생각했을 때, 7을 기준으로 봐야겠다는 생각을 하는 데까지 거의 시간이 소요되지 않을 겁니다.

또한, 이런 식으로 일부 표현형을 가릴 경우 간단한 가정을 통해 우열 또는 성상을 알 수 있는 경우가 (사설 문제에서) 굉장히 많으므로 참고하시기 바랍니다.)

따라서 어떤 경우든 (가)는 병이 우성임을 알 수 있습니다.

또한, 중간 유전의 경우 가계도 그림만으로는 유전자형이 Tt인 표현형만 찾을 수 있습니다.
(* TT와 tt는 완전히 대칭이기 때문에 구분할 수 없습니다.)

구성원 1과 6의 (나)에 대한 표현형이 서로 다르므로 둘 중 한 명은 Tt임을 알 수 있습니다.
마찬가지로 구성원 6과 9의 (나)에 대한 표현형이 서로 다르므로 둘 중 한 명은 Tt임을 알 수 있습니다.
따라서 6의 표현형인 ㉠이 Tt입니다.

2. 추가 조건 해석

3과 6에서 hT가 연관되어 있으므로 6은 hT/Ht 연관임을 알 수 있습니다.
9는 (가)가 발현되지 않았으므로 6에게서 T를 받게 되는데, ㉢이므로 ㉢이 TT입니다.
남은 ㉡은 tt입니다.

구성원 5는 ht/ht이므로 1은 ht/Ht입니다.
따라서 2는 5를 통해 ht가 있음을 알 수 있고, 6을 통해 hT가 있음을 통해 알 수 있습니다.
따라서 2는 ht/hT이므로 ⓑ입니다.

남은 3, 4, 7은 (가)가 발현되어야 하고, 3-7 또는 4-7처럼 부모 자식 관계에서
유전자형이 각각 TT, tt일 수 없으므로 3이 TT, 4가 tt, 7이 Tt입니다.
(* 조건에 의해 3은 hT를 갖고 있으므로 TT입니다.)

따라서 ⓐ=7, ⓒ=4, ⓓ=3입니다.

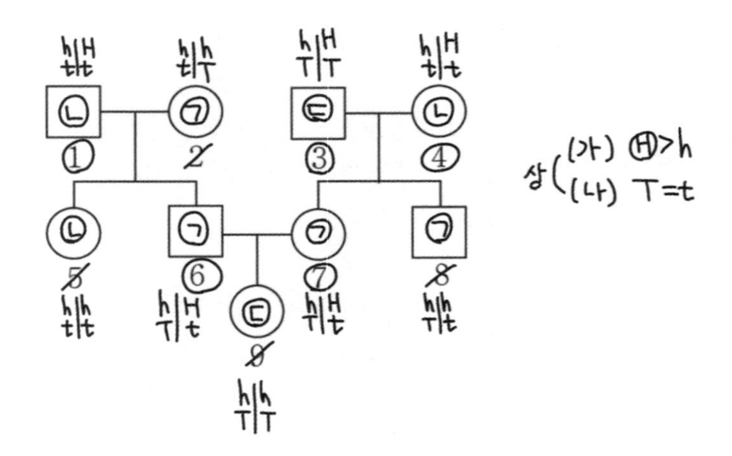

선지 해설

ㄱ

ㄴ 6과 7 사이에서 아이의 (나)에 대한 표현형이 TT일 때 (가)는 발현될 수 없으므로 (가)와 (나)의 표현형이 모두 3과 같을 확률은 0입니다.

59 20학년도 7월 15번 | 정답 ③

문항 해설

1. 가계도&조건 해석

부모와 다른 표현형인 자손 → 구성원 1과 2는 (가)에 대해 정상인데 6은 (가)가 발현되었으므로 (가)는 병이 열성

구성원 2와 6 → (가)가 X 염색체에 있는 유전자라면 (가)는 병이 열성

구성원 6은 (가)'만' 발현되었고, 7은 (다)'만' 발현되었으므로

6과 7은 (나)에 대해 정상인데 11은 (나)가 발현되었으므로 (나)는 병이 열성이며 상염색체에 있는 유전자입니다.

(* 부모와 다른 표현형인 딸 → 상)

따라서 (가)는 X 염색체에 있는 유전자입니다.

(다)는 (가)와 다른 염색체에 있으므로 상 또는 Y 염색체에 있는 유전자인데,

2가 T 또는 T*를 가지므로 (다)는 상염색체에 있는 유전자임을 알 수 있습니다.

(나)와 (다)가 모두 발현된 사람은 1과 11밖에 없으므로

7은 (나)와 (다) 중 (다)만

8과 9는 (나)와 (다) 중 (나)만

발현됐음을 알 수 있습니다.

구성원 3이 (다)에 대한 우성 유전자'만' 갖고 있었다면 7, 8, 9의 (다)에 대한 표현형이 다를 수 없으므로

3의 유전자형이 T*T*, 2의 유전자형이 TT임을 알 수 있습니다.

5도 (나)와 (다) 중 (나)만 발현되어야 하고, 2에게서 T를 받으므로 T가 정상 유전자임을 알 수 있습니다.

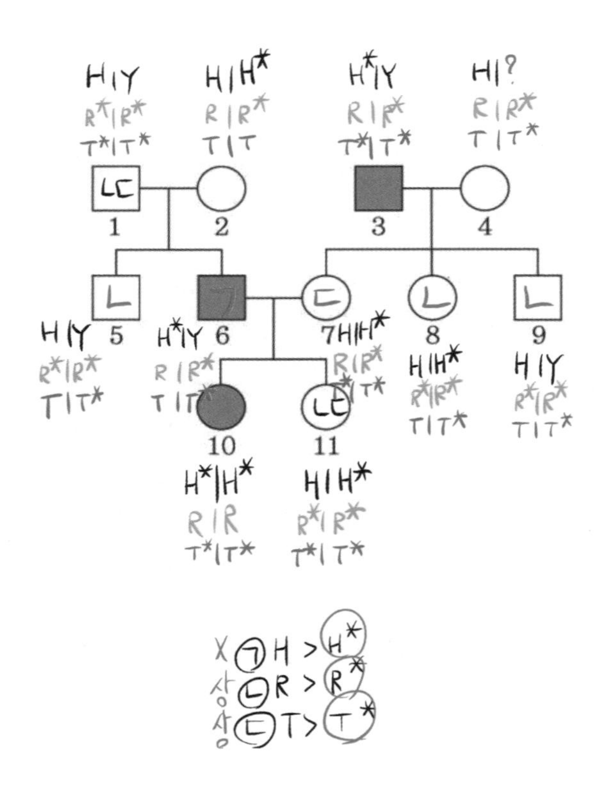

(* 10의 유전자형이 T*T*인 이유는 H*H*RR이므로 (가) 발현, (나) 정상인데 (가)'만' 발현된 사람은 6밖에 없기 때문에 (다)도 발현되어야 해서 T*T*입니다.)

선지 해설

ㄱ

ㄴ 1, 3, 4, 5, 6, 7, 8, 9, 11로 총 9명입니다.

ㄷ 남자 아이가 태어났을 때, (가)가 발현될 확률 : $\frac{1}{2}$

(나)가 발현되지 않을 확률 : $\frac{3}{4}$

(다)가 발현될 확률 : $\frac{1}{2}$

이므로 $\frac{1}{2} \times \frac{3}{4} \times \frac{1}{2} = \frac{3}{16}$ 입니다.

comment

이 문제는 어렵다기보다 쓸데없이 꼬아놨습니다.
앞 부분에 배치하면 처음 공부하는 분들이 멘붕하실 것 같아 마지막에 배치했습니다.

PART 2

01

문항 해설

1. 성염색체에 있는 유전자인지, 상염색체에 있는 유전자인지 알 수 없으므로 성/상 판단을 먼저 해야합니다.
   보통 이런 식으로 대립유전자의 유무만으로 성/상 판단을 할 때는 아버지가 딸이나 아들한테 특정 대립유전자를 주었는지 아닌지 또는 아들이 아빠나 엄마에게 특정 대립유전자를 받았는지 아닌지를 통해 발견됩니다.
   따라서 먼저 아버지를 봅니다.

   아버지는 B가 없는데 남동생은 A와 C가 모두 없습니다.
   이를 통해 아버지에게 유전자를 받지 않았음을 알 수 있습니다.
   따라서 (가)는 성염색체에 있는 유전자입니다.

2. 대립유전자 사이의 우열 관계가 분명하다고 제시되어 있습니다.
   따라서 표현형과 유전자를 1:1 대응하여 해석해도 괜찮습니다.

   아버지의 유전자형은 CY인데 표현형이 ⓐ이므로 C는 ⓐ를 발현시키는 유전자입니다.

3. 영희는 B가 있으므로 어머니에게 B를 받았음을 알 수 있습니다.
   따라서 어머니의 유전자형은 AB입니다.

   오빠는 B가 없으므로 AY이고, 표현형이 ⓒ이므로 A는 ⓒ를 발현시키는 유전자입니다.
   그런데 어머니는 AB인데 표현형이 ⓑ이므로 B>A이고, B는 ⓑ를 발현시키는 유전자입니다.

4. 영희는 딸이므로 아버지에게 C를 받아야 합니다.
   따라서 영희의 유전자형은 BC인데 표현형이 ⓐ이므로 C>B임을 알 수 있습니다.

   3번에서 알게 된 정보와 종합하면 우열 관계가 C>B>A임을 알 수 있습니다.

선지 해설

ㄱ. 아닙니다.
ㄴ. 남동생의 유전자형은 BY이므로 ⓑ입니다.
ㄷ. 오빠의 유전자형은 AY입니다.
따라서 아이의 유전자형이 AC나 CY일 때 표현형이 ⓐ이므로 $\frac{2}{4}=\frac{1}{2}$ 입니다.

02

1. 구성원 3은 (다)가 발현되지 않았는데 6은 (다)가 발현되었으므로 (다)는 정상이 우성입니다.

2. 구성원 4와 5는 ⓐ에게서 같은 X 염색체를 받았는데 (나)와 (다)에 대한 표현형이 서로 다릅니다.
   따라서 ⓐ에게서 받은 X 염색체에 연관되어 있는 (나)와 (다)에 대한 유전자는 열성 유전자임을 알 수 있습니다.

   따라서 4가 1에게 받은 X 염색체에는 (나)에 대한 정상 유전자, (다)에 대한 병 유전자가 있고
   5가 1에게 받은 X 염색체에는 (나)에 대한 병 유전자, (다)에 대한 정상 유전자가 있음을 알 수 있습니다.
   (* ⓐ에게서 받은 X 염색체에 있는 유전자는 '열성' 유전자이므로 표현형 발현에 영향을 끼치지 못합니다. 따라서 4는 (나) 정상 (다) 발현이므로 (나)에 대한 정상 유전자, (다)에 대한 병 유전자를 받았다고 쓸 수 있습니다. 5도 마찬가지입니다.)

   따라서 구성원 1은 (나)에 대한 정상 유전자와 병 유전자, (다)에 대한 정상 유전자와 병 유전자를 모두 갖고 있음을 알 수 있습니다.
   그런데 (나)가 발현되었으므로 (나)는 우성 형질이고,
   (다)는 정상이 우성이므로 (다)는 발현되지 않았음을 알 수 있습니다.

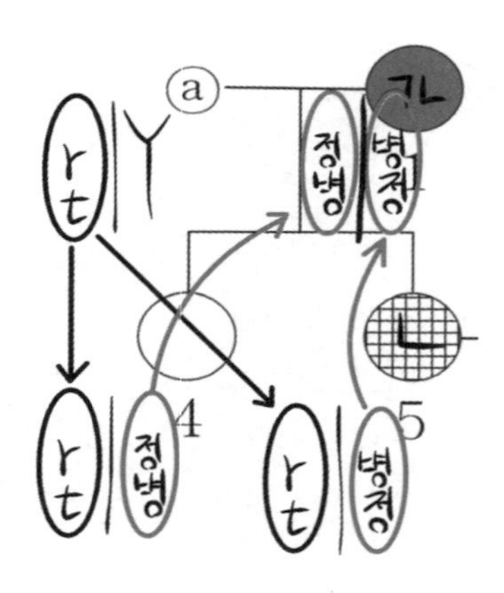

3. 구성원 1은 4와 5에게 서로 다른 X 염색체를 주었습니다. 그런데 1과 4, 1과 5의 (가)에 대한 표현형이 서로 다르므로 각각의 X 염색체에는 (가)에 대한 열성 유전자가 있음을 알 수 있습니다.

   따라서 구성원 1은 (가)에 대한 유전자형이 열성 동형 접합성인데 (가)가 발현되었으므로
   (가)는 병이 열성입니다.

   또한, 구성원 4와 5에서 (가)가 발현되지 않았으므로 ⓐ의 X 염색체에는 (가)에 대한 정상 유전자가 있음을 알 수 있습니다.

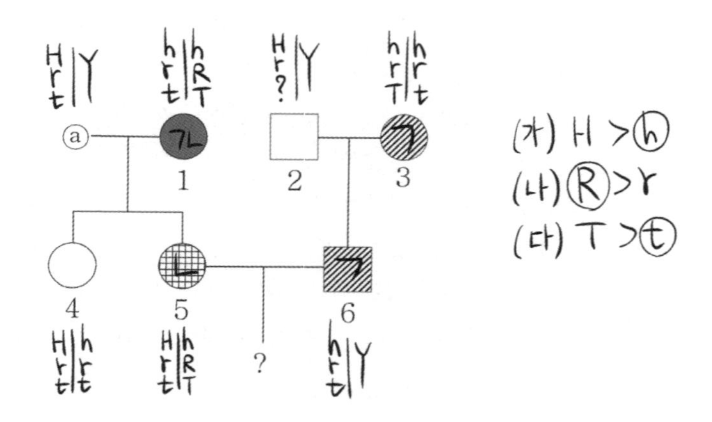

선지 해설

ㄱ. 맞습니다.

ㄴ. ⓐ는 (가)~(다) 중 (다)만 발현되었고, 1은 (가)~(다) 중 (가)와 (나)만 발현되었습니다.
따라서 같은 표현형은 0가지입니다.

ㄷ. (가)~(다) 중 (다)만 발현되어야 하므로 $\frac{1}{2}$ 입니다.

03

1. 구성원 3과 6을 통해 X 염색체에 있는 유전자라면 (나)는 정상이 우성임을 알 수 있습니다.

2. DNA 상대량 표에서 4와 ⓧ는 T의 DNA 상대량이 같습니다.
(* 기출 조건을 표현 방식만 바꾼 겁니다. 이 조건이 낯설다면 기출을 복습해주세요.)
따라서 4와 ⓧ의 (나)에 대한 표현형이 서로 같은데, ⓧ와 6 사이에서
(나)가 발현된 딸이 태어났으므로 (나)는 상염색체에 있는 유전자이며, 정상이 우성입니다.
ⓧ와 6의 (나)에 대한 유전자형은 Tt임을 알 수 있습니다.
따라서 ㉢은 1입니다.

3. H/h는 X 염색체에 있는 유전자이므로 ㉠은 0이고 ㉡은 2입니다.
따라서 (가)는 병이 우성입니다.

선지 해설

ㄱ. ㉠은 0입니다.

ㄴ. ⓧ의 유전자형은 hYTt 이므로 (가)와 (나)가 모두 발현되지 않았습니다.
따라서 4와 6으로 2명입니다.

ㄷ. ⓧ와 6의 (가)와 (나)에 대한 유전자형은 다음과 같습니다.
ⓧ : hYTt
6: hhTt

따라서 (가)가 발현될 확률은 0, (나)가 발현될 확률은 $\frac{1}{4}$ 이므로
(가)와 (나)가 모두 발현될 확률은 0입니다.

04

문항 해설

1. 구성원 1과 5를 통해, (가)가 X 염색체에 있는 유전자라면 병이 우성임을 알 수 있습니다

2. 구성원 1, 3, 5의 성별은 남남여고 2, 3, 4의 성별은 여남여입니다.
   ㉠~㉢은 각각 0, 1, 2 중 하나이고, (가)와 (나) 중 한 형질은 X 염색체에 있는 유전자이므로 남남여를 보는 게 유리합니다.

   X 염색체에 있는 유전자라면 표현형이 동일한 남자의 유전자형은 같아야 합니다.
   구성원 1과 3은 ⓐ에 대한 DNA 상대량이 서로 다른데 (가)에 대한 표현형은 같으므로
   (가)는 상염색체에 있는 유전자로 확정됩니다.

   따라서 (나)는 X 염색체에 있는 유전자입니다.

2. 1, 3, 5에서 ⓐ의 DNA 상대량은 각각 0, 1, 2 중 하나입니다. 0이나 2인 사람은 병이 발현되거나 정상이고, DNA 상대량이 1인 사람은 우성 표현형이 나타납니다.
   1, 3, 5 중 2명이 정상, 1명이 병이므로 (가)는 병이 열성입니다.

   그런데 1과 5는 서로 가족이므로 한 명은 0, 다른 한 명이 2일 수는 없습니다.
   따라서 구성원 1의 ⓐ의 DNA 상대량은 1이고, ㉠은 1입니다.

3. (나)는 X에 있음을 이미 알고 있습니다.
   또한 ㉠은 1이므로 3은 ⓑ를 갖고 있습니다.
   그런데 (나)에 대해 정상이므로 ⓑ는 정상 유전자입니다.

   구성원 2는 (나)에 대해 정상이므로 ㉢은 2이고, 남은 ㉡은 0입니다.
   ㉢이 2이므로 ⓐ는 병 유전자임을 알 수 있습니다.

   구성원 4는 (나)에 대한 병 유전자를 동형 접합성으로 갖고 있는데,
   6은 정상이므로 (나)는 병이 열성임을 알 수 있습니다.

4. 구성원 7은 B*Y이므로 엄마에게 B*를 받아야 합니다.
   하지만, 구성원 1과 2는 각각 BY, BB로 ⓧ에게 B*를 줄 수 없습니다.
   따라서 ⓧ는 남자, ⓨ는 여자입니다.

선지 해설

ㄱ. ⓐ는 A*입니다.

ㄴ. $\frac{2+0}{1+1}$=1입니다.

ㄷ. ⓧ의 유전자형은 AA* 혹은 A*A*, BY이고, ⓨ의 유전자형은 AA*, BB*입니다.
그런데 7과 같은 표현형의 자손이 태어날 확률이 $\frac{1}{8}$이어야 합니다.
ⓧ의 유전자형이 AA*이라면 $\frac{3}{16}$이므로 A*A*임을 알 수 있습니다.

따라서 (가)가 발현될 확률 : A*A* × AA* = $\frac{1}{2}$
(나)가 발현될 확률 : $\frac{1}{4}$
이므로 $\frac{1}{4} \times \frac{1}{2} = \frac{1}{8}$입니다.

05

문항 해설

1. 각 형질에 대한 표현형은 A, B, D의 유무에 따라 결정되므로 A〉a, B〉b, D〉d로 이해할 수 있습니다.

2. (5, 6, ⓧ의 체세포 1개당 ⓐ의 DNA 상대량을 더한 값)은 (3의 체세포 1개당 ⓐ의 DNA 상대량)의 3배입니다.
   1:3이나 2:6이 가능한데, 2:6이라면 5와 6의 (가)에 대한 표

현형이 동일해야 하므로 모순됩니다.
따라서 1:3으로 확정할 수 있습니다.

(가)가 상염색체에 있는 유전자라면 3의 유전자형은 Aa인데, (가)이 발현되었으므로 (가)는 우성 형질입니다.
2는 (가)가 발현되지 않았으므로 aa이고, 5, 6, ⓧ는 모두 a를 갖게 됩니다.
6도 마찬가지로 (가)가 발현되지 않았으므로 aa입니다.
따라서 5, 6, ⓧ에서 a가 최소 4개 이상이 되므로 A와 a의 DNA 상대량 비율은 2:4나 1:5만 가능합니다.
(* 구성원 5는 (가)가 발현되었으므로 0:6은 불가능합니다.)

따라서 (가)는 성염색체에 있는 유전자임을 알 수 있습니다.
그런데 5, 6, ⓧ 중 남자는 최대 2명이므로 Y 염색체에 있는 유전자라면 ⓐ의 비율이 1:3일 수 없습니다.
따라서 X 염색체에 있는 유전자임도 확정할 수 있습니다.

3은 ⓐ를 갖고 있는데 (가)가 발현되었으므로 ⓐ는 병 유전자입니다.
구성원 5도 마찬가지로 병 유전자를 갖고 있는데, 2는 정상 표현형이므로 정상이 병에 대해 우성임을 알 수 있습니다.
따라서 ⓐ는 열성 유전자인 a입니다.

6은 유전자형이 Aa이므로 ⓧ는 a를 하나만 갖게 됨을 알 수 있습니다.

3. 구성원 3에서 B와 d를 가진 생식세포가 형성될 수 있다는 말은, 3이 B를 갖고 있다는 뜻이므로 (나)는 정상이 우성임을 알 수 있습니다.
(나)는 발현된 여자와 발현되지 않은 여자가 모두 있으므로 Y 염색체에 있는 유전자가 아님을 알 수 있습니다.
따라서 (나)는 상염색체에 있는 유전자입니다.

8에서 (나)가 발현되었으므로 3의 (나)에 대한 유전자형은 Bb입니다.
구성원 1은 (나)가 발현되었으므로 bb입니다.

1에서 생식세포가 형성될 때, b를 가질 확률은 1이고,
3에서 생식세포가 형성될 때, B를 가질 확률은 $\frac{1}{2}$ 입니다.
이미 B와 b만으로 마지막 조건의 식을 만족했습니다.

따라서 1의 생식세포에서 D를 가질 확률과 3의 생식세포에서 d를 가질 확률이 같아야 합니다.

4. 구성원 1은 D가 있음이 자명하고, (다)가 발현되었으므로 (다)는 우성 형질입니다.
만약 D/d가 상염색체에 있는 유전자라면 구성원 3의 유전자형은 dd이므로
생식세포에서 각각 D/d를 가질 확률이 같기 위해선 구성원 1의 (다)에 대한 유전자형은 DD여야 합니다.
하지만 ⓧ는 (다)가 발현되지 않았으므로 모순됩니다.

따라서 (다)는 Y 염색체에 있는 유전자임을 알 수 있습니다.

5. ⓧ는 (다)가 발현되지 않았으므로 1에게서 Y 염색체를 받으면 안 됩니다.
따라서 ⓧ는 여자이고, ⓨ는 남자입니다.

선지 해설

ㄱ. ⓐ는 a입니다.
ㄴ. ⓧ는 여자입니다.
ㄷ. 7은 3에게서 Y 염색체를 받았으므로 (다)가 발현되지 않았습니다.
따라서 (가)만 발현될 확률을 구하면 됩니다.

ⓧ의 성염색체에 대한 유전자형은 Aa이고,
상염색체에 대한 유전자형은 Bb와 bb가 가능하며, 비율은 1:1입니다.

ⓨ의 성염색체에 대한 유전자형은 Ad와 ad가 가능하며, 비율은 1:1입니다.
상염색체에 대한 유전자형은 Bb와 bb가 가능하며, 비율은 1:1입니다.

1) (가)와 (다) 중 (가)만 발현될 확률
(ⓧ의 유전자형, ⓨ의 유전자형) 순으로
ㄱ. Aa × Ad → $\frac{1}{2} \times \frac{1}{4} = \frac{1}{8}$
ㄴ. Aa × ad → $\frac{1}{2} \times \frac{1}{2} = \frac{1}{4}$

이므로 ㄱ+ㄴ = $\frac{3}{8}$

2) (나)가 발현되지 않을 확률

(ⓧ의 유전자형, ⓨ의 유전자형) 순으로

ㄱ. Bb × Bb → $\frac{1}{2} \times \frac{1}{2} \times \frac{3}{4} = \frac{3}{16}$

ㄴ. Bb × bb → $\frac{1}{2} \times \frac{1}{2} \times \frac{1}{2} = \frac{1}{8}$

ㄷ. bb × Bb → $\frac{1}{2} \times \frac{1}{2} \times \frac{1}{2} = \frac{1}{8}$

ㄹ. bb × bb → $\frac{1}{2} \times \frac{1}{2} \times 0 = 0$

이므로 ㄱ+ㄴ+ㄷ+ㄹ = $\frac{7}{16}$

따라서 $\frac{3}{8} \times \frac{7}{16} = \frac{21}{128}$ 입니다.

(* 계산 과정이 복잡하지만, 연습을 위한 N제이므로 그냥 넣었습니다.)

06

문항 해설

1. 구성원 3과 4는 ㉡이 정상인데 7은 ㉡이 발현되었으므로 ㉡은 병이 열성이고 상염색체에 있는 유전자입니다.
   따라서 ㉠과 ㉢은 X 염색체에 있는 유전자입니다.

2. 구성원 3은 ㉠, ㉢ 순서대로 정상, 병 유전자를 갖고 있습니다.
   구성원 9는 ㉠, ㉢ 순서대로 정상, 정상 유전자를 갖고 있습니다.
   따라서 구성원 7의 유전자형과 연관 관계는 정병 / 정정임을 알 수 있습니다.

   따라서 ㉠에 대해 정상 유전자로 동형 접합성이므로 10에게 정상 유전자를 주는데,
   10은 ㉠이 발현되었으므로 ㉠은 병이 우성임을 알 수 있습니다.

3. 문제에서 H, R, T를 모두 가진 사람이 2명이라 했으므로, ㉠은 병, ㉡은 정상인 사람 중에 ㉢까지 같은 표현형인 사람이 2명 있다는 뜻입니다.

   따라서 구성원 2, 5, ⓐ, 10 중 2명이 H, R, T를 갖고 있음을 알 수 있습니다.

4. 구성원 6은 ㉠이 발현되지 않았으므로 구성원 2는 ㉠에 대해 정상 유전자를 갖고 있습니다. 그런데 ㉠이 발현되었으므로 ㉠에 대한 병 유전자도 갖고 있습니다.

   따라서 구성원 2는 ㉠에 대해 이형 접합성인데, 5와 ⓐ는 모두 ㉠에 대한 병 유전자를 갖고 있으므로 같은 X 염색체를 갖고 있음을 알 수 있습니다.

   이 X 염색체에 T가 있다면 2, 5, ⓐ 모두 H, R, T를 갖게 되므로 조건에 모순됩니다.
   따라서 이 X 염색체에는 t가 있고, 2와 10에 T가 있음을 알 수 있습니다.

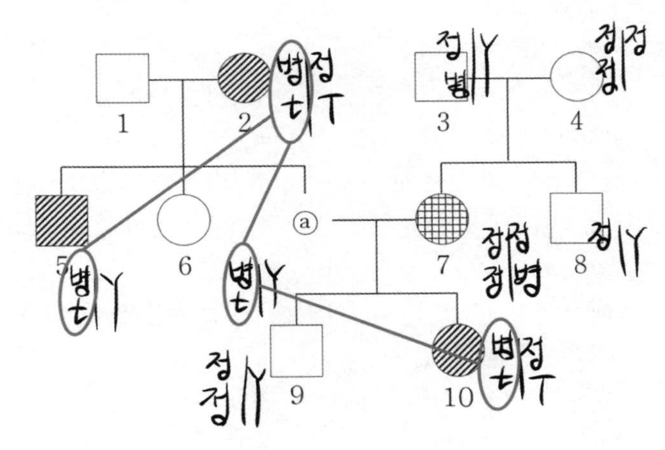

5. 6은 2에게 ㉠과 ㉢에 대한 유전자를 '정T'를 받게 되는데 ㉢이 발현되었으므로 ㉢은 우성 형질입니다.

선지 해설

ㄱ. 상염색체에 존재합니다.
ㄴ. ㉠은 우성 형질입니다.
ㄷ. ⓐ는 ㉠ 발현, ㉡ 정상, ㉢ 정상이므로 맞습니다.

07

문항 해설

1. 구성원 1과 2는 ㉠에 대해 정상인데 5는 ㉠이 발현되었으므로 ㉠은 병이 열성입니다.
   구성원 2와 5를 통해 ㉠이 X 염색체에 있는 유전자라면 병이 열성임을 알 수 있습니다.

2. 3과 ⓧ의 체세포 1개당 h의 DNA 상대량이 같습니다.
   3과 4는 모두 ㉠이 발현되었으므로 ⓨ는 ㉠이 발현되어야만 합니다.
   (* ㉠이 열성 형질이기 때문입니다.)

   ⓧ는 h가 확실히 있는데, 6과 7은 ㉠이 발현되지 않았으므로 H도 있어야 합니다.
   (* ⓨ의 부모는 모두 열성 표현형이므로 ⓨ가 H가 있을 수 없기 때문입니다.)

   따라서 ⓧ의 ㉠에 대한 유전자형은 Hh여야 하며, h의 DNA 상대량이 1로 같음을 알 수 있습니다.
   구성원 3은 h의 DNA 상대량이 1인데 ㉠이 발현되었으므로 ㉠은 X 염색체에 있는 유전자이며, ⓧ는 여자입니다.

3. ⓧ와 ⓨ의 R의 DNA 상대량이 서로 같으므로 ㉡에 대한 표현형이 같음을 알 수 있습니다.
   그런데 구성원 1과 2는 ㉡에 대해 정상이고, 구성원 7은 ㉡이 발현되었으므로 ⓧ와 ⓨ도 정상으로 같아야 함을 알 수 있습니다.
   (* 병으로 같다면, 1, 2, ⓧ에서는 ㉡은 병이 열성인데, ⓧ, ⓨ, 6에서는 ㉡은 정상이 열성이 되므로 모순됩니다.)

   구성은 7은 부모와 표현형이 다른 딸이므로 ㉡은 상염색체에 존재하는 유전자임을 알 수 있습니다.

4. ㉠에 대한 가계도를 최대한 채우면 다음과 같음을 알 수 있습니다.

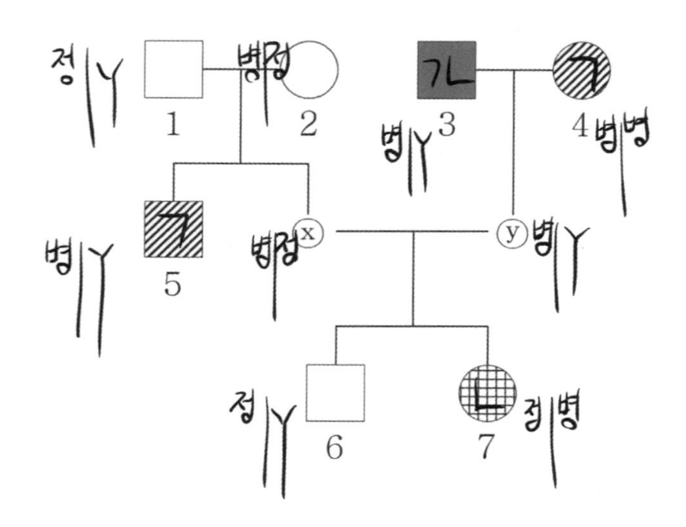

구성원 1, ⓧ, 7에서 ㉠에 대해 정상 유전자가 있는 염색체는 모두 같은 염색체임을 알 수 있습니다.
그런데 1과 7의 ㉢에 대한 표현형이 서로 다르므로 t가 있는 염색체임을 알 수 있습니다.
또한 7의 병유전자가 있는 염색체에는 T가 있습니다.

7의 '병T' 염색체는 ⓨ에게 받은 염색체이고, ⓨ는 4에게 받은 염색체이므로 4는 T를 갖고 있습니다.
그런데 2와 4의 ㉢에 대한 표현형이 서로 다르므로 2의 ㉢에 대한 유전자형은 tt입니다.

이를 토대로 가계도를 채우면 다음과 같습니다.

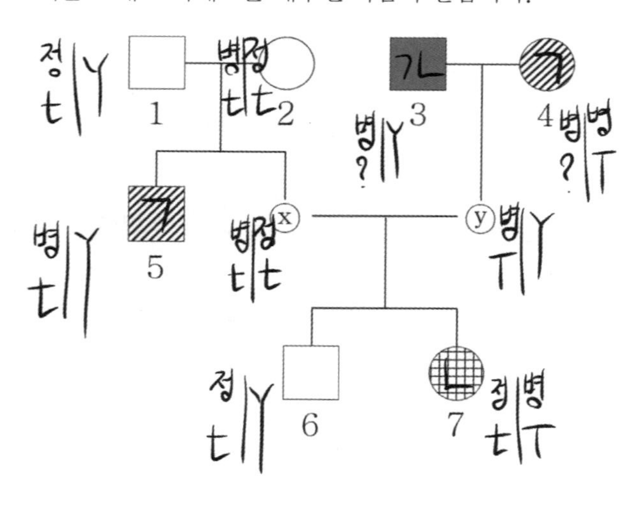

선지 해설

ㄱ. 맞습니다.

ㄴ. HhRrtt이므로 아닙니다.

ㄷ. ㉠과 ㉢에 대한 표현형이 같을 확률 : $\frac{1}{4}$

㉡에 대한 표현형이 같을 확률 : $\frac{3}{4}$

이므로 $\frac{1}{4} \times \frac{3}{4} = \frac{3}{16}$ 입니다.

08

문항 해설

1. 아버지와 어머니는 (나)가 발현되었는데 자녀 1은 (나)가 발현되지 않았으므로
(나)는 정상이 열성입니다.

2. 해설의 편의를 위해 H*와 T*는 h, t로 표기했습니다.

자녀 3과 O형인 남자 사이에서 A형이면서 (가)와 (나)가 모두 발현되지 않은 남자 아이가 태어났으므로 자녀 3은 A와 t가 있는 염색체를 갖고 있음을 알 수 있습니다.
(* 이 부분이 이해가 안 된다면 기출 문제로 돌아가주세요!)

아버지와 어머니의 (나)에 대한 유전자형이 Tt이고, 자녀 1은 tt이므로
자녀 1도 A와 t가 있는 염색체를 갖고 있음을 알 수 있습니다.
(* 마찬가지로 이 부분이 이해가 안 된다면 기출 문제로 돌아가주세요!)

3. 1과 3의 ABO식 혈액형에 대한 유전자형이 서로 다르다 했으므로 ㉠은 A형이고,
1과 3 중 한 명은 AA, 다른 한 명은 AO임을 알 수 있습니다.
따라서 1을 A□, 3을 A△로 둘 수 있고, □와 △ 중 하나는 A, 다른 하나는 O입니다.

4. 지금까지의 상황을 그림으로 나타내면 아래와 같습니다.

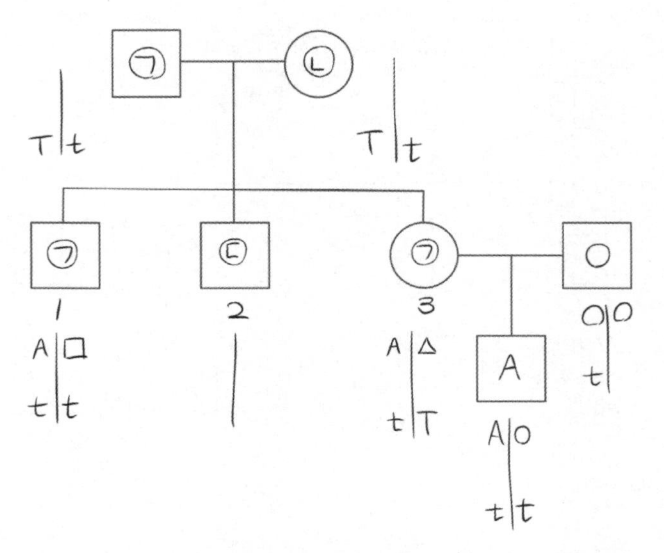

At는 아버지와 어머니 중 한 사람에게 받은 같은 염색체이므로 □t와 △T는 다른 사람에게 하나씩 받은 염색체임을 알 수 있습니다.
따라서 □t와 △T를 준 사람은 A형이어야 하므로 아버지에게 받았음을 알 수 있습니다.

따라서 At를 준 사람은 어머니이고, 어머니는 AB형(㉡)입니다.

자녀 2의 혈액형은 ㉢이므로 B형이어야 함을 알 수 있습니다.
그런데 아버지에게 □와 △ 중 어떤 걸 받았는지 알 수 없으므로 (가)에 대한 우열을 찾아야합니다.

5. 자녀 1, 자녀 3, 자녀 3의 아들에서 A와 t가 있는 염색체는 모두 동일한 염색체입니다.
따라서 (가)에 대한 유전자도 같은 유전자가 연관되어 있는데, 자녀 1과 자녀 3의 아들의 (가)에 대한 표현형이 서로 다르므로 열성 유전자가 연관되어 있음을 알 수 있습니다.
따라서 자녀 1에서 □와 t가 있는 염색체에는 (가)에 대한 병 유전자가 있습니다.
그런데 아버지는 (가)가 발현되지 않았으므로 (가)는 정상이 병에 대해 우성임을 알 수 있습니다.

6. 자녀 2는 (가)가 발현되었으므로 (가)에 대해 병 유전자로 동형 접합성이어야 합니다.
따라서 아버지에게 □, 병, t 유전자를 받았음을 알 수 있으므로 □가 O이고 △가 A입니다.

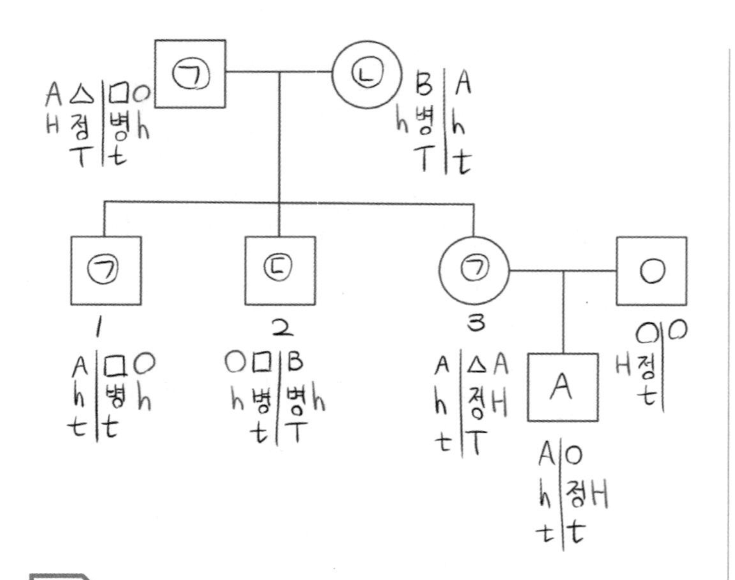

선지 해설

ㄱ. ⓐ는 ×입니다.
ㄴ. ㉠은 A형입니다.
ㄷ. 0입니다.

09

1. A는 B와 D에 대해 완전 우성인데 표현형이 4가지이므로 A>B=D임을 알 수 있습니다.

2. 6과 7의 표현형은 서로 같은데 유전자형이 다르므로 A_ 표현형임을 알 수 있습니다.
   (* A_를 제외한 다른 표현형은 2가지 이상의 유전자형을 가질 수 없습니다.)

3. 7의 A는 부모님에게 받은 유전자이므로 3과 4 중 한 명은 A_ 표현형입니다.
   그런데 3or4, 6, 7의 유전자형이 각각 서로 다르므로 AA, AB, AD 중 하나입니다.
   6이나 7이 AA일 경우 2, 3, 4, 5의 표현형이 모두 다르다는 조건에 위배되므로
   3과 4 중 한 명이 AA임을 알 수 있습니다.

4. 5와 8의 표현형은 서로 같은데 5는 A를 가질 수 없으므로 8도 A를 받으면 안 됩니다.
   따라서 6과 7의 유전자형을 각각 A□, A△라 할 때, 8의 유전자형은 □△입니다.
   □△의 표현형이 가능한 유전자형은 □△밖에 없으므로 5의 유전자형도 □△입니다.

   이후 나머지 유전자형을 가계도에 채우면 다음과 같음을 알 수 있습니다.

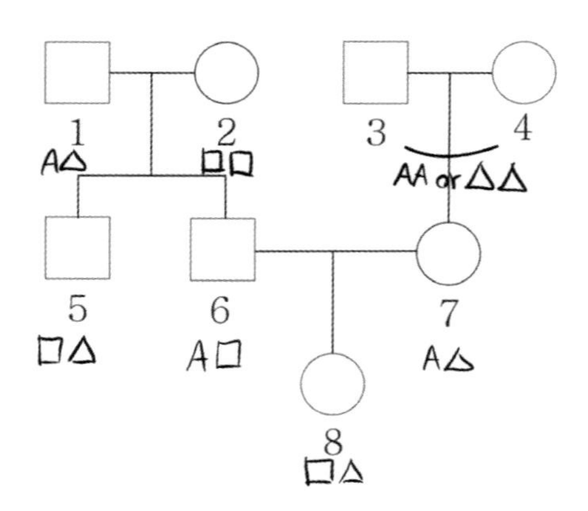

5. 1, 3, 8에서 A의 DNA 상대량 합은 1 또는 3이고,
   2, 5, 7에서 B의 DNA 상대량 합은 □가 B일 경우 3, △가 B일 경우 2입니다.
   따라서 1, 3, 8에서 A의 DNA 상대량 합이 3이어야 함을 알 수 있습니다.

   따라서 □가 B, △가 D이고, 3의 유전자형은 DD, 4의 유전자형이 AA임을 알 수 있습니다.

선지 해설

ㄱ. DD입니다.
ㄴ. 1과 7로 2명입니다.
ㄷ. $\frac{3}{4}$ 입니다.

10

문항 해설

1. 구성원 3, 4와 다른 표현형인 6이 태어났으므로 ㉡이 Ee임을 알 수 있습니다.
(* 또는 부모-자식 관계에서 한 명은 EE, 다른 한 명은 ee일 수 없으므로 3, 6 중 한 명이 Ee이고, 4, 6 중 한 명이 Ee이므로 6이 Ee입니다.)
구성원 7과 8 중 한 명은 EE, 다른 한 명은 ee이므로 ⓐ와 ⓑ의 유전자형은 Ee입니다.

따라서 1, 7, ⓐ, ⓑ에서 E의 DNA 상대량을 더한 값은 ㉠이 ee일 경우 2, ㉠이 EE일 경우 6이 됩니다.
2, 5, 8에서 T의 DNA 상대량을 더한 값이 9일 수는 없으므로 ㉠이 ee이고, ㉢이 EE임을 알 수 있습니다.

2. 2는 t가 없으므로 TT입니다.
따라서 5도 T를 갖게 되는데, 2, 5, 8에서 T의 DNA 상대량을 더한 값이 3이므로 5는 Tt이고, 8은 tt입니다.

구성원 2에서 E가 있는 염색체는 구성원 8에게 전달되는데, 8은 T를 가지면 안 되므로 E/e와 연관된 유전자는 H/h임을 알 수 있습니다.
따라서 H/h가 7번 염색체에, T/t는 X 염색체에 있는 유전자입니다.
또한, 구성원 ⓐ는 2에게 T를 받고, 8에게 t를 물려주었으므로 ⓐ는 여자이고, ⓑ는 남자입니다.

3. 구성원 2, 4, 8, ⓐ, ⓑ의 (나)의 표현형이 모두 다르므로 대문자 수의 합이 4, 3, 2, 1, 0이 모두 나타나야 합니다.
그런데 4, ⓐ, ⓑ, 8은 이미 h 또는 t를 가지고 있으므로 2의 유전자형이 HHTT, ⓐ의 유전자형이 HHTt임을 알 수 있습니다.
구성원 4, ⓑ, 8은 모두 같은 7번 염색체를 공유하고 있는데, 이 중 한 명은 대문자 수의 합이 0이어야 하므로 해당 염색체에는 h가 있음을 알 수 있습니다.
따라서 8의 유전자형은 Hhtt입니다.
ⓑ는 대문자 수의 합이 1이면 안 되므로 hhtY로 결정되고, 남은 4의 유전자형은 HhTt가 됩니다.

4. 구성원 3, 5, 6, 7, ⓑ에서 5는 대문자 수의 합이 3이고, ⓑ는 대문자 수의 합이 0이므로 구성원 3, 6, 7의 대문자 수는 각각 1, 2, 4 중 하나입니다.
4는 여자인 6만 가능하므로 6의 (나)에 대한 유전자형은 HHTT이고, 3은 H와 T를 6에게 물려주어야 하므로 HhTY, 남은 7은 HhtY입니다.

선지 해설

ㄱ. 아닙니다.
ㄴ. 맞습니다.
ㄷ. 유전자형이 ee일 때 H/h의 유전자형은 Hh이므로 T/t에서 T를 받아야 합니다.

따라서 eeHh일 확률 $\frac{1}{4}$,

Tt / tY에서 T를 줄 확률 $\frac{1}{2}$로

$\frac{1}{4} \times \frac{1}{2} = \frac{1}{8}$입니다.

11

문항 해설

1. 구성원 1과 2는 ㉠이 발현됐는데, 5는 ㉠에 대해 정상이면서 딸이므로
㉠은 우성 형질 + 상염색체에 있는 유전자임을 알 수 있습니다.

구성원 6과 8에서 ㉡은 X 염색체에 있는 유전자라면 병이 우성,
구성원 1과 5에서 ㉢은 X 염색체에 있는 유전자라면 정상이 우성,
구성원 4와 ⓐ에서 ㉢은 X 염색체에 있는 유전자라면 병이 우성임을 알 수 있습니다.
따라서 ㉢은 상염색체에 있는 유전자입니다.

2. 1, 2, 3, 4에서 B의 합과 b의 합이 같습니다.
상염색체에 있는 유전자라면 B와 b의 수가 각각 4개씩 있어

야 하며,
성염색체에 있는 유전자라면 B와 b의 수가 각각 3개씩 있어야 함을 알 수 있습니다.

1) 상염색체에 있는 유전자일 경우
병이 열성이라면 → b가 최소 5개이므로 모순
병이 우성이라면 → 1과 4가 병 동형 접합성일 경우 가능

2) X 염색체에 있는 유전자일 경우 (* 병이 우성임은 1에서 밝혔습니다.)
1과 4가 모두 병 유전자만 가져야 3개를 만족시킬 수 있는데, 4가 병 동형 접합성일 경우 아들인 ⓐ도 BY가 됩니다.
그런데 ⓐ의 딸인 7이 ㉡에 대해 정상이므로 모순됩니다.

따라서 ㉡은 상염색체에 있는 유전자이며 병이 우성임을 알 수 있습니다.

3. ㉢은 ㉠ 또는 ㉡과 같은 염색체에 있습니다.

6과 ⓐ의 ㉡에 대한 유전자형은 Bb이고,
7과 8은 ㉡에 대한 열성 표현형이므로 유전자형이 bb입니다.
7과 8은 유전자형이 bb로 고정되어 있는데 ㉢에 대한 표현형이 서로 다르므로
㉡과 ㉢은 서로 독립되어 있는 유전자임을 알 수 있습니다.
따라서 ㉠과 ㉢이 연관되어 있습니다.

4. 8과 9 모두 ㉠에 대해 정상이므로 aa입니다.
따라서 6은 a를 갖고 있는데, ㉠이 발현됐으므로 A도 갖고 있습니다.
이때 6의 a와 같이 있는 ㉢에 대한 유전자는 6, 8, 9가 모두 갖게 됩니다.
그런데 6, 8, 9의 ㉢에 대한 표현형이 모두 같지는 않으므로 6의 a와 연관된 ㉢에 대한 유전자는 열성 유전자임을 알 수 있습니다.

따라서 8이 ⓐ에게 받은 유전자는 a와 ㉢에 대한 병 유전자이고,
9가 ⓐ에게 받은 유전자는 a와 ㉢에 대한 정상 유전자임을 알 수 있습니다.

ⓐ는 ㉢에 대한 병 유전자와 정상 유전자를 모두 갖고 있는데, ㉢이 발현되지 않았으므로 ㉢은 병이 열성임을 알 수 있습니다.

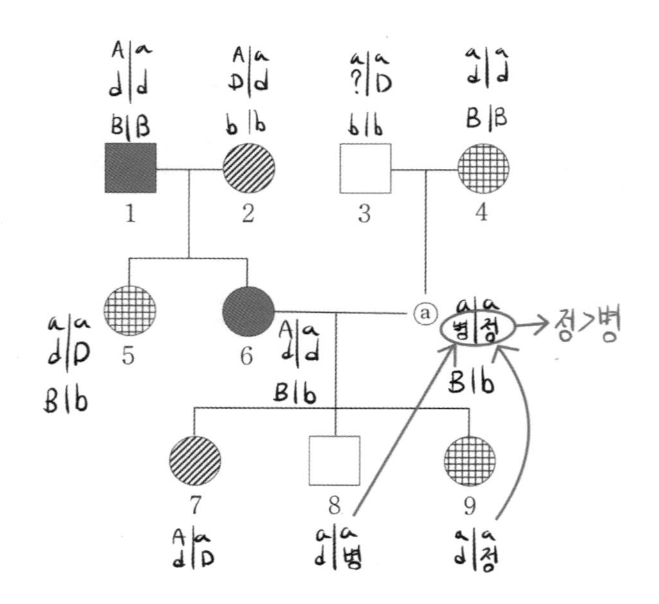

선지 해설

ㄱ. 아닙니다.
ㄴ. ⓐ는 ㉠~㉢ 중 ㉡만 발현되었습니다.
따라서 구성원 5와 9만 같으므로 2명입니다.
ㄷ. 9의 동생은 케이스를 2가지로 나눌 수 있습니다.

Ⅰ) ㉡이 발현되었을 때

㉡이 발현될 확률 : $\frac{3}{4}$,

㉠과 ㉢ 중 하나만 발현될 확률 : $\frac{1}{2}$

Ⅱ) ㉡이 발현되지 않았을 때

㉡이 발현되지 않을 확률 : $\frac{1}{4}$,

㉠과 ㉢ 모두 발현될 확률 : $\frac{1}{4}$

이므로 $\frac{3}{8}+\frac{1}{16} = \frac{7}{16}$ 입니다.

12

문항 해설

1. 부모와 다른 표현형인 자손이 없습니다.
   따라서 연관을 통해 우열 관계를 추론해야 합니다.

2. 구성원 1은 A가 없고 2는 A가 있습니다.
   따라서 구성원 3의 A는 2에게서 받은 유전자입니다.
   그런데 2와 3의 ㉠과 ㉡에 대한 표현형이 서로 다르므로
   2는 A의 옆 염색체에 ㉠에 대해 병, ㉡에 대해 정상 유전자가 있음을,
   3은 A의 옆 염색체에 ㉠에 대해 정상, ㉡에 대해 병 유전자가 있음을 알 수 있습니다.

   구성원 5는 A가 없으므로 2에게서 A를 받지 않았음을 알 수 있습니다.
   따라서 2에게서 ㉠에 대한 병 유전자를 받게 되는데 ㉠에 대해 정상이므로
   ㉠은 정상이 우성임을 알 수 있습니다.

3. 구성원 4는 ㉠이 발현되었으므로 ㉠에 대한 병 유전자로 동형 접합성입니다.
   그러므로 1도 ㉠에 대한 병 유전자를 갖고 있어야 합니다.

   구성원 5는 1에게서 ㉠에 대한 정상 유전자를 받았으므로 ㉡에 대한 병 유전자도 함께 받음을 알 수 있습니다.
   그런데 5는 ㉡이 발현되지 않았으므로 ㉡은 정상이 우성입니다.

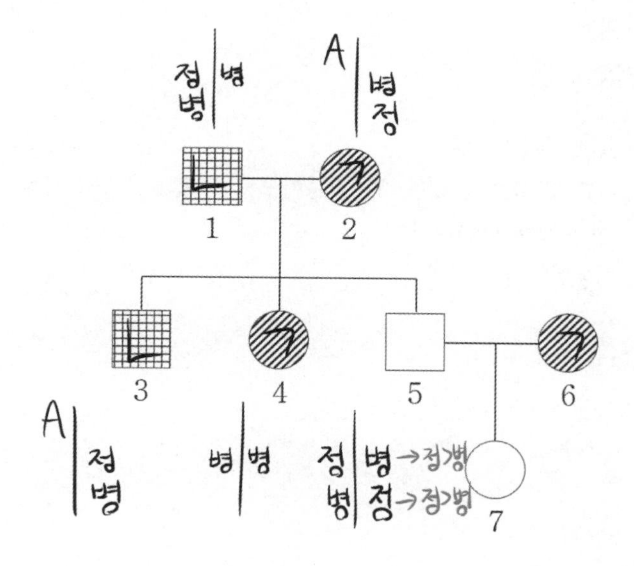

4. 우열 관계를 통해 가계도를 채우면 다음과 같음을 알 수 있습니다.

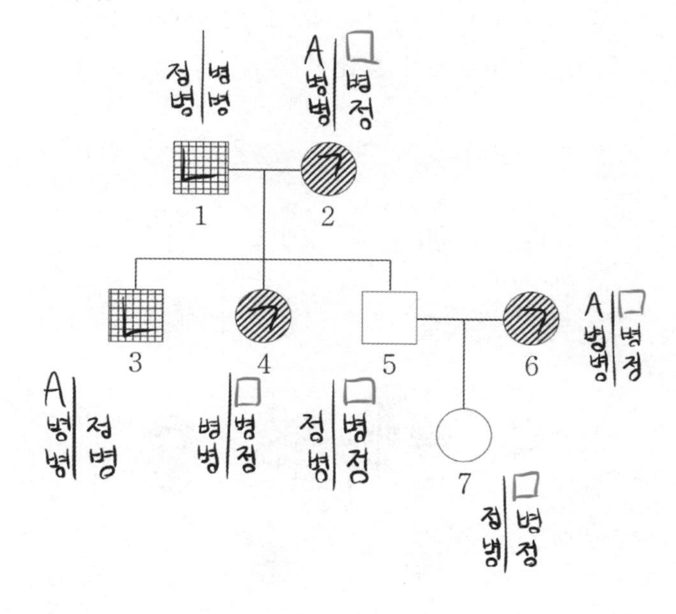

이때 □가 모두 같은 유전자인데, 4, 6, 7의 혈액형이 모두 달라야 하므로 □는 O임을 알 수 있습니다.
따라서 2는 A형이고, 2와 3의 혈액형은 서로 다르므로 3의 '정병' 염색체에는 B가 있습니다.
따라서 7은 BO가 되고, 4는 O형이어야 하므로 4의 '병병' 염색체에는 O가 있음을 알 수 있습니다.

선지 해설

ㄱ. 열성 형질입니다.
ㄴ. 3은 AB형, 4는 O형, 5는 B형이므로 3, 4, 5의 ABO식 혈액형은 모두 다릅니다.
ㄷ. B형입니다.

13 〉

문항 해설

1. 모두 X 염색체에 있는 유전자이므로 구성원 6과 8을 통해 ㉠은 병이 우성임을 알 수 있습니다.

2. 유전자를 최대한 채우면 다음과 같음을 알 수 있습니다.

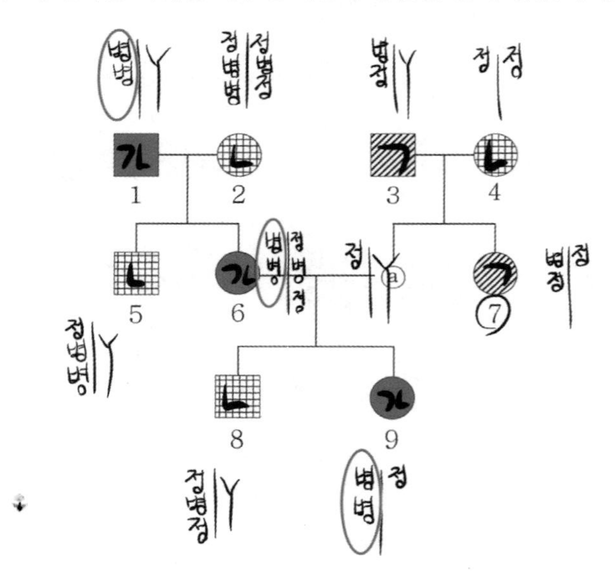

이때 ㉡이 우성 형질이라면, 1, 6, 9 중 2명만 H, R, T를 모두 가짐을 알 수 있습니다.
따라서 1, 6, 9에서 공통적으로 가지고 있는 염색체(동그라미)에는 t가 있어야 합니다.
그러면 6과 9가 T를 가져야 하는데, 6은 ㉢에 대한 정상 표현형이고 9는 ㉢이 발현되었으므로 모순됩니다.

따라서 ㉡은 열성 형질이며, 3과 7이 T를 갖고 있음을 알 수 있습니다.
7은 T를 갖고 있는데 형질이 발현되었으므로 ㉢은 병이 우성입니다.

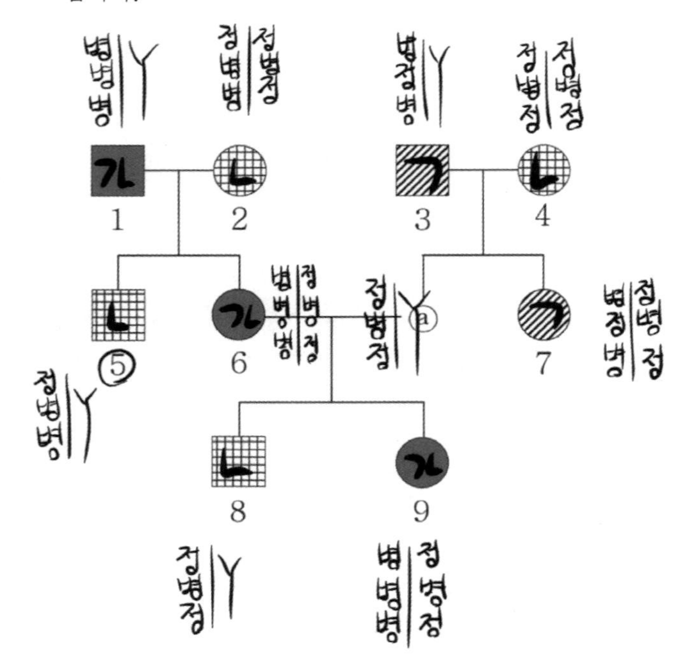

선지 해설

ㄱ. 아닙니다.
ㄴ. ⓐ는 ㉡만 발현되었으므로 4와 8로 총 2명입니다.
ㄷ. 0입니다.

14 〉

문항 해설

1. ㉮와 ㉯는 모두 열성 형질입니다.
그런데 딸인 Ⅳ는 ㉯가 발현되었는데, 아버지인 Ⅰ은 ㉯가 발현되지 않았으므로
㉯는 상염색체에 있는 유전자임을 알 수 있습니다.

2. 표 (나)에서 ⓑ와 ⓔ는 ㉠~㉣ 4개 중 보유하지 않은 유전자

가 3개이므로 성염색체에 있는 유전자가 있음을 알 수 있습니다.
㉯는 상염색체에 있는 유전자임을 알았으므로 ㉮는 성염색체에 있는 유전자입니다.

3. 상염색체는 대립유전자 쌍이 모두 없을 수는 없으므로,
ⓑ에서 ㉣는 0이면 안 되며 ㉣이 상염색체에 있는 유전자임을 알 수 있습니다.
마찬가지 이유로 ⓔ에서 ㉠도 상염색체에 있는 유전자입니다.
따라서 ㉠–㉣이 대립유전자이며, ㉡–㉢이 성염색체에 있는 대립유전자입니다.

4. ⓒ에는 ㉡과 ㉢이 모두 있으므로 ⓒ의 핵상은 2n이며
성염색체에 있는 유전자가 모두 있으므로 ㉡과 ㉢은 X 염색체에 있는 유전자이고
여자의 세포임을 알 수 있습니다.
X 염색체에 있는 유전자가 없는 ⓑ와 ⓔ는 남자의 세포입니다.

5. ⓐ에는 ㉠과 ㉣이 모두 있으므로 핵상이 2n이고, ⓐ를 가진 사람은 ㉯에 대해 정상이어야 합니다.
어머니와 자녀 2는 모두 ㉯가 발현되었으므로 ⓐ를 가진 사람이 아닙니다.

따라서 ⓒ와 ⓓ 중 하나는 어머니의 세포, 다른 하나는 자녀 2의 세포입니다.
ⓒ에는 ㉡과 ㉢이 모두 있으므로 ㉮가 발현되면 안 됩니다.
따라서 ⓒ는 어머니의 세포이고, ⓓ가 자녀 2의 세포입니다.

6. ⓓ에서 ㉠과 ㉡이 있으므로 ㉠과 ㉡이 각각 ㉯와 ㉮ 발현 유전자 t, h임을 알 수 있습니다.
ⓐ에는 ㉠과 ㉣이 있고, 성염색체는 ㉡만 갖고 있으므로 ㉮ 발현, ㉯ 정상이어야 합니다.
그럴 수 있는 사람은 아버지밖에 없으므로 ⓐ는 아버지의 세포입니다.
ⓑ와 ⓔ는 남자의 세포임을 밝혔으므로 자녀 1과 자녀 3은 남자입니다.

7. ⓑ는 ㉣을 가져야 하므로 ㉯에 대해 정상입니다.
자녀 3은 ㉯가 발현되었으므로 ⓑ는 자녀 1의 세포입니다.
마지막으로 남은 ⓔ는 자녀 3의 세포가 됩니다.

선지 해설

ㄱ. ㉠의 대립유전자는 ㉣입니다.
ㄴ. ⓑ는 자녀 1의 세포입니다.
ㄷ. ㉡은 h입니다.

15

문항 해설

1. 구성원 1과 4를 통해 (가)가 X 염색체에 있는 유전자라면 정상이 우성임을 알 수 있습니다.

2. 표에서 구성원 1은 ㉠+㉡이 2+1 꼴이고, ㉠+㉢이 2+1 꼴이므로 ㉠, ㉡, ㉢이 모두 있음을 알 수 있습니다.
따라서 (가)는 정상이 우성, (나)는 병이 우성임을 알 수 있습니다.

ⓐ는 ㉡+㉢이 0이므로 유전자형이 ㉠㉠임을 알 수 있습니다.
남자인 ⓐ가 ㉠을 동형 접합성으로 가지므로 ㉠은 상염색체에 있는 대립유전자입니다.
그런데 4와 5의 (가)에 대한 표현형이 서로 다르므로 ㉠은 A가 아님을 알 수 있습니다.

3. 구성원 4는 (가)가 발현되었으므로 구성원 1은 (가)에 대한 유전자형이 Aa임을 알 수 있습니다.
A는 ㉡ 또는 ㉢이므로 ㉠이 2임을 확정할 수 있습니다.

따라서 구성원 1도 유전자형이 ㉠㉠이므로, 4와 5도 ㉠㉠임을 알 수 있습니다.
그런데 1, 4, 5 중 (다)가 발현된 사람은 2명이므로 ㉠은 (다)에 대한 유전자가 아님을 알 수 있습니다.

따라서 ㉠은 B입니다.

4. 구성원 ⓐ는 ㉡+㉢=0이므로 d가 없음을 알 수 있습니다.
따라서 ⓐ의 (다)에 대한 유전자형은 DY이므로 구성원 5도 D를 받게 됩니다.

구성원 1은 ㉡과 ㉢이 모두 1이므로 (다)에 대한 유전자형은 Dd입니다.

그런데 구성원 1, 4, 5 중 (다)가 발현된 사람은 2명이므로 (다)는 병이 우성임을 알 수 있습니다.

5. 구성원 6은 (나)가 발현되었고, 7은 (나)가 발현되지 않았으므로
3의 (나)에 대한 유전자형은 Bb입니다.

따라서 3에서 ㉠+㉡=1+1인데, ㉡이 있는데 (가)가 발현되었으므로 ㉡이 d입니다.
남은 ㉢은 A임을 알 수 있습니다.

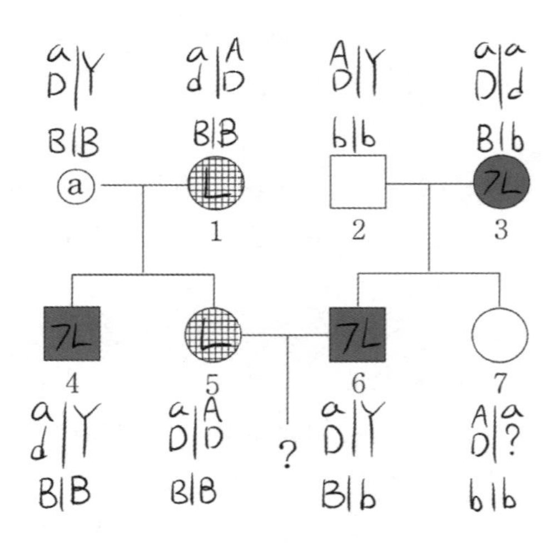

선지 해설

ㄱ. ㉡은 d입니다.
ㄴ. (다)는 우성 형질입니다.
ㄷ. 구성원 5의 (나)와 (다)에 대한 유전자형이 BBDD이므로 (나)와 (다)은 반드시 발현하게 됩니다.
따라서 한 가지 형질만 발현될 확률은 0입니다.

16

문항 해설

1. 구성원 3, 4와 다른 표현형인 6이 태어났으므로 ㉡이 Ee임을 알 수 있습니다.
(* 또는 부모-자식 관계에서 한 명은 EE, 다른 한 명은 ee일 수 없으므로 3, 6 중 한 명이 Ee이고, 4, 6 중 한 명이 Ee이므로 6이 Ee입니다.)
구성원 7과 8 중 한 명은 EE, 다른 한 명은 ee이므로 ⓐ와 ⓑ의 유전자형은 Ee입니다.

ⓐ와 ⓑ에서 E의 합은 2, 7과 8에서 E의 합은 2이므로 1, ⓐ, ⓑ, 7, 8에서 E의 DNA 상대량을 더한 값은 4 또는 6입니다.
그런데 분모가 4일 수는 없으므로 ㉠이 EE이고, ㉢이 ee입니다.
또한, 3, 4, ⓑ, 6, 7에서 H와 T의 합이 4임을 알 수 있습니다.

2. 구성원 1, 2, 5, ⓐ, 8에서 E/e에 대한 유전자형을 쓰면 다음과 같이 2, 5, ⓐ, 8이 동일한 염색체를 공유하고 있음을 알 수 있습니다.
(* 1) E/e를 먼저 쓰는 이유 : 연관을 활용하여 정보를 찾기 위함입니다. 현재 상황에서 독립 단위로 생각했을 때는 아무것도 할 수 없기 때문입니다.
2) 1, 2, 5, ⓐ, 8을 먼저 보는 이유 : E/e에 대한 유전자형과 연관 관계를 고려하면 1, 2, 5, ⓐ, 8을 보는 게 훨씬 유리함을 알 수 있습니다.)

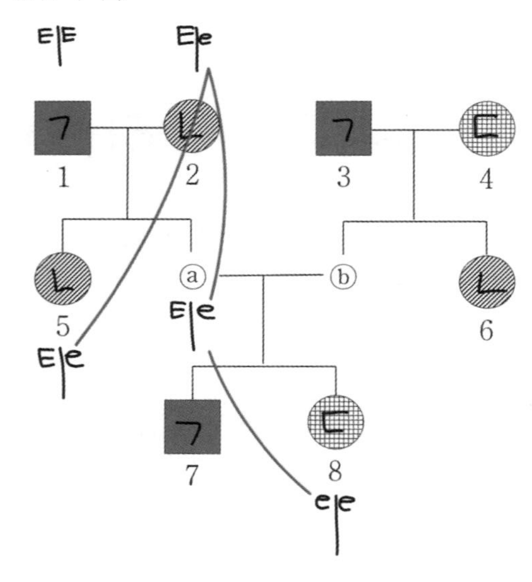

이때, 1, 2, 5, ⓐ, 8에서 대문자 수는 0, 1, 2, 3, 4여야하는

데 2, 5, ⓐ, 8은 동일한 염색체를 공유하고 있으므로 구성원 1은 대문자 수가 0이거나 4여야 합니다.

그런데 (나)를 결정하는 유전자 중 하나는 X 염색체에 있는 유전자이므로 1은 대문자 수가 0이어야 합니다.

또한, 1은 5에게 X 염색체에 있는 소문자를 줘야 하고, ⓐ가 딸이라면 X 염색체에 있는 소문자를, 아들이라면 아버지에게 Y 염색체를 물려받게 되므로 대문자 수를 숫자로 나타내며 다음과 같습니다.

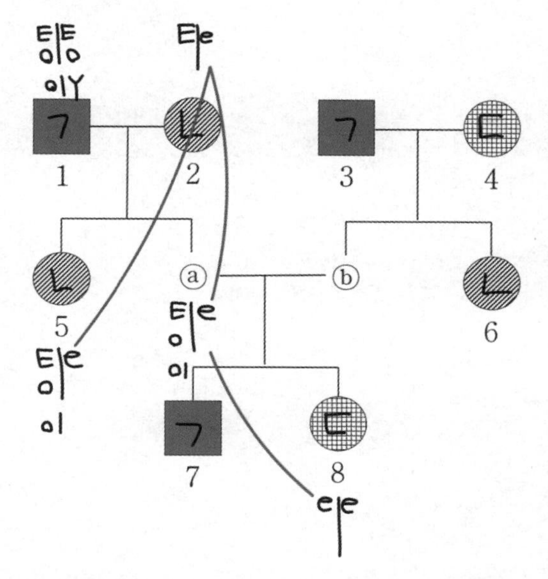

이때, e와 연관된 문자는 대문자든 소문자든 같은 값입니다. 5와 ⓐ는 서로 표현형이 달라야 하므로 2에게 받는 X 염색체에 있는 대문자 수가 다른 수여야 합니다.

따라서 하나는 1이고, 다른 하나는 0이며 2는 1과 0을 갖고 있어야 하므로 8이 4입니다.

3. 8이 대문자 수가 4이므로 ⓑ도 H와 T를 갖고 있습니다.
   또한, ⓑ의 H와 T는 3 또는 4에게 받은 유전자이므로 3, 4, ⓑ만 고려해도 이미 H+T가 4임을 알 수 있습니다.
   따라서 6과 7은 h와 t만 갖고 있음을 알 수 있습니다.
   이를 고려하면 다음과 같음을 쉽게 알 수 있습니다.

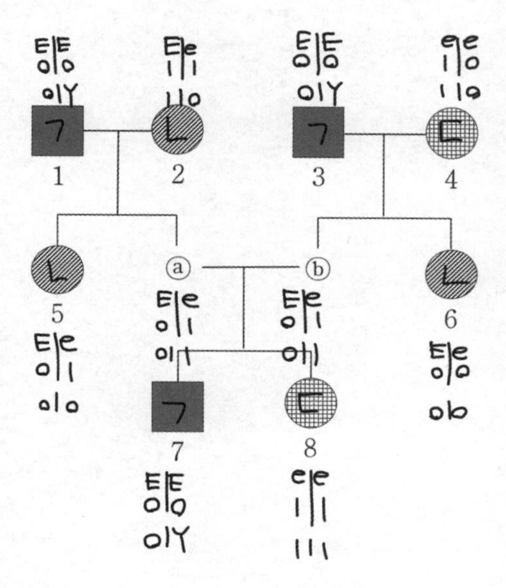

4. 체세포 1개당 t의 DNA 상대량은 ⓐ가 ⓑ보다 커야하는데, T/t가 상염색체에 있는 유전자라면 t의 DNA 상대량이 같게 되므로 T/t가 X 염색체에 있는 유전자이고, H/h는 상염색체에 있는 유전자입니다.

선지 해설

ㄱ. ㉡입니다.

ㄴ. 7은 tY이므로 t의 DNA 상대량은 1입니다.

ㄷ. Ee일 때는 H의 수가 항상 1이므로 Ee면서 대문자 수가 1개일 확률은 $\frac{1}{2}$입니다.

따라서 T/t에서 대문자 수가 1개면 되는데, 이는 $\frac{1}{2}$이므로

$\frac{1}{2} \times \frac{1}{2} = \frac{1}{4}$입니다.

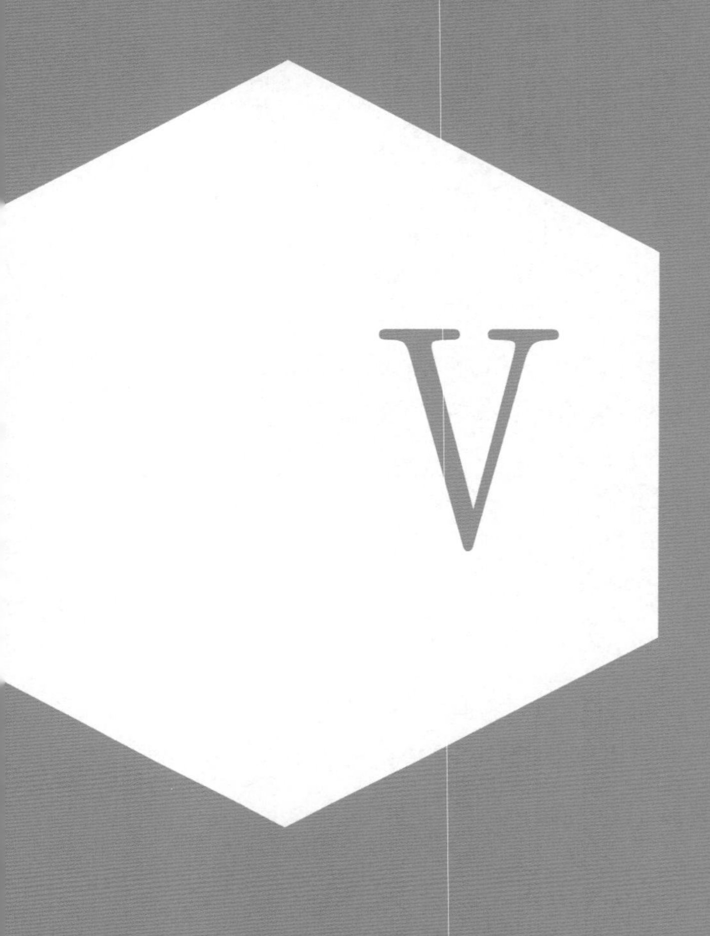

돌연변이

- 2년 후 -

수능이 다가오니 작년 수능 때가 생각난다.
다시 도전하기조차 두려웠던 수능을 마치고 그 시간과 노력이 결과로 보였을 때,
그날 나한테 다시 해보라고 응원해준 가빈이 언니가 생각났다.
수험 생활 동안 지치고 무너질 때마다 옆에서 도와줬기에 내가 이 학교에 온 거겠지..

"제가 벌써 2학년이라니.."
"샛별아..? 나는 이제 곧 5학년..이야.."

가빈이 언니가 옆에서 웃으면서 말했다.
가빈이 언니는 느낌상 분명히 직장인일 거라 생각했는데, 우리 과 선배일 줄은 원서를 쓰는 날까지도 몰랐다.

"하하.. 저도 이제 선배가 되겠죠!?
언니처럼 멋진 선배가 돼볼게요! 새내기들 얼른 보고 싶어요!"

PART 1

01 〉 14학년도 수능 9번 | 정답 ③

문항 해설

1. 가계도 해석

형과 철수의 ㉠에 대한 발현 여부가 다르므로 ㉠은 X 염색체에 있는 유전자입니다.
(* 문제에서 '성' 염색체에 있다 했으므로 X 염색체에 있는 유전자인지, Y 염색체에 있는 유전자인지도 고려해야합니다.
형과 철수는 남자이므로 아버지에게 동일한 Y 염색체를 받게 되는데, 둘의 표현형이 다르므로 X 염색체에 있는 유전자입니다.)

따라서 ㉠과 적록 색맹을 결정하는 유전자는 같은 염색체에 있음을 알 수 있습니다.
(* 적록 색맹이 X 염색체에 있는 유전자이고, 열성 형질임은 알고 계셔야 합니다.)

형은 ㉠, 색맹 순으로 병, 정상 유전자 / Y 염색체
철수는 ㉠, 색맹 순으로 정상, 병 유전자 / Y 염색체를 갖고 있습니다.
(* 철수는 핵형이 '정상'이므로 돌연변이여도 이렇게 쓸 수 있습니다.)

2. 돌연변이 해석

철수의 핵형은 정상이고, 성염색체 비분리가 일어나 형성된 정자와 난자가 수정되어 태어났습니다.
철수는 남자이므로 아버지에게 Y를 반드시 받아야 하는데,
아버지의 정자 형성 과정에서 감수 2분열 비분리가 일어났다면 YY,
감수 1분열 비분리가 일어났다면 XY가 됩니다.
이때 YY가 수정될 경우 핵형이 정상이 아니므로 성염색체가 XY인 정자가 수정됐음을 알 수 있습니다.
따라서 엄마에게는 성염색체를 아예 받지 않아야 합니다.
(* 엄마의 성염색체 비분리 시기는 알 수 없습니다.)

3. 가계도 해석

아버지의 X 염색체와 Y 염색체를 철수가 그대로 받았으므로 아버지도 ㉠, 색맹 순으로 정상, 병 유전자 / Y 염색체를 갖고 있습니다.

어머니는 형에게 ㉠, 색맹 순으로 병, 정상 유전자를 주었으므로 병, 정상 유전자를 갖고 있고, ㉠에 대해 정상이므로 정상 유전자도 갖고 있음을 알 수 있습니다.
이때 어머니는 ㉠에 대한 병 유전자와 정상 유전자를 모두 갖고 있는데 정상이므로 ㉠은 정상이 우성입니다.
색맹 유전자에 대해선 알 수 없습니다.

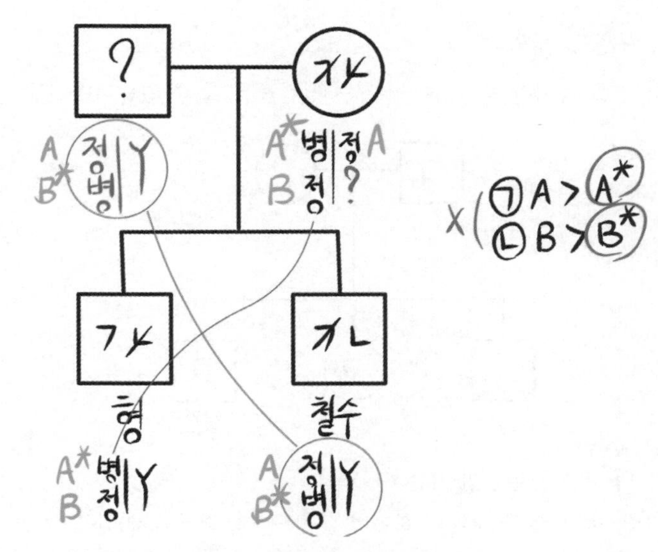

(* 색맹은 편의상 ㉡으로 나타냈습니다.)

선지 해설

ㄱ. 아버지는 ㉠에 대해 정상입니다.

ㄴ. 어머니는 A*과 B가 같이 있는 X 염색체를 가지고 있습니다.

ㄷ.

02 〉 14학년도 3월 19번 ❙ 정답 ②

문항 해설

1. 가계도 해석

유전병을 ㉠이라 할 때, 아래 그림과 같음을 알 수 있습니다.

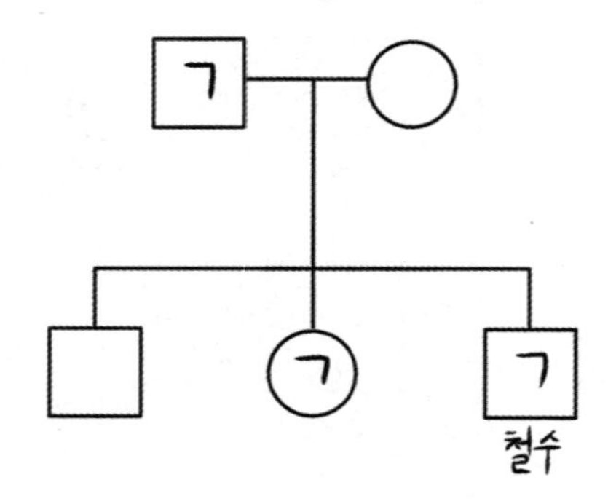

부모와 다른 표현형인 자손 → ×

엄마와 형, 아빠와 누나의 표현형 같음 → 성/상에 대해 얻을 수 있는 조건 없음

2. 추가 조건 해석

어머니와 아버지는 각각 H / H* 중 한 종류만 → 어떤 유전자가 정상 유전자인지, 병 유전자인지 모르지만 아버지는 병 유전자'만', 어머니는 정상 유전자'만' 갖고 있음

그런데 비분리가 아닌 형과 누나의 표현형이 서로 다름 → 성염색체에 있는 유전자

엄마가 H든 H*든 갖고 있음 → X 염색체 유전자

누나의 유전자형은 HH*인데 병 → 병이 우성 = H가 병

3. 돌연변이 해석

철수는 핵형이 정상이면서 ㉠이 발현되어야 합니다.

병 유전자를 갖고 있는 게 아빠밖에 없으므로 아빠에게 병 유전자와 Y를 모두 받아야 하고,

핵형이 정상이므로 엄마에게는 아무것도 받지 않아야 합니다.

따라서 난자 ⓐ는 성염색체에서 비분리가 일어나 성염색체가 없는 난자,

정자 ⓑ는 감수 1분열에서 성염색체 비분리가 일어나 XY가 모두 있는 정자입니다.

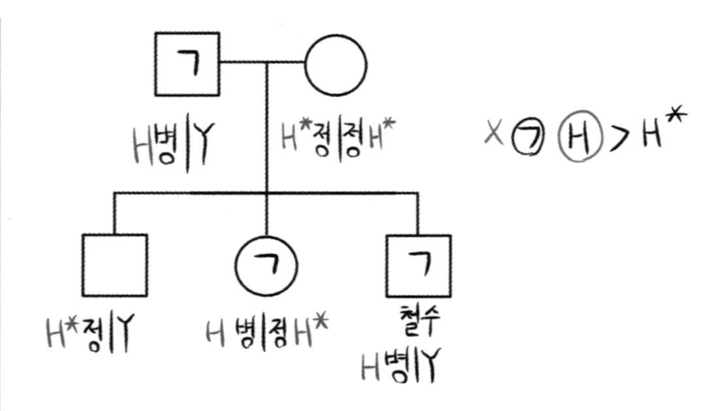

선지 해설

ㄱ.

ㄴ. ⓐ에는 H와 H* 모두 없습니다.

ㄷ. ⓑ에는 상염색체 22개, 성염색체 2개로 $\frac{\text{상염색체 수}}{\text{성염색체 수}}$ =11입니다.

☑ comment

발문에서 'ⓐ와 ⓑ 수정 철수, ⓐ와 ⓑ 형성될 때 각각 비분리 1회' 이 부분만 봤을 때는

ⓐ와 ⓑ가 아닌 반대편에서 감수 2분열 비분리가 각각 일어나, 사실상 핵형이 완전 정상인 ⓐ와 ⓑ인 경우도 고려해야 합니다.

그래서 대부분의 문제는 '염색체 수가 비정상적인' 정자나 난자가 형성되었다고 써줍니다.

혹시라도 이런 말이 없다면 실제로 위 케이스도 고려하셔야 합니다.

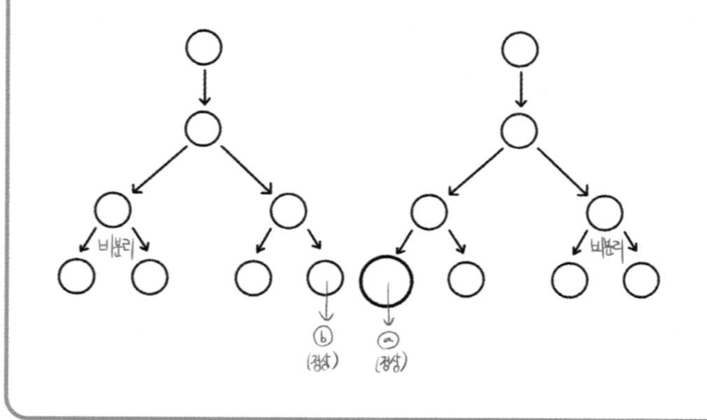

03 17학년도 3월 15번 | 정답 ①

문항 해설

1. 가계도 해석

부모와 다른 표현형인 자식 → 병이 열성

엄마와 아빠 모두 ㉠에 대해 정상이므로 유전자형은 각각 R?, RY
이때 엄마가 r을 갖지 않으면 유전병이 나타나는 자녀가 태어날 수 없으므로 엄마는 Rr

2. 돌연변이 해석

1) 오빠

유전병이 발현되어야 하므로 r과 Y만 갖고 있어야 합니다.
그런데 여자인 영희보다 X 염색체 수가 많아야 합니다.
따라서 X 염색체 수가 2개 이상이어야 하는데, 3개일 순 없으므로 rrY 임을 알 수 있습니다.
따라서 오빠는 엄마의 감수 2분열에서 성염색체 비분리가 일어난 난자가 수정되어 태어났습니다.

2) 영희

영희는 오빠보다 X 염색체 수가 더 적어야 하므로 1개여야 합니다.
아빠에게 X 염색체를 받으면 ㉠이 발현될 수 없으므로 아무것도 받지 않아야 합니다.
따라서 엄마에게는 r을 받고 아빠에게는 아무것도 받지 않았음을 알 수 있습니다.
(* 아빠는 감수 1분열/2분열 중 언제 비분리가 일어났는지 알 수 없습니다.)

선지 해설

ㄱ. 감수 2분열입니다.

ㄴ.

ㄷ. 둘 다 1개로 같습니다.

04 14학년도 4월 19번 | 정답 ③

문항 해설

1. 가계도 해석

부모와 다른 표현형인 아들 → (가)는 병이 열성은 하면 안 됩니다.
(대립유전자 사이에 우열이 분명하다는 말이 없으므로 중간 유전일 수도 있습니다.)

할 수 있는 게 없으므로 추가 조건을 해석합니다.

2. 추가 조건 해석(돌연변이 해석)

아버지는 T*가 아예 없고 어머니는 T*가 1개 있습니다.
일단 어머니(여자)가 T*가 있으므로 X 염색체에 있는 유전자입니다.
또한 어머니의 유전자형은 TT*가 되는데 (가)가 발현되지 않았으므로 TT*의 표현형은 정상입니다.
따라서 T > T*임을 알 수 있습니다.

그런데 철수는 T*가 2개이므로, 어머니에게서 T*를 2개 받았음을 알 수 있습니다.
따라서 어머니는 성염색체에서 감수 2분열 비분리가 일어났고, 철수의 (가)에 대한 유전자형은 T*T*Y 임을 알 수 있습니다.

선지 해설

ㄱ. 철수는 XXY이므로 클라인펠터 증후군입니다.

ㄴ. 병이 열성이므로 맞습니다.

ㄷ. 어머니의 (가)에 대한 유전자형이 TT*이므로 감수 2분열 비분리에서 일어났습니다.

05 〉 18학년도 3월 13번 | 정답 ②

문항 해설

1. 가계도 해석

1) 부모와 다른 표현형인 자손 → ×

2) 아버지가 정상 유전자'만', 어머니가 병 유전자'만' 갖고 있는데 오빠와 영희의 표현형이 다름 → 반성 유전

2. 비분리 해석

남동생은 비분리 정자가 수정되어 XXY이므로 아빠에게 XY를 모두 받아야 합니다.
따라서 감수 1분열에서 비분리가 일어났음을 알 수 있습니다.

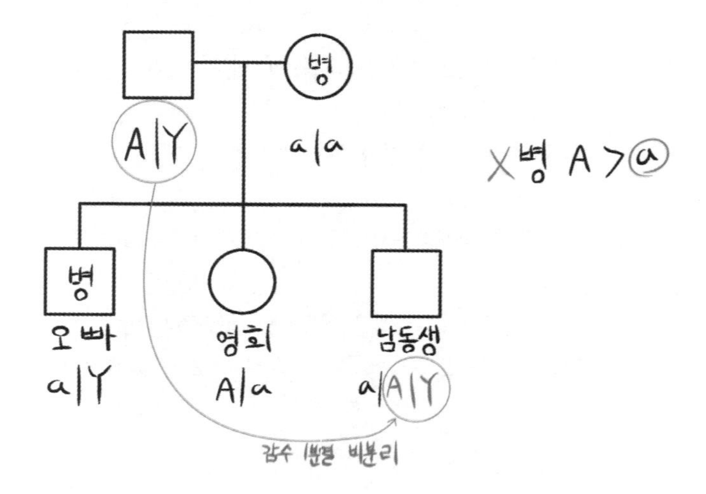

선지 해설

ㄱ. X 염색체에 있습니다.

ㄴ.

ㄷ. 감수 1분열에서 일어났습니다.

06 〉 14학년도 7월 14번 | 정답 ④

문항 해설

1. 조건 해석

유전병 (가)인 여성의 아들에게서 반드시 유전병 (가)가 나타나므로 (가)는 X 염색체에 있는 유전자이며 열성 형질임을 알 수 있습니다.
따라서 (가)와 색맹을 결정하는 유전자는 연관되어 있습니다.

2. 돌연변이 해석

구성원 3은 (가)와 색맹에 대해 각각 정상, 정상 유전자를 갖고 있으므로 정정 / Y
구성원 5는 (가)와 색맹에 대해 각각 정상, 병 유전자를 갖고 있으므로 정병 / Y
구성원 3과 5의 X 염색체는 1로부터 받은 X 염색체이므로 구성원 1은 정정 / 정병

구성원 2는 (가)와 색맹에 대해 각각 병, 병 유전자를 갖고 있으므로 병병 / Y

엄마(1)에게서 X 염색체를 받을 경우
엄마는 (가)에 대해 정상 유전자로 동형 접합성이므로 (가)에 대한 정상 유전자를 받을 수밖에 없습니다.
그러면 영희는 유전병 (가)가 발현될 수 없으므로 엄마에게 X 염색체를 받으면 안 됩니다.
따라서 비분리는 엄마의 생식 세포 형성 과정에서 일어났습니다.
(* 감수 1분열 비분리인지 2분열 비분리인지는 알 수 없습니다.)

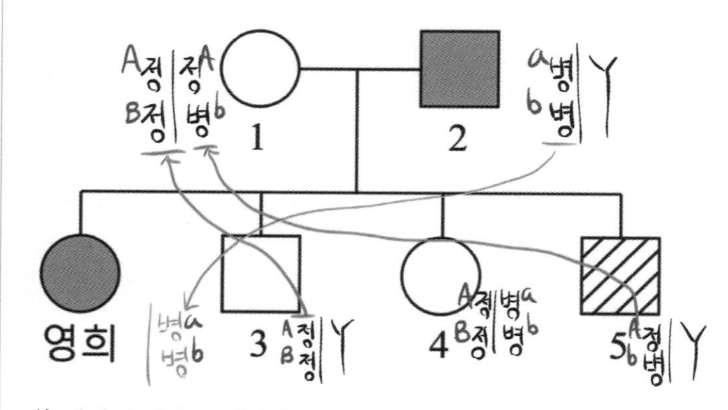

(* 색맹 유전자는 편의상 B/b, B>b 로 작성했습니다.)

선지 해설

ㄱ̸ ㉠은 엄마인 1의 생식 세포입니다.

ㄴ

ㄷ '아들'일 확률이므로 아빠에게는 Y를 받아야 합니다. → Y 염색체를 받을 확률 : $\frac{1}{2}$

4에게는 '병병' 유전자를 받아야 합니다. → 병병 유전자를 받을 확률 : $\frac{1}{2}$

따라서 $\frac{1}{2} \times \frac{1}{2} = \frac{1}{4}$ 입니다.

07 16학년도 4월 15번 | 정답 ①

문항 해설

1. 가계도 해석

부모와 다른 표현형인 자손 → ×

3번, 7번 → ㉠이 반성 유전이라면 정상이 우성

2. 추가 조건 해석

1) ㉠ 해석

구성원 3은 A*가 없으므로 AA 동형 접합성 → A가 정상 유전자

구성원 3은 동형 접합성이므로 7은 3에게서 A를 받음 → 구성원 7은 ㉠이 발현되었으므로 ㉠은 병이 우성

따라서 ㉠은 병이 우성이므로 상 + A〈A*

2) ㉡ 해석

구성원 3은 B*B*인데 병 → B*가 병 유전자

구성원 4는 B*가 없으므로 B만 있음

구성원 3은 B*만 있고, 구성원 4는 B만 있는데 6과 7의 표현형이 서로 다름 → 반성 유전

구성원 6의 유전자형은 BB*인데 정상이므로 ㉡은 정상이 우성

따라서 ㉡은 X + B〉B*

3. 돌연변이 해석

구성원 8은 ㉡에 대해 정상이어야 합니다.

그런데 구성원 3은 B* 동형 접합성이므로, 8에게 B*를 줄 수밖에 없습니다.

8은 B를 가져야 하므로, 4의 감수 1분열에서 성염색체 비분리가 일어나 BY를 받았음을 알 수 있습니다.

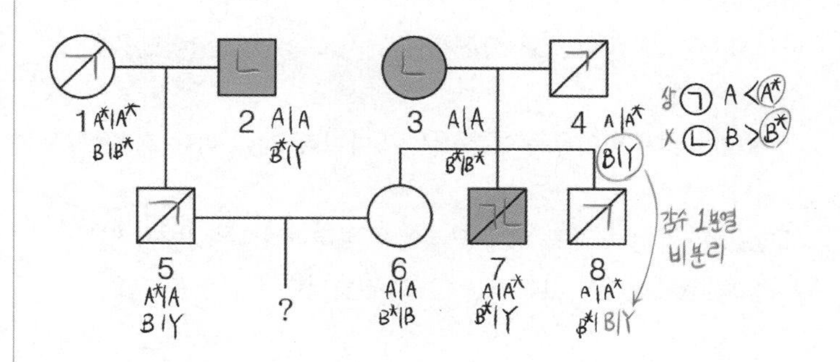

선지 해설

ㄱ

ㄴ̸ 감수 1분열에서 비분리가 일어났습니다.

ㄷ̸ ㉠이 나타날 확률 : $\frac{1}{2}$, ㉡이 나타날 확률 : $\frac{1}{4}$ 이므로 $\frac{1}{8}$ 입니다.

08 16학년도 7월 15번 | 정답 ②

문항 해설

1. 가계도 해석

1) 돌연변이인 철수와 누나는 일단 제외하고 생각합니다.

어머니와 아버지가 각각 병 or 정상 유전자만 갖고 있는데 형과 여동생의 (가)에 대한 표현형이 다르므로 X 염색체에 있는 유전자임을 알 수 있습니다.

또한, 여동생은 병 유전자와 정상 유전자를 1개씩 가질 수밖에 없는데 병이 발현되었으므로 병이 정상에 대해 우성임을 알 수 있습니다.

→ (가)는 X, H〈H*

2) 형이 (가)에 대해 정상이므로 엄마는 HH
아빠는 H*Y 임을 알 수 있습니다.

2. 돌연변이 해석

1) 철수

X 염색체 수가 2개이므로 클라인펠터 증후군입니다.
이때, (가)에 대해 정상이어야 하므로 HHY입니다.
따라서 엄마의 생식 세포 형성 과정에서 비분리가 일어났음을 알 수 있습니다.
(* 철수가 남자인 이유는 이름 때문이 아니라 '누나'라는 호칭 때문입니다.
또한, 엄마의 생식 세포 형성 과정에서 비분리가 1분열에서 일어났는지 2분열에서 일어났는지는 알 수 없습니다.)

2) 누나

누나는 아빠에게 H*를 받아야만 하는데 (가)에 대해 정상이므로 아빠에게 받은 X 염색체에서 H* 부분이 결실됐음을 알 수 있습니다.

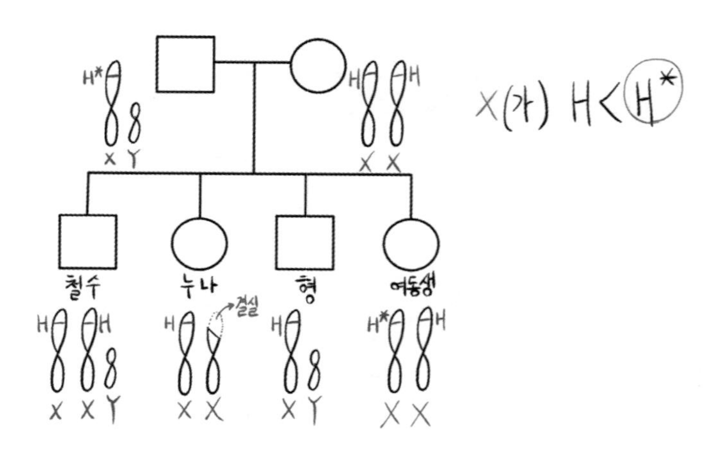

선지 해설

ㄱ ㄴ

ㄷ '정자'가 아닙니다.
(* 이런 식으로 '정자', '난자'를 틀리게 하는 선지가 많습니다.)

☑ comment

검토진 : 표에는 철수, 누나, 형, 여동생의 순으로 정보를 제시해주었습니다. 저는 이러한 문제를 보면 바로 간략히 가계도 그림을 표시하고 병의 존재 유무를 표시합니다. 특히, 저는 가계도의 자손이 그려진 줄에서는 좌측부터 우측 순으로 나이가 많은 남자 형제, 여자 형제, 주인공 (문제에서 누군가의 가족이라고 표현할 때 '누구'에 해당하는 사람), 남자 동생, 여자 동생 순으로 표기합니다. 이 문제의 정보를 활용해서 예시를 들자면, 형, 누나, 철수 (주인공), 여동생 순으로 □○□○으로 가계도를 그립니다. 처음 이러한 풀이를 할 때엔, 도형 밑에 형, 누나, 철수, 여동생이라고도 적었지만 이 순서를 완전히 고정시킨 뒤에는 따로 글자로 표기하는 것 없이 도형으로만 그리고 바로 유전병의 발현 유무를 표시하며 문제풀이를 시작했습니다. 이런 식으로 표기 방법에 있어서 순서를 고정시키는 것은 여러 중간 요소를 생략할 수 있게끔하며 또한, 빠르게 풀이를 진행이 가능하게끔 합니다.

09 〉 17학년도 4월 16번 | 정답 ③

문항 해설

1. 가계도 해석

부모와 다른 표현형인 자손 → ×

2. 자료 해석

1) ㉠ 해석

아버지는 A*가 없으므로 A만 갖고 있고, 어머니는 A*A* (→ A*가 병)
그런데 형과 누나의 ㉠에 대한 표현형이 다름 → X 염색체에 있는 유전자
유전자형이 AA*인 누나는 ㉠의 표현형이 정상이므로 정상이 우성
→ ㉠은 X, A〉A*

2) ㉡ 해석

아버지가 BB*이므로 상염색체에 있는 유전자이고, 병이므로 병이 우성

어머니는 BB인데 정상이므로 B가 정상 유전자
→ 상, B〈B*

3. 돌연변이 해석

철수는 성염색체 비분리가 1회 일어난 정자가 수정되어 태어났는데,
㉠에 대한 표현형이 정상이므로 아빠에게 AY를 모두 받았음을 알 수 있습니다.
따라서 감수 1분열 성염색체 비분리입니다.

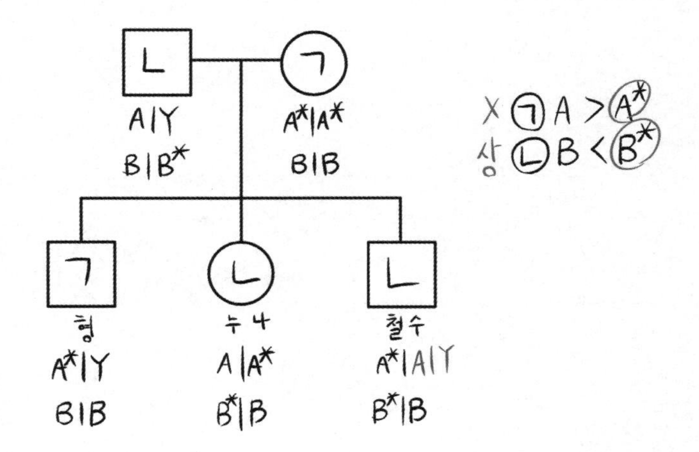

선지 해설

㉠ ㉡

~~ㄷ~~ 감수 1분열에서 일어났습니다.

10 〉 19학년도 3월 18번 ❙ 정답 ②

문항 해설

1. 가계도 해석

부모와 다른 표현형인 자손 → 3&4와 구성원 8을 통해 ㉠은 병이 열성
(* 비분리 문제여도 부모와 다른 표현형인 자손이 태어나면 열성임은 이용할 수 있습니다.)

2. 돌연변이 해석

1) 구성원 5 – 클라인펠터

1은 ab / Y 이고, 6에게 ab를 줘야 하는데 6은 (가)는 정상이고 색맹이므로 Ab가 있음을 알 수 있습니다.
Ab는 2에게 받은 유전자이므로 2는 Ab가 있고, 색맹에 대해 정상이므로 B가 있음을 알 수 있습니다.

이때, 구성원 5는 (가)가 발현되어야 하므로 a만 있어야 하고, a와 B의 수가 같아야 합니다.
따라서 구성원 2에서 a와 B가 같은 염색체에 있음을 알 수 있고, 1에게 Y 염색체를,
2에게서 aB가 있는 염색체를 두 개(감수 2분열 비분리) 받았음을 알 수 있습니다.
(* 클라인펠터 증후군이므로 X 염색체가 2개여야 합니다.)

2) 구성원 8 - 터너

구성원 3은 Ab / Y, 7은 AB / Y 임을 알 수 있습니다.
이때, 7의 AB는 4에게서 받은 유전자이므로 4도 AB가 있음을 알 수 있습니다.
구성원 8은 터너 증후군이므로 X 염색체가 1개이고, (가)와 색맹이 모두 발현되었으므로 ab입니다.
따라서 구성원 4가 ab를 갖고 있어야 하고, 3에게는 아무것도 받지 않아야 하므로 비분리는 3에게서 일어났습니다.
(* 3에서 비분리가 어느 시점에서 일어났는지는 알 수 없습니다.)

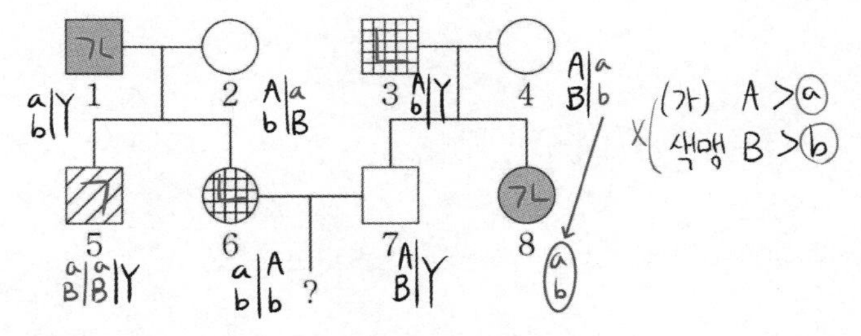

(* 편의상 색맹 대신 'ㄴ'으로 표시했습니다.)

선지 해설

~~ㄱ~~ (가)는 열성 형질입니다.

㉡ 2와 3의 감수 분열에서 일어났습니다.

~~ㄷ~~ ab / Y만 가능하므로 $\frac{1}{4}$ 입니다.

11 〉 17학년도 6월 19번 | 정답 ①

문항 해설

1. 가계도 해석

1) 부모와 다른 표현형인 자손 → 구성원 1&2와 5를 통해 ㉠은 병이 열성

2) 구성원 2와 5 → 반성 유전이라면 ㉠은 정상이 우성, ㉡은 병이 우성

2. DNA 상대량 표 해석

구성원 1은 A*와 B*가 없으므로 A와 B만 있습니다.
그런데 ㉠과 ㉡ 모두 정상이므로 A와 B는 정상 유전자입니다.

구성원 2는 A*이 1개이므로 유전자형이 AA*임을 알 수 있습니다.
2의 ㉠에 대한 표현형이 정상이므로 A〉A*임을 알 수 있습니다.

구성원 1은 A만 갖고 있으므로 '우성' 유전자만 갖고 있습니다.
그런데 구성원 5에서 ㉠이 발현되었으므로 1에게 A를 받지 않았음을 알 수 있습니다.
따라서 ㉠은 X 염색체에 있는 유전자임을 알 수 있습니다.
(* 상염색체에 있는 유전자라면 1의 유전자형은 AA이므로 불가능합니다.)

㉠과 ㉡은 같은 염색체에 있다 했으므로 ㉡도 X 염색체에 있는 유전자입니다.
따라서 ㉠은 정상이 우성, ㉡은 병이 우성입니다.

3. 비분리 해석

구성원 3은 ㉠이 발현되고, ㉡에 대해 정상이므로 유전자형이 A*A*BB임을 알 수 있습니다.
구성원 4는 ㉠이 정상, ㉡이 발현되었으므로 AB* / Y 임을 알 수 있습니다.

그런데 아들인 7에서 ㉡이 발현되려면 B*가 있어야 하므로 4에게 B*를 받아야 함을 알 수 있습니다.
따라서 4의 감수 1분열에서 성염색체 비분리가 1회 일어났음을 알 수 있습니다.

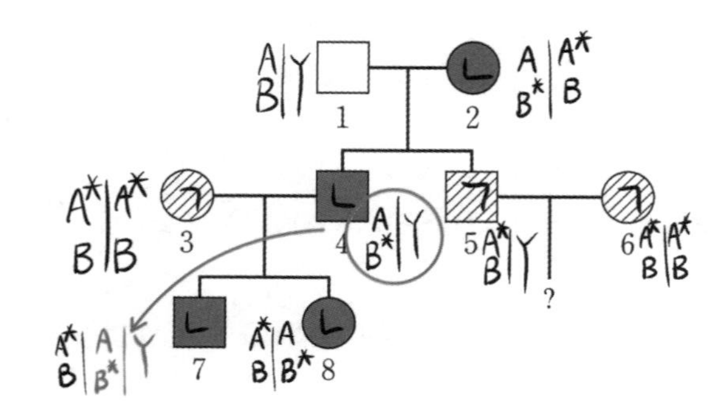

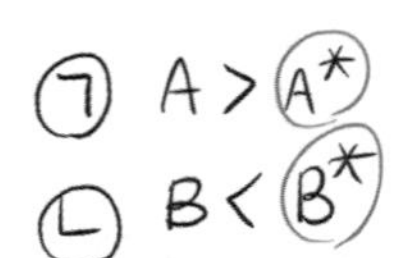

구성원		1	2	3	4	7	8
DNA 상대량	A*	0	1	?2	?0	ⓐ1	ⓑ1
	B*	0	?	ⓒ0	ⓓ1	?1	?1

선지 해설

㉠ ⓐ+ⓑ+ⓒ+ⓓ = 1+1+0+1 = 3입니다.

㉡ 감수 1분열에서 성염색체 비분리가 일어났습니다.

㉢ 항상 ㉠만 발현되므로 1입니다.

12 〉 19학년도 수능 17번 | 정답 ②

문항 해설

1. 가계도 해석

1) 부모와 다른 표현형인 자손 → 구성원 1&2 - 5에서 ㉡은 병이 열성, 5가 비분리가 아니라면 ㉡은 상 확정
(* 비분리든 아니든 부모와 다른 표현형인 자손이 태어났을 때 열성임은 확정할 수 있습니다.)

2) 구성원 3과 7 → ㉠이 반성 유전이라면 정상이 우성

2. 자료 해석

해당 유전자의 성/상을 가계도만으론 알 수 없으므로 추가 조건은

반드시 성/상에 대한 자료임을 알 수 있습니다.

1, 2, 6의 A* 합과 3, 4, 7의 A* 합이 같아야 합니다.

이런 조건은 $\frac{1}{1}$, $\frac{2}{2}$, $\frac{3}{3}$, $\frac{4}{4}$, $\frac{5}{5}$, $\frac{6}{6}$로 해석하는 게 유리할 수도 있고,

	1, 2, 6 A*	3, 4, 7 A*
(상) 병이 열성		
(상) 병이 우성		
(X) 병이 열성		
(X) 병이 우성		

이런 식으로 그냥 다 세는 게 훨씬 빠를 수도 있습니다.

합이 같지 않을 때는 분모 분의 분자 해석하는 게 압도적으로 유리하지만,
합이 같을 때는 편하신 대로 하시면 됩니다.
(* 사실 이 문제처럼 합이 같고, 가족 단위라면 99% '성'입니다.)

둘 다 할 줄 아셔야 되는데, 초반에는 유전자를 빠르게 세는 연습을 많이 해두시는 게 좋으므로
모든 케이스를 전부 세면서 푸시는 걸 추천드립니다.

	1, 2, 6 A*	3, 4, 7 A*
(상) 병이 열성	5	3~4
(상) 병이 우성	3~4	5
(X) 병이 열성	3	2~3
(X) 병이 우성	모순이므로 할 필요 ×	

이므로 ㉠은 X 염색체에 있는 유전자이고, 열성 형질임을 알 수 있습니다.
㉠의 유전자와 ㉡의 유전자는 같은 염색체에 있으므로 ㉡도 X 염색체에 있는 유전자입니다.

3. 돌연변이 해석

구성원 1&2와 5에서 부모와 다른 표현형을 가진 '딸'이 태어났으므로 구성원 5가 정상 분리로 태어난 자녀라면 ㉡은 '상'염색체에 있는 유전자여야 합니다.
그런데 아니므로 5가 비분리임을 알 수 있습니다.

구성원 5의 핵형은 정상이고, ㉡은 병이 열성이므로 ㉡에 대해 병 유전자로 동형 접합성임을 알 수 있습니다.
그런데 구성원 1과 2 모두 ㉡이 발현되지 않았으므로, 구성원 2의 성염색체에서 감수 2분열 비분리가 일어났음을 알 수 있습니다.
(* 아빠가 ㉡에 대해 병 유전자를 갖고 있었다면 ㉡이 발현되었을 테니 갖고 있지 않음을 알 수 있습니다.
엄마가 ㉡에 대해 병 유전자로 동형 접합성이었다면 ㉡이 발현되었을 테니 정상 유전자도 갖고 있음을 알 수 있습니다.
엄마가 ㉡에 대해 병 유전자와 정상 유전자로 이형 접합성인데, 자녀 5가 병 유전자 2개를 갖기 위해선 감수 2분열 비분리가 일어났음을 알 수 있습니다.)

이렇게 하는 게 가장 깔끔하지만, 아래처럼 해석할 수도 있습니다.
구성원 3은 ㉠, ㉡ 순으로 병정 / Y
구성원 8은 ㉠, ㉡ 순으로 병병 / Y
이므로 병병은 구성원 4에게서 받은 X 염색체
(* 구성원 3에게서 받은 X 염색체라면 구성원 8도 병정 / Y여야 합니다.)
(* 이렇게 할 수 있는 이유는 구성원 8이 비분리든 아니든 '핵형이 정상'이기 때문입니다.)
따라서 구성원 8은 염색체 수가 정상적인 정자와 난자가 수정되었으므로 5가 비분리

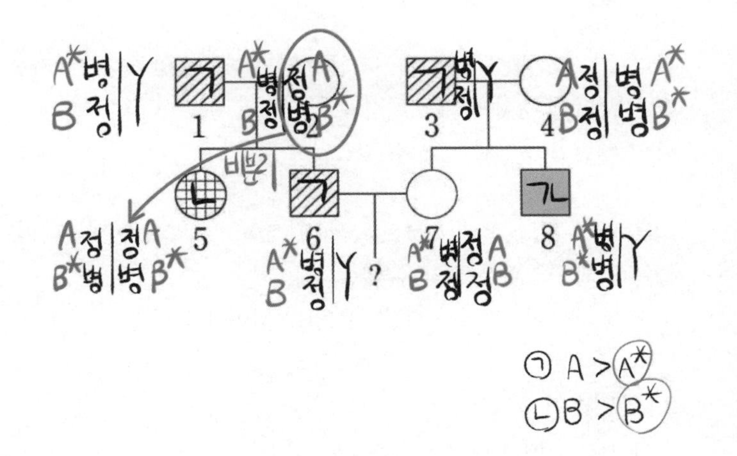

선지 해설

ㄱ. ㉠은 열성 형질입니다.

ㄴ.

ㄷ. A*B / Y와 A*B / AB 사이에서 ㉠과 ㉡ 중 ㉠만 발현되는 경우는

A*B / A*B 와 A*B / Y 2가지가 가능하므로 $\frac{1}{2}$ 입니다.

13 〉 17학년도 수능 11번 ❙ 정답 ④

문항 해설

1. 자료 해석

그림에서 어머니의 유전자형이 AAB*B*임을 알 수 있습니다.
그런데 ⓐ는 정상, ⓑ는 발현되었으므로 A는 정상 유전자, B*는 병 유전자임을 알 수 있습니다.

A*는 아버지만 갖고 있는데, 아들인 오빠도 A*를 갖고 있습니다.
따라서 상염색체에 있는 유전자임을 알 수 있고,
오빠의 A*에 대한 DNA 상대량이 1이므로 유전자형은 AA*입니다.
그런데 ⓐ가 발현되었으므로 ⓐ는 병이 우성임을 알 수 있습니다.

오빠와 영희는 B*에 대한 DNA 상대량이 1로 같은데 서로 표현형이 다릅니다.
따라서 X 염색체에 있는 유전자임을 알 수 있고, 영희의 유전자형은 BB*인데 정상이므로
ⓑ는 정상이 우성임을 알 수 있습니다.

적록 색맹은 X 염색체 + 열성 형질이므로 ⓑ를 결정하는 유전자와 같은 염색체에 있음을 알 수 있습니다.
(* 적록 색맹이 X, 열성 형질임은 알고 있어야 합니다.)

2. 돌연변이 해석

ⓑ와 적록 색맹에 대한 유전자형은,
아버지는 각각 정정 / Y
어머니는 각각 병병 / 병병
임을 알 수 있습니다.

그런데 남동생은 ⓑ가 발현되지 않아야 하므로 아버지에게 ⓑ에 대한 정상 유전자를 받아야 함을 알 수 있습니다.
따라서 정자 형성 과정에서 감수 1분열에서 성염색체 비분리가 일어났음을 알 수 있습니다.

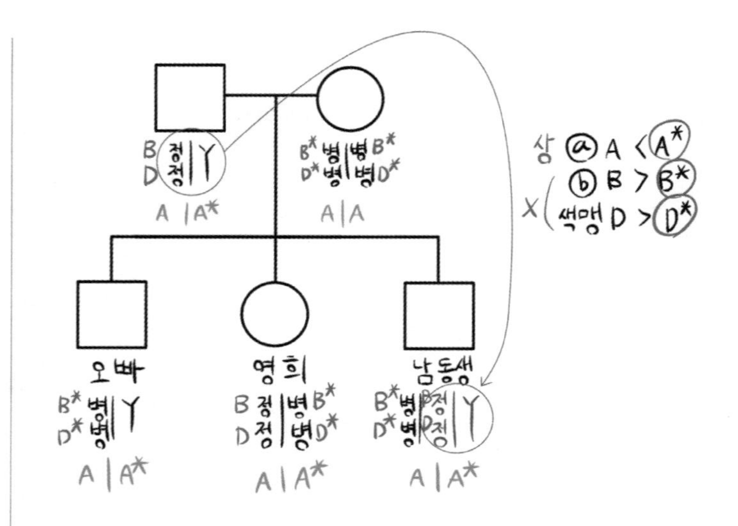

선지 해설

ㄱ

ㄴ 아버지에게 색맹에 대한 정상 유전자를 받으므로 색맹이 아닙니다.

ㄷ

영희 남자
B|B* B*|Y → 2/4 = 1/2
D|D* X D*|
A|A* A|A → 2/4 = 1/2
$\frac{1}{2} \times \frac{1}{2} = \frac{1}{4}$

14 〉 21학년도 7월 18번 ❙ 정답 ④

문항 해설

1. 자료 해석

표에서 아버지가 B를 가지고 있는데, 딸(자녀 2)가 B를 가지고 있지 않으므로
(나)는 상염색체에 있는 유전자임을 알 수 있습니다.
따라서 (가)는 X 염색체에 있는 유전자입니다.

자녀 3은 클라인펠터 증후군인데, A가 2개이므로 AAY입니다.
이를 통해 어머니가 A를, 아버지가 AY를 주었음을 알 수 있는데, 어머니의 유전자형이 aa이므로 어머니의 생식세포 형성 과정에서 ㉠(a)가 ㉡(A)로 바뀌었음을 알 수 있습니다.
또한 아버지의 유전자형이 AY이고, 아버지의 생식세포 형성 과정에서 감수 1분열 비분리가 일어났음을 알 수 있습니다.

또한, 돌연변이가 확정되었으므로 자녀 3에서 (나)는 돌연변이를 고려할 필요가 없습니다.
따라서 자녀 2와 자녀 3의 B의 DNA 상대량을 통해 아버지와 어머니의 (나)에 대한 유전자형이 Bb임을 알 수 있습니다.

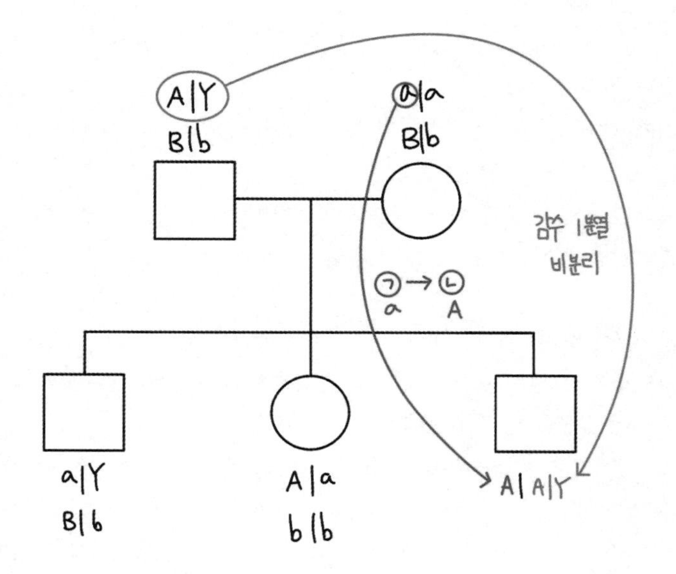

선지 해설

ㄱ)

ㄷ) 자녀 1은 $\frac{1}{1}$=1, 자녀 2는 $\frac{1}{2}$이므로 자녀 1이 자녀 2보다 큽니다.

15 18학년도 4월 17번 | 정답 ④

문항 해설

1. 가계도 해석

부모가 누군지를 모릅니다.
따라서 일단 DNA 상대량을 해석합니다.

2. DNA 상대량 해석

1) (가) 해석

㉡은 A*A*인데 (가)가 발현되었으므로 A*가 병 유전자임을 알 수 있습니다.
그런데, ㉠과 형은 A*의 DNA 상대량이 1로 같은데 표현형이 서로 다릅니다.
따라서 X 염색체에 있는 유전자임을 알 수 있습니다.

또한, ㉠은 여자이고, 유전자형이 AA*인데 정상이므로 정상이 우성입니다.
㉢은 형과 마찬가지로 A*의 DNA 상대량이 1인데 표현형이 같으므로 남자입니다.
㉡은 X 염색체에 있는 유전자가 동형 접합성이므로 여자입니다.

따라서 ㉢이 아버지임을 알 수 있습니다.
또한, ㉡은 A*A*이고, ㉠은 AA*이므로 ㉡이 누나, ㉠이 엄마임을 알 수 있습니다.
(* ㉡이 엄마라면 아버지와 어머니 모두 A*만 갖게 되므로 누나도 A*A*여야 합니다.)

2) (나) 해석

㉡은 B*의 DNA 상대량이 0이므로 B만 갖고 있음을 알 수 있습니다.
따라서 B는 정상 유전자입니다.

여자인 ㉠의 B*의 DNA 상대량이 1이므로 유전자형은 BB*이고, 이형 접합성인데 표현형이 병이므로 병이 우성입니다.

아버지인 ㉢이 딸인 ㉡에게 B*를 주지 않았으므로 '상'염색체에 있는 유전자임을 알 수 있습니다.

3. 돌연변이 해석

철수는 '남자'이고 A*가 있는데 (가)에 대해 정상입니다.
따라서 A가 있음을 알 수 있습니다.

따라서 비분리는 감수 1분열에서 일어났고 아빠에게 A*Y를 받았음을 알 수 있습니다.

구성원	유전 형질		DNA 상대량	
	(가)	(나)	A*	B*
㉠엄마	×	○	1	1
㉡누나	○	×	2	0
㉢아빠	○	○	1	1
형	○	×	1	0
철수	×	○	1	2

(○ : 발현됨, × : 발현 안 됨)

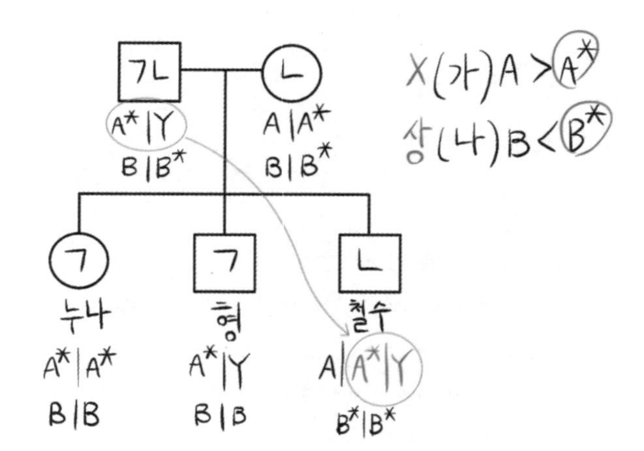

선지 해설

ㄱ

ㄴ 누나는 A*A*, BB이므로 맞습니다.

ㄷ 감수 1분열에서 일어났습니다.

16 〉 20학년도 7월 20번 | 정답 ③

문항 해설

1. 자료 해석

1) (가) 해석

표에서 A를 갖고 있는 구성원은 (가)에 대해 정상이므로 (가)는 병이 열성임을 알 수 있습니다.

2) (나) 해석

㉠, ㉣, ㉤은 모두 b의 DNA 상대량이 1입니다. 그런데 표현형의 발현 여부가 다릅니다.
이때, ㉠과 ㉤은 같은 '남자'인데 표현형이 다르므로 ㉠과 ㉤ 중 한 명이 자녀 3임을 알 수 있습니다.
그러면 ㉣은 정상이므로 유전자형이 Bb이고, (나)가 발현됐으므로 (나)는 병이 우성임을 알 수 있습니다.

3) 성/상 찾기

(가)를 결정하는 유전자와 (나)를 결정하는 유전자가 서로 다른 염색체에 있음을 알고 있는데,
돌연변이는 (나)에서 일어났음을 알고 있으므로 (가)는 정상 분리된 염색체에 있는 유전자입니다.
남자인 ㉠에서 A의 DNA 상대량이 2이므로 (가)는 상염색체에 있는 유전자임을 알 수 있습니다.
따라서 (나)는 X 염색체에 있는 유전자이고, ㉠은 (나)가 발현되기 위해선 B가 있어야 하므로 BbY로 클라인펠터 증후군임을 알 수 있습니다.

4) 아빠/엄마 찾기

(가)의 유전자형은 아래와 같습니다.
㉠ – AA
㉡ – Aa
㉢ – Aa
㉣ – AA
㉤ – aa

㉠은 아들이므로 부모 모두 A를 갖고 있어야 합니다.
따라서 ㉢이 아빠입니다.
그러면 ㉤도 아들이 되므로 부모 모두 a를 갖고 있어야 합니다.
따라서 ㉡이 엄마입니다.

상(가) A > ⓐ
X(나) Ⓑ > b

선지 해설

ㄱ

ㄴ 클라인펠터 증후군입니다.

ㄷ 엄마의 (나)에 대한 유전자형은 bb이고, ㉠은 BbY여야 하므로 정자가 만들어질 때 감수 1분열 비분리가 일어났음을 알 수 있습니다.

comment

(가)와 (나)를 결정하는 유전자 중 하나는 X 염색체에 있다고만 써있는 경우,
하나는 X, 다른 하나는 Y인 경우도 고려하셔야 합니다.
이 문제에서는 주어진 표에서 A나 b를 갖고 있는 여자가 있으므로 Y에 있는 유전자는 없습니다.

17 〉 20학년도 10월 20번 ❙ 정답 ④

문항 해설

1. 자료 해석

아버지는 A*만 있는데 (가)에 대해 정상 → A*이 정상 유전자
아버지는 B만 있는데 (나)가 발현 → B는 병 유전자

아버지는 B'만' 있는데 형은 B가 없으므로 (나)는 X 염색체에 있는 유전자임을 알 수 있습니다.
㉠은 돌연변이이지만, B*가 있는데 (나)가 발현되었으므로 B가 있어야 함을 알 수 있고,
B와 B*가 모두 있는데 (나)가 발현되었으므로 B〉B* 임을 알 수 있습니다.

누나는 A가 없으므로 A*A*이고 어머니는 A*를 갖고 있음을 알 수 있습니다.
따라서 어머니의 유전자형은 AA*인데 (가)가 발현되었으므로 A〉A*

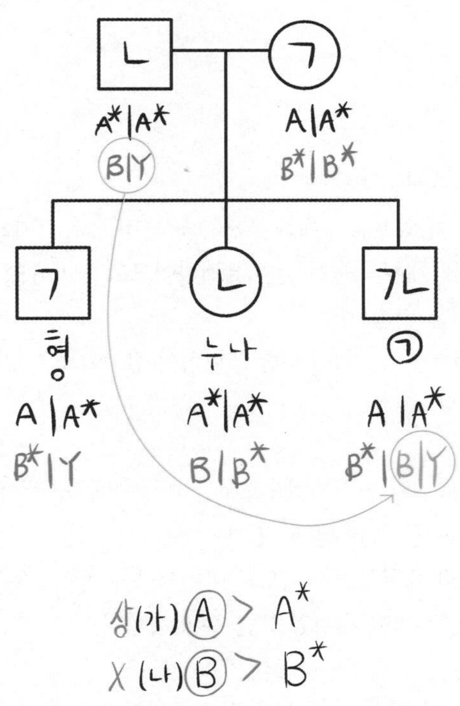

선지 해설

ㄱ (나)의 유전자가 X 염색체에 있으므로 (가)는 상염색체에 있는 유전자입니다.

ㄴ 아버지는 BY이고, 어머니는 (나)에 대해 정상이므로 B*B* 입니다.
㉠은 BB*Y이므로 아버지에게 B와 Y를 받아야 합니다.
따라서 감수 1분열에서 성염색체 비분리가 일어나 형성된 정자입니다.

ㄷ A*A* × AA* → A_ 확률 : $\frac{1}{2}$

BY × B*B* → B_ 확률 : $\frac{1}{2}$

이므로 $\frac{1}{2} * \frac{1}{2} = \frac{1}{4}$ 입니다.

18 22학년도 3월 19번 | 정답 ⑤

문항 해설

1. 자료 해석

자녀 2는 (가)와 (나)에 대한 유전자를 '병정'으로 가지고 있습니다.
이는 어머니에게서 물려 받은 유전자이므로 어머니도 '병정' 유전자를 가지고 있습니다.
그런데 어머니의 (가)에 대한 표현형이 정상이므로 (가)는 정상이 우성입니다.

자녀 1은 (가)가 발현되었으므로 어머니에게 '병정' 유전자가 있는 X 염색체를 물려 받게 되는데,
(나)에 대한 표현형이 병이므로 아버지에게 '병병' 유전자를 물려받고, (나)는 병이 우성임을 알 수 있습니다.

이를 통해 아버지와 어머니의 유전자형이 각각 병병/Y, 정정/병정임을 알 수 있습니다.

자녀 3은 (가)가 발현되지 않아야 하므로 어머니에게서 '정정' 유전자가 있는 염색체를 물려 받아야 합니다.

그런데 (나)는 발현되어야 하므로 아버지에게서 '병병' 유전자가 있는 염색체도 물려 받아야 합니다.
그리고 자녀 3은 아들이므로 아버지에게 Y 염색체도 물려 받아야 합니다.

따라서 아버지에게서 X 염색체와 Y 염색체를 모두 받아야 하므로 ㉠은 감수 1분열에서 비분리가 일어나 형성된 정자임을 알 수 있습니다.

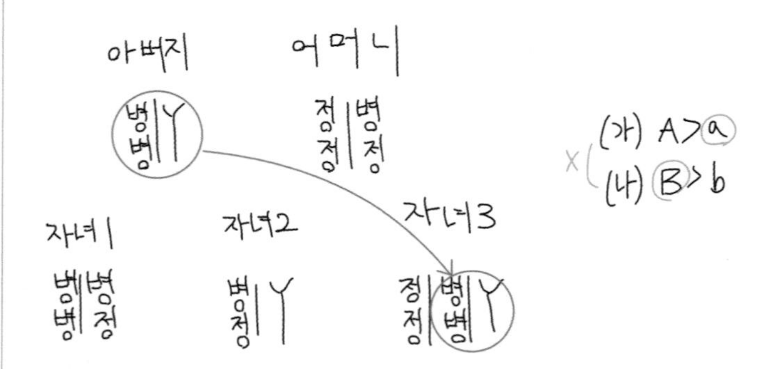

선지 해설

ㄱ  ㄷ

19 22학년도 4월 19번 | 정답 ①

문항 해설

1. 자료 해석

모두 상염색체에 있는 유전자이므로
아버지의 유전자형은 ㉠㉡, 어머니의 유전자형은 ㉠㉢임을 알 수 있습니다.

그런데, 자녀 2와 3은 모두 ㉠을 2개씩 가지고 있는데,
표현형이 서로 다르므로 둘 중 한 명이 정자 P가 수정되어 태어난 사람임을 알 수 있습니다.

따라서 자녀 1은 돌연변이 없이 태어났으므로 유전자형이 ㉡㉢ 입니다.

아버지와 자녀 1의 표현형이 서로 같으므로 ㉡ 〉 ㉠, ㉢이고, ⓐ 〉 ⓑ, ⓒ입니다.

어머닌 ㉠㉢이므로 둘 중 우성 유전자형의 표현형임을 알 수 있습니다.
따라서 ⓐ 〉 ⓑ 〉 ⓒ임을 알 수 있습니다.

자녀 3은 ⓒ 표현형이므로 ㉡이 없어야 합니다.
자녀 3은 ㉠만 있으므로 ㉡ 〉 ㉢ 〉 ㉠으로 확정되고,
자녀 2는 ㉠㉠인데 ⓑ 표현형이므로 ㉢이 1개 더 있어, 유전자형은 ㉠㉠㉢임을 알 수 있습니다.

자녀 2는 비분리가 일어나 형성된 '정자'가 수정되어 태어났으므로 아버지에게서 ㉠을 2개 받고, 어머니에게서 ㉢을 1개 받았음을 알 수 있습니다.
따라서 P는 감수 2분열에서 비분리가 일어난 정자입니다.

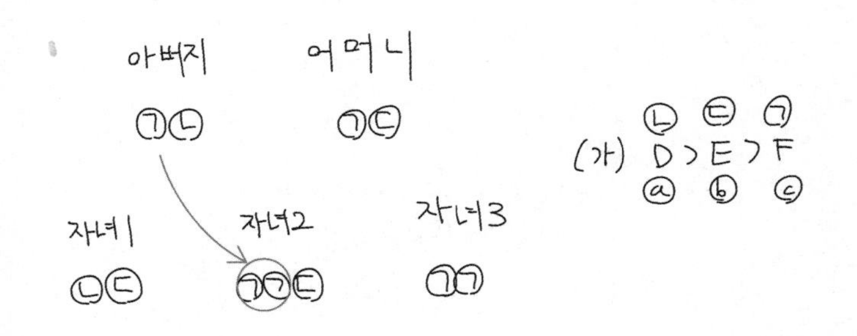

선지 해설

ㄱ ㄴ ㄷ

20 〉 23학년도 6월 19번 ▎ 정답 ⑤

문항 해설

1. 가계도 해석

부모와 다른 표현형인 자녀 → 자녀 2를 통해 (가)는 상염색체에 있는 유전자이며, 열성 형질

아버지와 자녀 3 → X 염색체에 있는 유전자인 (나)는 병이 우성

2. 돌연변이 해석

해당 돌연변이는 유전자가 바뀐 돌연변이이므로 각각의 핵형은 모두 정상입니다.
따라서 유전자를 채워보면, 아버지는 AH/Oh이고, 어머니는 Bh/OH인데,
자녀 1은 Ah/Bh여야 하므로 아버지의 H(㉠)가 h(㉡)로 바뀌었음을 알 수 있습니다.

+) 유전자형이 이형 접합성인 부모 사이에서 열성 형질인 (가)가 자녀 1과 2에서 모두 발현되었는데,
혈액형이 다름을 통해 (가)에서 돌연변이가 일어났음을 알 수도 있습니다.

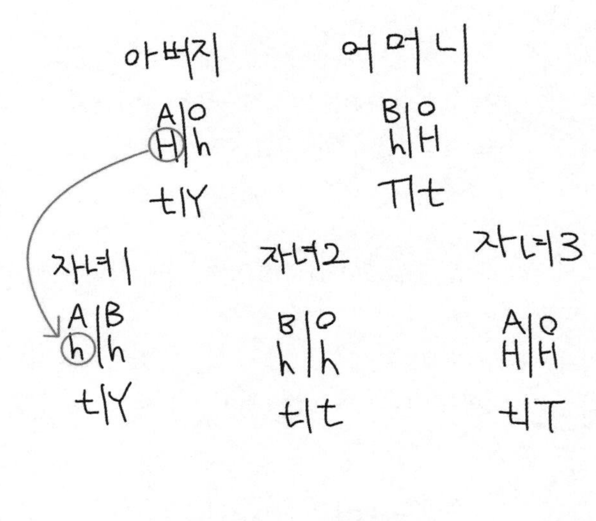

상 (가) H>h
X (나) T>t

선지 해설

ㄱ ㄴ

ㄷ O형이면서 (가)가 발현되지 않을 확률 : $\frac{1}{4}$, (나)가 발현되지 않을 확률 : $\frac{1}{2}$이므로

$\frac{1}{4} \times \frac{1}{2} = \frac{1}{8}$입니다.

21 〉 22학년도 7월 20번 | 정답 ⑤

문항 해설

1. 자료 해석

자녀 Ⅳ에서 결실은 (나)의 유전자가 일어났으므로 (가)는 정상입니다.
자녀 Ⅰ은 AA이고, 자녀 Ⅳ는 aa이므로 부모의 (가)에 대한 유전자형은 Aa입니다.

이 가족에는 (나)의 표현형이 ㉠, ㉡, ㉢, ㉣이 모두 나타나있으므로
부모의 (나)에 대한 유전자 총 4개는 각각 F, E, D, B 중 하나여야 함을 알 수 있습니다.

이중 제일 열성 표현형인 B는 정상적으로는 태어날 수 없으므로 자녀 Ⅳ가 B 표현형임을 알 수 있습니다.
따라서 ㉣=B입니다.

문제에서 자녀 Ⅳ는 결실이 일어난 '정자'가 수정되어 태어났다 제시되어 있으므로,
어머니는 Ba 염색체를 갖고 있고, A와 연관된 유전자는 '㉡' 유전자임을 알 수 있습니다.

아버지 어머니
자녀Ⅰ 자녀Ⅱ 자녀Ⅲ 자녀Ⅳ
결실
(가) A > a
(나) F > E > D > B

따라서 아버지의 유전자형은 ㉠㉢인데, ㉠ 표현형이므로 ㉠>㉢입니다.

자녀 Ⅰ은 어머니에게 ㉡ 유전자를 받는데 표현형이 ㉠이므로 아버지에게 ㉠을 받았고, ㉠>㉡입니다.
따라서 ㉠=F입니다.

자녀 3은 ㉢ 표현형이므로 아버지에게 ㉢a를 받았음을 알 수 있습니다.
어머니에게는 ㉡A를 받았는데, ㉢ 표현형이므로 ㉢>㉡임을 알 수 있습니다.
따라서 ㉢=E, ㉡=D입니다.

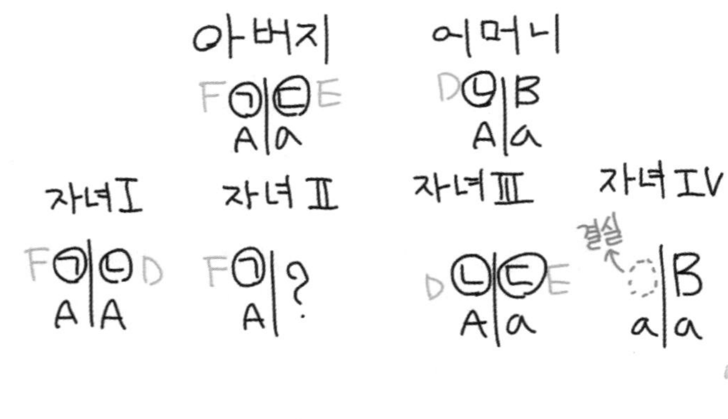

선지 해설

ㄱ
확정할 수 없지만, 아버지에게 A를 받으므로 aa가 아님은 알 수 있습니다.

ㄷ F_Aa 표현형이어야 하므로 $\frac{1}{4}$ 입니다. (* (가)는 중간 유전입니다.)

22 〉 22학년도 10월 18번 ❙ 정답 ③

문항 해설

1. 자료 해석

자녀 1의 적혈구와 응집되었다면 α를 가지고 있다는 뜻인데, 부모 모두 α를 가지면 비분리를 고려하더라도 A형인 자녀는 태어날 수 없으므로
ⓐ는 '응집 안 됨', ⓑ가 '응집됨'입니다.

또한 아버지, 어머니, 자녀 2, 자녀 3의 혈액형이 모두 달라야 하므로
아버지와 어머니 중 한 명은 AO, 다른 한 명은 AB임을 알 수 있습니다.

2. 돌연변이 해석

구성원 중 자녀 2'만' 색맹이 나타났습니다.
색맹에 대한 정상 유전자를 D, 병 유전자를 d라 할 때,
아버지는 DY, 어머니는 Dd이고, 자녀 2는 아버지에게 X 염색체를 받지 않고 어머니에게 d를 2개 받았음을 알 수 있습니다.
따라서 Ⅰ에는 염색체 수가 22이고 Ⅳ에는 염색체 수가 24입니다.
또한, 자녀 2는 혈액형에 대한 유전자는 정상적으로 받았으므로 BO임을 알 수 있습니다.

자녀 3은 O형이 되어야 하는데, 이는 AO인 사람에게서 O를 2개 받고, AB형에게서 아무것도 받지 않아야 합니다.
그런데 Ⅰ과 Ⅲ의 염색체 수가 같다고 제시되어 있으므로 아버지가 AB이고, 어머니가 AO임을 알 수 있습니다.

이를 정리하면 다음과 같습니다.

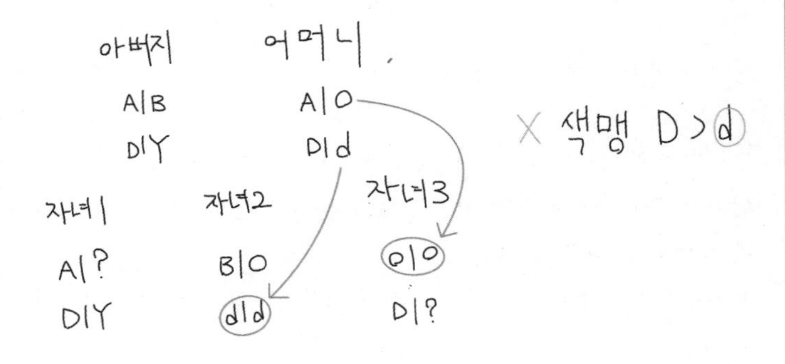

선지 해설

ㄱ. Ⅲ에는 X 염색체가 1개, Ⅰ에는 0개이므로 맞습니다.

ㄴ. ㄷ.

23 〉 18학년도 9월 15번 ❙ 정답 ③

문항 해설

1. 자료 해석

자녀 2와 3은 다운 증후군일 수도 있으므로 부모와 자녀 1만으로 최대한 정보를 찾아봅니다.

1) 아빠는 B를 자녀 1에게 줄 수 없으므로 C를 줬음을 알 수 있습니다.
따라서 자녀 1의 B는 엄마에게, C는 아빠에게 받은 유전자입니다.

2) 엄마는 D를 자녀 1에게 줄 수 없으므로 F를 줬음을 알 수 있습니다.
따라서 자녀 1의 D는 아빠에게, F는 엄마에게 받은 유전자입니다.

3) 엄마는 G를 자녀 1에게 줄 수 없으므로 g를 줬음을 알 수 있습니다.
따라서 자녀 1의 G는 아빠에게, g는 엄마에게 받은 유전자입니다.

이를 토대로 정리하면, 아빠는 C, D, G가 같은 염색체에 있고, 엄마는 B, F, g가 같은 염색체에 있습니다.

따라서 아빠는 CDG / AFg, 엄마는 BFg / AEg입니다.

2. 돌연변이 해석

자녀 2는 A와 B가 있으므로 정상 분리라면 아빠에게 AFg, 엄마에게 BFg를 받아야 합니다.
이때 E가 있을 수 없으므로 비분리가 일어났음을 알 수 있습니다.
E가 있어야 하므로 엄마에게서 감수 1분열 비분리가 일어났습니다.

구성원	대립 유전자							
	A	B	C	D	E	F	G	g
부	○	×	○	○	×	○	○	○
모	○	○	×	×	○	○	×	○
자녀 1	×	○	○	○	×	○	○	○
자녀 2	○	○	×	×	○	○	×	○
자녀 3	○	×	○	○	○	×	○	○

(○: 있음, ×: 없음)

선지 해설

㉠ ㉡

ㄷ 정자가 아니라 '난자'입니다.

comment

ㄷ 선지처럼 앞 부분(감수 1분열/2분열 부분)은 맞는데, 뒷 부분('정자', '난자')를 틀리게 하는 경우가 많습니다.
처음 틀린 건 실수일 수 있지만, 이런 식으로 틀린 선지를 구성한다는 걸 알면서도 틀린다면 그냥 공부를 안 한 겁니다. 꼭 알아두세요.

〈야매지만 알아두면 유용한 풀이〉

정상적인 문제라면 다운 증후군인 자녀를 찾을 수 있어야 합니다.
특히 이 문제에서는 선지에서 다운 증후군을 나타내는 구성원이 자녀 2인지 묻고 있으므로
어떤 자녀가 다운 증후군인지 확정할 수 있는 문제임이 확실합니다.

감수 2분열 비분리의 경우 같은 염색체를 2개 받는 것과 같습니다.
해당 표에서는 유전자의 유무만 있고, DNA 상대량 등이 없으므로 같은 염색체를 1개 받으나 2개 받으나 구분할 수 없습니다.
따라서 정답이 있기 위해 비분리는 반드시 감수 1분열 비분리여야 합니다.

아빠에게서 감수 1분열 비분리가 일어났다면 자녀 2나 3 중 한 명은 반드시 A, C, D, F, G, g가 모두 있어야 합니다.
자녀 2는 C가 없고, 자녀 3은 F가 없으므로 아버지는 정상 분리입니다.

엄마에게서 감수 1분열 비분리가 일어났다면 자녀 2나 3 중 한 명은 반드시 A, B, E, F, g가 모두 있어야 합니다.
자녀 3은 B가 없고, 자녀 2는 모두 있으므로 자녀 2가 다운 증후군임을 확정할 수 있습니다.

이대로 선지를 보면,
ㄱ 선지는 못 풀었으므로 넘어갑니다.
ㄴ 선지는 맞음
ㄷ 선지는 '정자'가 아니라 '난자'이므로 틀림

따라서 정답인 ㄴ이나 ㄱ, ㄴ 중 하나인데
ㄴ만 있는 선지가 없으므로 ㄱ, ㄴ 3번입니다.

이런 식으로 문제 구조상 감수 1분열 비분리 혹은 2분열 비분리여야'만' 하는 경우가 종종 있습니다.

24 17학년도 9월 19번 | 정답 ⑤

문항 해설

1. 가계도 해석

부모 모두 ㉠이 발현되지 않았는데 2는 ㉠이 발현되었으므로 ㉠은 병이 열성입니다.

자녀 1은 ㉠, ㉡ 순으로 정, 병이므로 정병 / Y
자녀 2는 ㉠, ㉡ 순을로 병, 병이므로 병병 / Y
입니다.
그런데, 자녀 1과 2의 X 염색체는 엄마에게 받은 염색체이므로 엄마의 유전자형은 정병 / 병병이 됩니다.

엄마가 ㉡에 대한 유전자형이 병병이므로 아빠는 ㉡이 정상이어야 합니다.
따라서 아빠는 정정 / Y입니다.

구성원 3은 아빠에게 X 염색체를 받으므로 '정정'입니다.
엄마는 ㉡에 대해 병 유전자로 동형 접합성이므로 3에게 ㉡에 대한 병 유전자를 주게 됩니다.
따라서 3은 ㉡에 대한 유전자형이 병정이 되는데, 표현형이 정상이므로 ㉡은 정상이 병에 대해 우성입니다.

2. 비분리 해석

구성원 4는 ㉠과 ㉡이 모두 발현되지 않아야 합니다.
엄마는 ㉡에 대해 병 유전자로 동형 접합성이므로 아빠에게 ㉡에 대한 정상 유전자를 받아야 합니다.
따라서 아빠의 감수 1분열에서 성염색체 비분리가 일어났음을 알 수 있습니다.

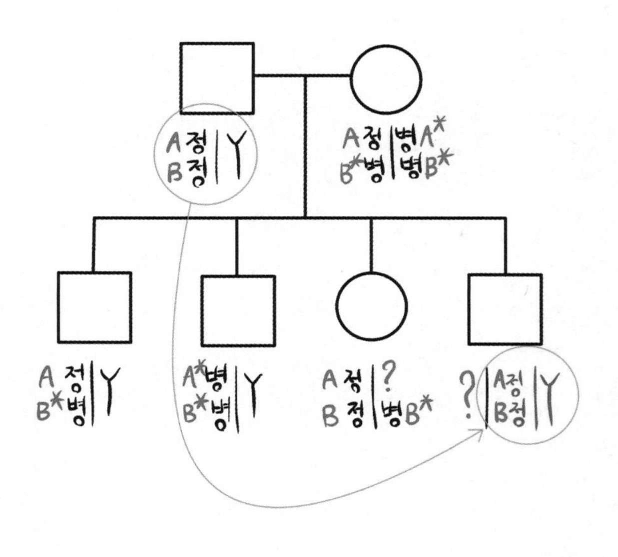

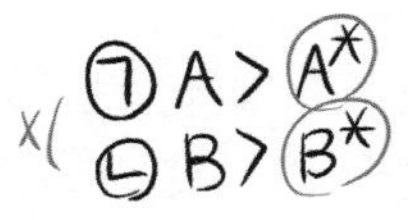

선지 해설

ㄱ ㉡은 열성 형질입니다.

ㄴ

ㄷ '감수 1분열에서' 비분리가 일어난 '정자' 맞습니다.

25 18학년도 수능 19번 | 정답 ①

문항 해설

1. 가계도 해석

자녀 3과 4는 클라인펠터 증후군일 수 있으므로 일단 제외하고 생각합니다.
자녀 1은 ㉠, ㉡, ㉢ 순으로 정, 병, 병 유전자와 Y 염색체를 갖고 있습니다.
정, 병, 병 유전자가 있는 염색체는 엄마에게 받은 염색체이므로 엄마도 정, 병, 병 유전자를 갖고 있습니다.
그런데 엄마의 ㉡에 대한 표현형이 정상이므로 ㉡은 정상이 병에 대해 우성임을 알 수 있습니다.

아빠는 ㉠에 대해 병 유전자를 갖고 있으므로, 자녀 2에게 병 유전자를 주게 됩니다.
그런데 자녀 2의 ㉠에 대한 표현형이 정상이므로 ㉠은 정상이 병에 대해 우성임을 알 수 있습니다.

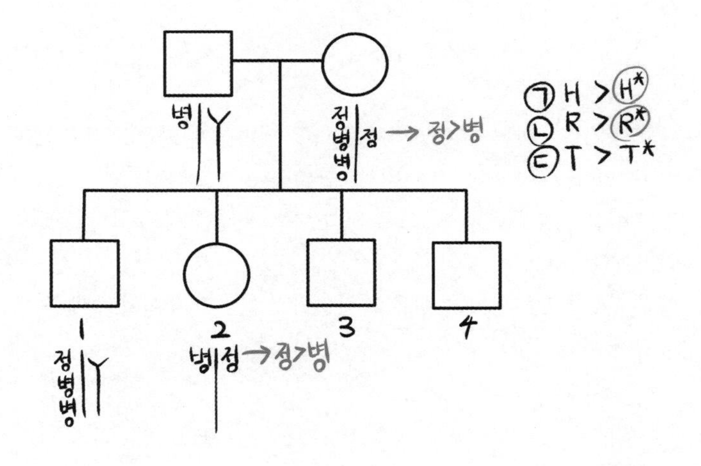

2. 돌연변이 해석

1) 더 이상 할 수 있는 게 없으므로 자녀 3과 4를 봅니다.
자녀 3과 4 중 한 명은 클라인펠터 증후군이 아닙니다.
그런데 3과 4 모두 ㉡에 대해 정상 유전자, ㉢에 대해 병 유전자를 갖고 있음을 알 수 있습니다.
3과 4 중 클라인펠터 증후군이 아닌 자녀도 ㉡에 대해 정상, ㉢에 대해 병 유전자를 갖고 있다는 뜻이므로,
엄마가 ㉡에 대해 정상, ㉢에 대해 병 유전자를 갖고 있음을 알 수 있습니다.

따라서 엄마는 ㉢에 대한 유전자형이 '병병'으로 동형 접합성입니다.
따라서 자녀 2는 엄마에게 ㉢에 대한 병 유전자를 받게 되는데,
자녀 2는 ㉢에 대한 표현형이 정상이므로 ㉢은 정상이 병에 대해 우성임을 알 수 있습니다.
또한, 아빠의 X 염색체에는 ㉢에 대해 정상 유전자를 갖고 있음을 알 수 있습니다.

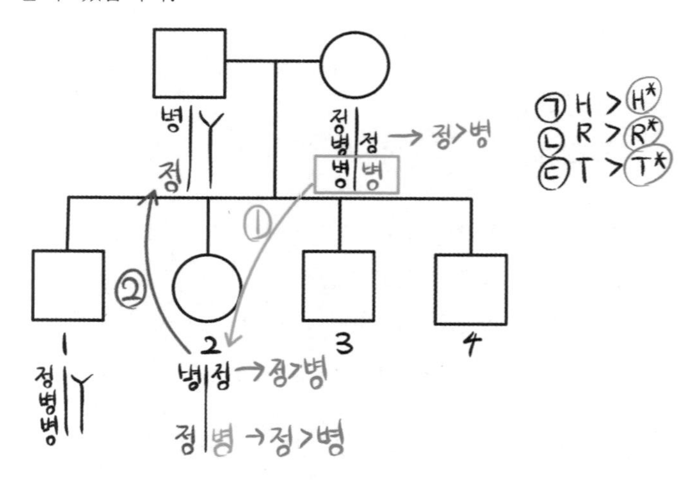

2) 아빠는 ㉢에 대해 정상(우성) 유전자를 갖고 있는데, 자녀 3과 4는 ㉢이 발현되었습니다.
따라서 아버지에게 X 염색체를 받으면 안 되므로 엄마에게 비분리가 일어났음을 알 수 있습니다.

따라서 자녀 3과 4의 X 염색체는 모두 엄마에게 받은 염색체임을 알 수 있습니다.
자녀 4는 ㉠이 발현되었으므로 엄마는 ㉠에 대한 병 유전자를 갖고 있어야합니다.
이때 자녀 3과 같은 표현형은 돌연변이가 없다면 태어날 수 없으므로 3이 클라인펠터 증후군입니다.

〈18학년도 9월 모의고사 15번 응용 / 44번 문항 참고〉
엄마에게서 감수 2분열 비분리가 일어났다면, 유전자의 유무만 있는 표에서 클라인펠터 증후군과 정상 자녀를 찾을 수 없습니다.
따라서 감수 1분열 비분리가 일어나야 합니다.
그래서 클라인펠터 증후군은 그냥 자녀 3입니다.

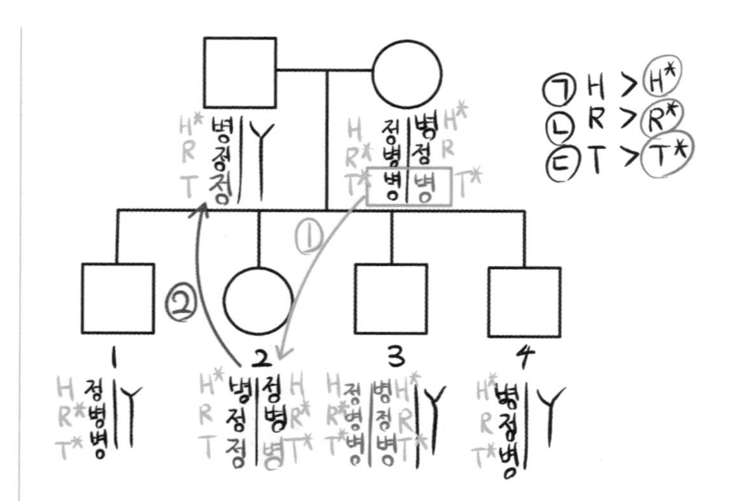

선지 해설

ㄱ

ㄴ. 자녀 3입니다.

ㄷ. 감수 1분열에서 비분리가 일어난 건 맞지만, '정자'가 아니라 '난자'입니다.
(* 여기서도 이 부분을 잘못 봐서 틀렸다면 이전 기출 문제를 제대로 학습 안 했다는 뜻이므로 '실수'가 아니라 '실력'입니다.)

26 22학년도 9월 19번 | 정답 ⑤

문항 해설

1. 자료 해석

자녀 3과 4를 제외하고, 주어진 표로 가계도를 그리면 다음과 같음을 알 수 있습니다.

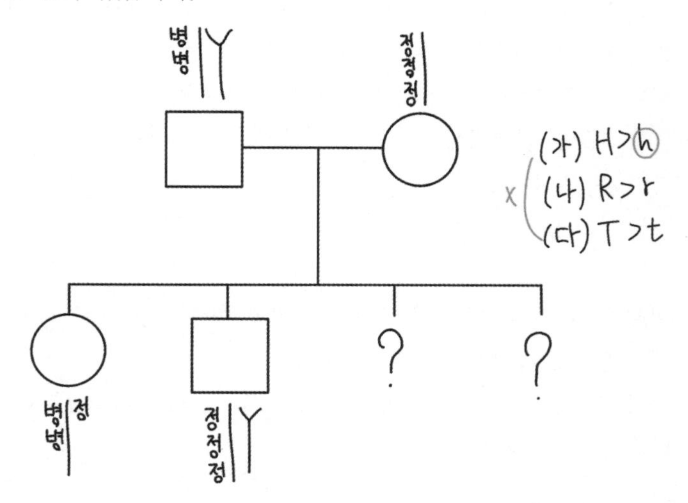

자녀 1은 (가)에 대한 유전자형이 '병정'인데 (가)에 대한 표현형이 정상이므로 (가)는 병이 열성입니다.

이제 자녀 3과 4를 봐야하는데, 조건에서 3과 4의 성별이 서로 다름을 제시해주었습니다.
X 염색체에 있는 유전자의 경우, 남자가 여자보다 유전자형을 쓰기 쉬우므로 남자를 먼저 씁니다.

둘 중 누가 남자인지 모르므로 남자를 따로 나타내면(초록색) 유전자형이 ?정병 / Y 임을 알 수 있습니다.
(* 자녀 3과 4 모두 ㉡은 정상, ㉢은 병이기 때문입니다.)

이 X 염색체는 아버지의 유전자형을 고려할 때, 아버지에게 받을 수 없으므로 3과 4 중 아들은 비분리가 일어나지 않았음을 알 수 있습니다.
또한, 아들의 X 염색체는 어머니에게 받은 염색체이므로 어머니도 ?정병 염색체를 가지고 있습니다.
그러면 어머니는 (나)에 대한 유전자형이 '정정'으로 동형 접합성이 되므로 자녀 1도 (나)에 대한 정상 유전자를 가짐을 알 수 있습니다.
따라서 자녀 1의 (나)에 대한 유전자형은 '병정'인데, (나)가 발현되었으므로 (나)는 병이 우성입니다.

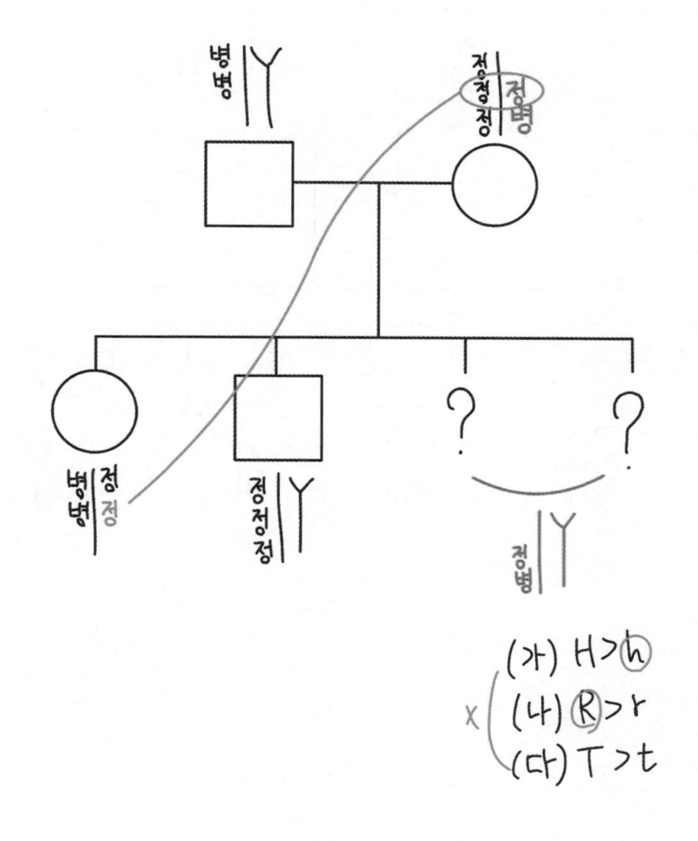

자녀 3과 4는 모두 (나)에 대해 정상이므로 아버지는 3과 4에게 X 염색체를 줄 수 없습니다.
따라서 모두 어머니의 X 염색체만 받았음을 알 수 있는데, 자녀 3은 (가)가 발현되었으므로
어머니는 (가)에 대한 병 유전자를 가짐을 알 수 있습니다.
그런데 해당 염색체는 자녀 3과 4 중 아들에게 준 염색체이므로 아들은 표현형이 '병정병'임을 알 수 있습니다.
따라서 자녀 3이 아들이고, 자녀 4가 딸입니다.

딸은 표현형이 '정정병'이므로 어머니에게서 감수 1분열 비분리가 일어나 X 염색체를 모두 받았음을 알 수 있고,
이를 통해 (다)는 병이 우성임을 알 수 있습니다.

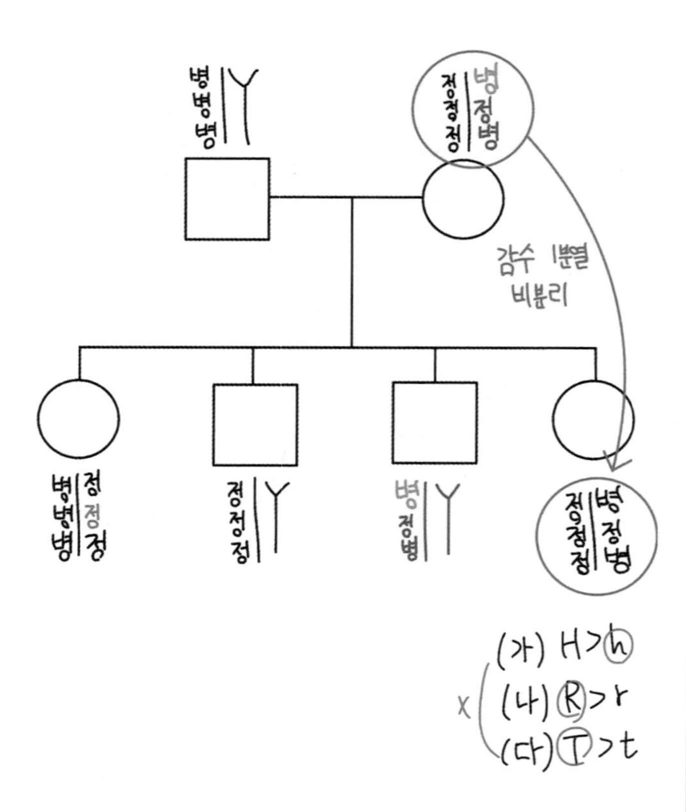

선지 해설

ㄱ

ㄴ

ㄷ

27 | 24학년도 수능 17번 | 정답 ⑤

문항 해설

1. 자료 해석

(나)와 (다)의 유전자는 X 염색체에 있는 유전자이므로, 표현형이 다른 두 아들을 통해 어머니의 유전자형과 연관 관계를 추론할 수 있습니다.

㉠과 ㉡이 연관이라면, 자녀 1과 자녀 3을 통해 어머니의 ㉠과 ㉡에 대한 유전자형 순서대로 정병/병정이 되는데, 어머니는 ㉠이 정상이고 ㉡이 병이므로 ㉠은 (다)이고 ㉡은 (나)가 됩니다.
그런데 이때 자녀 2는 ㉡이 발현되어야 하는데, 아버지는 ㉡에 대한 정상 유전자만 가지고 있으므로 어머니에게서 병 유전자를 받아야 합니다.
그러면 어머니에게 '정병' 유전자를 받게 되는데 이때 ㉠이 걸릴 수 없으므로 모순됩니다.
(* 이 부분은 텍스트로 설명하기에 호흡이 길어 보이는데, 실제로 이정도는 15초 이내에 하셔야 합니다.)

따라서 ㉢은 X 염색체에 있는 유전자임을 알 수 있습니다.

자녀 1과 3의 ㉠과 ㉡에 대한 표현형이 서로 다르므로 어떤 유전자가 X 염색체에 있는 유전자든
어머니의 X 염색체에 있는 유전자의 연관 관계는
(㉠/㉡ 중 X 염색체에 있는 유전자)와 (㉢의 유전자)는 순서대로 '정병/병병'이 되므로
ⓐ는 ○임을 알 수 있습니다.

이때 어머니는 ㉢에 대한 유전자가 '병병' 동형 접합성이므로 자녀 2에게 병 유전자를 주게 되는데,
자녀 2는 ㉢에 대한 표현형이 정상이므로 ㉢은 정상이 우성입니다.
따라서 ㉢은 (다)입니다.

그러면 나머지는 병이 우성인데, 어머니의 X 염색체 유전자는 '정병/병병'이므로 연관된 유전자의 표현형은 병으로 나타나게 됩니다.
따라서 ㉡이 연관된 유전자 (나)이고, 남은 ㉠은 (가)입니다.

이때 자녀 4는 클라인펠터이므로 어머니에게 (다)에 대한 병 유전자를 받아야만 하는데,
(다)가 발현되지 않아야 하므로 아버지에게 (다)에 대한 정상 유전자를 받았음을 알 수 있습니다.
따라서 G는 아버지의 감수 1분열에서 성염색체 비분리가 일어나 형성된 정자임을 알 수 있습니다.

선지 해설

ㄱ

ㄴ (가), (나)는 병이 우성이고 (다)는 정상이 우성이므로 A, B, D를 모두 갖습니다.

ㄷ

28 〉 23학년도 4월 17번 ❙ 정답 ③

문항 해설

1. 자료 해석

㉠~㉤의 핵형은 모두 정상입니다.
남자가 A와 D를 동형 접합성으로 갖는 사람이 있으므로 (가)와 (다)의 유전자는 상염색체에 있는 유전자이고, (나)는 X 염색체에 있는 유전자입니다.

㉡, ㉢, ㉣에서 b와 D의 DNA 상대량이 각각 2/0 꼴이므로 부모/자식 관계일 수 없습니다.
(* B/b와 D/d는 독립이므로 돌연변이를 고려해도 돌연변이가 독립된 한 종류의 염색체에서만 일어났기 때문에 부모/자식 관계일 수 없습니다.
이 논리는 가계도 기출에서 굉장히 많이 나온 논리이기에 1순위로 보셨어야 하는 부분입니다.)
따라서 ㉡은 어머니일 수 없으므로 ㉠이 어머니입니다.
㉡은 자녀임이 결정되었으므로 ㉤이 아버지입니다.

이때 어머니와 아버지는 D를 1개만 갖고 있는데,
㉢과 ㉣은 D 동형 접합성이며 A의 수가 다르므로 둘 중 한 명이 돌연변이임을 알 수 있습니다.
(* 부모의 유전자형이 각각 Dd이므로 DD인 경우는 네 번의 경우의 수 중 한 번으로 결정됩니다.
그런데 연관된 유전자인 A/a의 유전자형이 다른 건 불가능하므로 돌연변이입니다.
이 부분은 난이도가 있는 문제에서 자주 쓰이는 논리이므로 꼭 알고 계시는 게 좋습니다.

생각의 순서는
1. X 염색체 유전자인 b 보기
2. 문제가 없으므로 연관된 유전자 고려하기
3. 연관된 유전자를 고려할 때 부모 중 한 명이라도 동형 접합성이라면 연관을 통해 파악하기 어려우므로 동형이 아닌 부분(이 문제에서는 D/d) 보기
입니다.)

㉡은 돌연변이가 아니므로 아버지와 어머니 모두 Ad가 연관되어 있음을 알 수 있습니다.

따라서 아버지는 Ad/AD이고, 어머니는 Ad/aD인데, 이때 AADD인 ㉣은 태어날 수 없으므로 ㉣이 돌연변이입니다.

선지 해설

㉠ ㉡

~~ㄷ~~ ⓐ는 감수 2분열에서 비분리가 일어나 형성된 정자입니다.

29 〉 24학년도 6월 17번 ❙ 정답 ④

문항 해설

1. 돌연변이 해석

자녀 3의 경우 13번 염색체 비분리가 일어나 염색체 수가 47이 되었으므로 13번 염색체를 더 받았음을 알 수 있습니다.
따라서 어머니가 dd이므로 비분리를 고려하더라도 d는 있어야만 하며, D+d의 합은 3이어야 합니다.
그런데 a+b+d = 1이므로 0+0+1이고, DD임을 알 수 있습니다.
따라서 A+b+D = 2+0+2이고, 자녀 3의 유전자형은 AABDDd임을 알 수 있습니다.
(* 7번 염색체에서 결실이 1회 일어났다고 했는데, AA임이 확정되었으므로 B/b에서 결실이 일어났음을 알 수 있습니다. 그런데 b가 없어야 하므로 AAB입니다.)
자녀 3은 b가 없어야 하는데, AA일 때 b가 없으려면 어머니에게서 b가 결실되어야 함도 알 수 있습니다.
(* 또는 어머니의 (다)에 대한 유전자형이 dd인데, 이미 DDd임이 밝혀졌음으로 어머니의 13번 염색체에서 비분리가 일어나면 안 됨을 통해 어머니에게서 결실이 일어났다고 해석할 수도 있습니다.)

또한, 아버지에게서 DD를 받아야 하므로 정자 Q는 감수 2분열에서 비분리가 1회 일어나 형성된 정자입니다.

2. 자녀 1, 2 찾기

A+b+D와 a+b+d의 합은 A+a+D+d+2b입니다.
(가)~(다)의 유전자는 모두 상염색체에 있는 유전자이므로 A+a+D+d = 4입니다.

따라서 자녀 1은 2b=4이므로 b=2이고, 자녀 2는 b=1입니다.
(* 유전자의 합을 더하여 보는 관점은 이미 기출에서 나온 적이 있습니다.
발상적인 생각으로 여기시면 안 됩니다.)

자녀 1~3의 (가)에 대한 유전자형은 모두 동일하므로
자녀 1 : AAbbDd
자녀 2 : AABbdd
임을 알 수 있습니다.

(* 사실 풀이 순서 중 돌연변이가 없는 2번(자녀 1, 2 찾기)을 먼저 해석하고, 이후에 돌연변이가 있는 1번을 해석하는 게 좀 더 합리적인 풀이입니다. 다만 최근 고난도 문항의 경우 돌연변이를 먼저 해석해야 풀리는 문항이 많아 이렇게도 풀어보는 게 학습에는 더 도움이 될 거라 생각하여 이렇게 해설하였습니다.)

선지 해설

  ㄷ

30 　23학년도 7월 20번 | 정답 ①

문항 해설

1. 자료 해석

㉠, ㉡, ㉢, ㉣의 상동 염색체를 각각 ㉠′, ㉡′, ㉢′, ㉣′으로 표기하겠습니다.

어머니의 세포 Ⅱ에서 A+b+D가 3이므로 G_1기 또는 생식세포 단계임을 알 수 있습니다.
그런데, Ⅱ에는 ㉡과 ㉣이 있는데, ㉰에 B가 있기 때문에 n일 수 없습니다.
따라서 Ⅱ는 G_1기 세포입니다.
또한, ㉡과 ㉣은 ㉰와 ㉱ 중 하나이고, 남은 ㉠과 ㉢은 ㉮와 ㉯ 중 하나입니다.

아버지의 세포 Ⅰ에는 ㉢이 없으므로 Ⅰ은 핵상이 n임을 알 수 있습니다.
또한, 이때 A+b+D = 0이므로 ㉠은 ㉯이고, ㉢은 ㉮입니다.

자녀 1의 세포 Ⅲ에는 ㉠, ㉢, ㉣이 있고, A+b+D=3이므로 Ⅲ은 G_1기 세포입니다.
또한, ㉠, ㉢에 A+b+D = 2이므로 ㉡′, ㉣에는 A+b+D = 1입니다.

2. 돌연변이 해석

자녀 2의 세포 Ⅳ에 ㉠과 ㉣이 있는데 ㉠에는 A, b, D가 없음을 알고 있습니다.
㉣만으로 A+b+D = 3은 불가능하므로 다른 염색체가 더 있음을 알 수 있습니다.

이때, 돌연변이가 없었다면 ㉠과 ㉢′에 A, b, D의 합이 0이므로 ㉡′과 ㉣에서 A+b+D = 3이어야 합니다.
그런데 이미 세포 Ⅲ에서 ㉡′, ㉣에는 A+b+D = 1임을 찾았으므로 비분리로 A, b, D 중 유전자 2개가 더 포함되어야 합니다.
비분리 1회를 통해(= 염색 분체 1개로) A, b, D 중 2개를 더 가지려면 연관된 염색체에서 비분리가 일어나야 하며, Ab를 받았음을 알 수 있습니다.
아버지에서 Ab가 연관된 염색체는 ㉢인데, 세포 Ⅳ에는 ㉢이 없으므로 어머니에게서 비분리가 일어났으며, 어머니는 Ab가 연관된 염색체(㉮′)를 갖고 있음을 알 수 있습니다.
어머니에서 ㉡′, ㉣에는 A+b+D = 1이었으므로 감수 2분열 비분리였다면 A+b+D의 합은 최대 2이므로 감수 1분열 비분리임을 알 수 있고, 따라서 ㉰는 Ⅳ에 있어야 하므로 ㉣이 ㉰이고, 남은 ㉡은 ㉱입니다.

㉡′, ㉣에는 A+b+D = 1에서 ㉡′ 즉, ㉱′에는 d가 있으므로 ㉣에 A가 있음을 알 수 있습니다.
어머니는 A+b+D = 3이므로 어머니의 유전자형과 연관 관계는 AB/Ab, dd임을 알 수 있습니다.

선지 해설

ㄴ. 감수 1분열에서 염색체 비분리가 일어나 형성된 난자입니다.

31 19학년도 7월 20번 | 정답 ④

문항 해설

1. 가계도 해석

1) 구성원 2&3은 (가)가 발현됐는데, 표현형이 다른 '딸'이 태어났으므로
(가)는 '상'염색체에 있는 유전자이고, 병이 우성입니다.

2) 구성원 2&3은 (라)가 정상인데, 4는 (라)가 발현됐으므로 (라)는 정상이 우성임을 알 수 있습니다.
이때, 구성원 1과 2의 (라)에 대한 표현형이 다르므로 X 염색체에 있는 유전자라면 (라)는 병이 우성이어야 합니다.
이는 모순되므로 상염색체에 있는 유전자임을 알 수 있습니다.

따라서, (가)와 (라)는 같은 '상'염색체에 있는 유전자이고, 나머지 (나)와 (다)는 같은 성염색체에 있는 유전자임을 알 수 있습니다.

3) 구성원 2는 (나)와 (다)에 대해 각각 병, 정상 유전자와 Y 염색체를 갖고 있습니다.
그런데 병/정상 유전자는 1에게서 받은 유전자이므로 1도 갖고 있습니다.
1은 (나)는 정상, (다)는 병이므로 정상/병 유전자도 갖고 있음을 알 수 있습니다.
따라서 1은 (나)와 (다)에 대한 유전자를 이형 접합성으로 갖고 있고, 각각 정상/병이므로
(나)는 정상이 우성, (다)는 병이 우성임을 알 수 있습니다.

2. 구성원 2&3 찾기

돌연변이를 해석하기 위해 2와 3의 유전자형과 어떤 유전자가 같은 염색체에 있는지를 찾아야 합니다.

1) 성염색체 유전자

구성원 4는 Bd / Y이므로 3은 Bd를 갖고 있습니다.
그런데 (다)가 발현되었으므로 D를 갖고 있고, 구성원 5에서 (나)가 발현되었으므로 b도 갖고 있음을 알 수 있습니다.

2) 상염색체 유전자

구성원 2와 3 모두 (가)와 (라)에 대해 우성 표현형입니다.
그런데 구성원 5는 (가)에 대해 열성 표현형이므로 2와 3의 (가)에 대한 유전자형은 Aa이고,
구성원 4는 (라)에 대해 열성 표현형이므로 2와 3의 (라)에 대한 유전자형은 Ee입니다.
따라서 2와 3 모두 (가)와 (라)에 대한 유전자형은 AaEe입니다.
그런데 구성원 1은 (가)는 정상, (라)는 병이므로 aaee입니다.
따라서 구성원 2는 AE / ae 임을 알 수 있습니다.

구성원 4는 A_ee 이므로 구성원 2에게 ae를 받아야 합니다.
따라서 3에게 Ae를 받았고, 3은 Ae / aE 임을 알 수 있습니다.

이를 정리하면 다음과 같습니다.

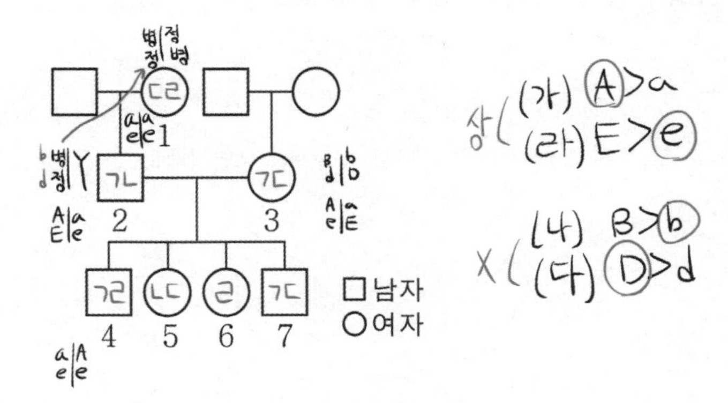

3. 돌연변이 해석

1) 구성원 6

구성원 6의 경우 성염색체는 결실이 일어나지 않아도 bd / Bd로 가능합니다.
따라서 상염색체에서 결실이 일어난 경우를 고려해봅니다.

상염색체의 경우 (라)'만' 발현되는 경우는 불가능하므로 결실이 확실합니다.
ⅰ. Ae / ae에서 A 결실
ⅱ. ae / aE에서 E 결실
모두 가능합니다.

2) 구성원 7

구성원 7의 경우 (나)는 정상, (다)는 병이어야 하므로 구성원 3에게 B와 D를 받아야만 합니다.
따라서 3의 감수 1분열에서 성염색체 비분리가 일어났음을 알 수 있습니다.

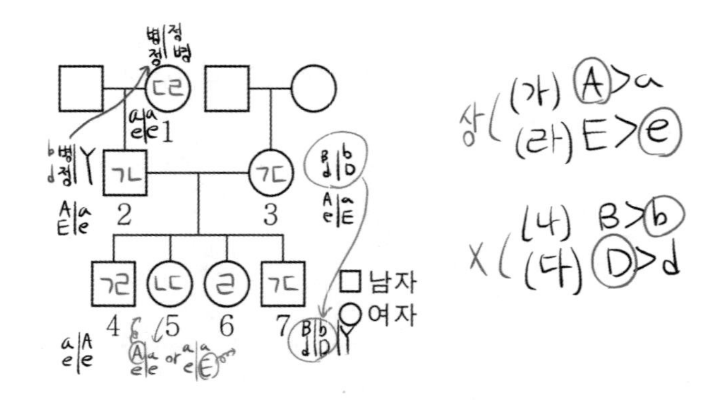

선지 해설

ㄱ.

ㄴ. 두 경우 중 어떤 경우든 결실이 일어난 상염색체는 맞습니다.

ㄷ.

32 23학년도 수능 17번 | 정답 ④

문항 해설

1. 대립유전자 찾기

자녀 1에는 ⓑ와 ⓒ가 없고, 자녀 2에는 ⓓ가 없으므로
아버지는 ⓐ가 2개, ⓑ와 ⓓ를 1개씩 가지고 있음을 알 수 있고,
어머니는 ⓐ~ⓓ를 모두 1개씩 가지고 있음을 알 수 있습니다.

아버지를 통해 ⓐ와 ⓑ, ⓐ와 ⓓ가 대립유전자 관계가 아님을 알 수 있으므로
ⓐ와 ⓒ, ⓑ와 ⓓ가 서로 대립유전자임을 알 수 있습니다.

2. 대문자 수 찾기

어머니는 유전자형이 HhTt이므로 ㉡=2입니다.
아버지의 유전자형은 ⓐⓐⓑⓓ인데,
아버지, 어머니, 자녀 1~3 모두 ⓐ를 가지고 있는데, 대문자 수가 0개인 사람이 있으므로 ⓐ는 소문자입니다.
따라서 ㉠=1입니다.

자녀 1은 ⓐⓐⓓⓓ인데 대문자 수가 2이면 안 되므로 ⓓ도 소문자입니다.
따라서 ㉢=0입니다.

자녀 2는 ⓐ?ⓑⓑ인데 대문자 수가 2이면 안 되므로 ⓒ를 가지고 있고, ㉣=3입니다.

따라서 ㉤=4인데, ⓐ를 가지고 있으므로 아버지에게서 ⓑ를 2개 받았음을 알 수 있습니다.
따라서 자녀 3의 유전자형은 ⓐⓒⓑⓑⓑ입니다.
(* 아버지에게 ⓐⓑⓑ, 어머니에게 ⓒⓑ)

선지 해설

ㄱ. 아버지는 ⓐ와 ⓓ를 모두 가지고 있으므로 t를 가지고 있습니다.
정확히 어떤 유전자가 t인지는 알 수 없습니다.

ㄴ.

ㄷ. 아버지에게서 ⓑ를 2개 받아야 하므로 감수 2분열 비분리임을 알 수 있습니다.

33 21학년도 6월 16번 | 정답 ⑤

문항 해설

1. 자료 해석

오빠의 세포 Ⅱ에서 A와 B의 DNA 상대량이 각각 1과 2이므로 2n입니다.
(* DNA 상대량이 1이려면 G_1기나 감수 2분열이 끝난 상태여야 하는데, 감수 2분열이 끝난 상태라면 DNA 상대량이 2일 수 없습니다. 따라서 G_1기입니다.)
영희의 세포 Ⅲ에서 A의 DNA 상대량이 4이므로 2n입니다.

오빠는 AA*BB이므로, 엄마와 아빠가 각각 AB, A*B 중 하나를 갖고 있음을 알 수 있고,
영희는 AAB*B*이므로, 엄마와 아빠가 각각 AB*을 갖고 있음을 알 수 있습니다.

따라서 누가 엄마인지 아빠인지는 모르나 아래와 같은 구성임을 알 수 있습니다.

2. 돌연변이 해석

남동생의 경우 ㉠이 ㉡으로 바뀐 난자와 정상 정자가 수정되어 태어났습니다.

남동생만 놓고 봤을 때 돌연변이는 전혀 고려할 필요가 없습니다.

남동생의 세포 Ⅳ에서 B와 D*의 DNA 상대량이 각각 2와 1이므로 2n입니다.

따라서 남동생의 유전자형은 A*A*BBD*Y 이므로, AABB*가 엄마이고, A가 A*로 바뀌었음을 알 수 있습니다.

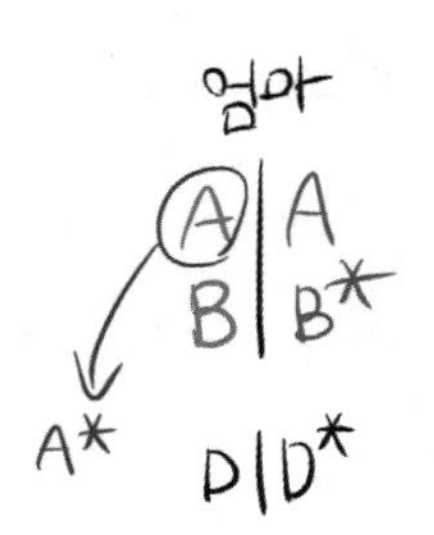

선지 해설

ㄱ. Ⅰ은 A와 B의 DNA 상대량이 같으므로 핵상이 n임을 알 수 있습니다.
(* 만약 G_1기 세포라면, A, B, D*순으로 2, 1, 1이어야 합니다.)

ㄴ ㉠은 A이고, ㉡은 A*입니다.

ㄷ 아버지는 A*B가 같은 염색체에 있고, D는 다른 염색체에 있으므로 A*, B, D를 모두 갖는 정자를 형성할 수 있습니다.

34 21학년도 수능 17번 | 정답 ①

문항 해설

1. 자료 해석

3, 4, 5, 6의 표현형이 모두 다른데 표를 통해 3, 4, 5의 유전자형이 GG가 아님을 알 수 있습니다.

따라서 6의 유전자형은 GG입니다.

3과 5는 G가 없고, 4는 G가 1개 있음을 통해 아래와 같이 나타낼 수 있습니다.

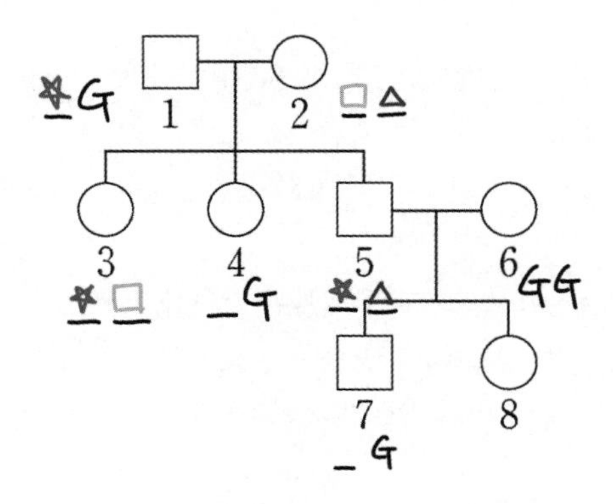

이때, 3, 4, 5의 표현형이 모두 다르기 위해선

별(파란색), 네모(분홍색), 세모(초록색)가 각각 D, E, F 중 하나여야 함을 알 수 있습니다.

이후 풀이는 크게 2가지로 나뉩니다.

Sol 1) 유전자형이 모두 다르다는 조건에 주목할 경우

1의 유전자형이 ☆G이므로 7은 5에게서 △를 받아야 합니다.

따라서 7의 유전자형이 △G가 되므로 4는 □G여야 합니다.

그러면, 4의 표현형은 □ 표현형이므로, 3은 ☆ 표현형이어야 합니다.

따라서 남은 5는 △ 표현형이어야 합니다.

이를 정리하면 △〉☆〉□〉G 임을 알 수 있으므로, △, ☆, □는 각각 D, E, F입니다.

Sol 2) 표현형이 다르다 조건에 주목할 경우

3과 5에서 ☆이 같이 있으므로 ☆은 D일 수 없습니다.

☆이 F일 경우 4는 3 또는 5 중 한 명과 표현형이 같아질 수밖에 없

으므로 F일 수도 없습니다.
따라서 ☆이 E이고, □와 △은 각각 D와 F 중 하나입니다.
그런데 4는 D를 받으면 안 되므로 4의 유전자형은 GF임을 확정할 수 있습니다.

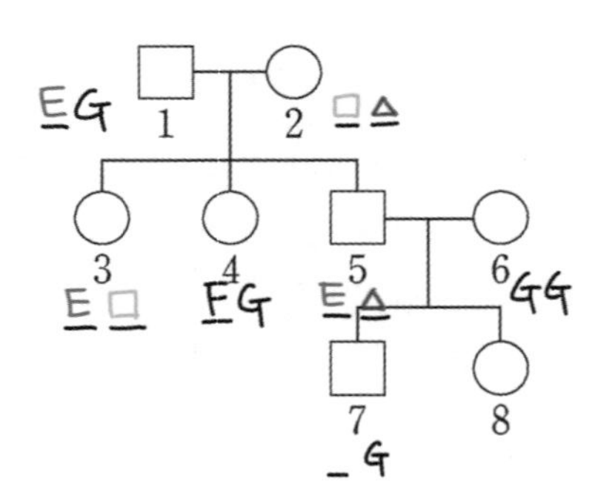

이후 7은 5에게 E를 받으면 1과 유전자형이 같게 되므로 △를 받게 됨을 알 수 있습니다.
4와 7의 유전자형이 달라야 하므로 △는 D임이 확정됩니다.

8은 2와 표현형이 같으므로 D_ 여야 합니다.
그런데 구성원 2, 5, 7의 유전자형은 각각 DF, DE, DG이므로 1~8의 유전자형이 모두 다르기 위해선 8의 유전자형은 DD여야 합니다.

따라서 6의 생식세포가 형성될 때 G가 D로 바뀌었음을 알 수 있습니다.

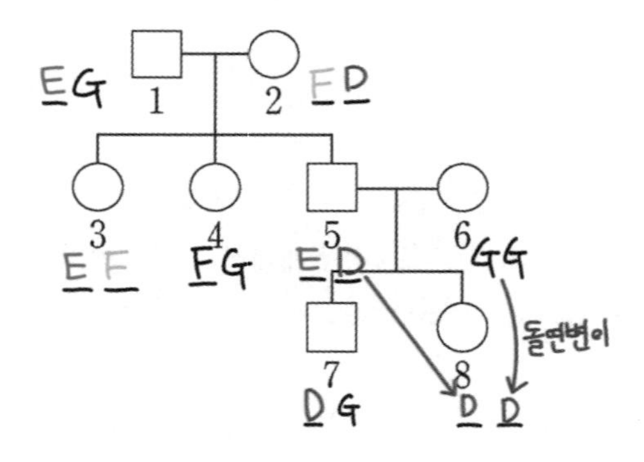

선지 해설

ㄱ. 5와 7은 D_로 표현형이 같습니다.

ㄴ. ⓐ는 6에서 형성되었습니다.

ㄷ. 1의 표현형은 E_ 이므로, 구성원 3만 표현형이 같습니다.

comment

> 복대립 유전에서 유전자형이 모두 다르다는 조건이 있다면
> 대립유전자가 3개일 때, 유전자가 총 3번 쓰이면 더 이상 쓰일 수 없음과
> 대립유전자가 4개일 때, 유전자가 총 4번 쓰이면 더 이상 쓰일 수 없음은 알고 있는 게 좋습니다.
>
> 이미 문제 초반에 1, 4, 6, 7이 G를 가짐이 확정되었으므로 나머지 구성원은 G를 가질 수 없습니다.
> 따라서 6에게서 돌연변이가 일어나 8이 태어났음을 초반부에 확정할 수 있습니다.

35 21학년도 4월 19번 ❙ 정답 ⑤

문항 해설

1. 가계도 해석
부모와 다른 표현형인 자녀 → ×

2. 자료 해석
(나)의 대립유전자는 E, F, G가 있으므로 (나)에서 표현형에 따라 나타날 수 있는 유전자형은
E_ → EE EF EG
F_ → FF FG
GG → GG
로 6가지입니다.

그런데, 1, 2, 4, 5, 6, 7 총 6명의 유전자형이 모두 다르므로 각각 1:1 대응됨을 알 수 있습니다.
(* 돌연변이 조건에서 1~7의 핵형은 모두 정상이라 제시되어 있으므로, 7의 유전자형이 EEE, EEF 등의 케이스는 고려할 필요 없습니다.)
또한, 2, 4, 6의 표현형이 서로 같은데, 유전자형이 모두 다른 상태에서 3명의 표현형이 같을 수 있으려면
E_ 표현형 밖에 없으므로 2, 4, 6은 모두 E를 가짐을 알 수 있습니다.

이미 3명(2, 4, 6)이 E를 가졌으므로 나머지 1, 5, 7은 E를 가지면 안 됩니다.
따라서 유전자형이 EE인 사람은 2임을 알 수 있고, 3은 E를 1개 가지고 있습니다.

이때, 3과 7에서 E의 DNA 상대량은 1로 확정됐으므로 1, 7에서 a의 DNA 상대량도 1이어야합니다.
(* 7의 핵형은 정상이므로, 돌연변이를 고려하더라도 7은 E를 가질 수 없습니다.)

그러데 1과 7의 (가)에 대한 표현형은 정상으로 같으므로 정상이 우성임을 알 수 있고,
1은 3에게 a를 주었으므로 a도 가지고 있어야 합니다.
따라서 7의 (가)에 대한 유전자형은 AA입니다.
(* 이는 4의 유전자형이 Aa이고, 5의 유전자형이 aa이므로 5에게서 아무것도 받지 않고,
4에게서 생식세포가 형성되는 과정에서 감수 2분열 비분리가 1회 일어나 A를 2개 받은 상황입니다.)

다시 (나)로 돌아가면, 비분리가 (가)에서 일어났음을 밝혔으므로 (나)는 비분리를 고려할 필요가 없습니다.
그런데 1과 7의 표현형이 서로 달라야 하는데 1과 7을 엮을 수 있는 사람은 사이에 낀 4이므로 4를 봅니다.
4의 유전자형을 ㅁE라 하면, 1과 7은 E를 가지면 안 되므로 4에게서 ㅁ를 받게 됩니다.
그런데 1과 7의 표현형이 서로 달라야 하므로 ㅁ는 G입니다.

그러면 유전자형이 FF일 수 있는 사람은 5밖에 없으므로 5가 FF이고, 7은 FG가 됩니다.
남은 1은 GG입니다.

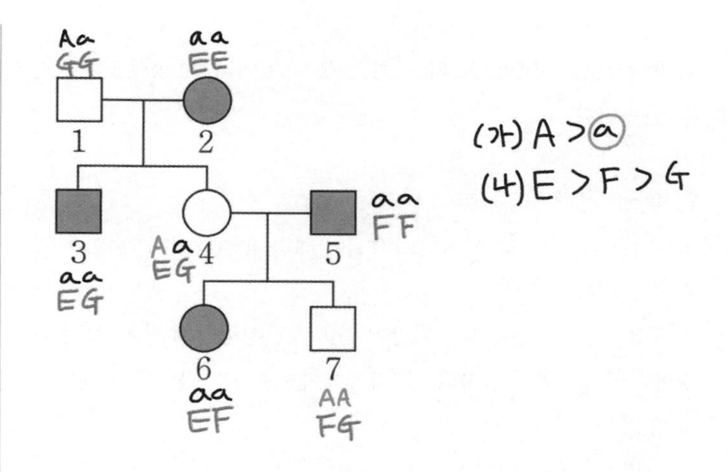

선지 해설

36 23학년도 9월 18번 | 정답 ④

문항 해설

* 해설의 편의를 위해 A, A*, B, B*, D, D*를 A, a, B, b, D, d로 쓰겠습니다.

1. A/a, B/b 연관 관계 찾기

세포 Ⅱ의 핵상이 2n이든 n이든 어머니는 aB가 연관되어 있음을 알 수 있습니다.

Ⅲ은 A가 2인데, b가 1 이므로 2n입니다.
따라서 아버지와 어머니는 A를 가지고 있음을 알 수 있습니다.

Ⅳ도 Ⅱ와 마찬가지로 2n이든 n이든 a와 b가 연관되어 있음을 알 수 있습니다.
이는 어머니에게 받을 수 없으므로 아버지에게 받은 염색체임을 알 수 있습니다.
아버지는 A(세포 Ⅱ 참고)와 B를 가지고 있으므로 아버지는 AB/ab입니다.

아버지가 AB/ab이므로 세포 Ⅲ을 통해 어머니는 Ab/aB임을 알 수 있습니다.

2. D/d 연관 관계 찾기

자녀 1은 DD이므로 어머니의 (다)에 대한 유전자형이 Dd임을 알 수 있습니다.
자녀 3은 d가 3개이므로 핵상이 2n이고, 어머니의 난자 형성 과정에서 d가 2개인 난자와 d가 1개 있는 정자가 수정되어 태어났음을 알 수 있습니다.
(* 아버지의 돌연변이는 A/a, B/b에 관한 돌연변이이므로 d 3개는 어머니의 비분리로 더 받은 유전자임을 알 수 있습니다.)
따라서 아버지도 d를 가져야 하는데, 세포 Ⅰ에 D가 있으므로 아버지의 (다)에 대한 유전자형도 Dd입니다.

3. 아버지 돌연변이 찾기

아버지와 어머니의 유전자형과 연관 관계는 다음과 같습니다.

아버지	어머니
A|a B|b	A|a b|B
D|d	D|d

자녀 3은 a가 없어야 하므로 아버지와 어머니에게서 각각 AB, Ab를 받음을 알 수 있습니다.
그런데 b가 2개여야 하므로 ㉠이 b이고, 아버지에게 b를 추가로 받았음을 알 수 있습니다.

처음에는 과정을 이해하기 어려울 수 있어, 자세히 나타내면 다음과 같습니다.

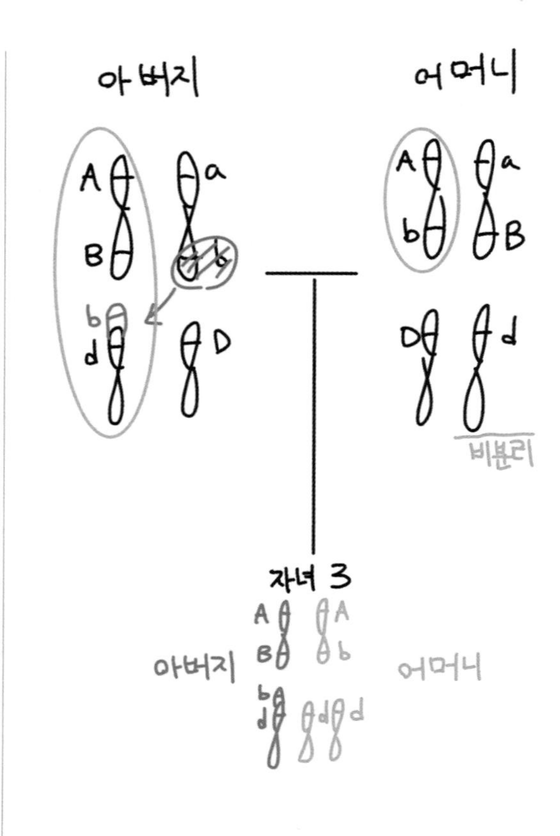

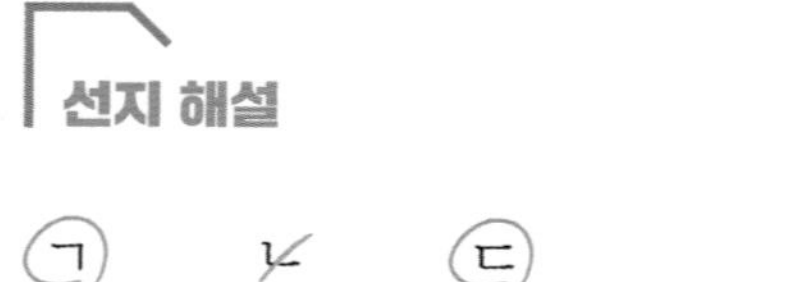

37 16학년도 10월 10번 | 정답 ②

문항 해설

1. 자료 해석

1) (가)는 왼쪽이 n+1, 오른쪽이 n−1 → 감수 1분열 비분리
2) (나)는 핵상이 n이 있음 → 건너편 감수 2분열 비분리
3) (다)는 핵상이 n이 있음 → 건너편 감수 2분열 비분리
(* 이 부분은 생각하지 않아도 그냥 아실 수 있을 정도로 익숙해지셔야 합니다.)

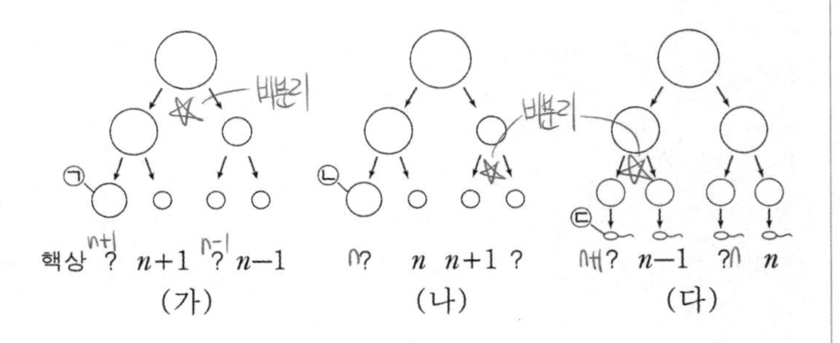

선지 해설

ㄱ. (가)는 상동 염색체 비분리, (나)는 염색 분체 비분리입니다.

ㄴ. ㉠은 $\frac{22}{2}$, ㉢은 $\frac{22}{2}$로 같습니다.

ㄷ. ㉡은 정상 난자, ㉢은 감수 2분열에서 성염색체 비분리가 일어난 정자입니다.
따라서 XYY나 XXX가 태어나게 되므로 클라인펠터 증후군은 아닙니다.

38 18학년도 10월 9번 | 정답 ④

문항 해설

1. 자료 해석

그림에서 정자 Ⅰ의 위에 있는 세포에는 X 염색체와 Y 염색체가 모두 있으므로 감수 1분열에서 비분리가 일어나 '더 받은' 세포임을 알 수 있습니다.

감수 1분열에서 비분리가 1회 일어났을 때 한 쪽은 n+1, 다른 쪽은 n−1이 됩니다.
그런데 총 염색체 수가 25, 23, 22인 세포가 있고, 이는 각각 n+2, n, n−1 이므로
n+2가 있을 수 있어야 합니다.

이는, n+1인 쪽에서 감수 2분열 비분리가 일어나 더 받은 세포이므로
핵상은 각각 n+2, n / n−1, n−1이 됨을 알 수 있습니다.
(* 1분열과 2분열에서 비분리가 1회씩 일어날 경우
핵상은 n+2, n / n−1, n−1 또는 n−2, n / n+1, n+1 꼴이 나온다는 건 그냥 외워두시는 걸 추천드립니다.)

따라서 감수 1분열 비분리가 일어나 '더 받은' 쪽인 Ⅰ과 Ⅱ는 각각 ㉢과 ㉣중 하나이고,
(* 확정 못합니다.)
Ⅲ과 Ⅳ는 각각 ㉠과 ㉡ 중 하나입니다.
(* 마찬가지로 확정 못합니다.)

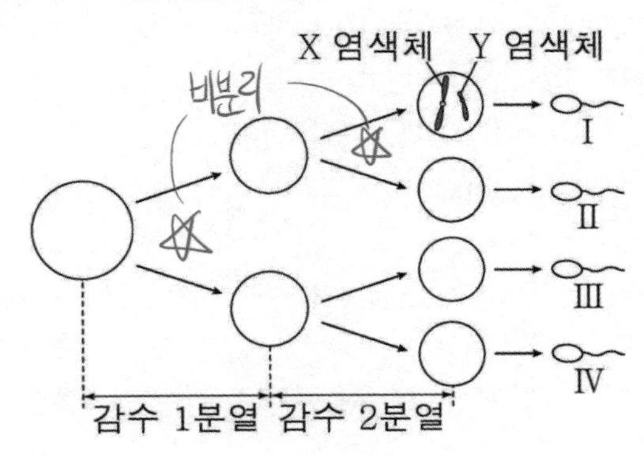

선지 해설

㉠ 감수 1분열에서 성염색체 비분리가 일어났습니다.
(* 참고로 Ⅰ 위의 세포에 X와 Y가 1개씩 있으므로 감수 2분열에선 상염색체 비분리임도 알 수 있습니다.)

~~ㄴ~~ ⓐ의 총 염색체 수는 22이므로, Ⅲ이나 Ⅳ 중 하나입니다.

㉢ Ⅲ과 Ⅳ에는 성염색체가 없으므로 정상 난자와 수정되면 터너 증후군의 염색체 이상을 보입니다.

39 〉 16학년도 7월 10번 | 정답 ③

문항 해설

1. 자료 해석

㉢의 염색체 수 2배보다 ㉠의 염색체 수가 더 많으므로
㉢의 핵상은 n−1, ㉠은 2n임을 알 수 있습니다.
(* (나)가 체세포 분열이라면, 2n±1의 2배가 ㉠보다 염색체 수가 적을 수 없습니다.)
따라서 (가)는 체세포 분열, (나)는 감수 분열 과정임을 알 수 있습니다.

2. 표 해석

㉠은 체세포 분열 과정이므로 2n입니다.
그런데 A/a의 DNA 상대량이 (1, 0)이므로 A/a는 성염색체에 있는 유전자임을 알 수 있습니다.
또한, B/b의 DNA 상대량이 (1, 1)이므로 B/b는 상염색체에 있는 유전자임을 알 수 있습니다.
(* 남자이기 때문입니다.)

㉡은 감수 분열 과정이므로 핵상이 2n이 아닌데 B/b가 (1, 1)이므로 감수 1분열에서 비분리가 일어났음을 알 수 있습니다.
따라서 B/b는 7번 염색체에 있는 유전자임을 알 수 있습니다.

㉢은 ㉡의 건너편 세포이므로 ⓒ=ⓓ=0
2n일 때부터 a는 없었으므로 ⓑ=0
X 염색체는 ㉡쪽으로 갔으므로 ⓐ=0
입니다.

선지 해설

㉠ 체세포이므로 맞습니다.

㉡

~~ㄷ~~ 감수 1분열 비분리는 상동 염색체 비분리입니다.

40 〉 19학년도 3월 9번 | 정답 ④

문항 해설

1. 자료 해석

1) 비분리가 1회 일어났는데 ㉠, ㉡, ㉢의 염색체 수가 모두 다릅니다.
따라서 ㉠, ㉡이 형성될 때 감수 2분열 비분리가 일어났음을 알 수 있습니다.

2) ㉢의 총 염색체 수는 3개이므로 ㉡의 X 염색체 수는 2개입니다.
따라서 감수 2분열에서 X 염색체 비분리가 일어났고, ㉢ 쪽에는 Y 염색체가 있음을 알 수 있습니다.

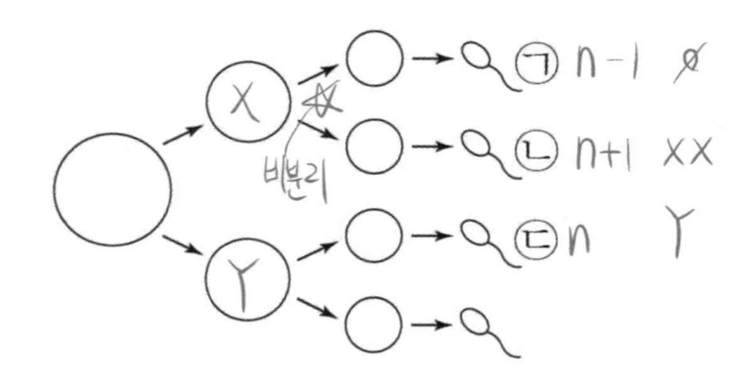

선지 해설

~~ㄱ~~ 감수 2분열 비분리입니다.

㉡ ㉠은 n−1이므로 총 염색체 수는 2입니다.
(상염색체 2개, 성염색체 0개)

㉢

41 15학년도 6월 9번 | 정답 ⑤

문항 해설

1. 자료 해석

비분리가 1회 일어났는데, (가)에서는 감수 1분열 기준 왼쪽 세포는 모두 n+1, 오른쪽 세포는 모두 n−1이므로 감수 1분열에서 비분리가 일어났음을 알 수 있습니다.

(나)에서는 감수 1분열 기준 왼쪽 세포에서 n−1, n+1 / 오른쪽 세포에서 n이므로 왼쪽에서 감수 2분열 비분리가 일어났음을 알 수 있습니다.

(* 이 과정을 '생각'해야 알 수 있다면 비분리 파트 개념과 쉬운 문제들을 여러 번 다시 풀어주세요. 생각하지 않아도 그냥 알 수 있을 정도로 반복하시는 게 좋습니다.)

선지 해설

ㄱ̸ (가)에서는 염색 분체 비분리가 아닌, 상동 염색체 분리입니다.
(* 감수 1분열 비분리는 상동 염색체 비분리, 감수 2분열 비분리는 염색 분체 비분리입니다.)

ⓛ A의 총 염색체 수는 n−1, B의 상염색체 수는 n−1입니다.
(* A는 상염색체 수 21, 성염색체 수 1이고 B는 상염색체 수 22, 성염색체 수 1입니다.)

ⓒ ㉠은 성염색체가 없는 정자이므로 정상 난자와 수정되어 아이가 태어나면 터너 증후군인 아이가 태어납니다.

42 15학년도 3월 15번 | 정답 ①

문항 해설

1. 자료 해석

1) 비분리가 1회 일어났는데 핵상이 n인 세포가 있음 → 감수 2분열 비분리
(* 감수 1분열 비분리라면 n+1이나 n−1만 가능합니다.)
㉠과 ㉡의 핵상이 서로 다름 → 감수 2분열 비분리

2) ㉠과 ㉡에는 X 염색체 수가 1인데, ㉢에는 없으므로 ㉢에는 Y 염색체가 있습니다.
또한 ㉠과 ㉡이 형성될 때 감수 2분열 비분리가 일어났는데, 모두 X 염색체가 있으므로
상염색체에서 비분리가 일어났음을 알 수 있습니다.

선지 해설

ⓖ

ㄴ̸ ㉠은 n+1이므로 상염색체 수는 23입니다.
㉡과 ㉢의 상염색체 수는 각각 21, 22입니다.

ㄷ̸ 핵형이 정상인 아들이 태어납니다.

43 21학년도 3월 16번 | 정답 ③

문항 해설

1. 자료 해석

유전자형이 Tt인데 (나)에는 t가 2개 있으므로 염색 분체 비분리(감수 2분열 비분리)가 1회 일어났음을 알 수 있습니다.
(* 감수 1분열에서 상동 염색체 비분리가 1회 일어났다면, (나)에서 T와 t가 있는 염색체가 1개씩 있어야 합니다.)

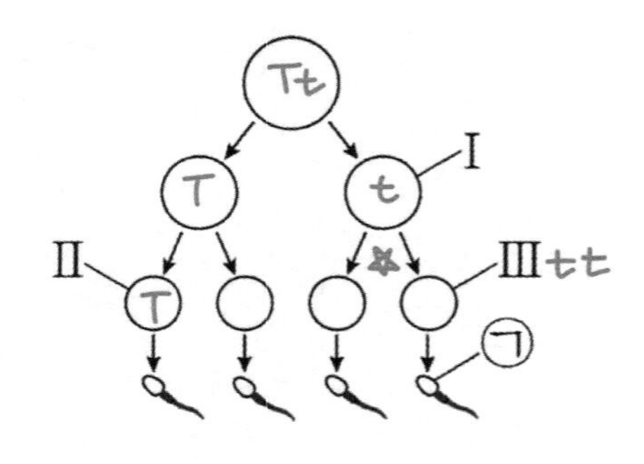

선지 해설

ㄱ 1개로 같습니다.

ㄴ 감수 2분열에서 일어났습니다.

ㄷ 21번 염색체가 총 3개가 되므로 맞는 선지입니다.

44 15학년도 9월 8번 | 정답 ②

문항 해설

1. 자료 해석

(가)에서 큰 게 X 염색체, 작은 게 Y 염색체임을 알 수 있습니다.
(다)에는 Y 염색체가 2개이므로 감수 2분열에서 성염색체 비분리가 1회 일어났음을 알 수 있습니다.
(* 감수 1분열에서 성염색체 비분리가 일어났다면, (다)에는 X 염색체와 Y 염색체가 1개씩 있어야 합니다.)

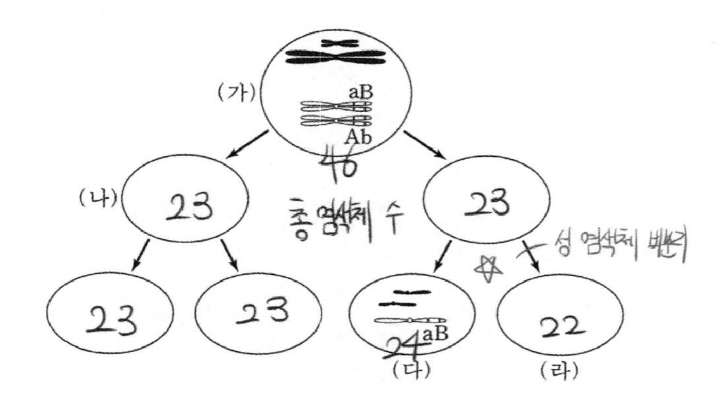

선지 해설

ㄱ (나)의 염색 분체 수는 2×23, (라)의 염색체 수는 22이므로 $\frac{23}{11}$ 입니다.
이 선지는 그림에 없는 염색체를 고려하지 않아 틀린 학생이 많습니다. 주의해주세요.
처음 틀린 건 실수일 수 있어도, 다음에 같은 이유로 틀린 건 실력입니다.

ㄴ 감수 2분열에서 비분리가 일어났으므로 염색 분체 비분리가 맞습니다.

ㄷ (다)에 a와 B가 있으므로 (라)에도 a와 B가 있습니다.
A와 b는 (나) 쪽에 있습니다.

comment

검토진 : 이같이 성염색체나 상염색체 중 일부만을 나타내는 문제 유형은 21학년도 평가원 시험을 통해서도 볼 수 있습니다. 이러한 문제를 풀 때엔 문항 바로 위에 무엇을 나타냈는지, 무엇을 나타내지 않은 것인지를 표기하거나 문제 발문에 확실하게 표시를 해두는 것이 실수하지 않는 방법이라 생각합니다. 보통 이와 같은 유형은 점수를 주기 위한 문제로 나오는 경우가 많기에 절대 틀리지 않도록 주의합시다.

45 15학년도 7월 8번 | 정답 ④

문항 해설

1. 자료 해석

1) 그림을 보면 ㉡에는 21번 염색체와 X 염색체 사이에 전좌가 일어났음을 알 수 있습니다.
2) ㉢에는 X 염색체와 Y 염색체가 모두 없습니다.

문제에서 '성염색체'를 있는 대로 나타낸다 했으므로 감수 1분열에서 성염색체 비분리가 일어나 건너편으로 X와 Y가 모두 갔음을 알 수 있습니다.

선지 해설

ㄱ) ㉡에는 (전좌가 없었다면) 21번 염색체에 AbD가 있음을 알 수 있습니다.
㉢에는 21번 염색체에 ABD가 있음을 알 수 있습니다.
따라서 ㉠에는 AABbDD가 있으므로 a는 없습니다.

ㄴ)

ㄷ. 터너 증후군을 나타냅니다.

☑ comment

'비분리'가 각각 1회가 아니라, '돌연변이'가 각각 1회입니다.
돌연변이는 비분리보다 더 큰 개념입니다.

46 15학년도 수능 18번 | 정답 ③

문항 해설

1. 자료 해석

적록 색맹은 X 염색체에 있는 유전자이고, 병이 열성임은 이미 알고 있어야 합니다.
따라서 색맹 유전자를 A/a, A>a라 하면, 엄마는 A?, 아빠는 AY 임을 알 수 있습니다.
비분리는 없던 유전자가 새로 생기는 게 아니므로 적록 색맹인 철수가 태어나기 위해선 엄마가 a를 갖고 있어야 합니다.
따라서 엄마와 아빠의 유전자형은 Aa, AY입니다.

클라인펠터인 철수가 적록 색맹을 나타내기 위해선 aaY여야 합니다.
따라서 엄마에게 a를 두 번 받고, 아빠에게 Y 염색체를 받아야 합니다.

따라서 감수 2분열에서 성염색체 비분리가 1회 일어나 형성된 난자가 ㉥이고,
㉢에는 Y 염색체만 있어야 하므로 ㉣&㉤이 형성될 때 감수 2분열 비분리가 일어났음을 알 수 있습니다.

(* ㉢은 정상 정자입니다.)

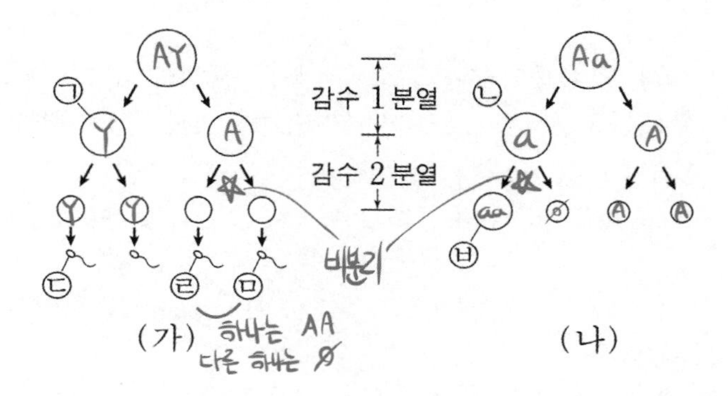

선지 해설

ㄱ) (나)에서 비분리는 감수 2분열에서 일어났습니다.

ㄴ) ㉠의 염색체 수는 23, ㉡의 염색체 수도 23이므로 같습니다.

ㄷ. ㉣과 ㉤ 중 하나는 X 염색체가 2개, 다른 하나는 0개입니다.

47 15학년도 10월 5번 | 정답 ②

문항 해설

1. 자료 해석

1) 색맹은 열성 반성 유전임을 이미 알고 있습니다.
부모 모두 색맹이 아니므로, 엄마와 아빠 모두 색맹에 대한 정상 유전자를 갖고 있어야 합니다.
정상을 A, 색맹 유전자를 a라 했을 때, 엄마는 A?, 아빠는 AY입니다.
비분리는 없던 유전자가 새로 생기는 게 아니므로 적록 색맹인 철수가 태어나기 위해선 엄마가 a를 갖고 있어야 합니다.
따라서 엄마와 아빠의 유전자형은 Aa, AY입니다.

2) 철수는 클라인펠터 증후군이므로 XXY입니다.
그런데 엄마에게서 X를, 아빠에게서 XY를 받게되면 철수는 아빠로부터 A를 받을 수밖에 없습니다.
이럴 경우 색맹일 수 없으므로 엄마에게서 X 염색체를 2개 받고, aa임을 알 수 있습니다.
따라서 엄마는 ㉠이 형성될 때 감수 2분열 비분리가 일어났음을 알

수 있습니다.

3) 영희는 터너 증후군이므로 X 염색체가 1개입니다.
이때, ㉢에 X 염색체가 있었다면 영희는 A를 갖게 되므로 색맹일 수 없습니다.
또한 Y를 받을 경우 남자이므로 터너 증후군일 수 없습니다.

따라서 ㉢에는 성염색체가 없고, 엄마에게서 a를 받았음을 알 수 있습니다.
(* (나)의 경우 비분리가 어디서 일어났는지는 알 수 없습니다.)

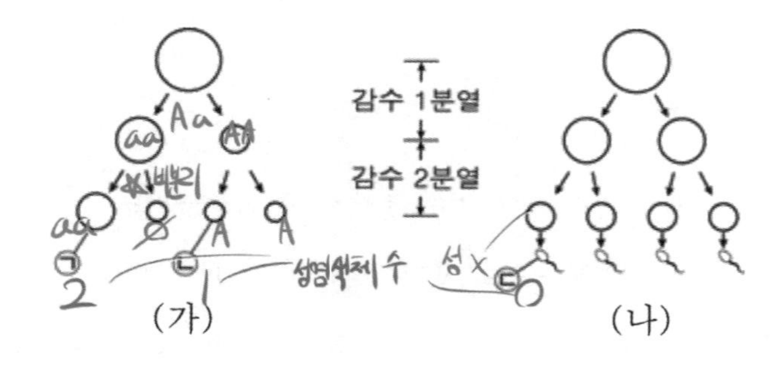

선지 해설

ㄱ.

ㄴ. 적록 색맹 유전자를 가진 세포는 ㉠뿐이므로 적록 색맹 유전자를 가진 X 염색체 수의 합은 2입니다.

ㄷ. 성염색체가 없으므로 22개가 맞습니다.

48 17학년도 수능 8번 | 정답 ②

문항 해설

1. 자료 해석

유전자형을 줬으므로, 문자 1개당 DNA 상대량을 1이라 하면 ㉠에서 F의 DNA 상대량이 2임을 알 수 있습니다.
그런데 ㉠과 ㉡에서 F의 DNA 상대량이 같다 했으므로 ㉡에도 F의 DNA 상대량이 2임을 알 수 있습니다.

그런데 ㉡으로부터 형성된 세포 ㉤에는 F가 없습니다.
따라서 ㉤이 형성될 때 감수 2분열 비분리가 일어났고, ㉣ 쪽으로 F가 있는 염색체가 모두 들어갔음을 알 수 있습니다.

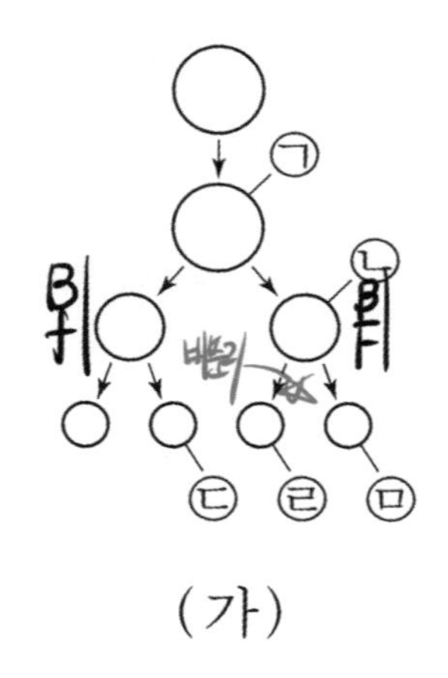

(가)

선지 해설

ㄱ. 비분리는 감수 2분열에서 일어났습니다.

ㄴ. 2n=6인데 (나) 그림에서 B/b, F/f가 없고 e와 h가 서로 다른 염색체에 있음을 알 수 있습니다.
따라서 B/b, F/f는 같은 염색체에 있음을 알 수 있고, ㉡에는 F가 있으므로 ㉢ 방향에는 f가 있음을 알 수 있습니다.
따라서 ㉢에는 B와 f가 같은 염색체에 있습니다.

ㄷ. ㉠ 염색 분체 수는 $6\times 2=12$, ㉣의 염색체 수는 n+1로 4입니다.
따라서 $\frac{1}{3}$입니다.

49 14학년도 10월 9번 | 정답 ④

문항 해설

1. 자료 해석

1) 그래프 (나)를 표로 만들면 다음과 같습니다.
(* 실제로 문제 풀 때 표를 만들라는 건 아닙니다. 그냥 그래프로 보는 데 익숙해지시는 게 좋습니다.)

세포	DNA 상대량	
	E	e
ⓐ	1	0
ⓑ	0	2
ⓒ	1	1
ⓓ	2	0

ⓐ에는 e가 없는데, ⓑ에는 있으므로 ⓐ의 핵상은 n
ⓑ에는 E가 없는데, ⓐ에는 있으므로 ⓑ의 핵상은 n
ⓓ에는 e가 없는데, ⓒ에는 있으므로 ⓓ의 핵상은 n
(* 앞에서 언급했듯 실제로 n이라는 게 아니라 해설의 편의를 위해 2n이 아닌 경우 n이라 표기했습니다.)

그림 (가)에서 2n인 ㉠이 있었으므로 ⓒ는 2n입니다.

2) ⓑ와 ⓓ는 E/e의 DNA 상대량이 각각 (0, 2) / (2, 0)이므로 감수 1분열 기준 서로 엇갈린 방향이고,
감수 1분열은 정상 분리됐음을 알 수 있습니다.
(* 감수 1분열에서 비분리가 일어났다면 (2, 2) / (0, 0) 꼴이어야 합니다.)

감수 1분열은 정상 분리이므로 E를 갖고 있는 ⓐ와 ⓓ는 감수 1분열 기준 같은 방향,
e를 갖고 있는 ⓑ는 다른 방향의 세포임을 알 수 있습니다.
→ ⓓ = ㉡, ⓐ = ㉢, ⓑ = ㉣

2. 돌연변이 해석

정자인 ㉣에서 e의 DNA 상대량이 2이므로 감수 2분열 비분리가 일어났음을 알 수 있습니다.

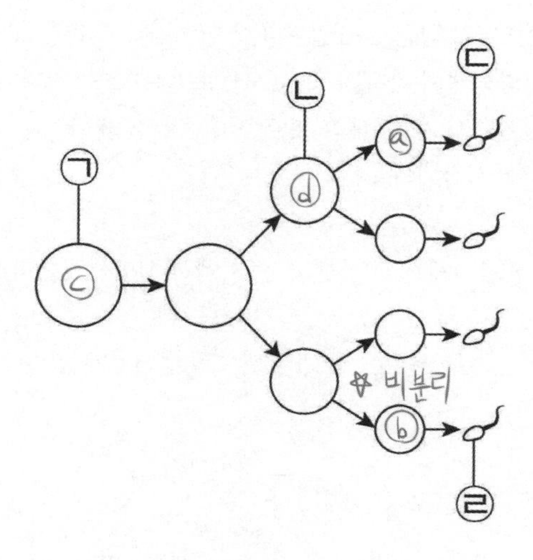

선지 해설

ㄱ. 상동 염색체 비분리는 감수 1분열 비분리입니다.
(가)에서 감수 2분열 비분리가 일어났으므로 염색 분체 비분리입니다.

ㄴ. ⓑ의 핵상은 n+1이고, ⓓ의 핵상은 n이므로 ⓑ가 ⓓ보다 1개 더 많습니다.

ㄷ. ㉣은 21번 염색체 수가 2이고, 정상 난자에는 21번 염색체가 1개 있으므로
수정되면 21번 염색체가 3개인 다운 증후군이 나타납니다.

50 17학년도 7월 11번 | 정답 ②

문항 해설

1. 자료 해석

1) 사람은 핵상이 n일 때 염색체 수가 23입니다.
$23\times3=69$이므로, ㉣+㉤+㉥=72은 모두 $(n+1)\times3$임을 알 수 있습니다.
(* 비분리가 1회 일어났다 했으므로 (n+2) 등은 고려할 필요가 없습니다.)

2) ㉤과 ㉥의 핵상이 n+1이므로, 감수 1분열에서 비분리가 일어났

음을 알 수 있고, ㉡은 n−1입니다.
㉡과 ㉢의 염색체 수가 같다고 했으므로 ㉢은 n−1입니다.
그러면 ㉢은 n−1, ㉣은 n+1이므로 감수 2분열에서 비분리가 일어났음을 알 수 있습니다.

3) ㉠에는 Y 염색체가 있다 했고, 문제에서 성염색체에서 비분리가 일어났다 했으므로
㉢에는 성염색체가 없고, ㉣에는 Y 염색체가 2개 있습니다.

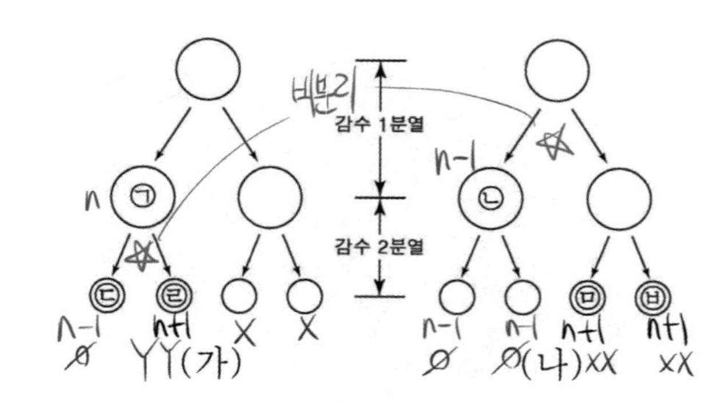

선지 해설

ㄱ. ㉠은 n이고, ㉡은 n−1이므로 2배가 아닙니다.

ㄴ. 감수 2분열 비분리이므로 맞습니다.

ㄷ. ㉣에는 Y 염색체가 2개이므로 클라인펠터 증후군이 아닙니다.

51 〉 19학년도 10월 16번 | 정답 ①

문항 해설

1. 자료 해석

총 염색체 수가 Ⅱ〉Ⅲ〉Ⅰ이므로 염색체 수가 모두 다릅니다.
따라서 Ⅱ와 Ⅲ이 형성될 때, 감수 2분열 비분리가 일어났음을 알 수 있습니다.
또한 Ⅱ〉Ⅲ이므로 Ⅱ가 '더 받은' 세포입니다.

그런데, '뺏긴' 세포인 Ⅲ보다도 Ⅰ의 염색체 수가 더 적으므로,
Ⅰ은 n−1, Ⅲ은 n, Ⅱ는 n+2
임을 알 수 있습니다.
(* 이게 바로 안 된다면 많이 안 풀어보셔서 그런 거니 N회독 해주세요!)

2. 돌연변이 해석

X 염색체 수가 Ⅱ=Ⅲ이고, Ⅲ에 Y 염색체가 있으므로 감수 1분열에서 성염색체 비분리가 일어났음을 알 수 있습니다.
또한, Ⅱ와 Ⅲ에서 X 염색체 수가 같고, '뺏긴' 세포인 Ⅲ에도 Y 염색체가 있으므로 감수 2분열 비분리는 상염색체에서 일어났음을 알 수 있습니다.

선지 해설

ㄱ. Ⅰ의 상염색체 수는 2, Ⅱ의 성염색체 수는 2이므로 4입니다.

ㄴ. 감수 1분열에서 성염색체 비분리가 일어났습니다.

ㄷ. $\frac{\text{X 염색체 수}}{\text{총 염색체 수}}$는 Ⅱ : $\frac{1}{5}$, Ⅲ : $\frac{1}{3}$ 이므로 Ⅲ이 더 큽니다.

52 16학년도 수능 12번 ❙ 정답 ③

문항 해설

1. 자료 해석

㉠에는 h가 없는데 ㉡에는 있으므로 ㉠은 n
㉣에는 H가 없는데 ㉢에는 있으므로 ㉣은 n
따라서 ㉡과 ㉢은 2n입니다.
(* 비분리가 총 2회 일어났으므로 염색체 수는 최대 n+2=5까지 가능합니다.
따라서 ㉡은 염색체 수가 6이므로 2n이라 해도 괜찮습니다.)

㉡은 H/h의 DNA 상대량이 (2, 2)이므로 Ⅱ 입니다.
따라서 ㉢은 Ⅰ이고, T/t의 DNA 상대량이 (0, 1)이므로 T/t는 성염색체에 있는 유전자임을 알 수 있습니다.

㉣은 염색체 수가 3이므로 Ⅳ입니다.
(* 감수 1분열에서 비분리가 1회 일어났으므로 핵상은 전부 n−1이나 n+1이어야 합니다.
감수 1분열에서 비분리가 1회 일어났음에도 핵상이 n인 세포가 있으려면 감수 2분열에서도 비분리가 일어나야만 합니다.
이 부분은 알고 계시는 게 좋습니다.)
(* 물론 t의 DNA 상대량이 1이라서 Ⅳ라고 하셔도 괜찮습니다. 둘 다 알고 계셔야 합니다.)

남은 ㉠은 Ⅲ이 됩니다.

Ⅲ인 ㉠에서 H/h의 DNA 상대량이 (2, 0)이므로 H/h는 감수 1분열에서 정상 분리됐음을 알 수 있습니다.
그런데 Ⅳ인 ㉣에는 H/h의 DNA 상대량이 (0, 0)이므로 감수 2분열에서 비분리가 일어나 H/h를 받지 않은 세포임을 알 수 있습니다.
(* 문제에서 감수 1분열에서 '성'염색체 비분리가 일어났다 했으므로 H/h는 정상 분리 됐다고 판단하셔도 당연히 괜찮습니다. 다만 위에처럼도 볼 수 있는 게 좋습니다.)

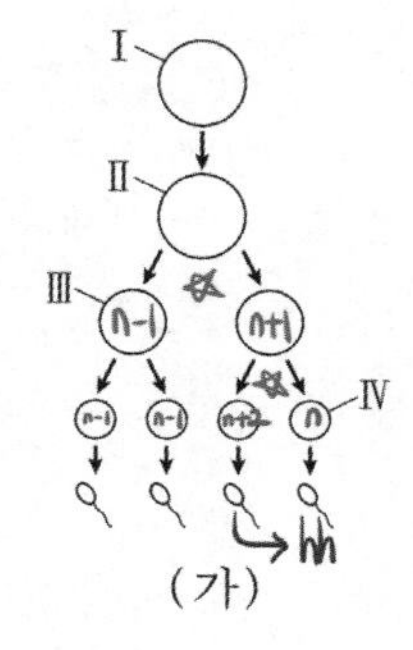

(가)

세포	염색체 수	DNA 상대량			
		H	h	T	t
㉠	ⓐ	2	0	?	0
㉡	6	2	2	ⓑ	ⓒ
㉢	?	1	ⓓ	0	1
㉣	3	0	0	0	1

(나)

선지 해설

ㄱ. ⓑ+ⓒ = 0+2 = 2, ⓐ+ⓓ=2+1=3 이므로 ⓐ+ⓓ가 더 큽니다.

ㄴ. ㉢은 Ⅰ 입니다.

ㄷ. 감수 1분열에서 성염색체 비분리가 일어났고, Ⅳ인 ㉣에는 성염색체가 있으므로 X 염색체와 Y 염색체가 모두 있음을 알 수 있습니다.
(* T/t가 X 염색체에 있는 유전자인지, Y 염색체에 있는 유전자인지는 알 수 없습니다.)

comment

검토진 : 이처럼 DNA 상대량이 주어져 있고 DNA 상대량의 일부를 찾아내야 하는 문제도 2n이 될 수 있는 후보 혹은 확실한 2n을 찾고 문제를 풀어나가시는 게 좋습니다.

53 〉 17학년도 6월 12번 | 정답 ②

문항 해설

1. 자료 해석

비분리가 1회 일어났는데 핵상이 n인 세포가 있으므로 비분리는 감수 2분열에서 일어났음을 알 수 있습니다.
(* 감수 1분열에서 비분리가 일어났다면 n-1이나 n+1만 가능합니다.)

따라서 Ⅲ이 ㉢이고 ㉣이 Ⅰ입니다.
유전자형이 AaBb인데 A, B의 DNA 상대량이 1, 1인 Ⅱ는 ㉠이고, 남은 Ⅳ는 ㉡이 됩니다.

㉢으로부터 분열되어 형성된 세포 ㉣에 B가 있으므로 ㉢에도 B가 있어야 합니다.
따라서 ㉢에서 A와 B의 DNA 상대량인 각각 2, 2입니다.

Ⅰ에서 B의 DNA 상대량이 2이므로 X 염색체에서 비분리가 일어났음을 알 수 있고,
같은 염색체에 있는 A의 DNA 상대량도 2입니다.

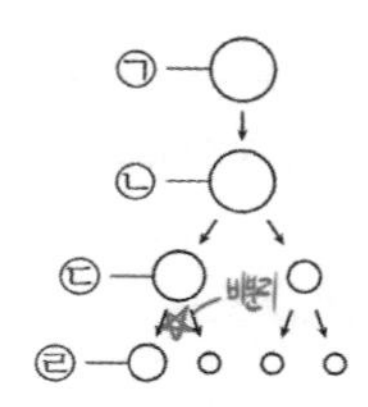

세포	핵상	DNA 상대량	
		A	B
㉣ Ⅰ	$n+1$	? 2	2
㉠ Ⅱ	$2n$	1	1
㉢ Ⅲ	n	2	2ⓐ
㉡ Ⅳ	2n ?	2	2ⓑ

선지 해설

ㄱ. ⓐ+ⓑ = 2+2 = 4입니다.

ㄴ. Ⅰ은 ㉣입니다.

ㄷ. Ⅳ는 ㉡이므로 2가 염색체가 있습니다.
(* 2가 염색체는 감수 분열 과정에서만 관찰됩니다.
이 문제와는 관련이 없지만, 쉬운 문제에서 실수로 틀리는 경우가 있습니다.
2가 염색체 선지를 봤을 땐, 체세포 분열인지 감수 분열인지 꼭 확인해주세요.)

54 〉 20학년도 9월 15번 | 정답 ②

문항 해설

1. 자료 해석

㉠은 DNA 상대량이 1이므로 Ⅱ나 Ⅲ 중 하나입니다.
그런데 ㉡이나 ㉢이 분열하여 ㉠이 형성될 순 없으므로 Ⅲ입니다.
따라서 ㉢과 ㉡이 각각 Ⅰ과 Ⅱ 중 하나인데, ㉡이 분열하여 ㉢이 될 순 없으므로 ㉢이 Ⅰ, ㉡이 Ⅱ입니다.

㉢과 ㉡을 통해 비분리가 감수 2분열에서 일어났음을 알 수 있습니다.
감수 1분열은 정상 분리이므로, ㉢에 A가 있음을 알 수 있습니다.
그런데 Ⅰ~Ⅲ 중 1개만 A를 가지므로, Ⅱ(㉡)에는 A가 없어야 합니다.

㉢에 B가 ㉡에는 없고, ㉢에 A가 ㉡에도 없어야 하는데
비분리는 1회 일어났으므로 A와 B가 같은 염색체에 있음을 알 수 있습니다.

문제에서 서로 다른 2개의 상염색체에 있다고 했으므로,
D/d는 다른 상염색체에 있는 유전자입니다.

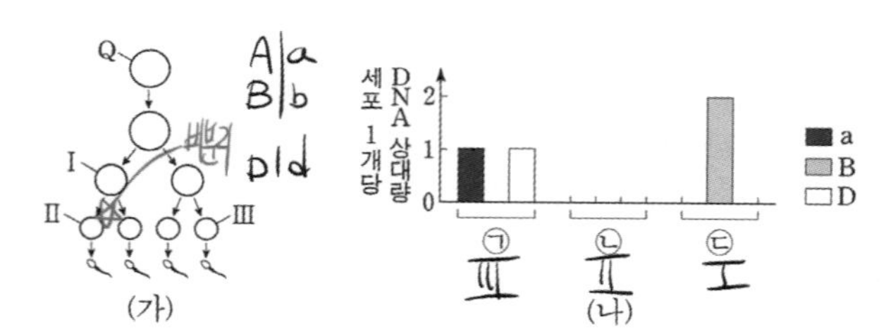

선지 해설

ㄱ. A와 B가 같은 염색체에 있습니다.

ㄴ.

ㄷ. Ⅲ에서 a+b+d = 1+1+0 = 2
Ⅱ에서 a+b+d = 0+0+1 = 1
이므로 다릅니다.

55 19학년도 9월 9번 | 정답 ③

문항 해설

1. 자료 해석

Ⅱ와 Ⅲ의 세포들은 염색 분체가 복제된 상태입니다.
따라서 DNA 상대량이 2배씩 되었고, 짝수의 합은 짝수이므로 H+R+T의 DNA 상대량도 짝수여야 합니다.

따라서 H+R+T의 DNA 상대량 합이 3인 ㉡과 ㉢ 중 하나는 Ⅰ, 다른 하나는 Ⅳ입니다.
(* 확정 못 합니다.)

Ⅰ에서 H, R, T의 합이 3이므로 복제된 후에는 6입니다.
이 6이 Ⅱ와 Ⅲ으로 갈라지므로 각각 6, 0이나 2, 4 꼴이어야 합니다.

그런데 ㉠의 DNA 상대량이 2이므로 2, 4 꼴임을 알 수 있습니다.
Ⅳ의 DNA 상대량이 3이므로 Ⅱ가 4입니다.
(* '비분리'는 없던 유전자가 생기는 게 아닙니다. Ⅱ에서 DNA 상대량이 2라면 비분리가 아무리 많이 일어나도 절대로 2보다 커질 순 없습니다.)

DNA 상대량이 4인 Ⅱ에서 DNA 상대량이 3인 Ⅳ가 형성되었으므로, 감수 2분열 비분리가 일어났음을 알 수 있습니다.
(* 비분리가 일어나지 않았다면 Ⅳ에서 DNA 상대량은 2여야 합니다. 세포분열 과정 그림을 그려보면 쉽게 이해하실 수 있습니다.)

선지 해설

ㄱ) ㉣은 Ⅱ입니다.

ㄴ) 감수 2분열에서 일어났습니다.

ㄷ) 정자 ⓐ는 21번 염색체 비분리가 일어나 염색체를 '더' 받은 세포입니다.
따라서 21번 염색체가 2개입니다.
정자 ⓐ가 정상 난자와 수정되면 21번 염색체는 3개가 되므로 다운 증후군이 맞습니다.

comment

①

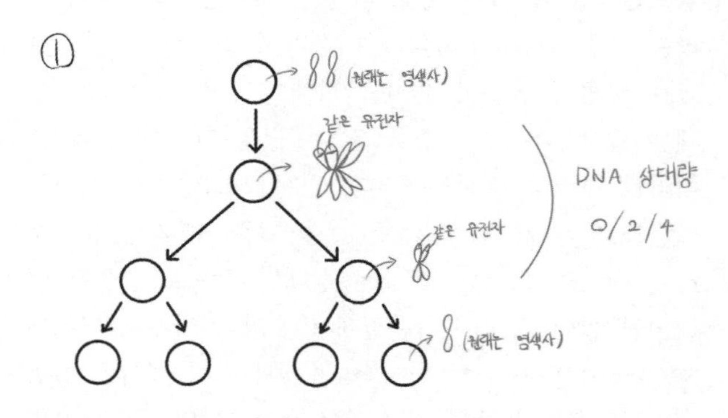

감수 분열 과정에서 염색체의 모양은 위 그림과 같습니다.
감수 1분열 중기와 감수 2분열 중기 시점의 염색체는 염색 분체가 복제되어 있으므로
특정 유전자에 대한 DNA 상대량은 0/2/4만 가능합니다.
(* 정확히는 감수 1분열 중기 때는 0, 2, 4 감수 2분열 중기 때는 0, 2만 가능합니다.)

짝수의 합은 짝수이므로 저 두 시기에서 DNA 상대량의 합은 반드시 짝수여야합니다.
(* 저 두 시기에서 합이 짝수인 건 맞지만, 역인 '짝수면 저 두 시기이다.'는 틀렸습니다.
실전적으로 쓰실 내용은 '홀수이면 제일 위나 제일 아래 시기이다.'입니다.)

②

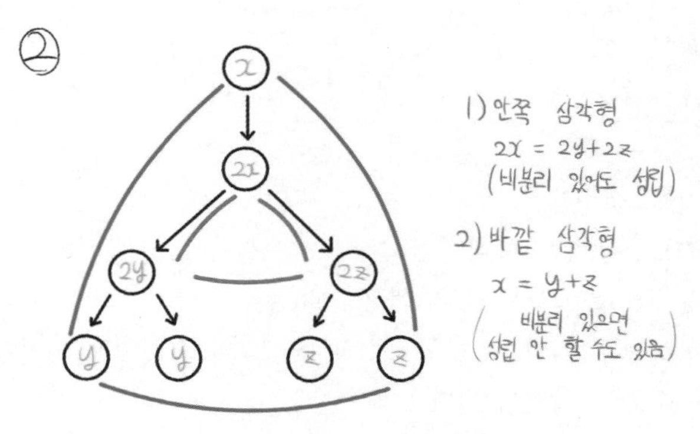

G_1기 때 DNA 상대량의 합을 x라 하면, 감수 1분열 중기 때는 2x가 됩니다.
이후 비분리가 있든 없든 2y, 2z로 분리됩니다.
(* 이해가 안 된다면 비분리 과정을 직접 그려보세요.)
비분리가 없다면 감수 2분열에서 염색 분체가 분리되므로 나누기 2를 하면 됩니다.

따라서, 안쪽 삼각형 2x=2y+2z는 비분리가 있든 없든 항상 성립하고,
바깥 삼각형 x=y+z는 비분리가 없을 때는 항상 성립합니다.

검토진 : 이와 같이 서로 다른 3개의 상염색체에 존재하는 특정 대립유전자의 상대량의 합을 가지고 세포를 찾는 방법의 실전적 풀이는 야매이긴 하지만 제가 실제 시험장에서 이 문항을 맞닥뜨렸을 때 순식간에 풀어버린 방식을 추천드립니다. 먼저 H, R, T의 DNA상대량을 더한 값 중 가장 큰 값을 기준(여기서는 3)으로 하여 G_1기의 H, R, T의 DNA상대량 합으로 설정한 뒤 G_2기엔 합이 6, 감수 1분열에서는 합이 짝수로 나뉘어져 들어가는 것(이해 안 되시면 해설지에 제시된 설명을 꼭 읽어보세요!)을 활용하여 생각해보면 감수 1분열에서는 합이 2, 4로 나뉘고 합이 4인 세포에서 감수 2분열에서 비분리가 일어나 1, 3이 됨을 이끌어 낼 수 있습니다. 보통 이와 같은 문제는 기준치를 가장 합이 큰 숫자 혹은 두 번째로 큰 숫자를 택하는 것에서 문제가 해결되기에 이와 같은 풀이법도 반복 학습을 통해 익혀놓는 것을 추천드립니다.

56 19학년도 4월 11번 | 정답 ①

문항 해설

1. 자료 해석

1) (가), (나), (라) 해석

(가)는 FFGg이므로 (가)의 핵상은 2n
(* 서로 다른 염색체에 있으므로 비분리 1회를 고려해도 2n이 아니라면 FFGg일 수 없습니다.)
(나)에는 G가 없는데 (가)에는 있으므로 (나)의 핵상은 n
(라)에는 g가 없는데 (가)에는 있으므로 (라)의 핵상은 n

2) (나), (다) 해석

(나)에는 f가 없는데 (다)에는 있으므로 (나)의 핵상은 n
(다)에는 F가 없는데 (나)에는 있으므로 (다)의 핵상은 n

2. 돌연변이 해석

(다)는 n인데 ffG 이므로 f가 있는 염색체에서 감수 2분열 비분리가 일어났음을 알 수 있습니다.

선지 해설

㉠

✗ (가)는 2n이고 (라)는 n이므로 아닙니다.
(* 참고로 (가) : 2n, (나) : n, (다) : n+1, (라) : n입니다.)

✗ Q의 감수 분열 과정에서 비분리가 일어났습니다.

57 16학년도 9월 17번 | 정답 ⑤

문항 해설

1. 자료 해석

ⓐ에는 T의 DNA 상대량이 1, ⓔ에는 H의 DNA 상대량이 1이므로 각각 ㉣과 ㉤ 중 하나임을 알 수 있습니다.
ⓑ는 H의 DNA 상대량이 0인데, ⓐ, ⓒ, ⓓ, ⓔ는 모두 H가 있으므로 ⓑ는 2n이 아닙니다.
따라서 ⓑ는 ㉢입니다.
ⓑ에 T/t가 모두 있으므로 감수 1분열에서 비분리가 일어났음을 알 수 있고, 문제에서 (가)는 21번 염색체에서 비분리가 1회 일어났다고 했으므로 T/t는 21번 염색체에 있는 유전자입니다.

남은 ⓒ와 ⓓ는 모두 2n인데, H/h의 DNA 상대량이 (2, 0)인 ⓓ가 남자이므로 ㉡이고, H/h는 성염색체에 있는 유전자입니다.
여자인 ⓒ의 세포에도 H/h가 있으므로 X 염색체에 있는 유전자임을 알 수 있습니다.

ⓒ는 유전자가 모두 이형 접합성이고, ⓑ에 h, T, t가 있으므로 ㉣에는 h, T, t가 없어야 합니다.
따라서 ⓔ가 ㉣임을 알 수 있습니다.

남은 ⓐ는 ㉤이 됩니다.
남자의 성염색체에 있는 유전자이므로 동형 접합성이 아닌데, 정자인 ㉤에서 H의 DNA 상대량이 2이므로 감수 2분열에서 비분리가 일어났음을 알 수 있습니다.
(* 동형 접합성의 경우 감수 1분열에서 비분리가 일어나도 정자에서 DNA 상대량이 2일 수 있지만, 동형 접합성이 아니라면 감수 2

분열 비분리에서만 가능합니다.)

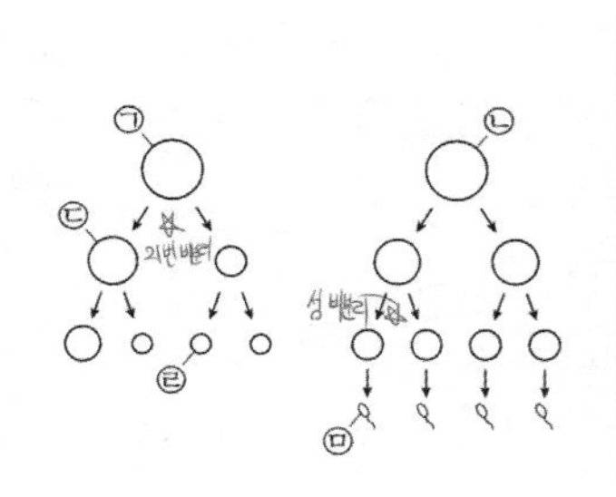

세포	DNA 상대량			
	H	h	T	t
ⓐ	2	0	1	0
ⓑ	0	2	2	2
ⓒ	2	2	2	2
ⓓ	2	0	2	2
ⓔ	1	0	0	0

선지 해설

ㄱ. (나)에서는 상동 염색체 비분리가 아닌 염색 분체 비분리(감수 2분열 비분리)가 일어났습니다.

ㄴ. ㉢은 21번 염색체가 2개이므로 상염색체 수는 23개
ⓔ는 상염색체 수 21개, 성염색체 1개로 총 염색체 수는 22개입니다.
따라서 23+22=45입니다.

ㄷ. ㉠은 $\frac{2}{2}$, ⓐ는 $\frac{1}{2}$이므로 ㉠이 ⓐ의 2배입니다.

58 〉 23학년도 10월 18번 | 정답 ②

문항 해설

1. 자료 해석

표를 통해 이 사람의 유전자형은 AaBbDD임을 알 수 있습니다.
(* 비분리는 없던 유전자가 생기는 게 아닙니다. 그런데 표에는 A, a, B, b가 있는 세포가 있으므로 AaBb임을 알 수 있고, D의 경우 ㉣에서 DNA 상대량이 4이므로 비분리를 고려하더라도 DD임을 알 수 있습니다. DD가 아니라면 비분리가 아무리 많이 일어나도 4일 수 없습니다.)

G_1기 세포는 A/a/B/b/D의 DNA 상대량이 11112인데 이는 ㉡만 가능하므로 ㉡은 Ⅰ입니다.
마찬가지로 Ⅱ는 A/a/B/b/D의 DNA 상대량이 22224인데 이는 ㉣만 가능하므로 ㉣은 Ⅱ입니다.

㉠에는 A가 있고 a가 없는데, ㉢에는 A가 없고 a가 있으므로 A/a는 감수 1분열에서 정상적으로 분리되었으며, ㉠과 ㉢은 감수 1분열 기준 반대편 세포임을 알 수 있습니다.
그런데 ㉠과 ㉢에는 DNA 상대량 2가 있으므로 Ⅴ는 ㉤이고, Ⅲ에서 분열되어 형성된 세포가 Ⅴ이므로 Ⅲ은 ㉢입니다.
(* ㉠이 Ⅲ이라면 a, B 등이 없는데 ㉤에서 있을 수 없습니다.)
따라서 남은 ㉠은 Ⅳ입니다.

Ⅳ에서 A의 DNA 상대량이 2이므로 감수 2분열 비분리가 일어났음을 알 수 있습니다.

선지 해설

ㄱ.

ㄴ. A/a, B/b, D/d는 모두 연관되어 있으므로 ⓐ=2이고, ⓑ=1입니다.
따라서 ⓐ+ⓑ = 3입니다.

ㄷ. 비분리는 Ⅳ가 형성될 때 감수 2분열에서 일어났으므로 Ⅴ는 비분리와 아무 관련이 없는 세포입니다. 따라서 염색체 수는 23입니다.

☑ comment

> 이 문항은 3연관이므로 만약 감수 1분열에서 비분리가 일어났다면 특정 세포에서 DNA 상대량이 000000이어야 함을 통해 2분열에서 비분리가 일어났음도 알 수 있습니다.

59

19학년도 6월 15번 | 정답 ⑤

문항 해설

1. 자료 해석

1) 그림에서 2n은 2개고, n이 2개임을 알 수 있습니다.
㉡은 E/e의 DNA 상대량이 (2, 2)
㉣은 E/e의 DNA 상대량이 (4, 0)
이므로 서로 다른 개체의 세포임을 알 수 있습니다.
따라서 ㉡과 ㉣ 중 한 개체는 암컷, 다른 개체는 수컷입니다.

그런데 두 세포 모두 E/e가 이형 접합성 혹은 동형 접합성이므로 E/e는 상염색체에 있는 유전자임을 알 수 있습니다.
상염색체에 있는 유전자는 돌연변이가 일어나지 않았으니 ㉡과 ㉣을 2n이라 할 수 있습니다.
(* 문제 발문에서 감수 1분열에서 '성'염색체 비분리가 각각 1회씩 일어났다고 했습니다. 따라서 상염색체에 있는 유전자는 모두 정상 분리입니다.)

2) 2n인 ㉡에는 F가 없는데, ㉠에는 F가 있으므로 ㉠과 ㉡은 서로 다른 개체의 세포입니다.
따라서 ㉠과 ㉣, ㉡과 ㉢이 서로 같은 개체의 세포입니다.

3) ㉠에 F가 있으므로 ㉣에도 F가 있어야 합니다.
따라서 ⓒ=2이고, ㉣에서 ㉠으로 감수 분열이 일어날 때, F/f는 정상 분리되었으므로 상염색체에 있는 유전자임을 알 수 있습니다.
(* 물론 E/e와 마찬가지로 ㉡에서 f 동형 접합성, ㉣에서 F/f 이형 접합성이므로 상염색체에 있는 유전자라고 판단해도 됩니다.)

4) ㉡에서 G의 DNA 상대량이 0이므로, ㉢에서도 0입니다.
㉢에서 G/g의 DNA 상대량이 (0, 0)이므로 성염색체에 있는 유전자임을 알 수 있습니다.
(* 문제에서 '비분리'는 '성'염색체에서 일어났다고 했습니다. '상'염색체에서 비분리가 일어나 (0, 0)인 경우는 고려할 필요가 없습니다.)

㉠에 G가 있으므로 ㉣에도 G가 있어야 합니다.
㉣은 성염색체에 있는 유전자 G/g가 이형 접합성이므로 암컷이고 G/g는 X 염색체에 있는 유전자임을 알 수 있습니다.

따라서 ㉣=Ⅰ, ㉠=Ⅲ, ㉡=Ⅱ, ㉢=Ⅳ입니다.

5) 감수 1분열에서 성염색체 비분리가 일어났는데, ㉠에서 G가 있으므로 성염색체 비분리가 일어나 성염색체를 '더' 받은 세포임을 알 수 있습니다.
따라서 ⓐ=2입니다.

상염색체는 정상 분리됐으므로 상염색체에 있는 유전자 E/e는 정상 분리입니다.
따라서 ⓑ=2입니다.

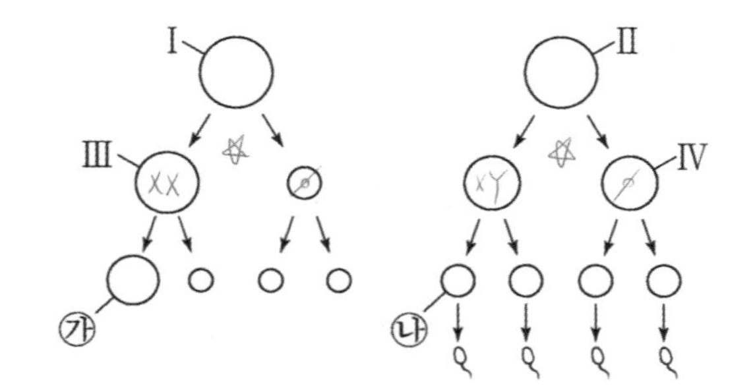

세포	DNA 상대량					
	E	e	F	f	G	g
㉠	?	0	2	0	2	ⓐ
㉡	2	2	0	4	0	?
㉢	ⓑ	0	?	2	?	0
㉣	4	0	ⓒ	2	?	2

선지 해설

ㄱ. ㉢은 Ⅳ입니다.

ㄴ. ⓐ+ⓑ+ⓒ = 2+2+2 = 6입니다.

ㄷ. Ⅲ인 ㉠에는 X 염색체가 2개이므로 이로부터 형성된 ㉮에도 X 염색체가 2개입니다.
Ⅳ인 ㉢에는 성염색체가 0개이므로 Ⅳ의 건너편 세포인 ㉯에는 성염색체가 2개입니다.
따라서 맞습니다.

60 17학년도 10월 11번 | 정답 ⑤

문항 해설

1. 표 해석

1) 문제에서 유전자형이 AaBbDd임을 알려줬습니다.
따라서 Ⅰ에서 A/a/B/b/D/d의 DNA 상대량이 111111임을 '스스로' 채우러 가셔야 합니다.
111111이 가능한 곳은 ㉠과 ㉢ 두 곳이 있습니다.
따라서 확정할 순 없지만, ㉠과 ㉢ 중 하나는 Ⅲ, Ⅳ 중 하나이고, 다른 하나는 Ⅰ임을 알 수 있습니다.

2) 하나의 세포가 분열하는 과정에서 나타나는 서로 다른 세포들이고,
유전자형이 모두 이형 접합성이므로 Ⅲ과 Ⅳ의 유전자 구성은 '대체로' 대칭적이어야 합니다.
(* '대체로'라 쓴 이유는 감수 2분열 비분리로 인해 달라질 수 있기 때문입니다.
하지만, 비분리를 고려하더라도 있어야 하는 유전자가 없을 순 있지만 없어야 하는 유전자가 있을 순 없습니다.
예를 들어, Ⅲ에서 AaBbDd의 DNA 상대량이 100110이라면, Ⅳ에서 AaBbDd의 DNA 상대량은 비분리를 고려하지 않았을 때 011001 이어야 합니다.
그런데, 비분리를 고려하더라도 'A', 'b', 'D' 부분의 DNA 상대량은 0이어야'만' 합니다.
대신, 'a', 'B', 'd' 부분은 1이 아닌 0일 수 있습니다.)

따라서 ㉢이 n이라면 ㉢의 건너편 세포는 A, B, b, d가 없어야 합니다.
그런데 ㉡에는 B가, ㉣에는 b가 있으므로 불가능합니다.
따라서 ㉠이 n이고 ㉢은 2n입니다.

3) 위와 마찬가지로 ㉠은 A, D, d가 있으므로 건너편 세포는 없어야 합니다.
이는 ㉡만 가능하므로 ㉠=Ⅲ, ㉣=Ⅱ, ㉡=Ⅳ 임을 확정할 수 있습니다.

4) ㉠에는 A가, ㉡에는 a가 있으므로 A/a는 감수 1분열에서 정상 분리
㉡에는 B가, ㉣에는 b가 있으므로 B/b는 감수 1분열에서 정상 분리
㉠에는 D/d가 모두 있으므로 감수 1분열에서 비분리

→ A/a, B/b는 연관 / D/d 독립

5) Ⅳ는 감수 2분열이 끝난 세포인데 a와 B의 DNA 상대량이 2이므로
감수 2분열에서 비분리가 일어났음을 알 수 있습니다.
(* 사실 문제에서 연관이라는 조건을 알려주지 않았어도, 이 부분만 보고 연관임을 추론할 수 있습니다.
다만 현재 교육 과정에서 비분리를 통한 연관 추론을 낼 수 있을지는 애매합니다.)

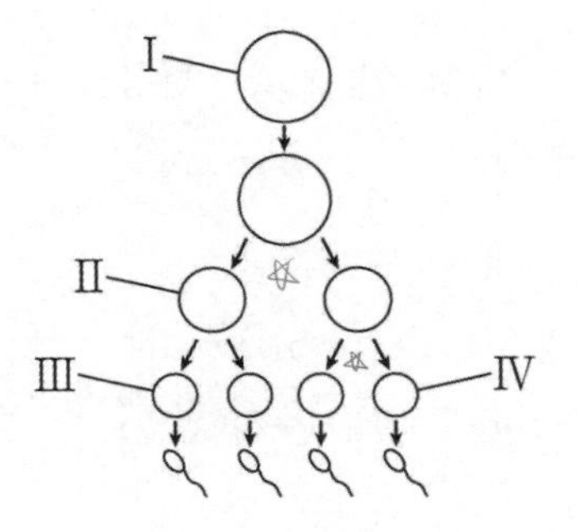

연관

세포	DNA 상대량					
	A	a	B	b	D	d
n+1 ㉠ Ⅲ	1	? 0	ⓐ 0	ⓑ 1	1	1
n ㉡ Ⅳ	0	2	2	? 0	? 0	0
2n ㉢ Ⅰ	1	ⓒ 1	1	1	?	1
n-1 ㉣ Ⅱ	? 2	? 0	ⓓ 0	2	2	? 2

선지 해설

ㄱ ㉡은 Ⅳ입니다.
ㄴ ⓐ + ⓑ = 0 + 1 = 1 이고, ⓒ + ⓓ = 1 + 0 = 1 이므로 맞습니다.
ㄷ ㉠을 통해 A와 b가 같은 염색체에 있음을 알 수 있습니다.

다른 풀이

(* 이 부분은 어느정도 고이지 않았다면 이해하기 힘들 수 있습니다.
이해가 되지 않는다면 1~2회독 후 다시 돌아와서 생각해보세요.)

㉠과 ㉢ 중 하나는 Ⅰ, 다른 하나는 Ⅲ or Ⅳ가 확실하므로
㉡과 ㉣ 중 하나는 Ⅳ or Ⅲ입니다.

그런데 ㉡은 a와 B의 DNA 상대량이, ㉣은 b와 D의 DNA 상대량이 모두 2이므로
같은 염색체에 존재하고 감수 2분열 비분리가 일어난 세포임을 알 수 있습니다.

그런데 ㉣을 감수 2분열 비분리가 일어나 형성된 세포라 생각하면, ㉠에는 D의 DNA 상대량이 1, ㉢에는 b의 DNA 상대량이 1이므로 모순됩니다.
따라서 ㉡이 감수 2분열 비분리 결과 형성된 세포여야 하고, ㉢이 2n이어야 합니다.

☑ comment

> 유전자형이 AaBbDd임을 주지 않았어도 풀 수 있어야 합니다.
> ㉠에 A, ㉡에 a, B, ㉢에 b, d, ㉣에 D가 있으므로 2n일 때 유전자형이 AaBbDd 라는 걸 알아낼 수 있습니다.

61 〉 20학년도 4월 17번 Ⅰ 정답 ②

문항 해설

1. 자료 해석

1) ㉠에는 b가 없는데 ㉡에는 있으므로 ㉠의 핵상은 n입니다.
㉡에는 B가 없는데 ㉢에는 있으므로 ㉡의 핵상은 n입니다.
그림에서 2n은 2개 있으므로 남은 ㉢과 ㉣은 모두 2n입니다.
DNA 상대량을 통해 ㉢이 Ⅰ, ㉣이 Ⅱ임을 알 수 있습니다.

㉡에 b가 있으므로, ㉢에도 b가 있어야 합니다.
그런데 ㉢에는 B의 DNA 상대량이 2이므로, B가 중복되었음을 알 수 있습니다.
(* 중복이 일어나기 전에는 B/b의 DNA 상대량은 (1, 1)이었습니다.)

2) ㉢에서 DNA 상대량을 2배를 한 것이 ㉣이므로 서로를 채우면,
㉢은 AaBbDd 순으로 DNA 상대량이 012111
㉣은 AaBbDd 순으로 DNA 상대량이 024222
임을 알 수 있습니다.

㉢에서 A/a의 DNA 상대량이 (0, 1)이므로 A/a는 성염색체에 있는 유전자,
남자인 P에게서 B와 b, D와 d가 모두 있으므로 B/b, D/d는 상염색체에 있는 유전자임을 알 수 있습니다.

3) A/a와 D/d는 '중복'을 고려할 필요가 없습니다.
따라서 ㉡에서 d의 DNA 상대량이 1이므로 Ⅳ, ㉠은 Ⅲ이 됩니다.

4) Ⅲ에서 D/d가 모두 없으므로 감수 1분열 비분리는 D/d가 있는 염색체에서 일어났음을 알 수 있습니다.
㉡에서 a의 DNA 상대량이 2이므로 감수 2분열 비분리는 성염색체에서 일어났음을 알 수 있습니다.
이때, ㉡에서 B/b의 DNA 상대량이 (0, 1)이므로 B/b는 감수 1분열에서 정상 분리됐음을 알 수 있습니다.
(* B/b와 D/d가 모두 상염색체에 있는 유전자이므로 ㉡에서 B, b, D, d의 DNA 상대량이 2111 이었다면 같은 염색체에 있는 유전자임을 추론할 수도 있습니다.
하지만 이 문제에서처럼 B/b는 (0, 1), D/d는 (1, 1)이라면 서로 다른 상염색체에 있음을 알 수 있습니다.)

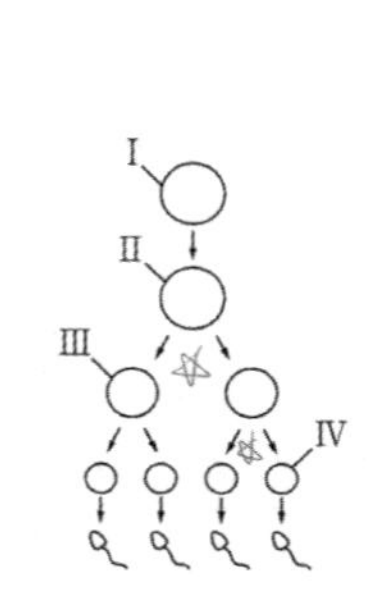

성 (X/Y 확정 불가능) / 상 (중복) / 상

세포	DNA 상대량					
	A	a	B	b	D	d
n-1 ㉠ Ⅲ	0	? 0	ⓐ 4	0	0	0
n+2 ㉡ Ⅳ	ⓑ 0	2	0	1	? 1	1
2n ㉢ Ⅰ	? 0	1	2	ⓒ 1	? 1	1
2n ㉣ Ⅱ	0	? 2	4	? 2	2	ⓓ 2

선지 해설

ㄱ. ⓐ + ⓑ + ⓒ + ⓓ = 4 + 0 + 1 + 2 = 7입니다.

ㄴ. a는 성염색체에 있는 유전자입니다.
(* X 염색체에 있는지, Y 염색체에 있는지는 알 수 없습니다.)

ㄷ. Ⅳ에는 b가 있으므로 아닙니다. Ⅲ에 중복이 일어난 염색체가 있습니다.

☑ comment

감수 1분열에서 상염색체 비분리, 감수 2분열에서 성염색체 비분리라는 조건이 없어도 풀 수 있어야 합니다.

62 23학년도 3월 19번 | 정답 ②

문항 해설

1. 자료 해석

세포 Ⅱ에서 a가 없는데 Ⅰ에는 a가 있으므로 Ⅱ의 핵상은 2n이 아닙니다.
그런데 Ⅱ에서 b와 D의 DAN 상대량이 각각 ㉡, ㉠이므로 Ⅱ는 돌연변이가 일어난 세포임을 알 수 있습니다.
(* 돌연변이가 아니라면 Ⅱ의 핵상은 2n이어야 합니다.)

문제에서 ⓐ는 A와 b 중 하나라 제시해주었으므로 ⓐ는 b이고 ㉡=2, ㉠=1입니다.

Ⅰ은 돌연변이가 없는 세포인데 a와 b의 DNA 상대량이 각각 1, 2이므로 Ⅰ은 핵상이 2n인 세포입니다.
Ⅲ은 D가 없는데 Ⅱ에는 D가 있으므로 Ⅲ의 핵상은 n입니다.

이를 통해 표를 완성하면 다음과 같습니다.

세포	DNA 상대량					
	A	a	B	b	D	d
Ⅰ	1	1	0	2	1	1
Ⅱ	1	0	0	2	1	0
Ⅲ	0	2	0	2	0	2

선지 해설

ㄱ ㄴ

ㄷ AabbDd입니다.

63 21학년도 10월 19번 | 정답 ④

문항 해설

1. 자료 해석

아버지의 생식세포 형성 과정에서 표를 보면, 아버지가 H와 R을 가지고 있음을 알 수 있습니다.
그런데 아버지는 (가)가 발현되었고, (나)는 발현되지 않았으므로 (가)는 병이 우성, (나)는 정상이 우성임을 알 수 있습니다.
(* 돌연변이가 포함된 문제이므로, '어머니가 (가)와 (나)에 대해 정상인데 ⓐ가 (가)와 (나)가 모두 발현되었다고 (가)와 (나)는 정상이 우성이다.' 라고 하면 안 됩니다.)

그런데, ㉠에는 R이 없고, ㉡에는 H가 없으므로 각각 핵상이 n임을 알 수 있고,
남은 ㉡과 ㉢은 2n이며, R의 DNA 상대량이 1인 ㉡이 Ⅰ, H의 DNA 상대량이 2인 ㉢이 Ⅱ입니다.

어머니는 (가)가 발현되지 않았으므로, 아들 ⓐ는 아버지에게 H를 받아야만 합니다.
그런데 아들은 아버지에게 X 염색체를 받지 않으므로,
전좌가 일어나 22번 염색체로 간 유전자 ㉮가 H임을 알 수 있습니다.

따라서, ㉠으로부터 형성된 정자가 수정되어야 함을 알 수 있는데, ⓐ는 Ⅲ으로부터 형성된 정자와 정상 난자가 수정되어 태어났으므로 ㉠이 Ⅲ임을 알 수 있습니다.
따라서 남은 ㉣은 Ⅳ입니다.

선지 해설

ㄱ ㄴ

ㄷ 아버지에게 H를, 어머니에게 h를 받게 되므로 ⓐ는 H와 h를 모두 갖습니다.
(* H는 22번 염색체에, h는 X 염색체에 있습니다.)

64 〉 18학년도 6월 13번 | 정답 ②

문항 해설

1. 자료 해석

표에서 ⓓ는 총 염색체 수가 25개이므로 n+2입니다.
따라서 ⓓ는 감수 1분열과 2분열 비분리 모두에서 염색체를 '더' 받은 세포입니다.
감수 2분열 비분리는 (가)든 (나)든 성염색체에서 비분리가 일어났는데, X 염색체의 수가 0개입니다.
성염색체를 '더' 받은 세포에서 X 염색체의 수가 0개이므로 ⓓ는 Y 염색체에서 비분리가 일어났음을 알 수 있습니다.

ⓔ는 X 염색체의 수가 2개입니다.
Ⅰ ~ Ⅴ 중 핵상이 2n인 세포는 없으므로, ⓔ 또한 성염색체에서 비분리가 일어나 형성된 세포임을 알 수 있습니다.
ⓓ는 Y 염색체가 2개이므로 남자의 세포임을 알고 있으므로, ⓔ는 여자의 세포입니다.
따라서 ⓔ는 Ⅴ입니다.

감수 2분열이 끝난 세포는 이미 추렸으므로 성염색체 비분리는 더 이상 고려하지 않아도 됩니다.
그런데 ⓑ는 X 염색체의 수가 0개입니다.
'성'염색체가 '정상 분리' 됐는데 X 염색체의 수가 0개이므로 Y 염색체가 들어있는 남자의 세포임을 알 수 있습니다.
이를 통해 Ⅰ이 ⓑ, Ⅲ이 ⓓ임을 확정할 수 있습니다.

ⓑ의 총 염색체 수가 24개이므로, Ⅳ의 총 염색체 수는 22개 + X 염색체 수는 1개임을 알 수 있습니다.
따라서 ⓐ가 Ⅳ이고, ⓒ가 Ⅱ입니다.

ⓒ가 Ⅱ인데 총 염색체 수가 n+1이므로 Ⅱ의 오른쪽 세포는 총 염색체 수가 n−1개이고,
감수 2분열에서 비분리가 일어나 X 염색체를 '더' 받은 Ⅴ의 핵상은 (n−1)+1=n입니다.

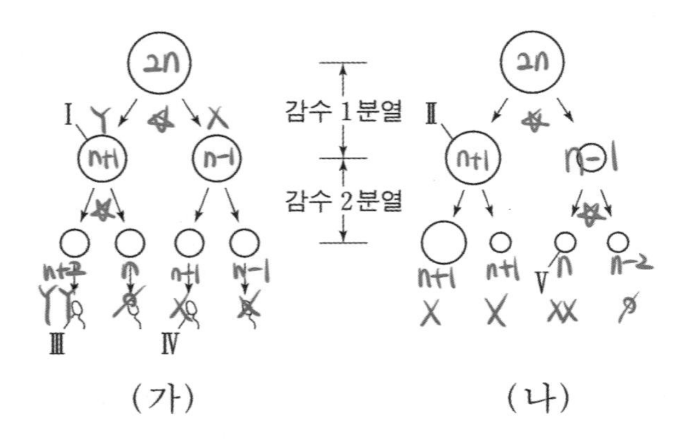

세포	총 염색체 수	X 염색체 수
ⓐ	Ⅳ 22	1
ⓑ	Ⅰ 24	0
ⓒ	Ⅱ 24	1
ⓓ	Ⅲ 25	0
ⓔ	Ⅴ ㉠23	2

선지 해설

ㄱ. ㉠=23입니다.

ㄴ.

ㄷ. Ⅳ는 감수 1분열에서 비분리가 일어났을 때 염색체를 '덜' 받은 세포이므로 7번 염색체가 없습니다.

comment

보통 시험장에서 푼 친구들은 총 염색체 수가 25개이며 X 염색체 수가 0개인 ⓓ를 Ⅲ이나 Ⅳ 중 하나로 가정하고 풀었습니다. 당연히 이렇게 푸셔도 괜찮습니다.
처음부터 끝까지 아무 생각 없이 귀류법을 사용하는 풀이는 지양하는 게 맞으나, 둘 중 하나인 경우는 모르겠으면 귀류법을 쓰는 게 훨씬 빠른 경우가 많습니다.
혼자 공부하실 땐 귀류법을 써서 푸는 것도 연습해보시고, 논리적으로만 푸는 연습도 해보시는 걸 추천드립니다.

65 〉 21학년도 9월 17번 ❙ 정답 ①

문항 해설

1. 자료 해석

Ⅴ는 체세포이므로 2n이고, 핵형이 정상이며 (가)~(다)에 Y 염색체에 있는 유전자는 없으므로 Ⅴ의 유전자형이 Aa??DD 임을 알 수 있습니다.

Ⅱ가 수정될 경우 Ⅴ에 d가 있어야 하므로 Ⅰ이 수정됐음을 알 수 있습니다.

정상 정자인 Ⅱ에서 B/b의 DNA 상대량이 (0, 0)이므로 B/b는 X 염색체에 유전자입니다.

따라서 A/a와 D/d는 상염색체에 있는 유전자입니다.

Ⅰ에 D의 DNA 상대량이 0이고, d의 DNA 상대량은 0이어야 하므로 D/d의 DNA 상대량이 (0, 0)입니다.

상염색체에 있는 유전자가 없으므로 비분리가 D/d에서 일어났음을 알 수 있습니다.

따라서 Ⅰ의 B/b의 DNA 상대량은 (1, 0)임을 알 수 있습니다.

(* 비분리는 1회 일어났고 모두 다른 염색체에 있는 유전자이므로 A/a와 B/b는 정상 분리입니다.

B/b의 DNA 상대량이 (0, 0)이라면 Y 염색체가 있다는 뜻이므로 남자가 태어나게 됩니다.)

또한 Ⅴ에서 D의 DNA 상대량이 2여야 하므로 난자에서 D의 DNA 상대량이 2임을 알 수 있습니다. 따라서 Ⅲ이 수정된 난자입니다.

그런데 정상 난자인 Ⅳ에서 D의 DNA 상대량이 0이므로 d의 DNA 상대량은 1임을 알 수 있습니다.

따라서 어머니의 (다)에 대한 유전자형은 Dd이므로 Ⅲ은 감수 2분열에서 비분리가 일어났음을 알 수 있습니다.

(* 동형 접합성일 경우 감수 1분열에서 비분리가 일어나도 생식 세포에서 DNA 상대량이 2일 수 있지만, 이형 접합성의 경우 감수 2분열에서 비분리가 일어나야 생식 세포에서 DNA 상대량이 2일 수 있습니다.)

Ⅲ에서도 A/a, B/b는 정상 분리되었으므로 A, a, B, b순으로 0101임을 알 수 있습니다.

따라서 Ⅴ의 DNA 상대량은 A, a, B, b, D, d순으로 111120입니다.

구분	세포	DNA 상대량					
		A	a	B	b	D	d
아버지의 정자	Ⅰ	1	0	?	0	0	?
	Ⅱ	0	1	0	0	?	1
어머니의 난자	Ⅲ	?	1	0	?	㉠	0
	Ⅳ	0	?	1	?	0	?
딸의 체세포	Ⅴ	1	?	?	㉡	?	0

선지 해설

ㄱ. ㉠+㉡ = 2+1 = 3입니다.

ㄴ. 아버지의 유전자형은 Aa?d, BY이고

어머니의 유전자형은 ?aDd, Bb입니다.

따라서 아버지의 체세포 1개당 B의 DNA 상대량은 1,

어머니의 체세포 1개당 D의 DNA 상대량은 1이므로

$\frac{1}{1}$=1입니다.

66 22학년도 수능 17번 | 정답 ①

문항 해설

1. 자료 해석

표에서 세포 Ⅴ에는 ㉠, ㉡, ㉢이 모두 있으므로 돌연변이가 없었다면 G_1기 세포임을 알 수 있습니다.

그런데 Q의 유전자형은 AabbDd이므로 G_1기 세포에서 DNA 상대량은 110211인데 이와 맞지 않으므로

Ⅴ가 돌연변이가 일어난 세포임을 알 수 있습니다. 따라서 ⓑ는 Ⅴ입니다.

따라서 Ⅳ와 Ⅵ은 돌연변이가 일어나지 않은 세포인데,

Ⅵ에서 D/d의 DNA 상대량이 ㉡, ㉠이므로 ㉠과 ㉡ 중 하나는 0임을 알 수 있습니다.

따라서 ㉢은 0이 아닌데, Ⅳ에서 D/d의 DNA 상대량이 ㉢, ㉢이므로 Ⅳ의 핵상은 2n입니다.

그런데 b의 DNA 상대량이 2이므로 G_1기 세포임을 알 수 있고, ㉢=1임을 알 수 있습니다.

또한, Q에서 b는 동형 접합성인데 Ⅵ에서 b의 DNA 상대량이 ㉠이므로 ㉠은 0일 수 없습니다.

따라서 ㉠=2이고, 남은 ㉡=0입니다.

이를 토대로 표를 완성하면 다음과 같음을 알 수 있습니다.

사람	세포	DNA 상대량					
		A	a	B	b	D	d
P	Ⅰ	0	1	?	1	0	0
	Ⅱ	2	0	2	?	2	?
	Ⅲ	?	0	0	1	1	0
Q	Ⅳ	1	?	?	2	1	1
	Ⅴ	0	1	0	2	1	?
	Ⅵ	2	?	?	2	0	2

이때 Ⅰ에서 D/d의 DNA 상대량이 0, 0이므로 Ⅰ에서 돌연변이가 일어난 세포임을 알 수 있습니다.

따라서 ⓐ는 Ⅰ이고, Ⅱ, Ⅲ은 돌연변이가 일어나지 않은 세포입니다.

P의 유전자형은 AaBbDd로 모두 이형 접합성이므로 연관인지 독립인지 판단하기가 쉽습니다.

따라서 P를 기준으로 생각할 때,

A/a와 B/b가 연관이라면, Ⅱ에서 AB가 연관인데, Ⅲ에선 Ab가 연관이므로 모순됩니다.

(* Ⅱ와 Ⅲ은 돌연변이가 일어나지 않은 세포이므로 Ⅲ에서 A는 1입니다.)

B/b와 D/d가 연관이라면, Ⅱ에서 BD가 연관인데, Ⅲ에선 bD가 연관이므로 모순됩니다.

따라서 A/a와 D/d가 연관이고, Ⅱ에서 P는 AD 연관임을 알 수 있습니다. Ⅵ에서 Q는 Ad 연관입니다.

이를 감안할 때, Ⅰ에서 a가 있는데 d가 없으므로 염색체에서 d가 있는 부분이 결실되었음을 알 수 있습니다.

따라서 Ⅴ는 비분리가 일어나 형성된 세포이고, b가 2개이므로 비분리가 일어나 b를 더 받은 세포입니다.

(* 감수 1분열 비분리인지, 감수 2분열 비분리인지는 알 수 없습니다.)

(* Ⅴ만 봤을 때는, 비분리일 수도 있고, 결실일 수도 있습니다. 감수 2분열 중기에서 aD가 모두 결실되었을 수도 있으니까요.)

사람	세포	DNA 상대량					
		A	a	B	b	D	d
P	Ⅰ n	0	1	0	1	0	0
	Ⅱ n	2	0	2	0	2	0
	Ⅲ n	1	0	0	1	1	0
Q	Ⅳ 2n	1	1	0	2	1	1
	Ⅴ n+1	0	1	0	2	1	0
	Ⅵ n	2	0	0	2	0	2

선지 해설

㉠ ✗

ⓐ에서 a의 DNA 상대량은 1이고, ⓑ에서 d의 DNA 상대량은 0이므로 다릅니다.

67 〉 22학년도 6월 15번 | 정답 ①

문항 해설

1. 자료 해석

(* 해설의 편의를 위해 H*, R*, T*는 h, r, t로 표기하겠습니다.)

아버지와 어머니 중 한 명은 결실, 다른 한 명인 비분리가 1회 일어났습니다.
그런데 ⓐ의 '체세포' 1개당 DNA 상대량 그림에서 유전자형이 Ttt임을 알 수 있으므로
T/t에서는 비분리가 일어났음을 확정할 수 있습니다.

또한, RR이므로 R/r에서 결실이 일어나지는 않았음을 알 수 있으므로,
결실은 H/h에서 일어났음을 알 수 있습니다.

아버지와 어머니에게 R을 정상적으로 받을 경우, HhRR이 되는데, h가 없어야 하므로 아버지의 생식세포 형성 과정에서 결실(㉠)이 일어났고,

아버지는 t를 줄 수밖에 없으므로
어머니의 생식세포 형성 과정에서 비분리(㉡)가 일어나 Tt를 모두 받았음을 알 수 있습니다.

선지 해설

㉠

- ✗ 어머니에게 T와 t를 모두 받아야 하므로 감수 1분열에서 비분리가 일어났음을 알 수 있습니다.
- ✗ 어머니에게 T/t가 있는 염색체를 1개 더 받았으므로 44+1 = 45개입니다.

68 〉 14학년도 7월 19번 | 정답 ③

☑ 참고

마지막 조건의 원래 발문은 '표는 (가)~(마)에서 대립유전자 R, G, B의 DNA 상대량을 나타낸 것이다.' 였습니다. 이 경우 핵상이 n인 세포도 있다고 판단할 경우 문제를 풀 수 없어 '체세포 1개당' 조건을 추가하였습니다.

문항 해설

1. 유전자 매칭

R>G>B인데 (가)는 R을 갖고 있으므로 R이 붉은색 털 유전자임을 알 수 있습니다.
(나)는 털색이 녹색이므로 R이 없어야 합니다. 그런데 R을 제외하면 G가 제일 우성인데, (나)는 G를 가지고 있으므로 G가 녹색 털 유전자임을 알 수 있습니다.
따라서 남은 B는 청색 털 유전자입니다.

(마)는 청색 털이므로 유전자형이 BB임을 알 수 있습니다.
따라서 (가)와 (나)도 B를 가져야 하므로 (가)의 유전자형은 RB, (나)의 유전자형은 GB입니다.

2. DNA 상대량&돌연변이 해석

(가)의 유전자형이 RB이므로 ㉠=1입니다.

(다)는 (가)에게 R을 받았음은 확정할 수 있지만, (나)에게 G와 B 중 어떤 유전자를 받았는지는 알 수 없습니다. 따라서 ㉡=1인 것만 알 수 있습니다.

(라)의 유전자형은 GGB이므로 G가 2개입니다.
염색체 수가 (가)~(마)에서 모두 같은데 (라)는 GGB이므로,
(나)에서 생식세포가 형성될 때 G가 중복되었음을 알 수 있습니다.

선지 해설

ㄱ ㉠+㉡ = 1+1 =2가 맞습니다.

ㄴ 털색은 한 쌍의 대립유전자에 의해 결정되므로 단일인자 유전입니다.

ㄷ 염색체 비분리가 아닌, 염색체 구조 이상입니다.

69 18학년도 7월 20번 | 정답 ⑤

문항 해설

1. 가계도 해석

1) 문제에서 특정 개체의 어떤 유전자와 어떤 유전자가 같이 있다는 식의 조건이 없으므로
X 염색체에 있는 유전자를 A/a, B/b로, 상염색체에 있는 유전자를 D/d로 고정해놓고 풀겠습니다.
색맹 유전자는 임의로 R>r 로 두겠습니다.

2) 자녀 2와 3은 정상이 아니므로 일단 제외하고 생각합니다.
어머니, 아버지, 자녀 1 중 대문자 수가 0개인 자녀 1로 시작하는 게 현명합니다.
(대문자 수가 3개나 2개처럼 애매한 경우 가능한 구성이 여러 가지이지만, 0개인 경우 모두 소문자로 결정되기 때문입니다.
일반적으로 대문자 수가 제일 많거나 제일 적은 개체를 기준으로 시작하는 게 쉽습니다.)

자녀 1은 남자이고 색맹이므로 abr / Y, d / d 임을 알 수 있습니다.
따라서 아버지는 d가 한 개 있음을 알 수 있고, 대문자 수가 3개이므로 ABr / Y, D / d 임을 알 수 있습니다.
어머니는 자녀 1로부터 abr, d가 있음을 알 수 있지만, 대문자 수가 2개라 경우의 수가 2가지가 나옵니다.
따라서 다른 자녀를 통해 엄마의 유전자형을 추론해야 합니다.

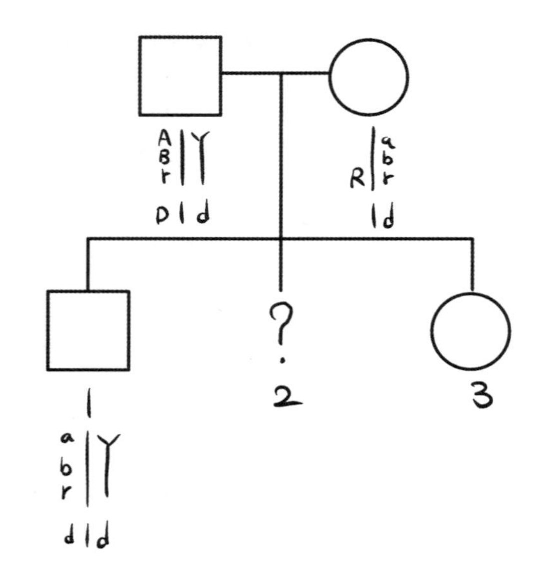

2. 돌연변이 해석

1) 성염색체에 있는 유전자의 경우 성별을 모르면 접근하기 힘듭니다.
따라서 여자임을 알고 있는 자녀 3을 먼저 봅니다.

일단, 자녀 3은 아버지에게 ABR을 반드시 받게 됩니다.
그러면 대문자 수가 5개가 더 필요한데, 어머니는 대문자 수가 2개이므로 최대로 줄 수 있는 대문자 수는 4개입니다.
따라서 아버지에게 D를 받아야 함을 알 수 있습니다.

어머니에게 대문자 수를 4개 받아야 하므로 대문자끼리 같은 염색체에 있어야 함을 알 수 있습니다.
(* 독립되어 있다면, 비분리를 고려해도 대문자 수는 2+1 꼴로 3개가 최대입니다.)
(* 이 과정은 원래 추론하여 푸는 게 맞지만, 현장에서 생각이 나지 않는다면 7개가 충분히 큰 숫자이므로 최댓값이 나오도록 먼저 껴맞춘 후 조금씩 낮춰가는 것도 괜찮습니다.)

따라서 어머니의 유전자형은 ABR / abr, d / d 임을 알 수 있습니다.
또한, 감수 2분열 비분리가 일어나 자녀 3은 엄마에게 ABR, ABR을 받았음을 알 수 있습니다.

2) 자녀2는 대문자 수가 2개이며, 색맹이 아닙니다.
아버지에게 X 염색체를 받는다면, 어머니에게 R을 받아야 하는데 이럴 경우 대문자 수가 이미 4개를 넘게 됩니다.
따라서 아버지에게 Y 염색체를, 어머니에게서 ABR을 받았음을 알 수 있습니다.

그런데 문제에서 난자 ⓐ는 '성'염색체에서 비분리가 일어나 '염색체 수에 이상이 생긴' 난자라고 했습니다.
어머니에게 ABR만 받게 된다면 염색체 수에 이상이 생긴 난자가 아닙니다.
이상이 생겨야 하므로 어머니에게 ABR을 두 번 받거나, ABR, abr을 모두 받아야 합니다.

그런데 ABR을 두 번 받을 경우 대문자 수가 4개 이상이 되므로 감수 1분열 비분리임을 알 수 있습니다.

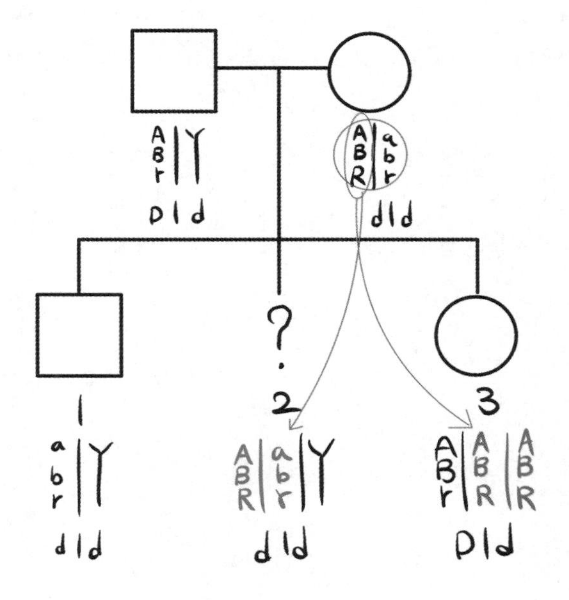

선지 해설

ㄱ ㄴ

ㄷ 대문자 수가 3개 + 색맹인 자손이 태어날 확률을 구하면 됩니다.
색맹인 경우는

1) 아버지에게 ABr, 엄마에게 abr 확률 : $\frac{1}{4}$

2) 아버지에게 Y, 엄마에게 abr 확률 : $\frac{1}{4}$

을 받는 경우로 나뉩니다.

그런데 2)의 경우 D/d에서 대문자만 받더라도 최대 대문자 수가 1개이므로 불가능합니다.
따라서 1)만 가능하며, D/d에서 대문자 수가 1개 나와야 하므로 $\frac{1}{2}$ 입니다.

따라서 $\frac{1}{4} \times \frac{1}{2} = \frac{1}{8}$ 입니다.

☑ comment

비분리 조건은 항상 비문학 읽듯 정독해야 합니다. 실제로 이 문제를 풀어보라 하면, 비분리가 없어도 모순이 없지 않냐, 아빠가 비분리일 수도 있지 않냐 등등의 질문이 계속 나옵니다. 문제를 잘 읽읍시다.

70 20학년도 6월 10번 | 정답 ③

문항 해설

1. 자료 해석

이 문제는 선이 애매합니다.
개정 전 교육과정에서는 AaBbDd인 부모 사이에서 자손이 가질 수 있는 표현형이 최대 5가지라면 그냥 한 명은 상인 연관(대문자끼리), 다른 한 명은 상반 연관(대문자와 소문자 엇갈린 연관)이었습니다.
만약 이런 식으로 현재 교육과정에서 낸다면, (가)를 결정하는 3개의 유전자 중 2개는 같은 염색체에, 1개는 다른 염색체에 있다고 제시해줄 확률이 높습니다.
어느 정도 공부를 해두신 상태라면, 다인자에서 AaBbDd일 때 자손이 가질 수 있는 표현형 가짓수와 범위 정도는 외워두시는 게 좋습니다.
(* 문제편 - 교배와 사람의 유전 (1) 단원 개념 정리 부분을 참고해주세요.)

자손이 가질 수 있는 표현형이 최대 5가지이므로 부모는 각각 한 명은 상인, 다른 한 명은 상반입니다.

상인: A|a, B|b (2, 0) / D|d (1, 0)
상반: A|a, b|B (1, 1) / D|d (1, 0)

(* 어떤 유전자가 연관되어있는지는 알 수 없어 임의로 A/a, B/b 연관으로 표시했습니다.)

이미 사전에 결과를 외워둔 학생이라면, AaBbDd인 부모 사이에서 자손이 가질 수 있는 대문자의 수는 1, 2, 3, 4, 5임을 알고 있으므로 자녀 2가 비분리가 일어나 태어난 자손임을 알 수 있습니다.
외우지 않았더라도, 대문자수는 AABBDD가 최댓값인데, 이때 대문자 수가 6개이므로 대문자 수가 7개인 자녀 2가 비분리로 태어난 자손임을 추론할 수 있습니다.

2. 비분리 찾기

대문자 수 7은 충분히 큰 숫자이므로 최댓값을 먼저 생각한 후, 조금씩 줄여가는 게 제일 쉽게 푸는 방법입니다.
최댓값을 만들기 위해선 대문자 수가 2개인 AB가 있는 염색체에서 감수 2분열 비분리가 일어나 대문자 4개를, 나머지 염색체에서 1개씩 받아 4+1+1+1=7임을 알 수 있습니다.
자녀 2의 대문자 수도 7개이므로 실제 이 경우가 답임을 알 수 있습니다.

염색체 수가 비정상적인 '난자'와 정상 정자가 수정됐다 했으므로, 상인 연관된 염색체를 갖고 있는 사람이 엄마임을 알 수 있습니다.

엄마: A|a, B|b (2, 0) / D|d (1, 0)
아빠: A|a, b|B (1, 1) / D|d (1, 0)
감수 2분열 비분리
자녀 2: A|A|A, B|B|b (or a/B) (2, 2, 1) / D|D (1, 1)

선지 해설

ㄱ

ㄴ 아버지는 Ab / aB 이므로 A, B를 모두 가질 수 없습니다.

ㄷ

71 〉 20학년도 수능 19번 | 정답 ①

문항 해설

1. 표 (가) 해석

비분리 과정을 통해 어떤 유전자와 어떤 유전자가 같은 염색체에 있는지 추론할 수는 있지만, 이런 부분을 현재 교육과정에서 낼 수 있을지는 애매합니다.
제 생각에는 비분리를 통해 연관임을 추론하는 과정은 낼 수 있을 것 같지만, 아니라면 '서로 다른 2개의 상염색체에 있다' 등의 조건을 추가해줄 겁니다.

자녀 1의 대문자 수는 8개입니다.
정자에 있는 대문자 수 + 난자에 있는 대문자 수는,
5+3
6+2
7+1
8+0
꼴이 가능합니다.

그런데, 아버지의 대문자 수가 3개이므로, 비분리가 어떻게 일어나든 대문자 수가 6개보다 많은 정자는 형성될 수 없습니다.
따라서 5+3이나 6+2 중 하나임을 알 수 있습니다.
이때 6+2라면, 아버지는 3개의 유전자가 모두 하나의 염색체에 있음도 알 수 있습니다.

2. 표 (나) 해석

정자 Ⅱ에 대문자 A, B, D가 모두 있고, 아버지의 대문자 수는 3개이므로
아버지의 유전자형이 AaBbDd임을 알 수 있습니다.
또한, A와 a가 같이 있으므로 P로부터 형성된 정자임을 알 수 있고, A, B, D의 합이 3이므로 대문자 수가 8개인 자녀가 태어날 수 없습니다.

따라서 Ⅰ과 Ⅲ은 '감수 2분열에서 염색체 비분리가 1회 일어나 형성된' 정자이므로 감수 1분열 기준 같은 방향에 있고, 이중 하나가 수정되었음을 알 수 있습니다.
(* 감수 1분열 기준 반대쪽 세포는 감수 2분열에서 '비분리가 일어나 형성된' 정자가 아닙니다.)

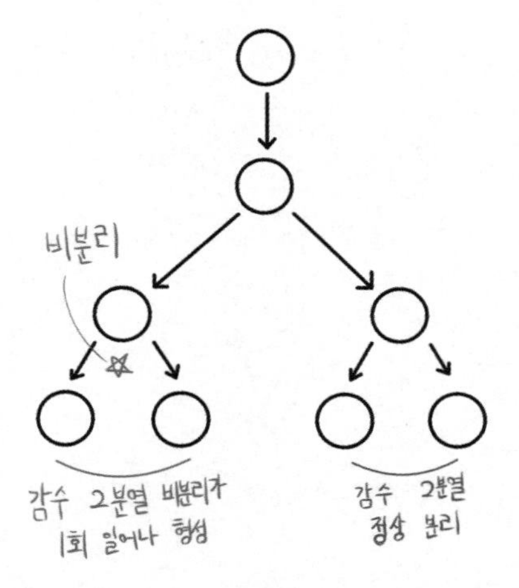

정자 Ⅰ과 Ⅲ을 비교할 때, Ⅰ에는 A, B, D의 합이 1이므로 대문자 수가 8개인 자녀가 태어날 수 없습니다.
따라서 Ⅲ이 수정됐음을 확정할 수 있습니다.

Ⅲ에는 A의 DNA 상대량이 2이므로, 감수 2분열 비분리가 일어나 '더' 받은 세포이고, Ⅰ은 '덜' 받은 세포임을 알 수 있습니다.
그런데 Ⅰ에서 B의 DNA 상대량이 1이므로 B/b는 감수 2분열에서 정상 분리 됐음을 알 수 있고, 따라서 Ⅲ에서 B의 DNA 상대량도 1입니다.
Ⅲ에서 DNA 상대량의 합은 5 이상이어야 하므로, D의 DNA 상대량은 2여야 합니다.
따라서 A와 D가 같은 염색체에 있음을 알 수 있습니다.

정자에서 대문자 수가 5개이므로, 난자에서 대문자 수가 3개여야 합니다.
따라서 난자도 AD/ad, B/b 임을 알 수 있습니다.
(* 난자에서 동형 접합성이 있다면 대문자 3개가 만들어질 수 없습니다.)

	정자	DNA 상대량			
		A	a	B	D
Q	Ⅰ	0	?0	1	0
P	Ⅱ	1	1	1	1
Q	Ⅲ	2	?0	?1	?2

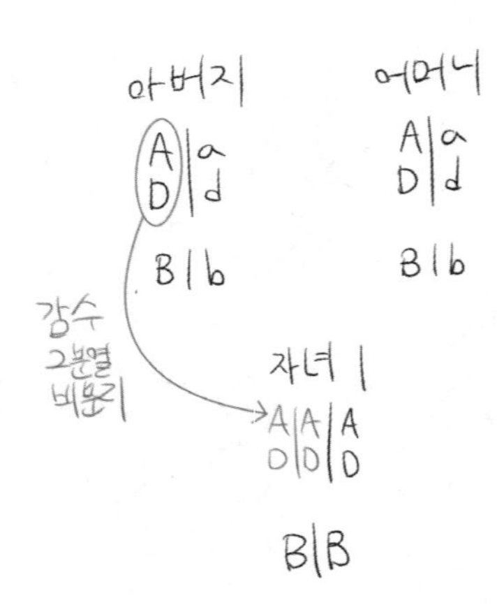

선지 해설

ㄱ

ㄴ $\frac{2}{3}$입니다.

ㄷ 나타날 수 있는 표현형은 대문자 수 0, 1, 2, 3, 4, 5, 6으로 총 7가지입니다.
(* 문제편 - 교배와 사람의 유전 (1) 단원 개념 정리 부분을 참고해주세요.)

72 24학년도 9월 17번 | 정답 ⑤

문항 해설

1. 자료 해석

어머니의 유전자형이 HHTt이므로 대문자 수는 (2, 1)임을 알 수 있습니다.
그런데 자녀의 표현형이 최대 2가지이므로 아버지는 (0, 0) / (1, 1) / (2, 2) 중 하나임을 알 수 있습니다.
자녀의 유전자형이 최대 4가지여야 하므로 아버지는 (0, 0)과 (2, 2)가 불가능하므로 (1, 1)임을 알 수 있습니다.
(* (0, 0)이나 (2, 2)의 경우 유전자형이 hhtt나 HHTT가 되는데, 이럴 경우 동형 접합성으로만 이루어지게 되므로 자녀의 유전자형은 최대 2가지가 됩니다.)
마찬가지로 아버지의 유전자형이 HHtt나 hhTT처럼 동형 접합성으로만 이루어질 경우 유전자형은 최대 2가지가 되므로 아버지는 Ht/hT임을 알 수 있습니다.

ⓐ의 대문자 수가 4개여야 하는데, 아버지는 ⓐ에게 대문자를 1개만 주게 되므로 어머니에게 3개를 받아야 합니다.
따라서 어머니의 감수 1분열에서 염색체 비분리가 일어났음을 알 수 있습니다.

선지 해설

ㄱ

ㄴ 어머니에게서 Ht를, 아버지에게서 hT를 받으면 HhTt입니다.

ㄷ

PART 2

01

문항 해설

1. ㉠에서 H의 DNA 상대량이 2이므로 ㉠= I 입니다.
   (* 같은 형질을 결정하는 대립유전자 ⓐ가 ⓑ로 바뀐 돌연변이이므로
   DNA 상대량 2를 보고 I 이라 확정할 수 있습니다.)

2. ㉠이 분열되어 ㉡ 또는 ㉢이 되어야 하는데,
   돌연변이가 1회 일어나 ㉡이 될 수는 없으므로 ㉢(II)입니다.

   또한, ㉠이 분열되어 ㉢이 되는 과정에서 T가 t로 바뀌었음을 알 수 있습니다.
   그런데 ㉡(III)에도 t가 있으므로 이 사람은 T/t에 대한 유전자를 이형 접합성으로 갖고 있었음을 알 수 있습니다.
   따라서 T/t는 상염색체에 있는 유전자이고, 문제 조건에 의하여 H/h는 X 염색체에 있는 유전자입니다.

선지 해설

ㄱ. II는 ㉢입니다.
ㄴ. ⓐ는 T, ⓑ는 t입니다.
ㄷ. X 염색체에 있으므로 아닙니다.

02

문항 해설

1. ㉠에는 D가 없는데, ㉡에는 있으므로 ㉠의 핵상은 2n이 아닙니다.
   ㉡에는 a가 없는데, ㉢에는 있으므로 ㉡의 핵상은 2n이 아닙니다.
   ㉣에는 A가 없는데, ㉡에는 있으므로 ㉣의 핵상은 2n이 아닙니다.

2. ㉠과 ㉡의 핵상은 n인데 B/b의 DNA 상대량이 (1, 1)이므로 감수 1분열에서 비분리가 일어났고,
   ㉠과 ㉡은 감수 1분열에서 같은 방향으로 분열된 세포임을 알 수 있습니다.

3. ㉠과 ㉡에서 D의 DNA 상대량은 서로 다르므로 감수 2분열에서 비분리가 일어났습니다.
   B/b의 DNA 상대량은 서로 같으므로 B/b와 D/d는 서로 독립되어 있음을 알 수 있습니다.
   또한 ㉡은 두 번의 비분리에서 염색체를 더 받기만 한 세포인데, A/a의 DNA 상대량이 (1, 0)이므로 A/a는 B/b와 D/d 모두와 독립되어 있음을 알 수 있습니다.
   (* ㉣에 a가 있으므로 감수 1분열에서 비분리가 일어났다면 A/a의 DNA 상대량은 (1, 1)이어야 합니다.)

4. B의 DNA 상대량이 0인 ㉣은 감수 1분열에서 ㉠/㉡과 반대 방향으로 분열된 세포임을 알 수 있습니다.
   a와 B의 DNA 상대량이 1인 ㉢은 ㉠/㉡ 방향과 ㉣ 방향 모두가 불가능하므로 핵상이 2n인 세포임을 알 수 있습니다.

5. ㉢에서 d의 DNA 상대량이 0이므로 ㉣에서도 d의 DNA 상대량은 0입니다.
   ㉣에서 D/d의 DNA 상대량이 (0, 0)이므로 D/d는 성염색체에 있는 유전자임을 알 수 있습니다.
   (* D/d는 ㉠/㉡ 쪽에서 비분리가 일어났으므로 ㉣에선 D/d의 비분리를 고려하지 않아도 됩니다.)
   또한 이를 통해 P는 남자임도 알 수 있습니다.

6. 이 사람은 남자인데 A, a, B, b를 모두 가지고 있으므로 A/a, B/b는 상염색체에 있는 유전자이고,
   ㉠과 ㉣은 감수 1분열에서 반대 방향으로 분열된 세포인데, 두 세포 모두 e를 갖고 있으므로 ee 동형 접합성임을 알 수 있습니다.
   따라서 E/e도 상염색체에 있는 유전자입니다.

세포	DNA 상대량							
	A	a	B	b	D	d	E	e
㉠	1	?	1	1	0	?	0	1
㉡	1	0	1	1	2	?	?	?
㉢	?	1	1	?	?	0	0	ⓐ
㉣	0	1	0	?	0	?	?	1

선지 해설

ㄱ. P는 남자입니다.
ㄴ. ⓐ는 2입니다.
ㄷ. 성염색체는 감수 2분열에서 비분리가 일어났습니다.

03

문항 해설

1. 아버지는 ㉠과 ㉢에 대한 병 유전자를 갖고 있으므로 자녀 1도 ㉠과 ㉢에 대한 병 유전자를 받게 됩니다.
   그런데 자녀 1은 ㉠에 대한 표현형이 정상이므로 ㉠은 열성 형질임을 알 수 있습니다.

2. 자녀 2~4 중 두 명은 정상적으로 수정되어 태어난 아이입니다.
   세 명 모두 ㉡이 발현되었으므로 어머니는 ㉡에 대해 병 유전자를 동형 접합성으로 갖고 있음을 알 수 있습니다.

3. 자녀 1은 어머니에게 ㉡에 대한 병 유전자를 받았는데도 병이 발현되지 않았으므로,
   아버지가 ㉡에 대한 정상 유전자를 가지고 있었으며, ㉡은 정상이 우성임을 알 수 있습니다.

4. 클라인펠터 증후군은 아버지에게 XY를 받거나, 어머니에게 X를 두 개 받아야 합니다.
   아버지에게 XY를 모두 받았다면 ㉡이 발현될 수 없으므로 어머니에게 X를 두 개 받았음을 알 수 있습니다.

5. 만약 어머니에게서 감수 2분열 비분리가 일어나 클라인펠터 증후군을 가진 자녀가 태어났다면 자녀 2~4 중 2명은 서로 표현형이 같아야 합니다.
   표현형이 모두 다르므로 감수 1분열에서 비분리가 일어났음을 알 수 있습니다.

6. 자녀 2는 ㉢이 발현되었으므로 어머니는 최소한 ㉢에 대한 병 유전자를 하나 이상 갖고 있어야 합니다.
   그런데 어머니는 ㉢이 발현되지 않았으므로 ㉢에 대한 정상 유전자도 가지고 있어야 하며, ㉢이 열성 형질임을 알 수 있습니다.

7. ⓐ가 수정되어 태어난 아이는 ㉠과 ㉢은 정상이며 ㉡만 발현된 아이이므로 자녀 3입니다.
   따라서 자녀 2와 4의 유전자 구성을 어머니는 그대로 가져야 합니다.
   정리하면 어머니는 H*R*T / HR*T* 임을 알 수 있습니다.

선지 해설

ㄱ. HH*R*R*TT*입니다.
ㄴ. ㉮는 ○입니다.
ㄷ. 자녀 3입니다.

04

문항 해설

1. (가)에는 D가 없는데 (다)에는 있으므로 (가)의 핵상은 2n이 아닙니다.
   (나)에는 A가 없는데 (라)에는 있으므로 (나)의 핵상은 2n이 아닙니다.
   (라)에는 B가 없는데 (나)에는 있으므로 (라)의 핵상은 2n이 아닙니다.

2. (나)의 핵상은 2n이 아닌데 B의 DNA 상대량이 2이고, d의 DNA 상대량이 1이므로 B/b가 있는 염색체에서 비분리가 일어났음을 알 수 있습니다.
   또한 D/d는 정상 분리됐으므로 D/d의 DNA 상대량이 (2, 2)인 (다)의 핵상은 2n입니다.
   (* 비분리는 1회 일어났고, 세 유전자가 모두 '서로 다른' 염색체에 있기 때문입니다.)

3. (나)와 (라)에서 A의 DNA 상대량을 비교해보면,
   정상 분리된 A/a의 DNA 상대량이 다르므로 감수 1분열에서

서로 다른 방향으로 나뉜 세포로부터 형성된 세포들임을 알 수 있습니다.
해설의 편의상 감수 1분열 기준 (나)를 왼쪽, (라)를 오른쪽 방향에 있는 세포라 하겠습니다.

4. (나)의 반대편인 (라)는 D/d의 DNA 상대량이 (1, 0)이어야 합니다.
그런데 (가)에서 D의 DNA 상대량이 0이므로 (가)도 왼쪽 방향의 세포임을 알 수 있습니다.

5. (가)와 (나)가 같은 방향의 세포인데 B의 DNA 상대량이 다릅니다.
감수 1분열에서 비분리가 일어났다면 이는 불가능하므로, 감수 2분열에서 비분리가 일어났고, B가 (나)로 더 들어갔음을 알 수 있습니다.

6. 핵상이 2n인 (다)에서 a의 DNA 상대량이 0이므로 (나)에서도 0입니다.
(나)에서 A/a의 DNA 상대량이 (0, 0)이므로 A/a는 성염색체에 있는 유전자입니다.
또한 세포 (라)는 정상 분열된 세포인데 B/b의 DNA 상대량이 (0, 0)이므로 B/b도 성염색체에 있는 유전자입니다.
이때, A와 B가 서로 엇갈려 존재하므로 하나는 X, 다른 하나는 Y 염색체에 있는 유전자이며 이 사람이 남자임을 알 수 있습니다.

이 사람은 남자인데 D와 d가 모두 있으므로 D/d는 상염색체에 있는 유전자입니다.

세포	DNA 상대량					
	A	a	B	b	D	d
(가)	㉠	?	0	0	0	㉡
(나)	0	?	2	0	?	1
(다)	?	0	㉢	?	2	2
(라)	1	?	0	0	?	?

선지 해설

ㄱ. 비분리는 감수 2분열에서 일어났습니다.
ㄴ. ㉠+㉡+㉢ = 0+1+2 = 3입니다.
ㄷ. (가)에는 X 염색체와 Y 염색체가 모두 없습니다.
따라서 정상 생식세포와 수정되어 태어난 아이는 터너 증후군을 나타내므로 맞는 선지입니다.

05

문항 해설

1. 자녀 1과 3은 (다)가 발현되었으므로 (다)에 대한 병 유전자를 갖고 있습니다.
그런데 (가)와 (나)에 대한 발현 여부가 서로 다르므로 어머니에게 서로 다른 X 염색체를 받았음을 알 수 있습니다.
따라서 어머니는 (다)에 대한 병 유전자를 동형 접합성으로 가져야 하는데 (다)가 정상이므로 모순됩니다.

따라서 어머니의 생식세포 형성 과정에서 T(㉠)가 t(㉡)로 바뀌었으며,
(다)는 정상이 우성임을 알 수 있습니다.

2. 자녀 1은 (가)에 대한 병 유전자를, 자녀 3은 (가)에 대한 정상 유전자를 가지고 있으므로 어머니는 (가)에 대한 유전자를 이형 접합성으로 가지고 있습니다.
그런데 (가)가 발현되었으므로 (가)는 병이 우성입니다.

자녀 2는 (가)가 발현되지 않았고, (다)가 발현되었으므로 (가)에 대한 정상 유전자'만', (다)에 대해 병 유전자'만' 갖고 있어야 합니다.

따라서 어머니는 (가)에 대한 정상 유전자와 (다)에 대한 병 유전자가 연관된 유전자를 갖고 있음을 알 수 있습니다.
따라서 돌연변이가 일어나 태어난 아이 ⓐ는 자녀 1입니다.

3. 유전자를 채우면 다음과 같이 (나)는 정상이 우성임을 알 수 있습니다.

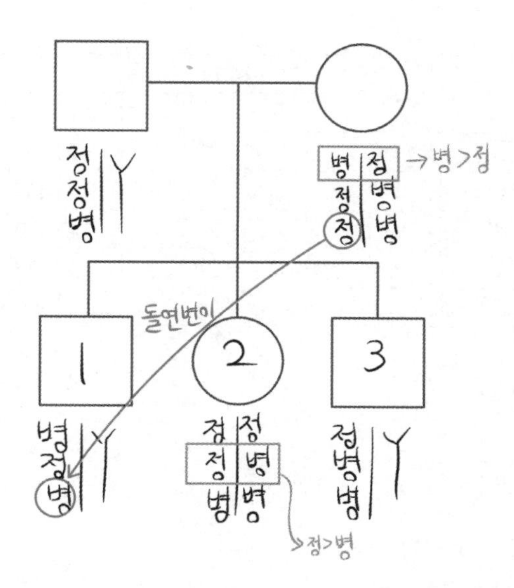

선지 해설

ㄱ. ㉡은 열성 형질입니다.
ㄴ. ⓐ는 자녀 1입니다.
ㄷ. ㉠은 T이고, ㉡은 t입니다.

06

문항 해설

1. 우열 관계를 정리하면 A>B>D>E임을 알 수 있습니다.

2. 주어진 표에서 6, 8, 9 중 1명은 AA로 동형 접합성임을 알 수 있습니다.
   그런데 8이 AA일 경우 3과 4의 표현형이 다를 수 없고, 9가 AA일 경우 6과 7의 표현형이 다를 수 없으므로 6이 AA고 ㉠=2임을 알 수 있습니다.

3. 3, 4, 7, 9의 표현형이 모두 다르고, 5, 6, 7, 8의 표현형도 모두 다릅니다.
   이 중 EE 표현형인 사람이 있어야 하는데, 모든 구성원의 유전자형이 모두 다르므로
   7의 유전자형이 EE임을 확정할 수 있습니다.

4. 7의 유전자형이 EE이므로 3, 4, 9는 E를 갖게 됩니다.
   6의 유전자형은 AA이므로 9는 A를 갖게 됩니다.
   따라서 9의 유전자형은 AE이므로 ㉢=1이고 ㉡=0입니다.

5. 3, 4, 7, 9의 표현형이 서로 달라야 하므로 3과 4 중 한 명은 BE, 다른 한 명은 DE입니다.
   따라서 3, 4, 7, 9의 유전자형은 AE, BE, DE, EE과 1:1 대응되므로 다른 구성원은 E를 가질 수 없습니다.

   따라서 8의 유전자형은 BD이고, 5의 유전자형은 DD입니다.
   (* 5, 6, 7, 8의 표현형이 모두 달라야 하므로 5는 D_ 표현형이어야 하는데, 이는 DD나 DE만 가능합니다. 그런데 3과 4 중 한 명이 DE이므로 5는 DD입니다.)

6. 5와 6이 각각 DD, AA이므로 2의 유전자형은 AD임이 확정됩니다.
   1~9의 유전자형이 모두 달라야 하므로 1의 유전자형은 AB나 BB입니다.
   그런데 BB인 사람으로부터 DD와 AA가 태어나려면 돌연변이가 각각 1회씩 일어나야 하므로 1의 유전자형은 AB임을 알 수 있습니다.
   유전자형이 AB인 사람과 AD인 사람 사이에서 DD가 정상적으로는 태어날 수 없으므로 5가 돌연변이로 태어난 아이임을 알 수 있습니다.

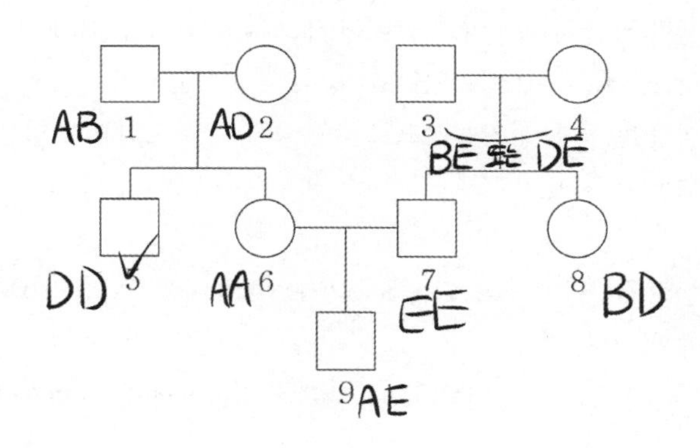

선지 해설

ㄱ. BD입니다.
ㄴ. BB입니다.
ㄷ. ⓐ는 A와 B 중 하나로 확정이 불가능하고, ⓑ는 D입니다.

07

문항 해설

1. ⓑ와 ⓔ는 DNA 상대량이 1인 유전자가 있으므로 Ⅳ나 Ⅴ 중 하나입니다.
   ⓐ, ⓒ, ⓓ 중 Ⅰ, Ⅱ, Ⅲ이 있어야 하는데, ⓐ는 A/a의 DNA 상대량이 (2, 0)이라서 Ⅰ일 수 없습니다.
   마찬가지로 ⓒ는 B/b의 DNA 상대량이 (0, 2)여서 2n일 수 없습니다.
   따라서 ⓓ의 핵상이 2n임을 알 수 있습니다.
   (* Ⅰ은 여자의 세포이며 중기의 세포입니다. DNA 상대량은 (0, 0) 혹은 (4, 0)/(2, 2)/(0, 4)만 가능합니다.)

2. ⓑ는 a와 b의 DNA 상대량이 2이므로 형성 과정에서 비분리가 일어났음을 알 수 있고, a와 b가 성염색체에 있음을 알 수 있습니다.
   ⓓ를 봤을 때 여자의 A, a, B, b의 DNA 상대량은 2, 2, 2, 2이므로 ⓑ가 남자의 세포든, 여자의 세포든 감수 2분열 비분리가 일어나 형성됐음을 알 수 있습니다.
   (* 2, 2, 2, 2일 때 감수 1분열에서 비분리가 일어났다면 감수 2분열이 끝난 세포에서 DNA 상대량이 2일 수 없습니다.)

3. ⓑ가 남자의 세포라면 반대편 세포의 A, a, B, b의 DNA 상대량은 0, 0, 0, 0이어야 합니다.
   ⓐ와 ⓒ 모두 불가능하므로 ⓑ는 여자의 세포이고 Ⅴ임을 알 수 있습니다.

   ⓑ의 건너편 세포의 A, a, B, b의 DNA 상대량은 2, 0, 2, 0이어야 합니다.
   이런 구조는 ⓐ만 가능하므로 ⓐ가 Ⅲ임을 확정할 수 있습니다.

4. ⓔ는 Ⅳ이므로 ⓒ가 Ⅱ가 됩니다.

세포	DNA 상대량					
	A	a	B	b	D	d
ⓐ	2	0	2	?	0	?
ⓑ	0	2	?	2	1	0
ⓒ	2	?	0	2	0	?
ⓓ	2	?	2	?	?	?
ⓔ	?	0	?	0	0	1

선지 해설

ㄱ. Ⅰ은 ⓓ입니다.
ㄴ. (나)에서 감수 2분열 비분리가 일어났습니다.
ㄷ. Ⅱ에는 X 염색체가 Y 염색체가 1개씩 있고, Ⅲ에는 X 염색체가 한 개 있으므로 수정되어 태어난 아이의 핵형은 비정상입니다.

08

문항 해설

1. 구성원 1에는 a가 없고, 2에는 b가 없으므로 확정 가능한 유전자형을 쓰면 다음과 같습니다.

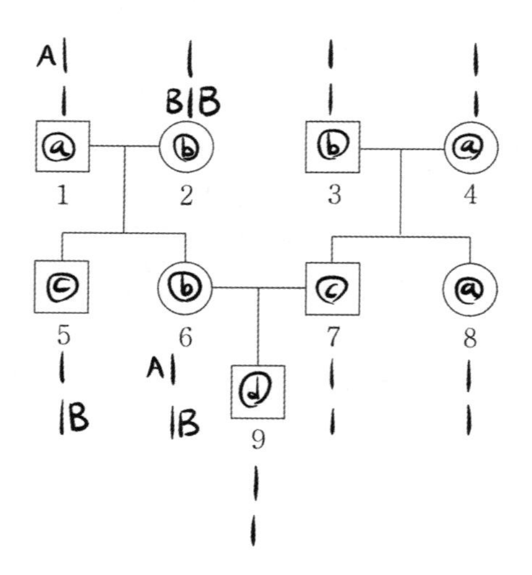

(* A/a는 X 염색체에 있는 유전자일 수도 있으므로 하나만

썼습니다.)

남자는 대문자 수가 0~3개까지 가능한데, 표현형이 ⓐ, ⓑ, ⓒ, ⓓ인 남자가 모두 있으므로 각각 0~3 중 하나임을 알 수 있습니다.

구성원 1에서 ⓐ는 1 이상, 2에서 ⓑ는 2 이상, 5에서 ⓒ는 1 이상임을 알 수 있습니다.
따라서 ⓓ=0입니다.

그런데 구성원 1의 A/a에 대한 유전자형이 AA라면 ⓐ, ⓑ, ⓒ 모두 2 이상이 되므로 불가능함을 알 수 있습니다.
따라서 A/a는 X 염색체에 있는 유전자이고, B/b가 상염색체에 있는 유전자입니다.

2. 주어진 가계도에서 확실하게 채울 수 있는 부분은 아래 가계도에서 검은색으로 쓴 글씨와 같습니다.

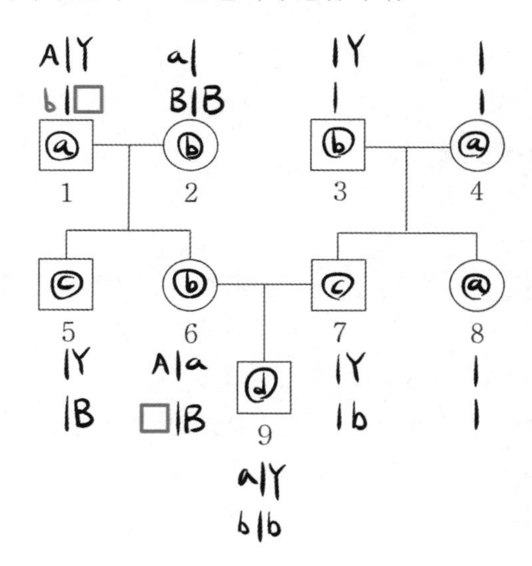

이때, 구성원 6의 □는 1에게서 받은 유전자이므로 1도 □가 있습니다.
1과 6의 표현형이 다르므로 □를 제외한 부분의 대문자 수가 달라야 합니다.
6은 □를 제외했을 때 대문자 수가 2개 있으므로 1은 2개면 안 됩니다.
따라서 b를 가짐을 확정할 수 있고, 각각의 표현형에 대한 대문자 수의 범위는 다음이 됩니다.

ⓐ : 1~2
ⓑ : 2~3
ⓒ : 1~2 (* 구성원 7이 b를 가지므로 3일 수 없습니다.)

따라서 ⓑ가 3이므로 □는 대문자이고 ⓐ=2, ⓒ=1입니다.
이를 통해 가계도를 채우면 다음과 같습니다.

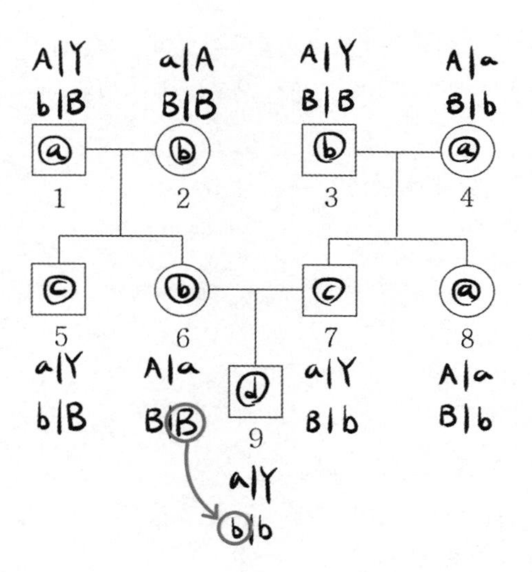

선지 해설

ㄱ. X 염색체에 존재하므로 아닙니다.
ㄴ. 2, 3, 1, 0입니다.
ㄷ. AaBB입니다.

09

문항 해설

1. 감수 1분열과 2분열에서 각각 비분리가 1회씩 일어났습니다. 이럴 경우 생식세포의 총 염색체 수는 (n−2), n, (n+1), (n+1)이나 (n+2), n, (n−1), (n−1)만 가능합니다.

   총 염색체 수가 24(n+1)인 세포가 있으므로 21, 23, 24, 24
   총 염색체 수가 22(n−1)인 세포가 있으므로 22, 22, 23, 25
   꼴임을 알 수 있습니다.

따라서 ⓐ와 ⓓ는 같은 사람의 세포이고, ⓑ와 ⓒ는 서로 다른 사람의 세포입니다.
남은 ⓔ와 ⓕ도 같은 사람의 세포입니다.

2. ⓕ에서 X 염색체가 1개인데, ⓔ에는 2개이므로 ⓔ의 총 염색체 수는 25이고,
감수 2분열에서 성염색체 비분리가 일어났음을 알 수 있습니다.
따라서 총 염색체 수가 23인 세포의 X 염색체 수는 0입니다.

3. ㉠<㉡이므로 ㉡이 0일 수는 없습니다.
ⓒ는 ⓔ, ⓕ와 같은 사람의 세포이며 Ⅱ의 세포임을 알 수 있습니다.
(* 서로 반대 방향인 ⓔ와 ⓕ 모두에 X가 있으므로 여자 Ⅱ의 세포입니다.)

4. ㉠<㉡이므로 감수 1분열에서 성염색체는 정상 분리되고,
감수 2분열에서 성염색체 비분리가 일어나 ⓑ쪽으로 X 염색체가 쏠렸음을 알 수 있습니다.
따라서 ㉠은 0이고, ㉡은 2입니다.

세포	총 염색체 수	X 염색체 수
ⓐ (Ⅰ)	24	㉠ 0
ⓑ (Ⅰ)	23	㉡ 2
ⓒ (Ⅱ)	23	? 0
ⓓ (Ⅰ)	21	? 0
ⓔ (Ⅱ)	? 25	2
ⓕ (Ⅱ)	22	1

선지 해설

ㄱ. ⓑ는 Ⅰ의 세포입니다.
ㄴ. ㉠+㉡ = 0+2 = 2입니다.
ㄷ. 맞습니다.

10

문항 해설

1. ㉣은 ⓗ와 ⓣ의 DNA 상대량이 2인데 (가)와 (나)가 발현되었으므로 ⓗ와 ⓣ는 병 유전자임을 알 수 있습니다.

2. ㉡은 ⓣ의 DNA 상대량이 1인데 (나)가 발현되지 않았으므로 정상 유전자를 갖고 있어야 하며,
(나)는 정상이 병에 대해 우성임을 알 수 있습니다.

3. ㉠은 ⓗ가 2개, ㉡은 TT*, ㉣은 ⓗ와 ⓣ가 모두 2개이므로 ㉠, ㉡, ㉣ 모두 X 염색체가 2개 있음을 알 수 있습니다.
따라서 ㉢만 XY일 수 있으므로 아버지입니다.

4. 자녀 2는 여자이므로 아버지에게 (가)에 대해 정상 유전자와 (나)에 대해 병 유전자를 받아야 합니다.
그런데 ㉠과 ㉣은 (가)에 대해 병 유전자가 2개이므로 딸일 수 없습니다.
따라서 ㉡이 자녀 2임을 알 수 있습니다.

5. 클라인펠터 증후군인 아들은 (가)에 대한 정상 유전자가 없으므로 아버지에게 Y 염색체만 받았고, 어머니에게 X 염색체를 두 개 받았음을 알 수 있습니다.
그런데 ㉣이 어머니라면 자녀 1인 ㉠도 반드시 (나)가 발현되어야 하는데 그렇지 않으므로 모순됩니다.
따라서 ㉠이 어머니이고, ㉣이 자녀 1임을 알 수 있습니다.

또한 어머니는 ⓣ의 DNA 상대량이 1이어야 하므로 자녀 1은 감수 2분열 비분리가 일어난 생식세포가 수정되어 태어났음을 알 수 있습니다.

선지 해설

ㄱ. ㉢은 아버지입니다.
ㄴ. ⓗ는 병 유전자이고, 엄마는 ⓗⓗ 동형 접합성인데 자녀 2가 정상이므로 정상이 병에 대해 우성임을 알 수 있습니다. 따라서 병 유전자인 ⓗ는 H*입니다.
ㄷ. ⓐ는 감수 2분열에서 비분리가 일어나 형성된 생식세포이므

로 아닙니다.

11

문항 해설

1. 감수 2분열 결과 형성된 세포 8개 중 총 염색체 수가 n인 세포의 수가 가장 많아야 합니다.
   감수 1분열 비분리 / 감수 1분열 비분리 → (n+1)과 (n−1)인 세포만 생기므로 안 됩니다.
   감수 1분열 비분리 / 감수 2분열 비분리 → n 2개, (n+1) 3개, (n−1) 3개가 생기므로 안 됩니다.
   따라서 (가)와 (나) 모두 감수 2분열에서 비분리가 일어났음을 알 수 있습니다.

2. 감수 2분열 비분리만 일어났으므로 R/r의 DNA 상대량이 (2, 2)인 ⓓ는 핵상이 2n임을 알 수 있습니다.
   T와 t의 DNA 상대량이 (0, 2)이므로 T/t는 성염색체에 있는 유전자이며, ⓓ는 남자의 세포입니다.
   R와 r의 DNA 상대량이 (2, 2)이므로 R/R은 상염색체에 있는 유전자입니다.

3. ⓓ에서 T의 DNA 상대량이 0인데 ⓒ는 2이므로 ⓒ가 여자의 세포임을 알 수 있습니다.
   이때 상염색체에 있는 r와 성염색체에 있는 유전자 T의 DNA 상대량이 모두 2이므로
   ⓒ는 Ⅲ이며, T/t는 X 염색체에 있음을 알 수 있습니다.

4. ⓐ에서도 마찬가지로 R와 t의 DNA 상대량이 모두 2이므로 ⓐ는 Ⅱ임을 알 수 있습니다.
   감수 1분열은 정상적으로 분리되었으므로 Ⅳ는 H, R, t가 없는 세포여야 합니다.
   따라서 ⓔ가 Ⅳ이며, ⓑ는 Ⅴ임을 알 수 있습니다.

   ⓑ에서 h와 t의 DNA 상대량이 모두 2이므로 X 염색체에서 비분리가 일어났으며,
   서로 같은 염색체에 있음을 알 수 있습니다.

5. Ⅳ와 Ⅴ가 수정되어 태어난 아이의 핵형은 정상이어야 합니다.
   그런데 Ⅴ인 ⓑ에는 X 염색체가 2개이므로, Ⅳ에는 성염색체가 없어야 합니다.
   따라서 Ⅳ에는 Y 염색체가 없음을 알 수 있습니다.

세포	DNA 상대량						
	H	h	R	r	T	t	
Ⅱⓐ	?2	0	2	?0	?0	2	n
Ⅴⓑ	0	2	㉠1	0	?	2	n+1
Ⅲⓒ	2	?	0	2	2	?	n
Ⅰⓓ	2	㉡	2	2	0	2	2n
Ⅳⓔ	?0	?0	?0	㉢1	?0	0	n−1

성X (H/h), 상 (R/r), 성X (T/t), M_2 (ⓑ의 h, t), Ⅳ → Y 염색체 없음

선지 해설

ㄱ. ㉠=1, ㉡=0, ㉢=1이므로 ㉠+㉡+㉢ = 2입니다.
(* Ⅳ는 감수 2분열에서 성염색체 비분리가 일어났으므로 상염색체는 정상 분리되었습니다. 따라서 ㉢=1입니다.)
ㄴ. ⓑ는 Ⅴ입니다.
ㄷ. R/R은 상염색체에 있는 유전자이고, T/t는 X 염색체에 있는 유전자이므로 아닙니다.

12

문항 해설

1. 난자 Ⅳ에는 B와 b가 모두 없으므로 B/b는 Y 염색체에 있는 유전자임을 알 수 있습니다.

2. Ⅴ에는 B가 있으므로 Ⅴ는 남자이고, Ⅰ과 Ⅱ 중 하나에는 B가 있어야 합니다.
   그런데 Ⅰ 에는 b가 있으므로 Ⅱ에 B가 있음을 알 수 있고, Ⅴ는 Ⅱ가 수정되어 태어났음을 알 수 있습니다.

   또한, Y 염색체에 있는 유전자인데 Ⅰ 에는 b가, Ⅱ 에는 B가

있으므로 B/b에서 돌연변이가 일어났음을 알 수 있습니다.
돌연변이가 1회 일어난 생식세포가 수정되어 Ⅴ가 태어났으므로 ㉠이 b, ㉡이 B입니다.

3. 남자의 체세포 Ⅴ에서 대립유전자가 모두 없을 수는 없으므로 A/a에서 a가 있어야 합니다.
그런데 Ⅳ가 수정될 경우 Ⅴ에서 A와 a가 모두 없게 되므로 Ⅲ이 수정되었음을 알 수 있습니다.

그런데 정자 Ⅱ에는 a가 없으므로 Ⅴ에는 a가 1개만 있습니다.
따라서 A/a는 성염색체에 있는 유전자임을 알 수 있는데, 난자에 a가 있으므로 A/a는 X 염색체에 있는 유전자입니다.

4. Ⅰ에는 X 염색체가 없고 Y 염색체가 있는데 d가 있고, Ⅳ에는 Y 염색체가 없고 X 염색체가 있는데 d가 있으므로 D/d는 상염색체에 있는 유전자임을 알 수 있습니다.

따라서 ⓩ=2입니다.

구분	세포	DNA 상대량					
		A	a	B	b	D	d
아버지의 정자	Ⅰ	0	ⓧ	0	1	?	1
	Ⅱ	?	0	?	0	0	?
어머니의 난자	Ⅲ	?	?	ⓨ	0	?	?
	Ⅳ	?	0	0	0	?	1
자녀의 체세포	Ⅴ	0	?	1	?	0	ⓩ

선지 해설

ㄱ. ⓐ는 Ⅱ, ⓑ는 Ⅲ입니다.
ㄴ. ㉠은 b, ㉡은 B입니다.
ㄷ. ⓧ+ⓨ+ⓩ = 0 + 0 + 2 = 2입니다.

13

문항 해설

1. 부모와 다른 표현형인 자녀 → 없음
구성원 3과 7 → X 염색체에 있는 유전자라면 (나)는 병이 우성

2. 구성원 2에서 H+t가 ㉠, h+T가 ㉣이므로 H+h+T+t = ㉠+㉣ = 4입니다.
(* 2는 여자이므로 Y에 있는 유전자만 아니라면 합이 4입니다.
그런데 1과 5의 (가)와 (나)에 대한 표현형이 모두 다르므로 Y에 있는 유전자는 없습니다.)

따라서 ㉠과 ㉣ 중 하나는 1, 다른 하나는 3입니다.

구성원 8도 마찬가지로 H+h+T+t = ㉡+㉢인데, 4+0 꼴은 불가능하므로
2+0 꼴임을 알 수 있습니다.

따라서 두 쌍의 유전자 합이 2이므로 (가)와 (나)는 모두 X 염색체에 있는 유전자입니다.

3. 구성원 1, 2, 5, 6의 유전자를 채우면 다음과 같습니다.

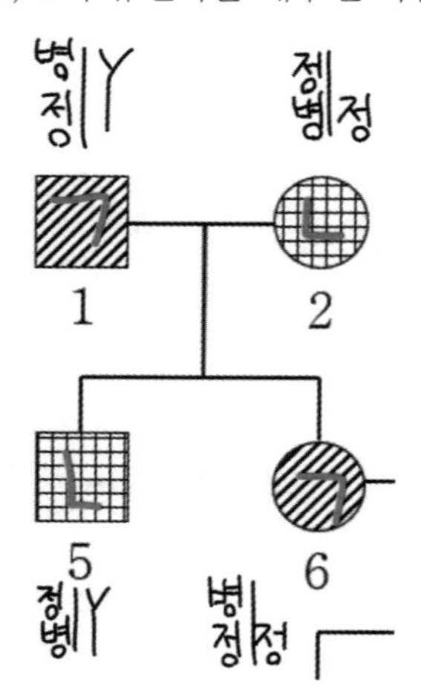

이때, 구성원 2에서 T와 t가 각각 1임을 알 수 있으므로 H와 h 중 하나가 2고, 다른 하나는 0입니다.
따라서 2의 (가)에 대한 유전자형은 '정정'이 되고, 6은 2에게서 (가)에 대한 정상 유전자를 받게 됩니다.
따라서 6은 (가)에 대한 유전자형이 '병정'인데 병이 발현되

었으므로 (가)는 병이 우성입니다.
또한, 구성원 2는 (나)에 대한 유전자형이 '병정'인데 (나)가 발현되었으므로 (나)는 병이 우성입니다.

4. 구성원 2의 유전자형은 hhTt이므로 ㉠=1, ㉣=3입니다.
구성원 8의 유전자형은 HtY이므로 ㉢=2이고, ㉡=0입니다.
남은 ㉤은 4입니다.

따라서 ⓐ는 H+t = 0이므로, hTY임을 알 수 있습니다.

이를 통해 가계도 채우면 다음과 같습니다.

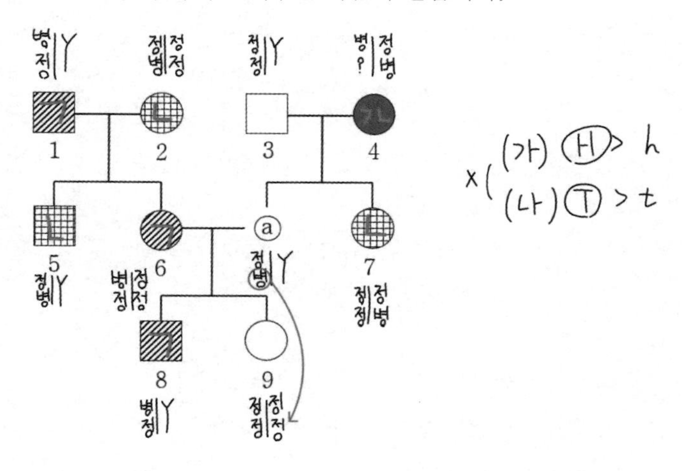

구성원 9는 (나)에 대한 유전자형이 '정정'인데, ⓐ는 병Y이므로
ⓐ에게서 병(T)이 정상(t)로 바뀌었음을 알 수 있습니다.

선지 해설

ㄱ. ㉤은 4입니다.
ㄴ. ㉮는 T입니다.
ㄷ. 9의 동생이 태어날 때, 이 아이에게서 (가)와 (나) 중 (가)만 발현될 확률은 $\frac{1}{4}$ 입니다.

14

문항 해설

1. 부모와 다른 표현형인 자녀 → 없음
구성원 2와 5 → X 염색체에 있는 유전자라면 (가)는 병이 우성

2. 표에서 ⓑ는 ㉠+㉡ = 0이므로 둘 중 열성 유전자의 DNA 상대량이 0임을 알 수 있습니다.
따라서 우성 유전자'만' 가지고 있는데, 구성원 3과 4의 표현형이 서로 다르므로
ⓑ는 남자이고, 해당 유전자는 X 염색체에 있는 유전자이며 4의 표현형이 우성 표현형임을 알 수 있습니다.

그런데 (가)는 X 염색체에 있는 유전자라면 병이 우성임을 이미 알고 있는데,
어머니인 4에서 (가)가 발현되지 않았으므로 해당 유전자는 (나)에 있는 유전자임을 알 수 있습니다.

따라서 (나)는 X 염색체에 있는 유전자이며, 병이 우성입니다.
또한 ㉠+㉡은 H+t임을 알 수 있습니다.

3. 구성원 5는 (나)에 대해 정상이므로 tY입니다.
따라서 H를 1개 갖는데 (가)에 대한 표현형이 정상이므로 (가)는 정상이 우성입니다.
(가)는 X 염색체에 있는 유전자라면 병이 우성이므로 (가)는 상염색체에 있는 유전자입니다.

4. 이를 토대로 유전자를 나열하면 다음과 같습니다.

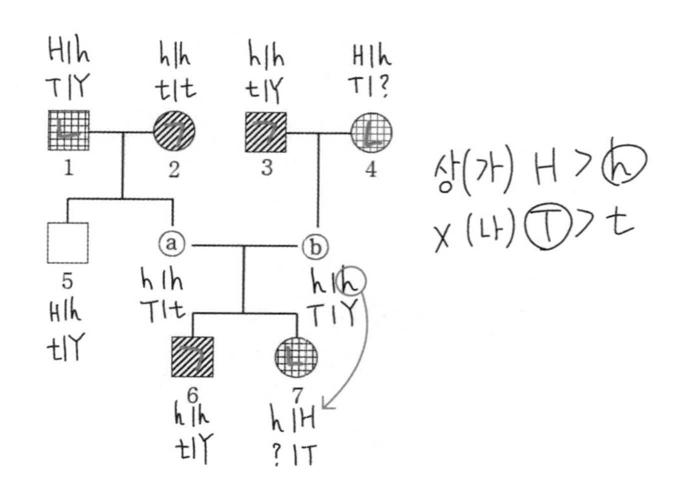

7은 (가)가 발현되면 안 되는데, ⓐ와 ⓑ 모두 h만 가지고 있으므로

ⓑ에서 h가 H로 바뀌었음을 알 수 있습니다.

선지 해설

ㄱ. ㉠+㉡은 H+t입니다.

ㄴ. ㉮는 h입니다.

ㄷ. (가)가 발현될 확률 : 1, (나)가 발현되지 않을 확률 : $\frac{1}{4}$이므로 $1\times\frac{1}{4}=\frac{1}{4}$입니다.

15

문항 해설

1. (가)에는 2쌍의 대립유전자 중 최소한 3개의 대립유전자가 있으므로 (가)의 핵상은 2n입니다.
(* 세포 1개에 있을 수 있는 대립유전자는 최대 4개입니다. 그 중 3개의 대립유전자가 있다면 상동 염색체가 있을 수밖에 없으므로 핵상이 2n입니다.)

2. 세포 (나)와 (다)에는 모두 ㉤이 있으므로 ㉤은 돌연변이로 인해 형성된 대립유전자가 아닙니다.

따라서 (가)에도 ㉤이 있어야 합니다.

(가)에는 ㉠, ㉡, ㉣, ㉤이 있으므로 ㉢은 없어야 하고 ㉢이 복대립 유전자임을 알 수 있습니다.

3. Ⅰ은 ㉢이 없는데 세포 (나)에는 ㉢이 있으므로 (나)가 형성되는 과정에서 돌연변이가 1회 일어났고 ⓑ가 ㉢임을 알 수 있습니다.

4. 생식세포인 (나)에서 ㉢과 같이 있는 ㉤은 ㉯에 대한 유전자입니다.
생식세포인 (다)에서 ㉤과 같이 있는 ㉠은 복대립 유전자입니다.

5. (라)에는 ㉠과 ㉢이 모두 있으므로 핵상이 2n임을 알 수 있습니다.
(마)에는 ㉠과 ㉢이 모두 없으므로 (마)가 형성되는 과정에서 돌연변이가 1회 일어났음을 알 수 있습니다.

(바)에는 ㉢이 있으므로 ㉠이 없어야 합니다.
(라)에서 ㉤이 없었으므로 (바)에도 ㉤이 없어야 합니다.
따라서 (바)에는 ㉡, ㉣, ㉤이 모두 없으므로 E/e는 성염색체에 있는 유전자임을 알 수 있습니다.
그런데 Ⅰ은 ㉡, ㉣, ㉤을 모두 갖고 있으므로 ㉯는 X 염색체에 있는 유전자이고, Ⅰ은 여자, Ⅱ는 남자임을 알 수 있습니다.
남자인 Ⅱ에서 ㉠과 ㉢이 모두 있으므로 ㉮는 상염색체에 있는 유전자입니다.

6. (라)는 남자의 2n 세포이므로 E와 e가 모두 없을 수 없습니다.
따라서 ㉣이 ㉯에 대한 유전자입니다.
남은 ㉡은 복대립 유전자이고, ⓐ는 ㉡입니다.

유전자	Ⅰ의 세포			Ⅱ의 세포		
	(가)	(나)	(다)	(라)	(마)	(바)
㉠	○	?	○	○	×	?
㉡	○	×	×	×	?	×
㉢	?	○	?	○	×	○
㉣	○	×	?	?	○	×
㉤	?	○	○	×	?	?

(○ : 있음, × : 없음)

선지 해설

ㄱ. (라)의 핵상은 2n입니다.
ㄴ. ⓐ는 ㉡, ⓑ는 ㉢입니다.
ㄷ. (나)는 X 염색체가 있는 난자이므로 (나)와 정상 생식세포가 수정되어 태어난 아이의 성별은 정자에 X 염색체가 있는지, Y 염색체가 있는지에 따라 성별이 달라집니다.
따라서 틀린 선지입니다.

16

문항 해설

1. 자녀 1의 ⓐ+ⓑ+ⓒ가 8인데 어머니는 3이므로 비분리가 일어난 정자에는 최소한 5개 이상의 대문자가 있어야 합니다. 어머니에게 3개를 모두 받았더라도 아버지에게 5개를 받아야 하므로 X를 결정하는 유전자들이 연관되어 있음을 추론할 수 있습니다.
(* 모두 독립이라면 비분리가 일어나더라도 2+1+1로 대문자 수가 최대 4개인 정자만 만들어질 수 있습니다.)

2. 생식세포인 Ⅰ과 Ⅲ에서 B의 DNA 상대량이 2이므로 각각 비분리가 일어나 대문자를 '더 받은' 세포임을 알 수 있습니다. 따라서 하나는 감수 1분열에서 비분리, 다른 하나는 감수 2분열에서 비분리가 일어나 형성된 세포이므로 Ⅱ는 감수 2분열에서 비분리가 일어나 형성된 정자입니다.

3. Ⅰ과 Ⅲ 모두 B가 있으므로 어떤 게 Q로부터 형성된 생식세포이든 Ⅱ와 감수 1분열에서 기준 서로 갈라진 세포임을 알 수 있습니다.
(* 감수 2분열에서 갈라진 세포라면 한 세포에는 B가 없어야 합니다.)

Ⅱ에는 A가 없으므로 감수 1분열에서 갈라진 다른 세포는 비분리 결과 '더 받은' 세포이므로 A가 있어야 합니다.
(* Ⅲ을 보면 아버지가 A를 갖고 있음을 알 수 있습니다.)
Ⅰ에는 A가 없으므로 Ⅲ이 Q로부터 형성된 정자이고, Ⅰ은 P로부터 형성된 정자입니다.

4. 지금까지의 정보로 아버지의 유전자형을 추론하면 AaBBD??e임을 알 수 있습니다.
(* Ⅲ은 비분리가 일어나 '더 받은' 세포인데 E가 없으므로 e가 있음을 확정할 수 있습니다.)

따라서 ⓨ는 0 또는 1이어야 하므로 Ⅲ이 수정되어 자녀 1이 태어났음을 알 수 있습니다.
(* Ⅰ이 수정되어 자녀 1이 태어났다면 대문자 수는 최대 4개이므로 8개를 갖는 자녀 1이 태어날 수 없습니다.)

또한 이를 통해 ⓐ, ⓑ, ⓒ는 A, B, D를 순서 없이 나타낸 것이며, ⓩ=2이고, B와 D가 연관되어 있음을 알 수 있습니다.
B와 D가 연관되어 있는데 Ⅰ에서 D는 1개밖에 없으므로 아버지의 유전자형은 AaBBDd?e가 됩니다. 따라서 ⓧ=4입니다. 남은 ⓨ=1입니다.

ⓨ=1이므로 아버지의 유전자형은 AaBBDdEe로 확정됩니다.

선지 해설

ㄱ. Ⅲ은 감수 2분열에서 염색체 비분리가 1회 일어나 형성된 정자이지만, Ⅱ는 감수 2분열에서 정상 분리되어 형성된 정자이므로 아닙니다.
ㄴ. AaBBDdEe입니다.
ㄷ. 대문자 수가 8개인 자녀가 태어날 수 있어야 하므로 어머니는 B와 D가 연관되어 있음을 알 수 있습니다.

아버지	어머니
A|a	A|a
B|B, D|d	B|b, D|d
E|e	E|e

X에 대한 표현형은 최대 6가지,
Y에 대한 표현형은 최대 3가지이므로
X와 Y에 대한 표현형은 최대 18가지입니다.

17

문항 해설

1. ⓑ를 결정하는 유전자와 ⓒ를 결정하는 유전자가 성염색체에 있다고 했으므로 X와 Y를 모두 고려해야 합니다.
   또한 "감수 1분열 비분리"라고 비분리가 일어난 지점이 특정되어 있으므로 이를 활용해야 합니다.

2. ㉯와 ㉲에는 DNA 상대량이 1인 대립유전자가 있으므로 Ⅳ나 Ⅴ 중 하나입니다.
   ㉰는 ㉥의 DNA 상대량이 0인데 ㉮와 ㉱ 모두 ㉥의 DNA 상대량이 2이므로 ㉰의 핵상은 2n이 아닙니다.

3. ㉮의 경우 ㉠~㉥의 DNA 상대량이 202202입니다.
   ㉮가 여자의 세포라면, 문제에서 성염색체에 있는 유전자가 2쌍이라고 제시해주었으므로 상염색체에 있는 유전자는 정상적으로 분리되어 20이나 02가 나옴을 알 수 있습니다.
   따라서 성염색체에 있는 유전자의 DNA 상대량으로 2022 꼴이 나왔음을 추론할 수 있는데, 이는 불가능함을 알 수 있습니다.
   (* 2022이므로 성염색체에 있는 유전자는 독립된 유전자여야 합니다. 그러면 하나는 X, 다른 하나는 Y 염색체에 있는 유전자가 되는데 3개의 유전자를 갖는 경우는 남자든 여자든 불가능함을 알 수 있습니다.)

   따라서 ㉮는 남자의 세포임을 확정할 수 있습니다.

4. 남자의 세포에서 성염색체에 있는 유전자가 2쌍 있고, 상염색체에 있는 유전자가 1쌍 있을 때, Ⅰ의 위치에서 DNA 상대량은 202202와 같은 꼴일 수밖에 없습니다.
   따라서 ㉮가 비분리가 일어나 형성된 Ⅱ든, 아니면 실제로 핵상이 2n인 Ⅰ이든 2n일 때와 차이가 없으므로 2n이라 간주하고 풀어도 괜찮습니다.
   (* 물론 ㉮가 비분리가 일어나 형성된 Ⅱ라면 성염색체에 있는 유전자가 연관되어 있는 유전자임도 알 수 있습니다.)
   따라서 ㉡과 ㉤은 성염색체에 있는 유전자임도 알 수 있습니다.

5. ㉮에는 ㉤이 없는데 ㉰에는 있으므로 ㉰는 Ⅲ이고, ㉰에 ㉤이 있으므로 ㉤은 X 염색체에 있는 유전자임을 알 수 있습니다.

6. 남은 ㉱는 남자의 세포가 되는데, ㉱에는 ㉣이 없는데, ㉮에는 ㉣이 있으므로
   ㉮의 핵상은 실제로 2n이었음이 확정됩니다.
   또한 ㉱에는 ㉠, ㉢, ㉥이 있으므로 Ⅳ에는 ㉠, ㉢, ㉥이 없어야 합니다.
   ㉲는 불가능하므로 ㉯가 Ⅳ고, ㉲가 Ⅴ입니다.

7. ㉰에는 X 염색체에 있는 유전자가 있으므로 ㉰ 쪽으로 X 염색체가 쏠렸음을 알 수 있습니다.
   따라서 ㉲에는 X 염색체에 있는 유전자가 없어야 합니다.
   그런데 ㉥이 있으므로 ㉥은 21번 염색체에 있는 유전자임을 알 수 있습니다.

   따라서 ㉠과 ㉥은 서로 대립유전자입니다.

8. 나머지 ㉡~㉤은 모두 성염색체에 있는 유전자로 확정됐습니다.
   ㉰에 ㉢이 있으므로 ㉢은 X 염색체에 있는 유전자입니다.

   ㉯에는 ㉣이 있고, ㉱에는 ㉢이 있습니다.
   따라서 하나는 X 염색체, 다른 하나는 Y 염색체에 있음을 알 수 있습니다.
   ㉢과 ㉤이 X 염색체에 있으므로, ㉡과 ㉣은 Y 염색체에 있는 유전자임을 알 수 있습니다.

세포	DNA 상대량						
	㉠21	㉡Y	㉢X	㉣Y	㉤X	㉥21	
㉮ Ⅰ	2	0	2	2	0	2	2n
㉯ Ⅳ	? 0	0	ⓧ 0	1	? 0	0	n-1
㉰ Ⅲ	ⓨ 2	? 0	2	? 0	2	0	n+1
㉱ Ⅲ 여	2	? 0	2	0	? 0	2	n+1
Ⅴ ㉲	0	? 0	ⓩ 0	? 0	0	1	n-1

선지 해설

ㄱ. a는 ㉥입니다.
ㄴ. ㉱는 Ⅱ입니다.
ㄷ. ⓧ=0, ⓨ=2, ⓩ=0이므로 ⓧ+ⓨ+ⓩ = 2입니다.

18

문항 해설

1. 구성원 3과 4는 ㉢이 발현되었는데 6은 ㉢이 발현되지 않은 딸이므로 문제 조건과 모순됨을 알 수 있습니다.
(* 부모와 표현형이 다른 딸이 태어날 경우 상염색체에 있는 유전자여야 하는데 X 염색체에 있는 유전자임을 문제에서 제시해주었습니다.)

따라서 6은 ㉢을 결정하는 유전자에서 돌연변이가 일어나 형성된 생식세포가 수정되어 태어난 자녀임을 알 수 있습니다.

따라서 3, 4, ⓨ, 6에서 ㉠과 ㉡에 대한 유전자는 돌연변이를 고려할 필요 없습니다.
구성원 3과 6을 통해 ㉠은 정상이 우성임을 알 수 있습니다.

2. 구성원 2와 5에서 ㉠은 병이 우성이어야 함을 알 수 있습니다.
1번과 모순되므로 5는 ㉠을 결정하는 유전자에서 돌연변이가 일어나 형성된 생식세포가 수정되어 태어난 자녀임을 알 수 있습니다.

따라서 1, 2, 5, ⓧ에서 ㉡과 ㉢에 대한 유전자는 돌연변이를 고려할 필요 없습니다.
구성원 2와 5를 통해 ㉡은 병이 우성, ㉢은 정상이 우성임을 알 수 있습니다.

3. 7과 8 중 한 명이 태어날 때는 ㉡에 대한 유전자에서 돌연변이가 1회 일어나야 합니다.
그런데 7과 8 모두 ㉡에 대한 유전자를 정상(r)만 가지고 있으므로 병 유전자가 정상 유전자로 바뀌었음을 알 수 있습니다.

ⓧ와 ⓨ는 각각 1과 2, 3과 4에게서 염색체를 받는데, 이 중 ㉡에 대한 병 유전자를 갖고 있는 구성원은 2밖에 없으므로 ⓧ는 2에게서 X 염색체를 받아야 합니다.
그런데 2에게 받은 X 염색체에는 ㉢에 대한 정상 유전자가 있으므로 7에게 줄 수 없습니다.
(* 이해가 되지 않는다면 2와 7의 유전자를 채워보세요.)
따라서 8이 돌연변이가 일어나 형성된 생식세포가 수정되어 태어난 자녀임을 알 수 있습니다.

4. 구성원 7은 정상적으로 태어난 자녀이므로 ㉠, ㉡, ㉢ 순으로 병, 정, 병 유전자를 어머니에게 받아야 합니다.
구성원 2에게는 ㉡에 대한 병 유전자를 받음이 확정되었으므로 이는 구성원 3 또는 4에게서만 받을 수 있음을 알 수 있습니다.

따라서 ⓨ가 어머니이고 ⓧ는 아버지입니다.

구성원 8은 ⓧ에게서 ㉠, ㉡, ㉢ 순으로 병, 정, 정 유전자를 받으므로
(* ㉡은 돌연변이가 일어났으므로 '병'이 아닌 '정'입니다.)
ⓨ에게는 ㉠에 대한 정상 유전자를 받아야 합니다.

이를 통해 ⓨ는 어머니에게 ㉠, ㉡, ㉢ 순으로 정, 정, 병 유전자를 받음을 알 수 있습니다.

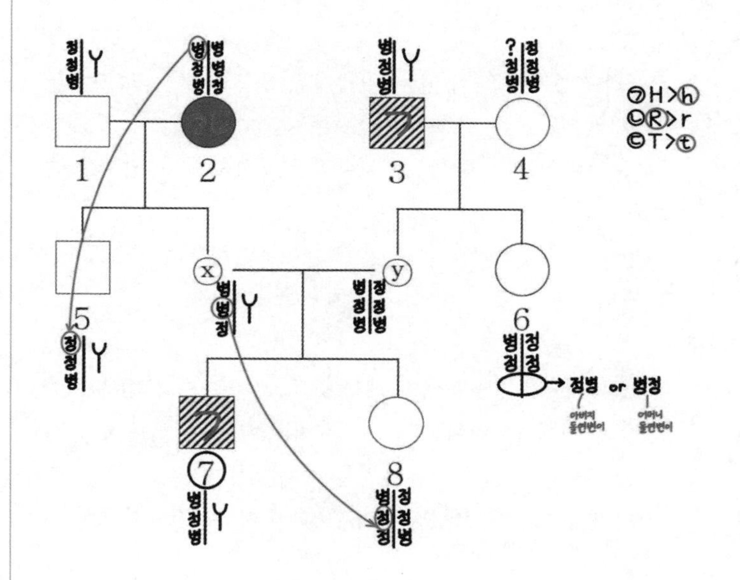

선지 해설

ㄱ. 남자입니다.
ㄴ. 5와 6으로 2명입니다.
ㄷ. $\frac{1}{4}$입니다.

19

문항 해설

1. (가)에는 ㉤이 없는데 (나)에는 있으므로 (가)의 핵상은 2n이 아닙니다.
   (나)에는 ㉥이 없는데 (가)에는 있으므로 (나)의 핵상은 2n이 아닙니다.
   (라)에는 ㉡이 없는데 (마)에는 있으므로 (라)의 핵상은 2n이 아닙니다.
   (마)에는 ㉤이 없는데 (라)에는 있으므로 (마)의 핵상은 2n이 아닙니다.
   (바)에는 ㉡이 없는데 (마)에는 있으므로 (바)의 핵상은 2n이 아닙니다.

2. (라)~(바)의 핵상은 모두 다르므로 감수 2분열에서 비분리가 일어났음을 알 수 있습니다.

   (라)와 (마)에서 ㉡과 ㉤이 엇갈려 있으므로 같은 방향은 불가능합니다.
   (라)와 (바)에서 ㉢과 ㉣은 엇갈려 있으므로 같은 방향은 불가능합니다.
   따라서 (마)와 (바)가 같은 방향으로 분열된 세포임을 알 수 있습니다.

   (마)에는 ㉡이 있는데, (바)에는 없으므로 감수 2분열에서 유전자 ㉡이 있는 염색체가 비분리 되었습니다. 따라서 ㉡은 21번 염색체에 있는 유전자임을 알 수 있습니다.
   (* 구체적으로 (라)의 핵상은 n, (마)의 핵상은 (n+1), (바)의 핵상은 (n−1)입니다.)

   감수 1분열은 정상적으로 분열되었으므로, (라)에서 ㉠, ㉣, ㉤은 서로 대립유전자일 수 없고 (마)에서 ㉠, ㉡, ㉢은 서로 대립유전자일 수 없습니다.
   따라서 ㉠과 ㉥이 서로 대립유전자임을 알 수 있습니다.

3. (가)의 핵상은 2n이 아닌데 ㉠과 ㉥이 모두 있으므로 감수 1분열에서 비분리가 일어나 형성된 세포임을 알 수 있고, ㉠과 ㉥은 18번 염색체에 있는 유전자임을 알 수 있습니다.

4. (다)의 핵상이 n이라면 ㉠이 있으므로 감수 1분열에서 (가)와 같은 방향으로 분열된 세포여야 하는데, (가)와 (다) 중 (다)에만 ㉤이 있으므로 같은 방향으로 분열된 세포일 수 없습니다. 따라서 (다)의 핵상은 2n입니다.

6. 핵상이 2n인 (다)에서 ㉢이 ×이므로 (나)에서도 ㉢은 ×입니다.
   세 유전자는 모두 다른 염색체에 존재하므로 ㉡, ㉢, ㉣, ㉤은 정상적으로 분열되었는데 (나)에서 ㉡, ㉢, ㉣가 ×이므로 성염색체에 있는 유전자가 있음을 알 수 있습니다.
   ㉡은 21번 염색체에 있는 유전자이므로 ㉢과 ㉣이 성염색체에 있는 유전자임을 확정할 수 있습니다.

7. (라)에는 ㉣이, (바)에는 ㉢이 있으므로 Ⅱ는 여자이고 ㉢과 ㉣은 X 염색체에 있는 유전자임을 알 수 있습니다. (나)에서 ㉢과 ㉣이 모두 없는 Ⅰ은 남자입니다.

유전자	Ⅰ의 세포 남			Ⅱ의 세포 여		
	(가)	(나)	(다)	(라)	(마)	(바)
㉠ 18	○	×	○	○	○	○
21 ㉡	○	×	?	×	○	×
X ㉢	×	? X	×	×	? O	○
X ㉣	○	×	?	○	? X	×
21 ㉤	×	○	○	○	×	×
㉥ 18	○	×	○	×	? X	×
	n+1	n−1	2n	n	n+1	n−1

(○ : 있음, × : 없음)

선지 해설

ㄱ. Ⅰ은 남자입니다.
ㄴ. ㉢의 대립유전자는 ㉣입니다.
ㄷ. (마)에는 21번 염색체가 2개 있으므로 정상 생식세포와 수정되어 태어난 아이는 다운 증후군의 이상을 보입니다.

20

문항 해설

1. 전체 구성원 중 ㉢이 발현된 사람과 발현되지 않은 사람의 수가 같습니다.
   따라서 ㉢이 발현된 사람이 5명, 발현되지 않은 사람이 5명임을 알 수 있습니다.

   구성원 1, 2, 6에서 ㉢이 발현되었는데, 7은 ㉢이 발현되지 않았으므로 ㉢은 우성 형질입니다.
   (* 7은 ㉢에 대한 정상 유전자를 ⓧ 또는 6에게 받았을 텐데, 6은 ㉢이 발현되었고,
   ⓧ는 1 또는 2에게 받았을 텐데 1과 2 모두 ㉢이 발현되었기 때문입니다.)

   따라서 6의 ㉢에 대한 병 유전자는 4에게 받았음을 알 수 있고, 이를 통해 ⓧ와 ⓨ는 ㉢에 대해 정상임을 알 수 있습니다.

2. 1과 5는 ㉠과 ㉡에 대한 표현형이 서로 다르므로 5는 ⓐ가 수정되어 태어난 사람이 아님을 알 수 있습니다.
   (* 어머니와 아버지 모두 성염색체에서 비분리가 1회씩 일어나 핵형이 정상인 아들이 태어났다면, 아버지의 X 염색체와 Y 염색체를 아들이 그대로 받는 경우만 가능함은 알고 계셔야합니다.)

   따라서 ⓧ가 ⓐ가 수정되어 태어난 아들인데, 1과 ⓧ의 ㉢에 대한 표현형이 서로 다르므로 ㉢은 상염색체에 있는 유전자이고, ㉠과 ㉡은 X 염색체에 있는 유전자입니다.

3. 구성원 ⓧ는 ㉠은 정상, ㉡은 병인데 아들인 8은 ㉡이 정상이므로 8도 ⓐ가 수정되어 태어난 사람이 아님을 알 수 있습니다.
   따라서 7이 ⓐ가 수정되어 태어난 사람입니다.

   따라서 구성원 8은 ㉠과 ㉡에 대한 정상 유전자를 6에게서 받았는데
   6은 ㉠이 발현되었으므로 ㉠은 병이 우성입니다.

4. 구성원 3은 ㉠이 발현되었으므로 병 유전자를 가지고 있고, 4는 ㉠이 발현되지 않았으므로 정상 유전자만 갖고 있습니다. 그런데 6은 ㉠에 대한 병 유전자와 정상 유전자를 이형 접합성으로 가지고 있으므로 ⓐ가 수정되어 태어난 사람이 아님을 알 수 있습니다.

   따라서 ⓨ가 ⓐ가 수정되어 태어난 사람인데, ⓧ와 표현형이 모두 같으므로 ㉠은 정상, ㉡은 발현되어야 합니다.

   따라서 3에게는 염색체를 받으면 안 됨을 알 수 있고,
   4가 ㉡에 대한 병 유전자를 가지고 있으며 감수 2분열에서 비분리가 일어나 같은 염색체를 두 개 받았음을 알 수 있습니다.
   (* 또한 ㉡은 정상이 우성임도 알 수 있습니다.)

   이를 통해 유전자를 채우면 다음과 같습니다.

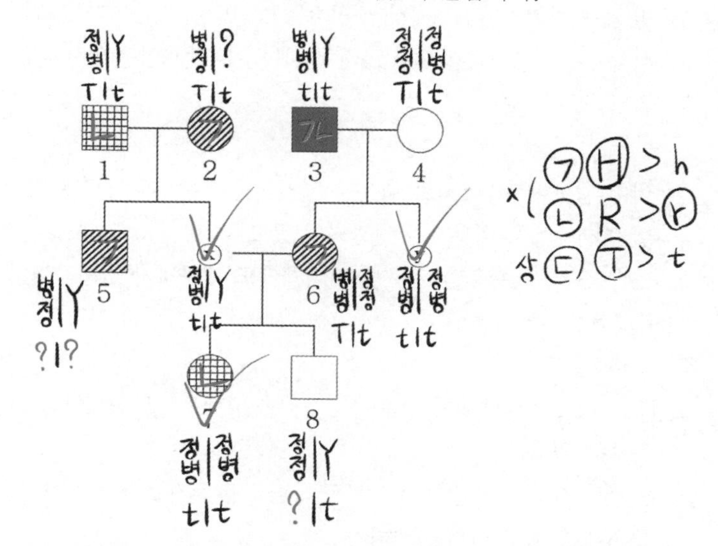

(* 5와 8의 ㉢에 대한 표현형이 다름은 알 수 있지만, 구체적으로 확정은 불가능합니다.)

선지 해설

ㄱ. 상염색체에 있습니다.
ㄴ. ⓧ와 7로 2명입니다.
ㄷ. ㉠은 정상이면서 ㉡은 발현될 수 없으므로 0입니다.

21

문항 해설

1. ⓐ의 대문자 수가 9인데, 아버지는 전좌 1회, 어머니는 비분리 1회입니다.
   전좌 1회로 아버지가 자녀에게 줄 수 있는 대문자 수는 최대 4이고,
   비분리 1회로 어머니가 자녀에게 줄 수 있는 대문자 수는 최대 5개입니다.
   ⓐ의 대문자 수가 9이므로 아버지와 어머니는 대문자를 각각 4개, 5개씩 물려주었음을 알 수 있습니다.

   아버지는 G_1기 때 전좌가 1회 일어나서 대문자를 1개 더 주려면 동형 접합성인 HH에서 H를 주는 방법밖에 없습니다. 따라서 ㉠은 H이고, H는 21번 염색체에 있는 유전자임을 알 수 있습니다.

   어머니는 비분리 1회로 대문자 5개를 물려주어야 하므로 21번 염색체에서 대문자가 연관되어 있고 21번 염색체에서 2분열 비분리가 일어났음과 7번 염색체에도 대문자가 있음을 알 수 있습니다.

2. H/h는 21번 염색체에 있는 유전자임을 밝혔으므로 R/r와 T/t는 독립입니다.
   연관된 경우 고려할 게 많으므로 독립된 유전자로만 이루어진 생식세포 Ⅲ을 먼저 봅니다.
   생식세포 Ⅲ에서 R, t가 생성될 수 없다면 TT인데 그러면 H, t가 생성될 수 없으므로 ㉮는 '불가능'이고, ㉯가 '가능'입니다.

   ㉯가 가능이므로 Ⅲ에서 어머니는 t를 갖고 있음을 알 수 있습니다.
   그런데 Ⅱ에서 H와 t는 모두 갖지 못함을 알 수 있습니다.
   따라서 H/h와 T/t는 연관되어 있음을 알 수 있습니다.

   Ⅰ에서 H, r이 형성될 수 없으므로 RR입니다.
   Ⅲ에서 t가 있고, Ⅳ에서 h가 있는데, HT 연관임을 이미 알고 있으므로 ht가 연관되어 있음을 알 수 있습니다.
   따라서 어머니는 HT/ht, R/R입니다.

선지 해설

ㄱ. H입니다.
ㄴ. '불가능'입니다.
ㄷ. HHHH TTT RR입니다.

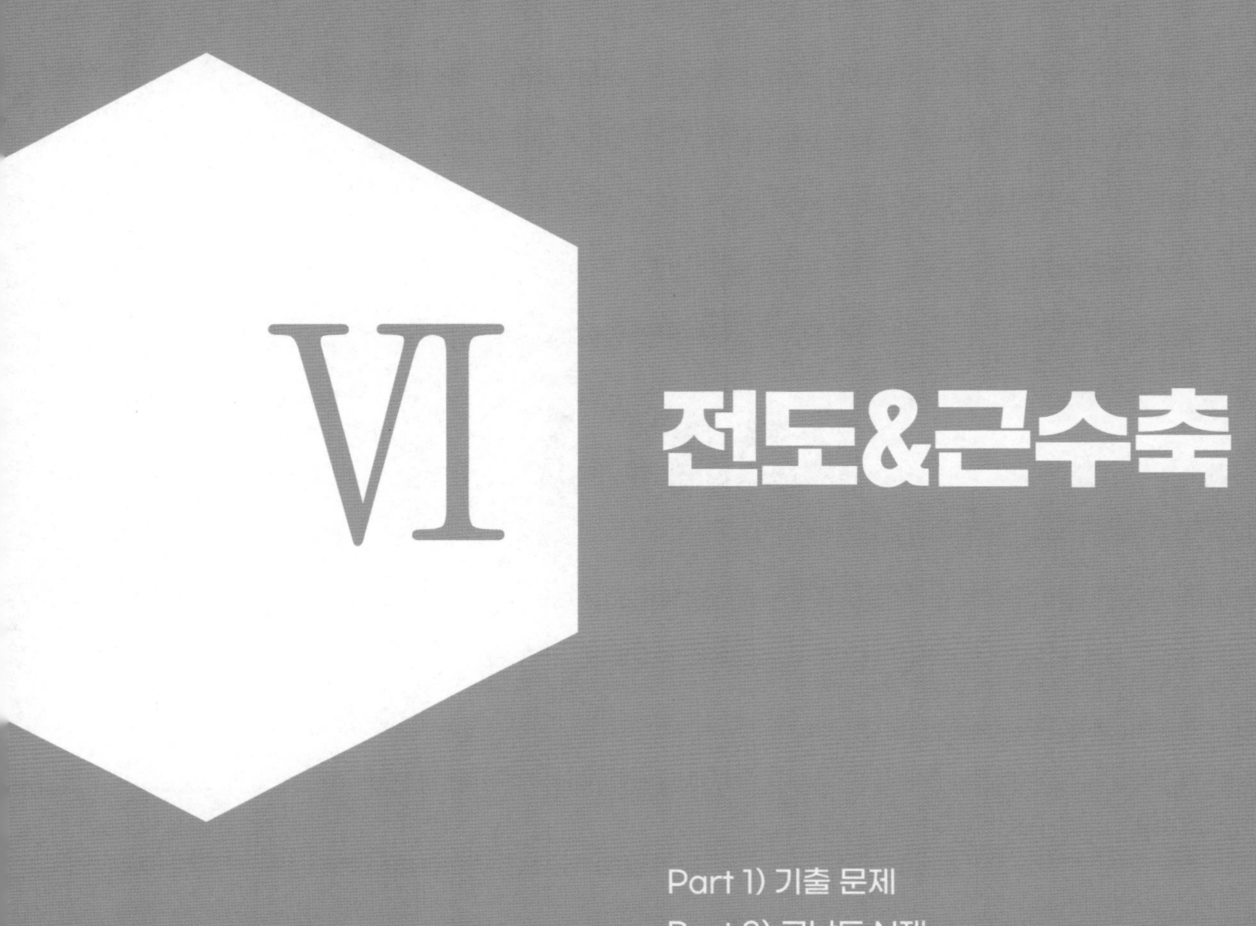

전도&근수축

Part 1) 기출 문제
Part 2) 고난도 N제

PART 1

01 14학년도 9월 11번 | 정답 ②

문항 해설

1. 자료 해석

휴지 전위가 -70mV이므로 d_3에서 -80mV은 과분극 시기의 막전위 값임을 알 수 있습니다.
d_2에서 +30mV은 막전위 그래프 상에서 과분극 시기보다 더 이전(왼쪽)에 있는 지점입니다.
따라서 자극은 d_2보다 d_3에 먼저 도달했음을 알 수 있습니다.

따라서 자극을 준 지점은 Y입니다.

선지 해설

ㄱ ㄴ

ㄷ K^+은 항상 세포 안에서 밖으로 확산됩니다.

02 20학년도 3월 14번 | 정답 ①

선지 해설

ㄱ P_1과 P_2 사이의 거리가 3cm이고, 이 신경의 흥분 전도 속도가 2cm/ms이므로 P_2에서의 자극이 P_1까지 전도되는 데 1.5ms가 소요됩니다. 그런데 자극을 준 후 시간이 3ms일 때의 막전위 값이므로 막전위 변화 시간은 1.5ms임을 알 수 있습니다.
(* (경과된 시간) = (전도 시간) + (막전위 변화 시간)이므로 3 = 1.5 + 1.5)
막전위 그래프에서 1.5ms일 때 탈분극 시기이므로 맞는 선지입니다.

ㄴ P_2에서 측정한 막전위 값은 전도 시간이 0ms이므로 막전위 변화 시간이 3ms입니다.
따라서 P_2에서의 막전위는 −80mV입니다.

ㄷ 펌프를 통해 K^+은 세포 밖에서 안으로 이동합니다.

03 17학년도 9월 11번 | 정답 ④

문항 해설

1. 자료 해석

신경 A에서 5ms일 때 d_1에서의 막전위 값이 -80mV입니다.
이는 막전위 변화 시간이 3ms인 지점이므로, P에서 d_1까지 전도되는 데 2ms가 소요되었음을 알 수 있습니다.
(* (경과된 시간) = (전도 시간) + (막전위 변화 시간)이므로 5 = 2 + 3)

따라서 신경 A에서 흥분은 4cm를 이동하는 데 2ms가 소요되었으므로 A에서 흥분 전도 속도가 2cm/ms임을 알 수 있습니다.

신경 B에서는 5ms일 때 d_2에서의 막전위 값이 -80mV이므로 P에서 d_2까지 전도되는 데 2ms가 소요되었음을 알 수 있습니다.
따라서 신경 B에서 흥분은 6cm를 이동하는 데 2ms가 소요되었으므로 B에서 흥분 전도 속도는 3cm/ms입니다.

선지 해설

ㄱ

ㄴ A의 흥분 전도 속도가 2cm/ms이므로 d_2까지 이동하는데 3ms가 소요됩니다.
따라서 막전위 변화 그래프에서 2ms가 소요되는데, 이때는 재분극 시기이므로 아닙니다.

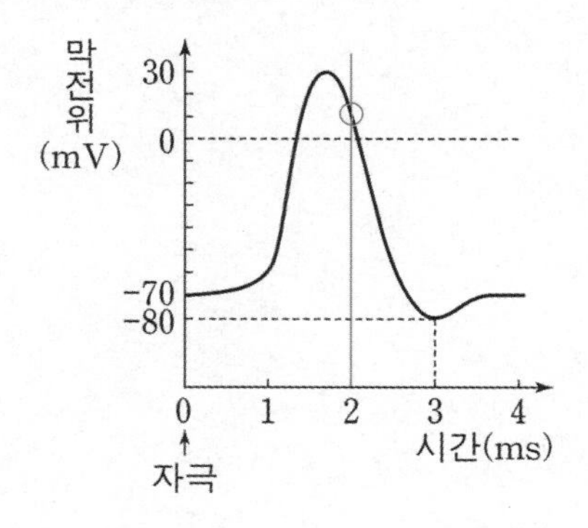

ㄷ A의 자극이 d_3까지 도달하는데 4ms가 소요되므로 막전위는 1ms만큼 변하게 됩니다.

B의 자극이 d_3까지 도달하는데 $\frac{8}{3}$ms가 소요되므로

막전위는 $\frac{7}{3}$ms만큼 변하게 됩니다.

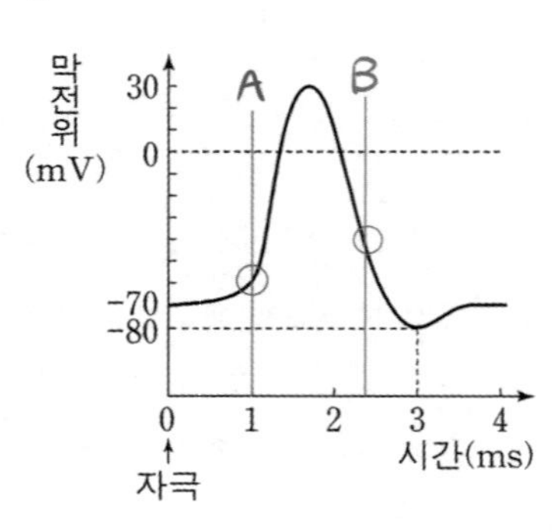

따라서 위의 그래프에서 ○ 부분이 막전위 값임을 알 수 있습니다.

A의 d_3에서 막전위 값은 -60mV 정도이고,

B의 d_3에서 막전위 값은 -40mV 정도이므로

$\frac{\text{A의 막전위}}{\text{B의 막전위}}$는 1보다 큽니다.

comment

흥분의 전도 속도를 구하는 과정을 꼭 기억해주세요.
일반적으로 전도 속도를 구하려면 거리와 시간을 알아야 합니다.
이때 경과된 시간과 막전위 그래프 상에서 특정 지점의 막전위 변화 시간을 통해 전도 시간을 알 수 있게 되고, 이를 통해 전도 속도를 구하게 됩니다.

04 17학년도 4월 15번 | 정답 ①

문항 해설

1. 자극을 준 지점 찾기

d_3에서의 막전위 값이 -80mV이고,

d_2에서의 막전위 값은 +10mV이므로

막전위 그래프 상에서 d_2가 d_3보다 왼쪽에 있습니다.

따라서 자극은 Q에 주었음을 알 수 있습니다.

(* 이해가 되지 않는다면 실전 개념 정리②를 참고해주세요.)

2. 속도 찾기

경과된 시간이 주어져 있고, 거리가 주어져 있으며 막전위 그래프에 눈금이 있으므로 속도를 찾을 수 있음을 알 수 있습니다.

막전위 그래프 상에서 눈금은 3ms일 때 -80mV이므로

d_3에서 막전위 변화 시간이 3ms임을 알 수 있습니다.

따라서 Q에서 d_3까지 전도되는 데 2ms가 소요되었음을 알 수 있습니다.

Q에서 d_3까지 6cm를 2ms 동안 이동했으므로 이 신경의 흥분 전도 속도는 3cm/ms입니다.

선지 해설

㉠ ~~ㄱ~~

d_2까지 이동하는 데 3ms가 소요되므로 막전위 변화 시간은 2ms임을 알 수 있습니다.

따라서 d_2에서 +10은 재분극 시기의 +10임을 알 수 있습니다. 이때 K^+은 세포 안에서 밖으로 K^+ 통로를 통해 확산으로 이동하므로 세포 안이 밖보다 농도가 높음을 알 수 있습니다.

(* 굳이 풀지 않아도 K^+의 농도가 세포 밖이 안보다 높을 수는 없습니다.)

05 〉 18학년도 3월 12번 | 정답 ⑤

문항 해설

1. 자료 해석

경과된 시간이 4ms일 때 A의 P_2에서 막전위 값이 -80mV이므로 P_1에서 P_2까지 전도되는 데 1ms가 소요됨을 알 수 있습니다.
따라서 신경 A의 흥분 전도 속도는 4cm/ms입니다.

경과된 시간이 4ms일 때 B의 P_3에서 막전위 값이 -80mV이므로 P_1에서 P_3까지 전도되는 데 1ms가 소요됨을 알 수 있습니다.
따라서 신경 B의 흥분 전도 속도는 8cm/ms입니다.

선지 해설

ㄱ. A의 흥분 전도 속도가 4cm/ms이므로 P_1에서 P_3까지 전도되는 데 2ms가 소요됩니다.
따라서 막전위는 2ms만큼 변하게 되므로 A의 P_3에서의 막전위 값은 +30mV입니다.

ㄴ. B의 흥분 전도 속도가 8cm/ms이므로 P_1에서 P_2까지 전도되는 데 0.5ms가 소요됩니다.
따라서 막전위는 1.5ms만큼 변하게 되므로 P_2는 탈분극 시기임을 알 수 있습니다.
따라서 P_2에서 Na^+는 Na^+ 통로를 통해 세포 안으로 유입됩니다.
(* 사실 Na^+ 통로는 항상 일부는 열려 있어 항상 맞는 선지입니다.)

ㄷ.

06 〉 19학년도 3월 15번 | 정답 ⑤

문항 해설

1. 자료 해석

막전위 그래프의 눈금을 통해
A의 P_1에서 막전위 변화 시간이 3ms이고,
B의 P_4에서 막전위 변화 시간이 2ms임을 알 수 있습니다.

이전까지의 문제는 경과된 시간이 구체적으로 주어져 있었기에 A와 B의 흥분 전도 속도를 쉽게 찾을 수 있었습니다.
하지만 이 문제에서는 경과된 시간이 구체적으로 주어져 있지 않으므로 다른 정보를 활용해야 합니다.

그런데 이때까지 흥분 전도 속도를 찾았던 과정을 생각해보면,
흥분 전도 속도는 $\frac{\text{거리}}{\text{전도 시간}}$ 였습니다.
현재 거리를 알고 있고, B의 흥분 전도 속도를 알고 있으므로 이를 통해 전도 시간을 알아낼 수 있음을 알 수 있습니다.

B의 자극을 준 지점에서 P_4까지는 6cm인데, B의 흥분 전도 속도가 3cm/ms이므로 P_4까지 전도되는 데 2ms가 소요됨을 알 수 있습니다.

따라서 B의 P_4는 전도되는 데 2ms, 막전위가 변화하는 데 2ms가 소요되었으므로 경과된 시간 t_1이 4ms임을 알 수 있습니다.

이를 이용하여 다시 A의 P_1을 해석하면,
P_1은 막전위 변화 시간이 3ms이므로 P_1까지 전도되는 데 1ms가 소요됨을 알 수 있습니다.
따라서 A의 흥분 전도 속도는 2cm/ms입니다.

선지 해설

ㄱ ㄴ

ㄷ. P_2까지 전도되는 데 3ms가 소요되므로 막전위는 1ms만큼 변하게 됩니다.
이때는 탈분극 구간이므로 P_2에서 Na^+가 Na^+ 통로를

통해 세포 밖에서 안으로 유입됩니다.

☑ comment

이 전 문제들은 경과된 시간을 처음부터 구체적으로 제시해주었지만, 이 문제는 B의 흥분 전도 속도와 거리를 통해 전도 시간을 알게 하고, 막전위 그래프의 눈금을 통해 막전위 변화 시간을 제시해주어 경과된 시간을 찾도록 했습니다.
이런 식으로 문제의 호흡을 길게할 수 있음을 인지해주세요.
또한, 거리/속력/시간을 묻는 문제는 반드시 셋 중 2개 이상의 단서가 숨어있을 수밖에 없습니다.

07 21학년도 4월 15번 | 정답 ①

문항 해설

1. 자료 해석

(가)의 d_2에서 막전위가 -80mV이므로 전도 시간이 1ms임을 알 수 있습니다.
따라서 d_1에서 d_2까지 1cm를 전도했는데 1ms가 소요되었으므로 (가)의 흥분 전도 속도는 1cm/ms입니다.
따라서 남은 (나)의 흥분 전도 속도는 2cm/ms입니다.

선지 해설

ㄱ

(가)에서 4ms일 때, d_4까지 자극이 도달하지 못하므로 d_4에서 막전위는 −70mV입니다.
(나)에서 4ms일 때, d_4까지 전도되는 데 2.5ms가 소요되므로, d_4에서 막전위는 막전위 그래프에서 1.5ms일 때의 막전위입니다.
따라서 ⓐ와 ⓑ는 다릅니다.

(나)의 d_3까지 전도되는 데 1.5ms가 소요되므로 막전위는 막전위 그래프에서 1.5ms일 때의 막전위입니다.

따라서 재분극이 일어나고 있지는 않습니다.

08 16학년도 수능 9번 | 정답 ①

문항 해설

1. 자료 해석

흥분의 전도 속도가 A보다 B가 빠르다는 조건이 없어도 지점 Ⅱ에서 A의 막전위 값은 -54mV이고 B의 막전위 값은 -80mV이므로 B가 A보다 빠름은 알 수 있어야 합니다.

B를 기준으로 봤을 때, Ⅱ의 -80mV가 -44mV나 +2mV보다 막전위 그래프 상에서 오른쪽 지점임은 자명하므로 Ⅱ가 Q_1입니다.

1) 지점 Ⅰ 해석
A보다 B의 흥분 전도 속도가 더 빠르므로 Ⅰ까지 전도되는 시간은 B가 A보다 짧습니다.
따라서 막전위 변화 시간은 B가 A보다 깁니다.
이를 통해 B가 A보다 막전위 그래프 상에서 더 오른쪽 지점이어야 함을 알 수 있습니다.
A의 막전위 값은 +30mV이고, B의 막전위 값은 -44mV인데, B가 A보다 더 오른쪽에 있는 지점이어야 하므로 재분극에 있는 -44mV임을 알 수 있습니다.

2) 지점 Ⅲ 해석
1)과 마찬가지로, A는 -60mV이고, B는 +2mV이므로 B가 A보다 더 오른쪽에 있는 지점이어야 합니다.
이때 +2는 탈분극 지점과 재분극 지점 중 어떤 지점이든 모순이 없지만, A의 -60mV는 탈분극 지점이어야만 함을 알 수 있습니다.

1)과 2)로부터 얻은 정보를 종합적으로 해석할 때, 신경 A의 -60mV는 탈분극 지점의 -60mV이므로 +30mV보다 막전위 그래프 상에서 왼쪽에 있는 지점일 수밖에 없습니다.

따라서 지점 Ⅰ이 지점 Ⅲ보다 자극을 준 지점에서 더 가까운 지점임을 알 수 있으므로 Ⅰ이 Q_2이고 Ⅲ이 Q_3입니다.

선지 해설

ㄱ) ~~ㄴ~~

~~ㄷ~~ Na^+는 세포 '밖'으로 확산될 수 없습니다.

☑ comment

이와 같은 문제를 풀 때 아래의 사항을 미리 외워두면 풀이 시간이 매우 단축되고, 굉장히 자주 쓰이는 논리이므로 꼭 기억해주세요.

막전위 그래프는 크게 2가지 구간으로 나눌 수 있습니다.

1) 위로 볼록한 구간
2) 아래로 볼록한 구간

따라서 다음과 같이 크게 3가지 케이스에 대해 점검하면 모든 케이스를 대비할 수 있게 됩니다.

1. 위로 볼록한 구간

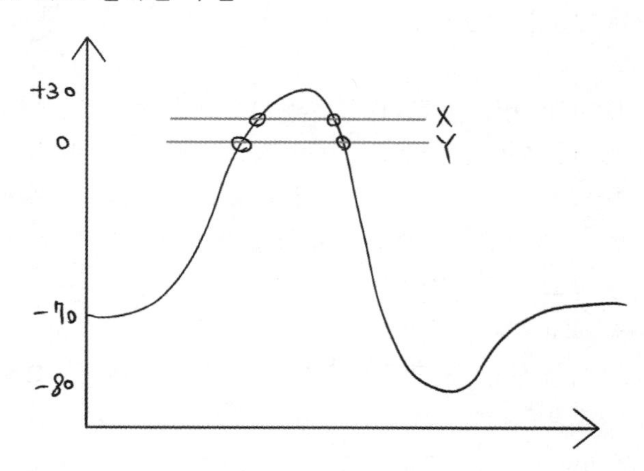

만약 문제에서 특정 지점에서의 막전위 값이 모두 위로 볼록인 구간에 속했다면 위와 같이 선을 그을 수 있게 됩니다.
예를 들어 이 문제의 지점 Ⅰ은 A와 B의 막전위 값이 +30mV, -44mV이므로 모두 위로 볼록 구간에 속하게 됩니다.

이렇게 선을 그었을 때 가능한 케이스는 크게 2가지가 있습니다.

1) 신경 X가 Y보다 빨랐을 때
2) 신경 Y가 X보다 빨랐을 때

1) 자극을 준 지점으로부터 같은 거리만큼 떨어졌는데, X가 Y보다 더 빠릅니다.
따라서 Y에서 왼쪽(L)지점만 확정할 수 있습니다. 다른 점들은 위치 확정이 불가능합니다.

2) 자극을 준 지점으로부터 같은 거리만큼 떨어졌는데, Y가 X보다 더 빠릅니다.
따라서 Y에서 오른쪽(R)지점만 확정할 수 있습니다. 다른 점들은 위치 확정이 불가능합니다.

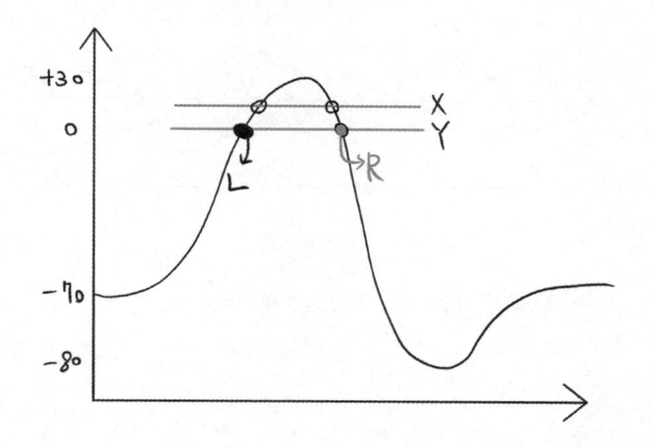

이를 통해 일반화 할 수 있는 게 생겼습니다.
"위로 볼록인 구간에선 막전위 값이 더 작은 값만 위치 확정이 가능하다."
(그림에서 L과 R은 위로 볼록 중심축 기준 왼쪽과 오른쪽입니다.)

2. 아래로 볼록한 구간

이때도 1번과 마찬가지로 X가 빠른 경우, Y가 빠른 경우로 나눌 수 있게 됩니다.
하지만 이 경우는 위로 볼록과 반대로, 오히려 막전위가 더 큰 값만 위치 확정이 가능합니다.

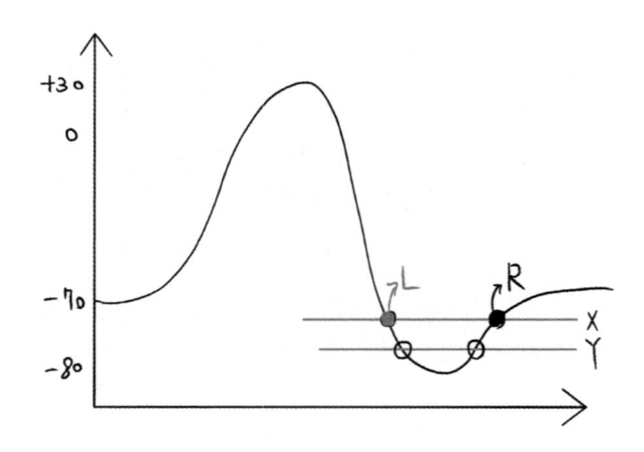

이를 통해 일반화 할 수 있는 게 생겼습니다.
"아래로 볼록인 구간에선 막전위 값이 더 큰 값만 위치 확정이 가능하다."
(그림에서 L과 R은 아래로 볼록 중심축 기준 왼쪽과 오른쪽입니다.)

3. 위로 볼록인 구간과 아래로 볼록인 구간이 섞여 나올 수도 있습니다.

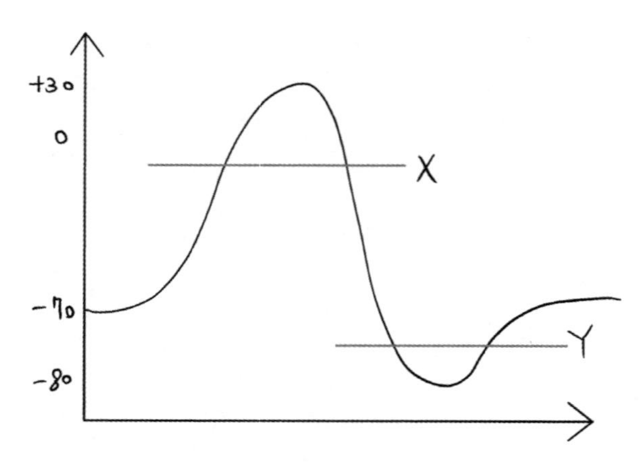

이 경우 알 수 있는 건 하나밖에 없습니다.

"Y가 X보다 빠르다."

지금까지 내용을 정리하면 다음과 같습니다.

1. 위로 볼록 => 작은 값만 위치 확정 가능
   (느리면 L, 빠르면 R)
2. 아래로 볼록 => 큰 값만 위치 확정 가능
   (느리면 L, 빠르면 R)
3. 위아래 => 전도 속도가 더 빠른 신경 찾기 가능

이 내용의 핵심 원리는 '전도 시간'이 짧을 경우 '막전위 변화 시간'이 더 길게 되므로 '오른쪽'에 찍힌다입니다.
따라서 위의 예처럼 같은 지점에서 서로 다른 두 신경을 비교할 때도 쓸 수 있지만,
경과된 시간이 여러 개이거나 하나의 신경에서 두 지점을 비교할 때도 쓸 수 있습니다.
예를 들어, 자극을 준 지점에서 가까운 거리에 있는 지점이 멀리 있는 지점에 비해 전도 시간이 짧게 소요되므로 막전위 변화 시간이 더 길게 됩니다.
따라서 자극을 준 지점에서 가까운 거리에 있는 지점을 '빠르다'라고 생각하면 위와 똑같이 풀 수 있습니다.

이 내용을 적용하여 문제를 다시 풀면 다음과 같습니다.

① 지점 Ⅱ에서 -54mV와 -80mV는 하나는 위로 볼록, 다른 하나는 아래로 볼록이므로 B가 A보다 빠르다.
② +30mV와 -44mV는 모두 위로 볼록 구간인데 -44mV가 더 작은 값이므로 위치 확정 가능, B가 A보다 빠르므로 재분극(R)
③ -60mV와 +2mV는 모두 위로 볼록 구간인데 -60mV가 더 작은 값이므로 위치 확정 가능, A는 B보다 느리므로 탈분극(L)
④ B의 Ⅱ에서 -80mV가 막전위 그래프 상에서 제일 오른쪽이므로 Ⅱ가 Q_1
Ⅰ과 Ⅲ을 비교하면 Ⅰ이 자극이 더 먼저 도달한 지점이므로 Ⅰ이 Q_2, Ⅲ이 Q_3

실제로 문제를 풀 때 표시는 아래 정도로만 하시면 됩니다.

신경	t_1일 때 측정한 막전위(mV)		
	Ⅰ②	Ⅱ①	Ⅲ③
A	+30	−54	−60 L
B	−44 R	−80	+2

09 18학년도 수능 11번 | 정답 ②

문항 해설

1. 자료 해석

(* 해설이 이해되지 않을 경우 8번 문제의 해설과 코멘트를 참고해주세요. 해설의 편의를 위해 단위(mV)는 생략했습니다.)

지점 Ⅰ : 0과 +15 중 0이 더 작은데 A가 B보다 느리므로 탈분극(L) 지점입니다.
지점 Ⅱ : +15와 −45 중 −45가 더 작은데 B가 A보다 빠르므로 재분극(R) 지점입니다.
지점 Ⅲ : −65가 +20보다 작은데 A가 B보다 느리므로 탈분극(L) 지점입니다.

B에서 +15, −45(R), +20, −80 중 −80이 막전위 그래프 상에서 제일 오른쪽에 있음이 자명하므로 Ⅳ가 자극이 제일 먼저 도달한 지점입니다.
따라서 자극을 준 지점이 Q임을 알 수 있습니다.

+15, −45(R), +20만 고려할 땐 +15와 +20 중 어떤 지점이 자극이 먼저 도달한 지점인지 확정할 수 없고, −45(R)이 Ⅰ~Ⅲ 중 제일 먼저 자극이 도달한 지점인 것만 알 수 있습니다.
따라서 Ⅱ가 d_3입니다.

A에서 0(L)과 −65(L)을 비교하면, 0(L)이 막전위 그래프 상에서 더 오른쪽 지점이므로 0(L)이 자극이 더 먼저 도달한 지점임을 알 수 있습니다.
따라서 Ⅰ이 d_2이고, Ⅲ이 d_1입니다.

신경	t_1일 때 측정한 막전위(mV)			
	Ⅰ	Ⅱ	Ⅲ	Ⅳ
A	0	+15	−65	−70
B	+15	−45	+20	−80

선지 해설

ㄱ.

ㄴ.

ㄷ. B의 d_2는 +15가 L인지 R인지 확정하기 위해선 +15보다 큰 값을 찾아야 합니다.
(* 위로 볼록 구간에서는 작은 값만 L/R을 확정할 수 있기 때문입니다.)

Ⅲ에서 +20이 +15보다 크므로 Ⅰ과 Ⅲ을 비교하는데, Ⅰ이 Ⅲ에 비해 자극이 더 먼저 도달한 지점이므로 '빠르다'라고 생각하고 풀어도 괜찮습니다.

따라서 +15는 R이므로 재분극 지점입니다.

10 〉 17학년도 수능 19번 | 정답 ⑤

문항 해설

1. 자료 해석

(* 해설이 이해되지 않을 경우 8번 문제의 해설과 코멘트를 참고해주세요. 해설의 편의를 위해 단위(mV)는 생략했습니다.)

신경 그림에서 구체적인 거리가 주어졌고, A/B의 속도가 주어졌습니다.
하지만 막전위 그래프 상에서 눈금이 없고, 경과된 시간도 주어지지 않았습니다.
따라서 경과된 시간 또는 막전위 변화 시간은 구할 수 없는 문제임을 알 수 있습니다.

d_1에 자극을 주었으므로 A와 B에서 막전위 값이 동일해야 합니다.
(* 엄밀히 말하면, 경과된 시간과 막전위 변화 그래프가 같은지 따져봐야 합니다.)

지점 Ⅱ에서 -80으로 막전위 값이 같으므로 Ⅱ가 d_1임을 알 수 있습니다.
(* 일반적으로 '막전위 값이 같다.'만 놓고 자극을 준 지점임을 보장할 수는 없습니다. +10으로 막전위 값이 같은 경우, 하나는 탈분극의 +10이고 다른 하나는 재분극의 +10일 수도 있기 때문입니다. 다만 -80은 구체적으로 한 지점밖에 없고, A와 B의 흥분 전도 속도가 다르므로 자극을 준 지점이 아니라면 막전위 값이 같을 수 없음을 통해 확정 가능합니다. 아니면 다른 접근 방법으로, A에서 각 지점들의 막전위 값을 비교했을 때 -80이 제일 오른쪽이므로 d_1임을 확정할 수도 있습니다.)

A의 전도 속도는 2cm/ms, B의 전도 속도는 3cm/ms이므로 B가 A보다 빠릅니다.

따라서
지점 Ⅰ에서 -55는 L
지점 Ⅲ에서 -10은 R입니다.

지점 Ⅳ가 d_4임은 문제에서 제시해주었으므로,
Ⅰ과 Ⅲ의 순서만 매칭하면 됩니다.

B에서 -20과 -10R을 비교하면, 더 작은 값인 -20의 L/R을 모르므로 순서를 매칭할 수 없습니다.
따라서 A로 해석해야 합니다.

A에서 -55L과 +30을 비교하면, +30이 막전위 그래프 상에서 더 오른쪽이므로 Ⅲ이 d_2이고 Ⅰ이 d_3임을 알 수 있습니다.

신경	t_1일 때 측정한 막전위(mV)			
	Ⅰ	Ⅱ	Ⅲ	Ⅳ
A	−55	−80	+30	−65
B	−20	−80	−10	㉠

아직 구체적인 거리와 속도 조건을 제대로 활용하지 않았지만, 이 문제를 처음 봤다면 이 정도만 하고 선지로 넘어가는 게 정상입니다.

선지 해설

㉠

㉡ 처음 이런 선지를 봤을 땐 당황할 수 있습니다.
이때까지 구체적인 막전위 값을 묻는 문제들은 경과된 시간이 구체적으로 주어지거나 찾을 수 있었고, 그 결과 막전위 변화 시간이 어느 정도일 때 어떤 막전위를 갖는지도 알 수 있었습니다.

다만 문제를 풀어간 과정을 생각해보면, 결국 '막전위 변화 시간이 같으면 막전위 값이 같다.'를 이용해서 구해야 함을 알 수 있습니다.
경과된 시간이 어느 정도인지는 모르지만, 경과된 시간이 t_1로 고정되어 있고, 전도 시간을 구할 수 있으므로 막전위 변화 시간을 문자로 간접적으로 구할 수 있습니다.

A는 d_1에서 d_3까지 전도되는 데 3ms가 소요되므로 막전위 변화 시간은 (t_1-3)ms입니다.
B는 d_1에서 d_4까지 전도되는 데 3ms가 소요되므로 막전위 변화 시간은 (t_1-3)ms입니다.

따라서 막전위 변화 시간이 (t_1-3)ms로 같으므로 막전위 값이 동일함을 알 수 있습니다.

ㄷ B의 d_3은 −20이므로 위치를 확정하기 위해선 −20보다 큰 값이 필요합니다.
−20보다 큰 값으로 −10이 있으므로 Ⅲ과 비교하면 위치를 확정할 수 있습니다.

d_2가 d_3보다 자극이 먼저 도달한 지점이므로 '빠르다'라고 생각할 수 있습니다.

따라서 −20은 느리므로 탈분극(L) 지점입니다.
따라서 Na^+는 세포 밖에서 안으로 Na^+ 통로를 통해 유입됩니다.
(* 사실 Na^+ 통로는 항상 일부는 열려 있으므로 안 풀어도 맞는 선지였습니다.)

11 20학년도 9월 16번 ▮ 정답 ④

문항 해설

1. 자료 해석

(* 해설이 이해되지 않을 경우 8번 문제의 해설과 코멘트를 참고해주세요. 해설의 편의를 위해 단위(mV)는 생략했습니다.)

이때까지 문제들은 경과된 시간이 고정되어 있었고, 측정한 지점이 여러 개였습니다.
이 문제는 막전위를 측정한 지점이 1개이고 경과된 시간이 여러개입니다.

경과된 시간이 Ⅱ일 때 A는 −80, B는 +10이므로 A가 B보다 흥분 전도 속도가 빠름을 알 수 있습니다.
A에서 Ⅰ~Ⅳ 중 Ⅱ가 막전위 그래프 상에서 제일 오른쪽이므로 Ⅱ가 t_4임을 알 수 있습니다.
(* 전도 시간이 고정되어 있으므로 경과된 시간이 늘어날수록 막전위 변화 시간이 늘어나게 됩니다. 따라서 경과된 시간이 늘어날수록 막전위 그래프 상에서 오른쪽에 있게 됩니다. 이를 다르게 해석하면, 경과된 시간이 클수록 '속도가 빠르다.'라고 생각할 수도 있습니다.)

경과된 시간이 Ⅰ일 때, −60과 +20 중 −60이 작은데 A가 빠르므로 −60(R)입니다.
경과된 시간이 Ⅲ일 때, +20과 −65 중 −65가 작은데 B가 느리므로 −65(L)입니다.
경과된 시간이 Ⅳ일 때, +10과 −60 중 −60이 작은데 B가 느리므로 −60(L)입니다.

B에서 경과된 시간이 Ⅰ~Ⅳ일 때 막전위 그래프의 위치를 고려하면 Ⅰ이 t_3, Ⅲ이 t_1, Ⅳ가 t_2임을 알 수 있습니다.

신경	d_2에서 측정한 막전위(mV)			
	Ⅰ t_3	Ⅱ t_4	Ⅲ t_1	Ⅳ t_2
A ✓	−60 R	−80	+20	+10
B	+20	+10	−65 L	−60 L

선지 해설

ㄱ ㄴ̸ ㄷ

12 23학년도 10월 15번 ▮ 정답 ①

문항 해설

1. 자료 해석

A와 B의 흥분 전도 속도는 모두 1cm/ms입니다.
따라서 막전위 변화 시간에서 전도 시간은 자연수일 수밖에 없습니다.
그런데 전체 시간도 자연수이므로, 막전위 변화 시간은 정수입니다.
즉, 막전위 변화 시간은 0ms, 1ms, 2ms, 3ms, 4ms 등등만 나올 수 있습니다.

그런데, +20mV는 누가 봐도 2ms일 때의 막전위인데, ㉠이 d_2일 경우 전도 시간이 1ms이므로 전체 시간은 3ms가 됩니다.
그런데 t_1~t_4에서 3ms가 없으므로 ㉠은 d_4이며 t_3 = 3+2 = 5ms입니다.
(* 해설이 억지스럽다 생각하실 수도 있지만, 이 문항은 '1ms일

때 막전위 그래프에서 막전위는 딱 봐도 +20mV는 아니다.'라는 내용을 사용하지 않고는 풀 수 없는 문항입니다. 평가원에서도 그림상 딱 봐도 그런 경우 그렇다~ 식으로 풀리는 문항이 있었기에 이렇게 출제될 수도 있구나 하고 넘어가셔야 합니다.)

또한, ㉡은 d_2이므로 B에서 t_1 = 1+3 = 4ms입니다.
B에서 t_2일 때 막전위가 -70mV이므로 t_2 = 1+0 = 1ms이고, 남은 t_4 = 2ms입니다.

선지 해설

㉠ ✗

✗ ⓐ는 막전위 변화 시간이 0ms이므로 -70입니다.
ⓑ는 막전위 변화 시간이 1ms이므로 -70은 아닙니다.

☑ comment

B의 경우 ㉡이 어디든 전도 시간이 1ms이므로 t_1=4ms임은 처음부터 알 수 있었습니다.
그리고 ㉡이 d_4고, ㉠이 d_2면 결국 둘 다 전도 시간이 같아 결과적으로 표에서 막전위가 완전히 같아집니다.
문제 출제 의미가 없어 보이니 눈치껏 ㉠=d_4, ㉡=d_2로 찍는 것도 나름 합리적입니다.

13 〉 18학년도 7월 10번 | 정답 ①

문항 해설

1. 자료 해석
(* 해설이 이해되지 않을 경우 8번 문제의 해설과 코멘트를 참고해주세요. 해설의 편의를 위해 단위(mV)는 생략했습니다.)

지점 B에서 (가)는 -55, (나)는 -75이므로 (나)에서가 (가)에서보다 자극이 더 먼저 도달했음을 알 수 있습니다. 따라서 (나)가 말이집 신경이고 (가)가 민말이집 신경입니다.

지점 A가 B보다 자극을 준 지점에 더 가까우므로 '빠르다'라고 생각할 수 있습니다.
따라서 (가)에서 A의 -55는 재분극(R) 지점이고, B의 -55는 탈분극(L) 지점입니다.

선지 해설

㉠ ✗

✗ K^+ 농도는 세포 밖이 안보다 높을 수 없습니다.

14 〉 23학년도 4월 15번 | 정답 ⑤

문항 해설

1. 자료 해석
전체 시간이 4ms일 때,
(가)에서 d_2에 자극을 주었는데 d_1에서 −80mV이므로 전도 시간은 1ms입니다.
따라서 1cm를 1ms 동안 전도하였으므로 A의 흥분 전도 속도는 1cm/ms입니다.

(나)에서 d_1과 d_2의 막전위 값은 막전위 그래프에서 1ms만큼 차이가 나야합니다.
(* d_2에서 d_1까지 전도하는 데 1ms가 소요되므로, 그만큼 d_2에서의 막전위 변화 시간이 d_1에서는 1ms가 줄어들기 때문입니다.)
1ms만큼 차이가 나면서 -60mV와 0mV가 나올 수 있는 지점은 각각 막전위 그래프에서 1ms와 2ms일 때이므로 d_3에서 d_2까지 2ms가 소요되었음을 알 수 있습니다.
(* 전체 시간이 4ms임은 문제에서 제시해주었습니다.)
따라서 ㉠=2cm입니다.

(가)에서 d_4는 −60mV인데, ㉠이 2cm이므로 막전위 그래프에서 2ms보다 작은 값의 -60mV여야 합니다.
이는 막전위 그래프에서 1ms일 때 -60mV밖에 없으므로 d_2에서 d_4까지 전도하는 데 3ms가 소요됨을 알 수 있습니다.
㉠=2cm이므로 ㉡=1cm입니다.

선지 해설

ㄱ ㉡

ㄷ 전도 시간이 4ms이므로 막전위 변화 시간은 1ms입니다.
이때는 탈분극이 일어나고 있습니다.

☑ comment

이 문제에서 핵심 논리는 'd_1과 d_2에서 거리가 1cm이므로 막전위 그래프 시간도 1ms만큼 차이나야 한다.'입니다.
이 논리도 굉장히 자주 쓰이는 논리이므로 꼭 알아두시기 바랍니다.

15 16학년도 3월 16번 | 정답 ②

문항 해설

1. 자료 해석

㉠에서는 (가)와 (나)에서 막전위 값이 동일한데, ㉡과 ㉢에서는 막전위 값이 다르므로 ㉠과 ㉡ 사이에 시냅스가 있음을 알 수 있습니다.

그런데 ㉡에서 -72mV가 +6mV보다 오른쪽에 있으므로 자극이 더 먼저 도착한 지점임을 알 수 있습니다.
따라서 시냅스는 (가)의 ㉠과 ㉡ 사이에 있습니다.
(* 전도가 전달보다 빠릅니다.)

선지 해설

ㄱ

ㄴ K^+ 농도는 세포 안이 밖보다 높습니다.

ㄷ 펌프는 항상 작동하므로 Na^+의 이동도 항상 있습니다.
(* 사실 통로도 일부는 열려있으므로 통로를 통한 이동도 있습니다.)

16 17학년도 10월 12번 | 정답 ③

문항 해설

1. 자료 해석

P_2에 자극을 주고 경과된 시간이 8ms일 때 P_1과 P_3에서의 막전위가 모두 -80mV이므로 자극이 P_1과 P_3 각각에 도달하는 데 5ms가 소요되었음을 알 수 있습니다.
따라서 신경 ㉠은 10cm를 전도하는 데 5ms가 소요되었으므로 ㉠의 흥분 전도 속도는 2cm/ms입니다.

P_3에 자극을 주고 경과된 시간이 4ms일 때 P_4에서 막전위가 +30mV이므로 전도되는 데 2ms가 소요되었음을 알 수 있습니다.
따라서 신경 ㉡은 6cm를 전도하는 데 2ms가 소요되었으므로 ㉡의 흥분 전도 속도는 3cm/ms입니다.

선지 해설

ㄱ

ㄴ P_2에 준 자극이 P_3까지 도달하는 데 5ms가 소요되고, P_3에서 P_4까지 자극이 전도되는 데 2ms가 소요되므로 P_2에 준 자극이 P_4까지 도달하는 데는 총 7ms가 소요됩니다.

따라서 경과된 시간이 8ms일 땐 1ms만큼 막전위가 변하고, 10ms일 땐 3ms만큼 막전위가 변합니다. 3ms일 때 막전위값이 -80mV이므로 8ms일 때가 높습니다.

ㄷ 전달은 축삭 돌기에서 가지 돌기 방향으로 한 방향으로만 이루어지므로 P_2에서의 막전위는 휴지 전위인 -70mV입니다.
P_3에서 P_4까지 전도되는 데 2ms가 소요되므로 막전위

변화 시간은 4ms입니다. 따라서 P_4에서의 막전위는 −70mV입니다.

따라서 1입니다.

comment

시냅스가 있는 문제는 일반적으로 '전달은 한 방향'임을 이용하여 문제나 선지를 구성하게 됩니다.

17 〉 20학년도 6월 14번 | 정답 ②

문항 해설

1. 자료 해석

신경 그림에서 구체적인 cm가 있고, 경과된 시간이 주어져 있으며 막전위 그래프에 눈금이 찍혀 있습니다.
이를 통해 흥분의 전도 속도를 구할 수 있음을 알 수 있습니다.

B는 d_2에서 막전위 변화 시간이 3ms이므로 d_1에서 d_2까지 자극이 도달하는 데 3ms가 소요됨을 알 수 있습니다.
C는 d_3에서 막전위 변화 시간이 3ms이므로 d_1에서 d_3까지 자극이 도달하는 데 3ms가 소요됨을 알 수 있습니다.
따라서 3cm를 이동하는 데 3ms가 소요되었으므로 C의 흥분 전도 속도는 1cm/ms입니다.

따라서 B의 흥분 전도 속도는 2cm/ms이고, d_4에서 막전위 값이 +10인데, d_2에서 d_4까지 전도되는 데 1ms가 소요되므로 막전위 변화 시간이 2ms일 때 막전위 값이 +10임을 알 수 있습니다.

이처럼 문제를 푸는 과정에서 눈금을 찍어주지 않았지만, 특정 ms일 때의 막전위 값을 알게 되었다면 꼭 문제에 표시해두세요.
필요 없을 수도 있지만, 문제나 선지를 해석할 때 필요한 경우가 많습니다.

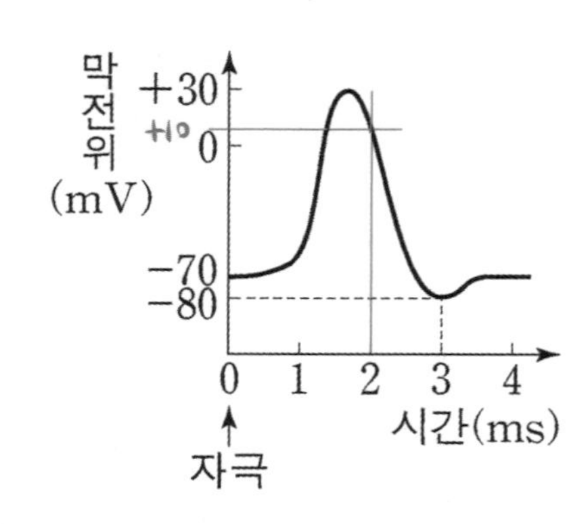

선지 해설

ㄱ. B의 d_4까지 흥분이 도달하는 데는 4ms가 소요되고, C의 d_4까지 흥분이 도달하는 데는 4ms가 소요되므로 틀린 선지입니다.

ㄴ. C의 d_3까지 흥분이 도달하는 데 3ms가 소요되므로 막전위는 1ms만큼 변하게 됩니다.
이때는 탈분극 구간이므로 Na^+ 통로를 통해 Na^+이 세포 밖에서 안으로 유입됩니다.
(* Na^+ 통로는 어느 시기든 일부는 열려있으므로 세포 안/밖의 방향성만 맞다면 항상 맞는 선지입니다.)

ㄷ. B의 d_2까지 흥분이 도달하는 데 3ms가 소요되므로 막전위는 2ms만큼 변하게 됩니다.
이때 막전위 값이 +10이고, 재분극 시기임을 알고 있으므로 틀린 선지입니다.

18 〉 21학년도 9월 10번 | 정답 ⑤

문항 해설

1. 자료 해석

B의 d_2에서 막전위 변화 시간이 3ms이므로 A의 d_1에서 B의 d_2까지 흥분이 도달하는 데 2ms가 소요됨을 알 수 있습니다.

C의 d_3에서 막전위 변화 시간이 3ms이므로 C의 d_1에서 C의 d_3까지 흥분이 도달하는 데 2ms가 소요됨을 알 수 있습니다.

d_1에서 d_3까지 거리가 4cm이므로 C의 흥분 전도 속도는 2cm/ms입니다. B와 C의 흥분 전도 속도가 같으므로 B의 흥분 전도 속도도 2cm/ms입니다.

D의 d_2에서 막전위 변화 시간이 2ms이므로 D의 d_1에서 D의 d_2까지 흥분이 도달하는 데 3ms가 소요됨을 알 수 있습니다. d_1에서 d_2까지 거리가 2cm이므로 D의 흥분 전도 속도는 $\frac{2}{3}$cm/ms입니다.

선지 해설

ㄱ

ㄴ B의 흥분 전도 속도가 2cm/ms이므로 d_2에서 d_3까지 흥분이 전도되는 데 1ms가 소요됩니다.
따라서 d_1에서 d_3까지 흥분이 도달하는 데 총 3ms가 소요되므로 막전위는 2ms만큼 변하게 됩니다. 따라서 ⓐ는 +30입니다.

ㄷ C의 d_3까지 전도되는 데 2ms가 소요되므로 막전위는 1ms만큼 변하게 됩니다. 이는 탈분극 구간이므로 맞는 선지입니다.

19 20학년도 7월 5번 | 정답 ⑤

문항 해설

1. 자료 해석

(나)에서 d_2의 막전위 변화 시간이 3ms이므로 전도 시간이 1ms임을 알 수 있습니다. d_1에서 d_2까지 2cm이므로 (나)를 구성하는 뉴런의 흥분 전도 속도는 2cm/ms입니다.

따라서 (가)를 구성하는 뉴런의 흥분 전도 속도는 4cm/ms입니다.

(가)에서 시냅스가 없을 경우 d_3까지 전도되는 데 1.5ms가 소요되므로 막전위는 2.5ms만큼 변하게 됩니다. 그런데 이때 막전위 값이 -60mV이므로 (가)에 시냅스가 있어야 함을 알 수 있고, 시냅스는 d_2와 d_3 사이에 있습니다.

선지 해설

ㄱ (가)에서 d_2까지 전도되는 데 0.5ms가 소요되므로 막전위는 3.5ms만큼 변하게 됩니다. 따라서 ㉠은 -70mV입니다.
(나)에서 d_4까지 전도되는 데 4.5ms가 소요됩니다. 4ms일 때 측정한 막전위이므로 자극이 도달하기 전 상황임을 알 수 있습니다. 따라서 ㉡은 휴지 전위인 -70mV입니다.

ㄴ

ㄷ (나)에서 d_3까지 전도되는 데 3ms가 소요됩니다. 따라서 ⓐ가 5ms일 때 막전위는 2ms만큼 변하므로 막전위 값이 0mV이며 재분극이 일어나고 있음을 알 수 있습니다.

20 19학년도 7월 18번 | 정답 ⑤

문항 해설

1. 자료 해석

전달은 한 방향으로만 이루어집니다.
따라서 자극을 d_3이나 d_4에 주었을 경우 (가)에서 d_1과 d_2는 자극이 도달하지 못하므로 휴지 전위인 -70mV여야 합니다.
그런데 d_2의 막전위가 -80mV이므로 자극을 준 지점이 d_1과 d_2 중 하나임을 알 수 있습니다.

(가)와 (나)의 d_4에서 막전위 값이 서로 다릅니다.
문제에서 전도 속도와 전달 속도가 모두 동일하다 했으므로, (나)도 시냅스를 한 번 거친다면 d_4에서의 막전위 값이 (가)와 같아야 합니다.
그런데 막전위 값이 서로 다르므로 (나)의 자극을 준 지점에서 d_4까지 흥분이 도달하는 과정에선 시냅스가 없었음을 추론할 수 있습니다.

d_1에 자극을 준 경우 반드시 시냅스를 거쳐야 하므로 자극을 준 지점은 d_2이고, (나)에서 시냅스는 d_1과 d_2 사이의 지점임을 알 수

있습니다.

선지 해설

ㄱ ~~ㄴ~~

ㄷ (* 해설이 이해되지 않을 경우 8번 문제의 해설과 코멘트를 참고해주세요.)

자극을 준 지점이 d_2이므로 d_3까지 자극이 이동할 때 (가)는 시냅스를 한 번 거치고, (나)는 시냅스를 거치지 않습니다. 따라서 시냅스를 거친 (가)의 속도가 '느리다'라고 생각해도 괜찮습니다.
(* 실제로 흥분 전도 속도가 느리다는 게 아니라, 전달 과정에서 시간을 더 많이 소모했으므로 느리다고 '생각'해도 괜찮다는 뜻입니다.)

+23mV와 +10mV 중 +10mV가 작은 값이므로 위치를 확정할 수 있는데, (나)가 빠르므로 재분극(R)입니다.

21 23학년도 7월 18번 | 정답 ④

문항 해설

1. 자료 해석

각 신경에서 가까운 지점 사이의 거리는 모두 2cm입니다.
A, B, C의 흥분 전도 속도는 모두 1cm/ms 또는 2cm/ms입니다.
따라서 d_3, d_4, d_6에서는 전도 시간이 자연수일 수밖에 없습니다.
그런데 전체 시간도 자연수이므로 막전위 변화 시간도 자연수입니다.

이때, 전체 시간이 4ms일 때 +10mV는 막전위 그래프에서 자연수 값이 아니므로 d_5에서의 막전위입니다.
같은 논리로 5ms일 때 -50mV도 d_5에서의 막전위입니다.

그런데 전체 시간이 4ms일 때, A/B의 흥분 전도 속도가 1cm/ms라면 d_5까지 자극이 도달할 수 없으므로 A/B의 흥분 전도 속도는 2cm/ms이고, C의 흥분 전도 속도는 1cm/ms입니다.
(* 또는 ⓐ가 1이고, ⓑ가 2라면 d_3과 d_6에서 막전위가 동일해야 합니다.
그런데 5ms일 때 동일한 막전위가 없으므로 ⓐ가 2이고 ⓑ가 1임도 알 수 있습니다.)

이를 통해 막전위를 정리하면 다음과 같음을 알 수 있습니다.

시간(ms)	막전위(mV)			
	d_3	d_4	d_5	d_6
4	−80	0	+10	−70
5	−70	−80	−50	−60

따라서 ㉠ = −80입니다.

선지 해설

~~ㄱ~~ ㄴ

ㄷ d_5에서 5ms일 때 막전위 -50mV는 4ms일 때 +10mV보다 막전위 그래프에서 오른쪽에 있어야 하므로 재분극 지점의 -50mV입니다.
그런데 2.5ms일 때 -60mV임로 -50mV는 2.5ms보다 작은 값에서의 막전위입니다.
따라서 4ms일 때 +10mV도 1.5ms보다 작은 값에서의 막전위입니다.
이는 그림상 탈분극 지점이므로 탈분극이 일어나고 있습니다.
(* 그림상 탈분극 지점이라 탈분극이라는 해설이 마음에 들지 않을 수도 있습니다.
그러나 평가원도 그림상 딱 봐도 그런 경우 그렇다~ 식으로 풀리는 문항이 있었기에 이렇게 출제될 수도 있구나 하고 넘어가셔야 합니다.)

22 〉 24학년도 9월 12번 | 정답 ①

문항 해설

1. 지점 찾기

기출 문제를 제대로 학습한 학생이라면,
표를 대충 봐도 극대(+30)점을 통해 대칭점을 이용할 생각을 하셔야 합니다.
A는 d_2~d_4에서 +30이 2번 나왔으므로 자극을 준 지점이 d_3이며 Ⅰ이 d_3임을 바로 알 수 있습니다.
(* B는 시냅스 때문에 케이스가 나뉘므로 A보다 먼저 해석하는 건 합리적이지 않습니다.)

또한, A에서 d_3에 자극을 주었는데 d_2/d_4에서 막전위가 같으므로 (가)에는 시냅스가 없음을 알 수 있습니다. 따라서 (나)와 (다)에는 시냅스가 있습니다.

B에서 d_3에 자극을 주었는데, d_1에서 막전위가 +30mV이므로 d_2에서는 +30mV일 수 없습니다.
따라서 Ⅲ은 d_4이고 남은 Ⅱ는 d_2입니다.

2. 흥분 전도 속도 찾기

A에서 d_3에 자극을 주었는데, d_2/d_4에서 막전위가 +30mV이므로 2cm를 전도하는 데 2ms가 소요됨을 알 수 있습니다.
따라서 A의 흥분 전도 속도는 1cm/ms이고, ⓑ=1입니다.

B에서 d_3에 자극을 주었는데, d_1에서 막전위가 +30mV이므로 4cm를 전도하는 데 2ms가 소요됨을 알 수 있습니다.
따라서 B/C의 흥분 전도 속도는 2cm/ms이고, ⓐ=2입니다.

신경	4ms일 때 막전위(mV)				
	d_1	d_3	d_2	d_4	d_5
A	−70	−70	+30	+30	−70
B	+30	−70	−80	+30	?
C	−70	−70	−70	−80	+30

선지 해설

ㄱ) ~~ㄱ~~

~~ㄱ~~ 4ms일 때 B의 d_4에서 막전위가 +30mV이므로 전체 시간이 1ms만큼 늘어난 5ms일 때는 막전위 변화 시간이 1ms만큼 늘어나 막전위는 −80mV입니다.
B의 d_4에서 d_5까지 전도되는 데는 1ms가 소요되므로 5ms일 때 d_4에서 −80mV는 d_5에서는 막전위 변화 시간이 1ms만큼 감소된 +30mV임을 알 수 있습니다.
(* 이 논리는 이전 문항들에서도 많이 쓰인 논리이므로 꼭 숙지해두시기 바랍니다.)

23 〉 18학년도 10월 12번 | 정답 ②

문항 해설

1. 자료 해석

'동일한 지점'에 자극을 주었으므로 해당 지점의 막전위 값은 같아야 합니다.
경과된 시간이 4ms일 때 측정한 막전위이므로 −70mV로 같아야 합니다.
가능한 지점은 Ⅱ와 Ⅳ 중 하나인데, 실제로 ㉠이 −70이었으면 Ⅱ와 Ⅳ를 구분할 수 없고, −70이 아닐 경우 자극을 준 지점이 아니므로 Ⅳ를 자극을 준 지점으로 고정해놓고 풀어도 괜찮습니다.

A의 Ⅴ와 B의 Ⅰ은 막전위 변화 시간이 3ms이므로 자극이 도달하는 데 1ms가 소요되는 지점임을 알 수 있습니다.
A와 B의 흥분 전도 속도가 각각 1cm/ms, 2cm/ms이므로 자극을 준 지점으로부터 1cm, 2cm 떨어진 지점임을 알 수 있습니다.

d_1, d_2에 자극을 주었다면 1cm 떨어진 지점이 없고,
d_4에 자극을 주었다면 2cm 떨어진 지점이 없으므로
자극을 준 지점이 d_3 또는 d_5임을 알 수 있습니다.

이때 d_5에 자극을 주었다면, Ⅴ는 d_4이고 Ⅰ은 d_3입니다. 따라서 A에서 +10mV인 Ⅲ이 d_1 또는 d_2여야 하는데 d_5에서 d_2까지 전도되는 데만 4ms가 소요되므로 불가능함을 알 수 있습니다.

따라서 자극을 준 지점은 d_3이고, V는 d_4, Ⅰ은 d_2 또는 d_5입니다.
d_2와 d_5는 d_3를 기준으로 대칭이므로 확정 불가능합니다. 따라서 해설의 편의를 위해 Ⅰ을 d_2라 고정시켜놓고 해설하겠습니다.

이제 Ⅱ와 Ⅲ을 찾아야 하는데, A는 d_5까지 전도되는 데 2ms가 소요되므로 막전위 변화 시간은 2ms입니다.
이때 막전위 값이 +10mV이므로 Ⅲ이 d_5이고 남은 Ⅱ는 d_1입니다.

신경	4ms일 때 측정한 막전위(mV)				
	d_2 Ⅰ	Ⅱ d_1	Ⅲ d_5	Ⅳ d_3	Ⅴ d_4
① A	?	−70	+10	−70	−80
② B	−80	㉠	?	−70	?

선지 해설

ㄱ

ㄴ d_4에서 A의 막전위는 −80mV이고,
B의 막전위는 막전위 변화 그래프에서 3.5ms일 때이므로 −70mV와 −80mV 사이의 값임을 알 수 있습니다. 따라서 1보다 작습니다.

ㄷ B에서 d_1까지 전도되는 데 2ms가 소요되므로 ㉠에서의 막전위 값은 막전위 변화 시간이 2ms일 때인 +10입니다.

A에서 d_1까지 전도되는 데 4ms가 소요되므로 6ms일 때 막전위 값은 막전위 변화 시간이 2ms일 때인 +10입니다.
따라서 맞는 선지입니다.

24

19학년도 6월 17번 | 정답 ①

문항 해설

1. 자료 해석

자극을 준 지점의 막전위 값은 같은데, 경과된 시간이 3ms일 때 측정한 막전위이므로 −80mV로 같아야 합니다.
따라서 Ⅲ이 자극을 준 지점이고, ㉠은 −80입니다.

표의 지점 Ⅰ에서 +10mV와 −40mV 중 −40mV가 더 작으므로 탈분극 지점인지 재분극 지점인지 확정할 수 있는데,
B가 A보다 빠르므로 −40mV는 재분극(R) 지점입니다.
(* 이 부분이 이해되지 않는다면 8번 문제의 해설과 코멘트를 참고해주세요.)

B에서 지점 Ⅰ, Ⅱ, Ⅳ를 비교하면 Ⅰ이 제일 먼저 자극이 도달한 지점임을 알 수 있습니다.
Ⅰ과 Ⅴ 중 어떤 게 더 먼저 자극이 도달한 지점인지는 알 수 없으나,
자극이 먼저 도달한 순서가 Ⅲ / Ⅰ / Ⅱ&Ⅳ 임은 알 수 있습니다.
따라서 자극을 준 지점에서 가장 가까운 지점은 Ⅰ 또는 Ⅴ입니다.

그런데 A의 Ⅰ과 Ⅴ에서의 막전위가 +10mV로 같으므로 자극을 준 지점에서 가장 가까운 지점에서의 막전위 값은 +10mV여야 합니다.

이때 자극을 준 지점으로부터 1cm 떨어진 지점은 전도 시간이 0.5ms이므로
막전위 변화는 2.5ms가 되는데 이는 +10mV일 수 없음을 알 수 있습니다.
(* 이 부분에 불편함을 느끼는 학생들이 있을 수 있습니다.
다만, 이렇게 접근하지 않을 경우 현실적으로 풀이가 불가능합니다.)

따라서 자극을 준 지점으로부터 1cm 떨어진 지점이 있는 d_1, d_2, d_3은 자극을 준 지점일 수 없고,
2cm 떨어진 지점에서 막전위가 +10mV여야 하므로 막전위 그래프에서 2ms일 때 +10mV임도 알 수 있습니다.

d_5에 자극을 주었다면 A는 d_4와 d_1~d_3 중 한 지점에서 막전위가

+10mV였다는 뜻인데,
A에서는 d_3까지 전도되는 데 2ms가 걸리므로, d_1과 d_2는 2ms보다 더 많은 시간이 소요됩니다.
따라서 막전위 변화 시간은 d_3에선 1ms이고 d_1, d_2에선 1ms보다 적습니다.
막전위 변화 시간이 1ms 이하일 때 막전위가 +10mV일 순 없으므로 자극을 준 지점이 d_4임을 확정할 수 있습니다.

d_4에서 가장 가까운 지점은 d_3와 d_5인데
이는 d_4를 기준으로 대칭인 지점이므로 두 지점의 막전위는 +10mV로 같아야 합니다.
또한 d_4에서 d_3까지의 거리는 2cm이고 d_2까지의 거리는 3cm이므로 떨어진 거리의 비가 2:3입니다.
거리비와 속도비가 같으므로 A에서 d_3과 B에서 d_2의 막전위 값은 같아야 합니다.

이를 고려하면, Ⅳ는 d_2이고, Ⅰ과 Ⅴ가 각각 d_3과 d_5 중 하나임을 알 수 있습니다.
해설의 편의를 위해 Ⅰ을 d_3이라 하면, Ⅴ는 d_5입니다. 남은 Ⅱ는 d_1입니다.

이때 B에서 d_1까지 전도되는 데 $\frac{4}{3}$ms가 소요되므로
막전위 그래프 상에서 $\frac{5}{3}$ms인 지점의 막전위 값이 +30mV임도 알 수 있습니다.
(* 이렇게 문제를 푸는 과정에서 그래프 상의 지점을 알 수 있는 경우 표시해두는 게 좋습니다.
문제나 선지를 해석할 때 필요한 경우가 많습니다.)

신경	3ms일 때 측정한 막전위(mV)				
	d_3 Ⅰ	d_1 Ⅱ	d_4 Ⅲ	d_2 Ⅳ	d_5 Ⅴ
②A	+10	?	-80	?	+10
③B	-40	+30	-80	+10	?

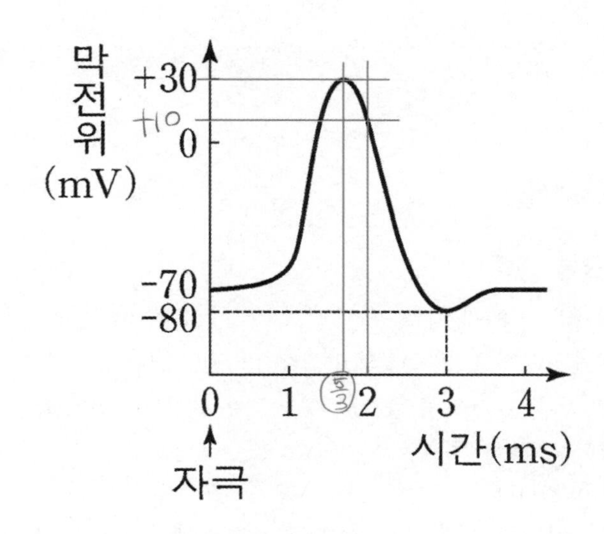

선지 해설

ㄱ) ✗

✗ 그래프의 눈금을 통해 재분극 지점임을 알 수 있습니다.

comment

이 문제를 풀 때 A에서 Ⅰ의 +10mV와 Ⅴ의 +10mV를 동일한 지점(탈/재분극까지 같은 지점)이라는 전제 하에 대칭점이 반드시 존재해야 한다고 푸는 학생들이 많습니다. 시험장에서 처음 봤고, 시간이 부족한 경우 그렇게 시도하는 것은 나쁘지 않으나 그렇게 푸는 게 비약임은 인지하고 계셔야 합니다.
(* 둘 중 하나는 탈분극 지점의 +10mV이고 다른 지점은 재분극 지점의 +10mV이면 그런 풀이가 불가능합니다.)

비슷하게, A에서 +10mV와 B에서 +10mV도 동일한 지점이라며 속도 비만큼 떨어진 지점이어야 한다고 하며 푸는 것도 비약입니다.

25 〉 19학년도 수능 15번 ❙ 정답 ④

문항 해설

1. 자료 해석

표의 Ⅲ에서 d_3과 d_4 중 d_3이 자극을 준 지점으로부터 더 가까운 지점이므로 d_3을 '빠르다'라고 생각해도 괜찮습니다.
+30mV와 -60mV 중 -60mV가 더 작은 값이므로 위치 확정이 가능하고, 느리므로 Ⅲ에서 -60mV는 탈분극(L) 지점의 -60mV입니다.
(* 이 부분이 이해가 되지 않는다면 41번 문제의 해설과 코멘트를 참고해주세요.)
(* 표가 주어졌을 때 L/R을 체크하는 건 습관적으로 하셔야 합니다.)

경과된 시간이 3ms일 때 막전위를 측정하였으므로 (가) 그래프를 사용하는 A와 B는 d_1에서의 막전위가 -80mV여야 합니다.
그런데 Ⅱ는 d_2에서 −80mV이므로 Ⅰ과 Ⅲ 중 하나는 A, 다른 하나는 B이고 Ⅱ가 C임을 알 수 있습니다.
또한 C는 d_2일 때 막전위 변화 시간이 2ms이므로 전도 시간은 1ms입니다. 2cm를 1ms 동안 이동했으므로 C의 흥분 전도 속도는 2cm/ms입니다.

이제 사용하지 않은 조건이 A의 흥분 전도 속도 조건밖에 없으므로 이를 활용해야 합니다.
현재 Ⅰ과 Ⅲ 중 어떤 게 A인지 확정해야 하므로 두 신경의 막전위 값이 모두 나와있는 d_3을 봅니다.
A는 d_3까지 전도되는 데 2ms가 소요되므로 막전위는 1ms만큼 변하게 됩니다.
이는 +30mV일 수 없으므로 -60mV임을 알 수 있고, 막전위 변화 그래프에서 1ms일 때 -60mV임을 체크해두어야 합니다. 또한 Ⅰ이 A이고, Ⅲ이 B입니다.
(* 엄밀하게 푼다면, d_4에서 A의 막전위는 자극이 도달하지 못하므로 -70mV입니다.
그런데 Ⅲ은 -60mV이므로 Ⅰ이 A입니다.)

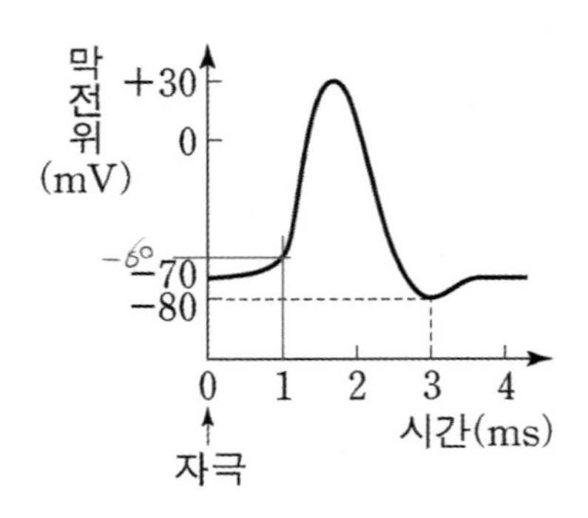

그런데 처음에 Ⅲ의 d_4에서 −60mV도 탈분극 지점의 -60mV임을 찾았으므로 이때 막전위 변화 시간이 1ms임을 알 수 있습니다.
따라서 Ⅲ은 6cm를 2ms 동안 이동했으므로 Ⅲ(B)의 흥분 전도 속도가 3cm/ms임을 알 수 있습니다.

선지 해설

ㄱ 2cm/ms로 같습니다.

ㄴ Ⅰ의 d_2까지 전도되는 데 1ms가 소요되므로 막전위는 2ms만큼 변하게 됩니다. 이는 재분극 시기이므로 맞는 선지입니다.
(* 사실 K^+ 통로도 일부는 항상 열려 있어서 세포 안/밖의 방향성만 맞다면 항상 맞는 선지입니다.)

ㄷ B는 d_4까지 전도되는 데 2ms가 소요되므로 막전위 변화는 3ms만큼 일어나게 됩니다. 이때의 막전위는 -80mV입니다.
C는 d_4까지 전도되는 데 3ms가 소요되므로 막전위 변화는 2ms만큼 일어나게 됩니다. 이때의 막전위는 -80mV입니다.
따라서 맞는 선지입니다.

comment

기존의 문제들은 신경을 구체적으로 알려주고 지점을 Ⅰ~Ⅳ 등으로 표시해주었습니다.
이 문제는 오히려 신경을 찾아야 하고, 지점을 구체적으로 알려주었습니다.
다음은 신경과 지점을 모두 안 알려주는 문제도 출제 가능하겠죠?

26 〉 20학년도 수능 15번 | 정답 ⑤

문항 해설

1. 자료 해석

경과된 시간이 Ⅱ일 때 B의 막전위는 -80mV이고, A의 막전위는 -60mV이므로 흥분 전도 속도는 B가 A보다 빠릅니다.
따라서 B의 흥분 전도 속도가 2cm/ms이고 A의 흥분 전도 속도가 1cm/ms입니다.

막전위가 -80mV일 때 막전위 변화 시간이 3ms이므로 Ⅱ와 Ⅳ는 3ms보다 커야합니다. 따라서 Ⅱ와 Ⅳ는 5ms와 7ms 중 하나임을 알 수 있습니다.
그런데 A에서 Ⅱ일 때는 -60mV인데, Ⅳ일 때는 -80mV이므로 Ⅱ보다 Ⅳ가 더 커야합니다.
따라서 Ⅱ가 5ms, Ⅳ가 7ms입니다.

Ⅱ일 때 B는 전도 시간이 2ms이므로 d_2로부터 4cm 떨어진 지점에서 자극을 주었음을 알 수 있습니다.
따라서 자극을 준 지점은 d_4입니다.

자극을 준 지점이 d_4이므로 Ⅱ일 때 A는 전도 시간이 4ms이므로 막전위 변화 시간은 1ms입니다. 따라서 -60mV는 탈분극 시기의 -60mV이고, 막전위 변화 그래프에서 1ms일 때 -60mV임을 알 수 있습니다.

신경 B에서 d_2까지 전도되는 데 2ms가 소요되는데, 경과된 시간이 Ⅰ일 때 -60mV이므로 Ⅰ이 3ms이고, 이때도 막전위 변화 시간이 1ms일 때의 -60mV이므로 A에서 Ⅱ일 때 막전위와 B에서 Ⅰ일 때의 막전위가 완전히 동일함을 알 수 있습니다. 남은 Ⅲ은 2ms입니다.

신경	d_2에서 측정한 막전위(mV)			
	Ⅰ (3ms)	Ⅱ (5ms)	Ⅲ (2ms)	Ⅳ (7ms)
①A	?	-60 ㄴ	?	-80
②B	-60 ㄴ	-80	?	-70

선지 해설

ㄱ ㄴ

ㄷ 전도되는 데 3ms가 소요되므로 막전위는 1ms만큼 변하게 됩니다. 이때 -60mV이므로 맞는 선지입니다.

☑ comment

이 문제는 다양한 풀이가 가능합니다.

① 경과된 시간 = 전도 시간 + 막전위 변화 시간입니다.
신경 A에서 -80mV가 있었고, B에서 -80mV가 있었으므로 막전위 변화 시간이 3ms인 적이 있었습니다.

이때 전도 시간은 항상 고정되어 있으므로 경과된 시간이 정수만큼 변하게 되면 막전위 변화 시간에 ±정수만큼 차이가 나게 됩니다.

예를 들어, 경과된 시간이 5ms이고 전도 시간이 3ms일 때 막전위 변화 시간은 2ms입니다.
경과된 시간을 7ms로 2ms를 늘리면, 막전위 변화 시간은 2+2ms로 4ms가 됩니다.
경과된 시간을 4ms로 1ms를 줄이면, 막전위 변화 시간은 2-1ms로 1ms가 됩니다.
이런 식으로 막전위 변화 시간만 차이가 나게 되는데, 문제에서 2ms, 3ms, 5ms, 7ms는 모두 정수이므로 막전위 그래프 상에서 나타날 수 있는 막전위 값은 모두 정수ms일 때만 가능합니다.

따라서 아래의 그림에서 빨간색 동그라미 부분의 막전위 값만 가능함을 알 수 있습니다.

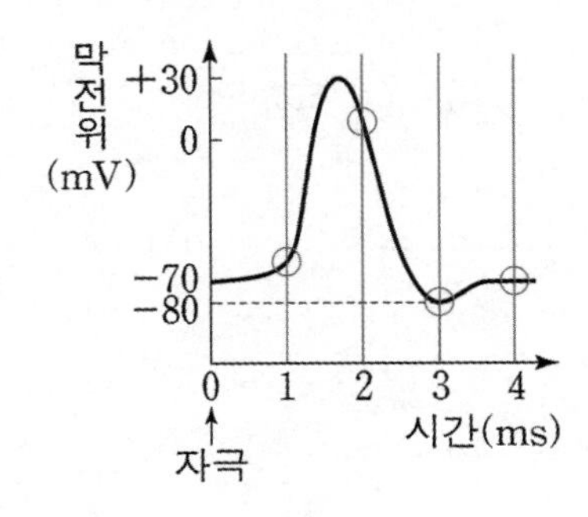

이 문제는 다양한 풀이가 가능합니다.

① 경과된 시간 = 전도 시간 + 막전위 변화 시간입니다.
신경

0ms나 4ms 이상일 경우 항상 70mV이므로 고려할 필요가 없으므로, 실질적으로 1ms, 2ms, 3ms 중 한 지점의 막전위 값을 갖게 됩니다.

그래서 표에서 -60을 보자마자 무조건 1ms일 때의 -60mV임을 그냥 알 수 있습니다.

② 전도 시간이 고정되어 있으므로 전도 시간을 미지수로 설정하는 게 훨씬 쉬울 수도 있습니다.
전도 시간은 속력 분의 거리인데, 자극을 준 지점과 막전위를 측정한 곳이 같으므로 거리는 약분됩니다.
따라서 A와 B의 전도 시간 비는

$\frac{1}{\text{흥분 전도 속도}}$이 됩니다.

따라서 전도 속도의 역수 비가 되는데, 이때 상수 k를 곱하면, 각각의 전도 시간을 고정시킬 수 있습니다.

예를 들어, 이 문제에서 A의 속도가 1cm/ms이고 B의 속도가 2cm/ms이므로 전도 시간의 비는 $\frac{1}{1}:\frac{1}{2}$ = 2:1입니다. 이때 상수 t를 곱해서, A의 전도 시간을 2t, B의 전도 시간을 t로 고정할 수 있습니다.
이렇게 풀 경우 A에서 경과된 시간 Ⅱ를 (2t+1)ms로 둘 수 있고, B에서 경과된 시간 Ⅱ는 (t+3)ms로 둘 수 있습니다.

따라서 2t+1=t+3 이므로 t=2임을 알 수 있고,
A의 전도 시간이 4ms, B의 전도 시간이 2ms임을 알 수 있습니다.

27 〉 19학년도 10월 15번 ❙ 정답 ①

문항 해설

1. 자료 해석

d_1에 역치 이상의 자극을 준 후 경과된 시간이 4ms일 때 막전위 값은 -70mV여야 합니다.
따라서 A와 B 모두 -70mV인 Ⅳ가 d_1입니다.

4ms일 때 A의 Ⅰ과 B의 Ⅱ가 -80mV이므로 전도 시간이 각각 1ms임을 알 수 있습니다.
A의 흥분 전도 속도가 2cm/ms, B의 흥분 전도 속도가 3cm/ms이므로 각각 d_1으로부터 2cm, 3cm 떨어진 지점이어야 합니다.
따라서 Ⅰ이 d_2고, Ⅱ가 d_3입니다.

4ms일 때 A의 Ⅴ와 B의 Ⅲ이 +30mV이므로 전도 시간이 각각 2ms임을 알 수 있습니다.
따라서 A와 B의 d_1으로부터 각각 4cm, 6cm 떨어진 지점이어야 합니다.
따라서 Ⅴ가 d_4고, Ⅲ이 d_5입니다.

㉠ms일 때 A의 d_3에서 막전위 값이 -80mV이므로 막전위 변화 시간은 3ms입니다.
A의 d_1에서 d_3까지 전도되는 데 1.5ms가 소요되므로 ㉠은 3+1.5 = 4.5ms임을 알 수 있습니다.

구분		막전위(mV)				
		Ⅰ d_2	Ⅱ d_3	Ⅲ d_5	Ⅳ d_1	Ⅴ d_4
4ms일 때	2 A	-80	?	-50	-70	+30
	3 B	?	-80	+30	-70	?
㉠ms일 때 4.5ms	2 A	?	-80	0	-70	0
	3 B	?	?	0	?	?

선지 해설

ㄱ)

A의 d_1에서 d_3까지 전도되는 데 1.5ms가 소요되므로 막전위는 2.5ms만큼 변하게 됩니다. 이는 재분극 시기입니다.

4.5ms일 때

A의 Ⅰ에서 막전위는 막전위 변화 시간이 3.5ms이므로 -70mV와 -80mV 사이입니다.

B의 Ⅳ에서 막전위는 막전위 변화 시간이 4.5ms이므로 -70mV입니다.

따라서 1보다 큽니다.

28 20학년도 4월 15번 | 정답 ①

문항 해설

1. 자료 해석

t_1일 때 B의 d_3에서 막전위가 0mV이고, d_4에서 막전위가 -60mV이므로 더 작은 값인 -60mV의 위치를 확정할 수 있습니다.

자극을 준 지점에서 d_4가 d_3보다 더 멀리 떨어진 지점이므로 '느리다'라고 생각할 수 있습니다.

따라서 t_1일 때 B의 d_4에서 -60mV는 탈분극(L) 지점입니다.

(* 이 부분이 이해가 가지 않는다면 8번 문제의 해설과 코멘트를 참고해주세요.)

신경 그림에서 d_3과 d_4 사이의 거리는 3cm입니다.

이때 전도 속도가 1cm/ms인 경우 막전위 변화 시간이 3ms만큼 차이가 나게 되므로 t_1일 때 B와 같은 막전위가 불가능함을 알 수 있습니다.

(* 만약 전도 속도가 1cm/ms였다면 B의 d_4에서 탈분극 -60mV이므로 d_3은 막전위 변화 시간이 4ms인 지점이어야 합니다.)

따라서 B의 흥분 전도 속도가 3cm/ms이고, A의 흥분 전도 속도는 1cm/ms입니다.

(* 같은 시간일 때 같은 지점에서 A와 B의 막전위가 다른 지점이 있으므로 두 신경의 전도 속도가 같은 경우는 고려할 필요 없습니다.)

따라서 t_1일 때 B의 d_3에서 막전위 변화 시간은 2ms이고, t_1은 3+2=5ms임을 알 수 있습니다.

(* B의 흥분 전도 속도가 3cm/ms임을 알고 있으므로, d_3과 d_4의 막전위 변화 시간 차이는 1ms입니다. 따라서 B의 d_3에서 막전위 변화 시간이 2ms임을 바로 알 수 있습니다.)

t_2일 때 A의 d_2에서 막전위 값이 -80mV이므로 t_2는 3+3 = 6ms임을 알 수 있습니다.

(* 전도 시간이 3ms, 막전위 변화 시간이 3ms입니다.)

선지 해설

ㄱ)

d_3까지 전도되는 데 3ms가 소요되므로 막전위 변화 시간은 3ms입니다.

이는 탈분극 시기가 아닙니다.

comment

① d_3과 d_4 사이의 거리가 3cm이고, 이때 소요된 전도 시간만큼 막전위 그래프 상에서 시간이 차이가 난다는 점은 꼭 기억해주세요. 이런 관점으로 해석할 수 있다면 막전위를 찾을 때 계산이 훨씬 수월해집니다.

② 문제에서 t_2일 때 A의 막전위 값을 제시해주지 않았어도, t_1일 때 B의 d_4에서 막전위가 탈분극 지점의 -60mV였고, t_2일 때 B의 d_4에서 막전위가 0mV였으므로 $t_1 < t_2$임을 알 수 있어야 합니다.

(* 막전위 그래프에서 탈분극 지점의 -60mV보다 0mV가 더 오른쪽에 있음을 생각해보세요.)

29 〉 21학년도 3월 15번 ❙ 정답 ①

문항 해설

(* 해설이 이해되지 않을 경우 8번 문제의 해설과 코멘트를 참고해 주세요. 해설의 편의를 위해 단위(mV)는 생략했습니다.

1. 자극을 준 지점 찾기

t_3일 때, d_1에서 막전위는 −80이고, d_2에서 막전위는 +25입니다.
이를 통해 자극을 준 지점이 d_1임을 알 수 있습니다.

2. ㉠과 ㉡ 정하기

t_1일 때, d_1과 d_2의 막전위 중 d_2에서 막전위가 더 작으므로 −33이 탈분극 지점인지 재분극 지점인지 확정할 수 있습니다.
d_2는 자극을 준 지점으로부터 더 먼 지점에 있으므로 '느리다'라고 생각할 수 있습니다.
따라서 −33은 탈분극(L) 지점입니다.
(* 또는 $t_1 < t_3$이므로 d_2에서 −33이 +25보다 왼쪽에 있는 지점이어야 함을 이용하여 탈분극 지점임을 알 수도 있습니다.
시간이 여러 개일 때, 더 긴 시간을 '빠르다'라고 생각하고 풀어도 됩니다. 원리는 8번 문제의 해설과 코멘트에 쓴 내용과 동일합니다.)

따라서 d_2에서 t_2일 때 막전위(㉡)는
막전위 그래프에서
탈분극 지점의 −33보다는 오른쪽, +25보다는 왼쪽인 지점이어야 합니다. 따라서 막전위는 −33 ~ +25 또는 −33 ~ +30 사이의 값이어야 합니다.
(* +25가 탈분극 지점인지 재분극 지점인지는 알 수 없습니다.)

−38는 불가능하므로 ㉡이 0이고, ㉠이 −38임을 알 수 있습니다.

선지 해설

㉠ ㉡̸ ㉢̸

30 〉 22학년도 6월 11번 ❙ 정답 ④

문항 해설

1. 자극을 준 지점 찾기

4ms일 때 Ⅱ에서 막전위가 +30mV이므로
자극을 준 지점에서 Ⅱ까지 전도되는 데 2ms가 소요되었음을 알 수 있습니다.

마찬가지로, 6ms일 때 Ⅰ에서 막전위가 +30mV이므로
자극을 준 지점에서 Ⅰ까지 전도되는 데 4ms가 소요되었음을 알 수 있습니다.

따라서 자극을 준 지점에서 Ⅰ과 Ⅱ까지 전도되는 데 걸리는 시간의 비율이 1:2이므로 거리 비도 1:2임을 알 수 있습니다.
(* 거리 = 속력 × 시간)

Ⅰ과 Ⅱ가 d_2와 d_4 중 하나이므로
자극을 준 지점은 d_1입니다.
(* d_5에 자극을 주었다면, d_4까지의 거리는 1cm,
d_2까지의 거리는 3cm이므로 거리 비가 1:3이 됩니다.)

또한, 이를 통해 Ⅱ가 d_2이고, Ⅰ이 d_4임을 알 수 있습니다.

2. 흥분 전도 속도 찾기

d_2까지 전도되는 데 2ms가 소요되었으므로
2cm를 2ms 동안 이동했음을 알 수 있습니다.
따라서 흥분 전도 속도는 1cm/ms입니다.

선지 해설

㉠̸

㉡ Ⅱ에서 4ms일 때 막전위가 +30mV였습니다.
(경과된 시간) = (전도 시간) + (막전위 변화 시간)인데,
지점이 고정되어 있으므로 (전도 시간)은 고정값입니다.
따라서 (경과된 시간)이 1ms 늘어난 5ms일 때는 막전위 변화 시간이 1ms 늘어나게 됩니다.

따라서 4ms일 때 +30mV였으므로
5ms일 때는 -80mV입니다.

ㄷ d_3까지 전도되는 데 3ms가 소요되므로 막전위 변화 시간은 1ms입니다.
따라서 맞는 선지입니다.

☑ comment

① Ⅰ과 Ⅱ 사이의 거리가 2cm인데,
4ms일 때 Ⅱ에서 막전위와
6ms일 때 Ⅰ에서 막전위가 같으므로
2ms 동안 2cm를 이동했음을 알 수 있습니다.
이렇게 볼 수 있다면, A의 흥분 전도 속도를 보자마자 알 수 있습니다.
(* +30과 -80이 아니라면, 탈분극/재분극 등 상대적 위치도 동일한지 확인한 후 사용하셔야 합니다.)

② 위의 내용을 잘 활용하면,
(전도 시간)과 (경과된 시간에서 늘어난 시간)이 같을 때,
막전위가 항상 같음을 일반화 할 수 있습니다.
이를 활용할 경우 여러 문제의 풀이가 굉장히 짧아지므로 알고 계시는 게 좋습니다.

31 21학년도 7월 11번 | 정답 ③

문항 해설

1. 자료 해석

자극을 준 지점은 전도 시간이 0ms이므로
(경과된 시간) = (막전위 변화 시간)입니다.
이는 Ⅰ, Ⅲ, Ⅳ에서 불가능하므로
자극을 준 지점이 Ⅱ임을 알 수 있습니다.

경과된 시간과 막전위 값을 통해
(경과된 시간) = (전도 시간) + (막전위 변화 시간)으로 나타낼 때,

Ⅰ에서 2ms = 1ms + 1ms
Ⅳ에서 5ms = 2ms + 3ms
임을 알 수 있습니다.
(* Ⅰ에서 2ms일 때 재분극 0이므로 Ⅰ에서 -60mV가 재분극 -60mV일 수는 없습니다.)

따라서 자극을 준 지점에서 Ⅰ과 Ⅳ까지 전도되는 데 걸리는 시간의 비율이 1:2이므로 거리 비도 1:2임을 알 수 있습니다.
(* 거리 = 속력×시간)

이는 d_3에서 d_4까지 4cm, d_3에서 d_1까지 8cm만 가능하므로
자극을 준 지점(Ⅱ)이 d_3이고, Ⅰ은 d_4, Ⅳ는 d_1이고, A의 흥분 전도 속도가 4cm/ms임도 알 수 있습니다.

남은 Ⅲ은 d_2이므로 1.5ms + 2.5ms로
Ⅲ에서 -60mV가 재분극 -60mV임도 알 수 있습니다.

선지 해설

ㄱ ✗

ㄷ 1ms + 2ms이므로 막전위는 재분극 0mV입니다.

32 22학년도 9월 16번 | 정답 ②

문항 해설

1. 자료 해석 (자극을 준 지점 찾기)

자극을 준 지점이 동일하므로 자극을 준 지점을 먼저 찾습니다.
(* 자극을 준 지점이 동일할 때, 자극을 준 지점에서 전도 시간이 0ms이므로 막전위 변화 시간이 같아 막전위 값도 같습니다. 이를 활용하면 자극을 준 지점을 찾기가 쉽습니다.)

A의 Ⅰ에서 막전위가 -80mV이므로 자극을 준 지점은 막전위 그래프에서 -80mV보다 오른쪽에 있는 지점이어야 합니다.
A와 B에서 막전위가 같으면서 -80mV보다 오른쪽일 수 있는 지점은 Ⅲ밖에 없으므로 Ⅲ이 자극을 준 지점입니다.

2. 시냅스가 없는 신경

시냅스가 있는 신경보다는 시냅스가 없는 신경이 해석하기 더 쉬우므로 A를 먼저 봅니다.

A에서 Ⅰ, Ⅱ, Ⅳ 중 Ⅰ이 자극을 준 지점으로부터 제일 가까운 지점임을 알 수 있습니다.
따라서 Ⅰ이 d_4이고 Ⅱ와 Ⅳ는 d_1과 d_2 중 하나입니다.

d_2에서 0은 탈분극 0이고, d_1에서 0은 재분극 0입니다. 탈분극 0에서 재분극 0까지 시간 차이가 1ms인데, 이 시간 차이는 d_2에서 d_1까지 전도되는 데 소요된 시간과 동일함을 알 수 있습니다.
(* (경과된 시간) = (전도 시간) + (막전위 변화 시간)이므로 막전위 변화 시간 +2가 +1로 줄어든다면,
남은 +1은 전도 시간에 +1이 됩니다.
이 부분은 생각을 안 해도 그냥 할 수 있도록 연습하시는 게 좋습니다.)

따라서 d_2와 d_1 사이의 거리인 2cm를 1ms 동안 이동하였으므로 A의 흥분 전도 속도가 2cm/ms임을 알 수 있습니다.

이를 통해 d_3에서 d_4까지 전도되는 데 1ms, d_4에서 막전위가 -80mV이므로 막전위 변화 시간 3ms을 더해 t_1=4ms임을 알 수 있습니다.

3. 시냅스가 있는 신경

B의 흥분 전도 속도가 1cm/ms임이 제시되어 있고, Ⅰ이 d_4임을 알고 있습니다.
㉢에 시냅스가 없다면, d_4에서 막전위는 (전도 시간) 2ms와 (막전위 변화 시간) 2ms로 +30mV여야 합니다.
그런데 +30mV가 아니므로 ㉢에 시냅스가 있음을 확정할 수 있습니다.

그러면 ㉠과 ㉡에는 시냅스가 없는데,
B의 Ⅱ에서 막전위가 -60mV이므로 Ⅱ가 d_2임을 알 수 있습니다.
남은 Ⅳ는 d_1입니다.
(* Ⅱ가 d_1이라면 자극이 도달하지 못하므로 Ⅱ에서 막전위가 -70mV여야 합니다.)

선지 해설

ㄱ ㉡

ㄷ A의 Ⅱ(d_2)에서는 재분극이 일어나고 있습니다.

33 〉 21학년도 10월 13번 | 정답 ⑤

문항 해설

1. ⓐ 찾기

ⓐ가 4라면, A의 d_2에서 막전위가 −80mV이므로
A의 흥분 전도 속도는 3cm/ms입니다.

이때, C의 d_3에서 막전위가 +30mV여야 하므로
B의 d_2까지 전도되는 데 걸리는 시간은 2ms보다 작아야 합니다.
그런데 B의 흥분 전도 속도가 1cm/ms든, 1.5cm/ms든 d_2까지 전도되는 데 2ms보다 시간이 덜 걸릴 수는 없으므로 모순됩니다.

따라서 ⓐ는 5입니다.

2. 속도 찾기

ⓐ가 5이므로 A의 흥분 전도 속도는 1.5cm/ms입니다.

위와 같은 이유로, B의 d_2까지 전도되는 데 걸리는 시간은 3ms보다 작아야 합니다.
따라서 B의 흥분 전도 속도는 3cm/ms로 확정됩니다.
남은 C의 흥분 전도 속도는 1cm/ms입니다.

또한, B의 d_2에서 C의 d_3까지 흥분이 이동하는 데 총 2ms가 소요됨도 알 수 있습니다.

선지 해설

ㄱ)

ㄴ) (경과된 시간) = (자극이 도달하는 데 걸린 시간) + (막전위 변화 시간)이라 할 때,
㉠은 4ms + 1ms이고,
㉡은 (C의 d_3까지 3ms, C의 d_3에서 d_4까지 1ms가 소요되므로) 4ms + 1ms입니다.

따라서 ㉠과 ㉡은 같습니다.

ㄷ)

34 〉 22학년도 수능 14번 | 정답 ①

문항 해설

1. 지점 찾기

신경 C에서 지점 Ⅱ는 ㉢, Ⅰ과 Ⅲ은 ㉡이므로
Ⅱ가 d_2임을 알 수 있습니다.
(* 자극을 준 지점으로부터 가까운 지점일수록 막전위 그래프에서 오른쪽)

마찬가지로 신경 A에서 Ⅰ은 ㉡, Ⅲ은 ㉢이므로
Ⅲ이 d_3이고, Ⅰ이 d_4임을 알 수 있습니다.

2. 흥분 전도 속도 비교

지점 Ⅱ에서 B와 C를 비교하면 C〉B임을 알 수 있고,
지점 Ⅲ에서 A와 C를 비교하면 A〉C임을 알 수 있습니다.

따라서 흥분 전도 속도는 A〉C〉B입니다.

선지 해설

ㄱ) A의 Ⅲ(d_3)에서 막전위 구간이 ㉢이므로 Ⅱ(d_2)에서도 ㉢입니다.
또는 A와 C의 Ⅱ에서 막전위 구간을 비교할 때, 흥분 전도 속도가 A〉C인데 C에서 구간이 ㉢이므로 A에서도 구간이 ㉢임을 알 수 있습니다.
(* ⓐ일 때 각 지점에서의 막전위는 ㉠~㉢ 중 하나에 속한다고 제시되어 있으므로 ㉢을 넘어간 구간은 고려하면 안 됩니다.)

ㄴ) B의 Ⅱ(d_2)에서 구간이 ㉠이므로 d_3에서 구간은 ㉠입니다.

ㄷ) A의 흥분 전도 속도가 가장 빠릅니다.

35 〉 22학년도 4월 12번 | 정답 ②

문항 해설

1. 자료 해석

표에서 (가)와 (나) 모두 ㉠, ㉡, ㉢이 있으므로 (가)와 (나) 모두 특정 지점에서 막전위 -80mV가 나올 수 있어야 합니다.
이는 거리 비 = 속도 비인 지점이 존재함을 의미합니다.

자극을 d_5에 줄 경우, 거리 비가 1:2인 지점이 d_2~d_4에서는 없으므로 d_1에 자극을 주었음을 알 수 있습니다.
또한, d_1에 자극을 주었으므로 (가)에서 d_2와 (나)에서 d_3, (가)에서 d_3과 (나)에서 d_4의 막전위는 같아야 합니다.
따라서 B가 d_3이고, A가 d_4입니다.

(가)에서 -80mV가 있어야 하고, (가)의 흥분 전도 속도가 (나)보다 느리므로
㉠이 -80mV, ㉡이 -70mV, ㉢이 0mV임을 알 수 있습니다.
또한 (가)의 d_2에서 막전위가 −80mV이므로 (가)의 흥분 전도 속도가 1cm/ms이고, (나)의 흥분 전도 속도는 2cm/ms임을 알 수 있습니다.

선지 해설

ㄱ ㉡

ㄷ (나)의 B(d_3)에서 막전위 변화 시간은 4ms이므로 탈분극이 일어나고 있지 않습니다.

36 〉 23학년도 6월 11번 | 정답 ②

문항 해설

1. 자료 해석

자극을 준 지점에서는 A와 B 모두 전도 시간이 0ms이므로 막전위가 -80mV로 같습니다.
따라서 Ⅱ가 자극을 준 지점임을 알 수 있습니다.

표에서 A와 B 모두 막전위 +30mV가 나타납니다.
따라서 자극을 준 지점으로부터 속도가 1cm/ms인 신경에서는 1cm, 속도가 2cm/ms인 신경에서는 2cm 이하의 거리에 특정 지점이 존재함을 알 수 있습니다.
(* 이하인 이유 : 시냅스로 인해 속도가 1cm/ms인 신경에서 0.5cm 정도 떨어진 지점에서도 막전위가 +30mV일 수 있기 때문입니다. 단, 시냅스를 고려하더라도 1cm보다 더 먼 지점에서는 불가능합니다.)

이를 만족할 수 있는 지점은 d_2밖에 없으며, d_2에서 2cm 떨어진 지점은 B에서 d_1밖에 없으므로
(* 시냅스는 축삭 돌기 방향에서 가지 돌기 방향으로만 이동하므로 A의 d_1에서는 +30mV일 수 없습니다.)
A의 흥분 전도 속도가 1cm/ms이고, B의 흥분 전도 속도가 2cm/ms이며,
Ⅱ가 d_2, Ⅰ이 d_3, Ⅳ가 d_1이 되므로 Ⅲ은 d_4입니다.

선지 해설

ㄱ

㉡ 시냅스는 축삭 돌기 방향에서 가지 돌기 방향으로만 이동하므로 A의 d_1에는 자극이 도달하지 못합니다. 따라서 휴지 전위인 ㉮는 -70mV입니다.

ㄷ A의 Ⅲ까지 자극이 전도되는 데 4ms가 소요되므로 막전위는 1ms만큼 변하게 됩니다. 이는 2ms보다 작으므로 탈분극이 일어나고 있습니다.

37 22학년도 7월 5번 | 정답 ⑤

문항 해설

1. 자료 해석

d_2에 자극을 주고 8ms일 때 d_3에서 막전위가 +30mV이므로 d_2에서 d_3까지 자극이 도달하는 데 6ms가 소요됨을 알 수 있습니다.

그런데 표에서 d_1에 자극을 주고 11ms일 때 d_3에서 −80mV이므로
d_1에서 d_3까지 8ms가 소요됨을 알 수 있습니다.
따라서 d_1에서 d_2까지 2ms가 소요되므로 A의 흥분 전도 속도는 3cm/ms임을 알 수 있습니다.

B의 흥분 전도 속도는 2cm/ms라고 제시되어 있으므로
d_1에서 d_4까지 자극이 도달하는 데 11ms가 소요됩니다.
따라서 A의 d_4에서 막전위 변화 시간은 0ms이므로 -70mV입니다.

그런데 ⓐ일 때 d_4에서 막전위가 +30mV이므로 ⓐ는 11+2로 13임을 알 수 있습니다.
(* 자극을 준 지점과 막전위를 측정한 지점이 고정되어 있으므로, 시간이 변한 만큼 막전위 그래프 시간이 이동한다고 생각하면 이해하기 쉽습니다.)

선지 해설

ㄱ ㄴ

ㄷ ㉠이 10ms일 때 d_4까지 자극이 도달하는 데 9ms가 소요되므로 d_4에서 막전위는 1ms만큼 변하게 됩니다.
따라서 d_4에서 탈분극이 일어나고 있습니다.

38 23학년도 3월 16번 | 정답 ⑤

문항 해설

1. 자료 해석

A와 B의 흥분 전도 속도가 2cm/ms이므로 B의 d_3에서 d_4까지 전도되는 데 걸리는 시간은 1ms입니다.
따라서 막전위 그래프 상에서 1ms만큼 차이남을 알 수 있습니다.

ⓐms일 때 d_4에서 막전위가 −80mV이므로 d_3일 때는 막전위 변화 시간이 4ms일 때임을 알 수 있습니다.
4ms일 때는 막전위 변화 시간이 2ms일 때이므로 ⓐ는 4+2 = 6ms입니다.

선지 해설

ㄱ

ㄴ 6ms일 때 d_4에서 −80mV였으므로 전체 시간이 5ms로 1ms만큼 줄었다면 막전위 변화 시간이 1ms만큼 줄게 되므로 +30mV가 됩니다.

ㄷ 전체 시간이 3ms일 때 d_1은 전도 시간이 2ms이므로 막전위 변화 시간이 1ms일 때입니다. 따라서 탈분극이 일어나고 있습니다.
d_3은 전체 시간이 4ms일 때 +30mV였으므로 전체 시간이 3ms로 1ms만큼 줄어든다면, 막전위 변화 시간이 2ms에서 1ms로 1ms만큼 줄게 되므로 탈분극이 일어나고 있습니다.

☑ comment

> 위의 풀이에서 가장 많이 쓰인 논리는 '전체 시간이 변한 만큼 막전위 변화 시간이 바뀐다.'입니다.
> 전체 시간이 변하더라도, 전도/전달하는 데 걸린 시간은 고정값이므로 막전위 변화 시간만 변하게 됩니다.
> 이 부분은 굉장히 자주 쓰이는 논리이므로 꼭 숙지하시기 바랍니다.

39 24학년도 수능 10번 | 정답 ⑤

문항 해설

1. 자료 해석

막전위 그래프에서 각 시간마다 +30mV가 나타납니다.
각 지점이 주어져 있으므로 이를 통해 시간의 크기 순서를 확정할 수 있음을 알 수 있습니다.
자극을 준 지점에서 먼 지점일수록 전도하는 데 시간을 더 많이 썼으므로 시간은 Ⅱ〈Ⅲ〈Ⅰ입니다.
따라서 Ⅱ=2ms, Ⅲ=4ms, Ⅰ=8ms입니다.

4ms일 때 d_2에서 막전위가 -80mV이므로 전도 시간이 1ms임을 알 수 있습니다.
따라서 2cm를 전도하는 데 1ms가 소요되었으므로 A의 흥분 전도 속도는 2cm/ms입니다.
또한, 4ms일 때 d_2와 d_3에서 막전위 그래프에서 시간이 1ms 차이나므로 거리는 2cm 차이남을 알 수 있습니다.
(* 라비다 기출문제집을 여기까지 푸셨다면, 이 정도는 자연스럽게 되시리라 믿습니다. 혹시 안 되신다면 다시 보세요.)
따라서 ⓐ=4입니다.

시간	막전위(mV)				
	d_1	d_2	d_3	d_4	d_5
8ms	−70	−70	−70	+30	0
2ms	+30	?	−70	−70	−70
4ms	−70	−80	+30	−70	−70

선지 해설

ㄱ ㄴ

ㄷ 8ms일 때, d_5에서 막전위 0mV는 d_4에서 막전위 +30mV보다 막전위 그래프에서 왼쪽에 있어야 하므로 탈분극 지점의 0mV임을 알 수 있습니다.
탈분극 지점의 0mV는 막전위 그래프에서 시간은 1과 2사이의 값임을 알 수 있습니다.

이때, 전체 시간이 9ms로 1ms가 늘어나면, 전도/전달 시간은 고정되어 있으므로 막전위 그래프에서 1ms만큼 이동하게 됩니다.
따라서 막전위 그래프에서 시간은 2와 3 사이의 값이므로 재분극이 일어나고 있음을 알 수 있습니다.
(* 이 부분도 너무 많이 나온 논리라 이제는 자연스럽게 되시리라 믿습니다. 아직 안 되신다면 6단원 문제를 처음부터 다시 보시기 바랍니다.)

40 23학년도 9월 15번 | 정답 ②

문항 해설

1. 자료 해석

* ⓐ~ⓒ가 모두 다른 값이라는 전제 하에 해설하겠습니다.
왜 다른 값인지가 궁금하다면 Comment를 참고해주세요.

A와 B 모두 자극을 준 지점에서의 막전위는 -80mV입니다.
B에서 ⓐ가 2개 있으므로 ⓐ는 -80mV가 아닙니다.

따라서 A는 자극을 d_1 또는 d_4에 주었음을 알 수 있습니다.
흥분 전도 속도가 1cm/ms인 신경의 경우, 3cm보다 멀리 떨어진 지점에서는 막전위가 모두 -70mV입니다.
따라서 A에서 흥분 전도 속도가 2cm/ms이며, B의 흥분 전도 속도가 1cm/ms임을 알 수 있습니다.
(* A에서 흥분 전도 속도가 1cm/ms라면, d_1에 자극을 주었을 경우 d_3, d_4에서 막전위가 같아야 하고, d_4에 주었을 경우, d_1, d_2에서 막전위가 같아야 합니다.)

B의 흥분 전도 속도가 1cm/ms이고, 각 지점의 간격이 2cm임을 감안하면
B의 d_2와 d_4에서 막전위 ⓐmV는 자극을 준 지점에서 대칭이 되는 점임을 알 수 있습니다.

따라서 B에서 자극을 준 지점은 d_3(ㄴ)이고, d_3에서 막전위가 ⓒmV이므로 ⓒ=−80입니다.
따라서 A에서 자극을 준 지점은 d_1(ㄱ)입니다.

(* ⓐ는 구체적인 값을 알 수 없지만, 막전위 그래프 상에서 1ms일 때의 막전위이고, ⓑ는 -70입니다.)

선지 해설

ㄱ ㄴ

ㄷ d_3에서 d_2까지 자극이 도달하는 데 2ms가 소요되므로 막전위는 1ms만큼 변하게 됩니다. 이는 2ms보다 작으므로 탈분극이 일어나고 있음을 알 수 있습니다.

comment

① 문제에서 ⓐ~ⓒ가 서로 다른 값이라는 조건이 제시되어 있지 않습니다.
이 부분을 엄밀히 해석할 경우, 아래와 같이 생각할 수 있습니다.

자극을 준 지점에서의 막전위는 -80mV입니다.
이는 여러 지점에서 나올 수 없으므로 하나로 유일해야 합니다.
따라서 ⓐ는 -80mV가 아니고, ⓑ와 ⓒ도 서로 다른 값임을 확정할 수 있습니다.

같은 값이 존재한다면, ⓐ와 ⓑ 또는 ⓐ와 ⓒ가 같은 값이어야 하는데,
신경 B에서 그러면 같은 막전위가 3개가 나와야 하므로 자극을 준 지점이 d_3이고,
ⓐ와 ⓑ가 같은 값이어야 함을 알 수 있습니다.

B의 속도가 1cm/ms라면 ⓐ와 ⓑ는 같은 값일 수 없으므로 B의 속도는 2cm/ms이고,
A의 흥분 전도 속도는 1cm/ms가 됩니다.
그러면 A의 d_4에서 막전위가 -70mV인데, ⓐ는 -70mV가 아니므로 같을 수 없습니다.

② 사실 막전위 그래프에서 1ms일 때 막전위가 +10mV가 아님은 그림을 통해 알 수 있습니다.
각 지점의 간격이 모두 2cm이고, 흥분 전도 속도가 각각 1cm/ms와 2cm/ms 중 하나이므로
이 문제에는 막전위가 같은데 막전위 그래프에서는 서로 다른 지점인 값이 있을 수 없음을 확정할 수 있습니다.
(* 막전위 그래프에서 1ms 단위로 끊기기 때문입니다.)
따라서 현장에서는 처음부터 B의 d_2와 d_4가 대칭점이며, d_3에 자극을 줬다고 하시는 것도 나쁘지 않습니다.

③ 처음으로 서로 다른 지점에 자극을 주는 문제가 출제되었습니다.
이때도 기본은 '각각의 신경에서 자극을 준 지점에서의 막전위는 같음'임을 기억하세요!

41 22학년도 10월 11번 | 정답 ⑤

문항 해설

1. 자료 해석

㉠과 ㉡은 각각 -10와 +20 중 하나인데 t_2일 때 B의 Ⅰ에서 막전위가 -80이므로
Ⅰ이 d_2이고, Ⅱ가 d_1임을 알 수 있습니다.

A의 Ⅰ에서 t_1일 때 막전위가 ㉠인데, t_2일 때는 ㉡이므로
㉡이 t_1일 때 ㉠보다 막전위 그래프에서 오른쪽에 있는 막전위 값임을 알 수 있습니다.

t_2일 때 B의 Ⅱ에서 막전위가 ㉠이고, A의 Ⅰ에서 막전위가 ㉡인데 B가 A보다 빠르므로 A의 Ⅰ에서 ㉡은 B의 Ⅱ에서 ㉠보다 막전위 그래프에서 왼쪽에 있는 막전위 값임을 알 수 있습니다.
(* d_1과 d_2의 거리가 동일하기 때문에 위와 같이 판단할 수 있습니다.)

따라서 ㉡은 ㉠의 사잇값이므로 ㉠이 -10mV이고, ㉡이 +20mV 입니다.

선지 해설

ㄱ ㉡

㉢ t_1일 때 -10mV는 t_2일 때 +20mV보다 왼쪽에 있는 막전위이므로 탈분극에 있는 -10mV임을 알 수 있습니다.

42 23학년도 수능 15번 | 정답 ①

문항 해설

* ⓐ~ⓒ가 모두 다른 값이라는 전제 하에 해설하겠습니다.
(* 위 값이 모두 달라야만 함을 설명하는 과정을 처음에는 수록했으나, 과정이 굉장히 복잡해지고, 현장에서 그렇게 풀 수 없을 뿐만 아니라, 그렇게 풀라고 출제한 게 아니라 판단되어 다르다는 전제 하에 해설하겠습니다.)

1. P 찾기

Ⅰ과 Ⅱ에서 자극을 준 지점에서의 막전위는 같아야 합니다.
따라서 d_4는 자극을 준 지점이 아님을 알 수 있습니다.
또한, d_3에 자극을 주었다면 d_2와 d_4에서 막전위가 같아야 하는데, 다르므로 d_3도 자극을 준 지점이 아닙니다.

1) d_1에 자극을 주었다면 ⓒ는 -70입니다.
Ⅲ에서 d_3에 자극을 주면 ⓐ가 -80이 되는데, Ⅱ에서 2cm 떨어진 지점과 Ⅲ에서 1cm 떨어진 지점에서의 막전위는 같을 수 없으므로 (거리비속도비) Ⅲ에서 자극을 준 지점은 d_5가 됩니다.
이때 Ⅱ에서 d_4의 -70mV와 Ⅲ에서 d_1의 -70mV는 2~3ms 사이의 -70mV입니다.
(* 구체적으로 계산해보지 않아도, Ⅱ에서는 ⓐ와 ⓑ 사이의 ⓒ이므로 2~3ms 사이의 -70mv이고,
Ⅲ에서는 3cm 떨어진 d_2에서 -80mV이므로 5cm 떨어진 d_1에서 -70mV가 휴지전위일 수 없기 때문입니다.)

그런데, d_1에서 d_4까지의 거리는 4cm이고, d_5에서 d_1까지의 거리는 5cm인데,
Ⅱ와 Ⅲ에서 막전위가 같을 수는 없으므로(거리비속도비) 모순됩니다.

2) d_5에 자극을 주었다면 ⓑ는 -70입니다.
Ⅲ은 Ⅰ, Ⅱ와 다른 지점에 자극을 주었으므로 d_3에 자극을 주었음을 알 수 있습니다.
그러면 ⓐ가 -80이 되는데, Ⅰ과 Ⅱ에서 d_2에서 막전위가 -80mV로 같을 수 없으므로 모순됩니다.

따라서 Ⅰ과 Ⅱ에서 자극을 준 지점은 d_2입니다.

2. Q 찾기

Ⅲ에서 d_3에 자극을 주었다면 ⓐ가 -80이어야 하므로 모순됩니다.
Ⅲ에서 d_5에 자극을 주었다면, d_2에서 막전위가 -80mV이므로 Ⅲ의 흥분 전도 속도는 3cm/ms가 되는데, 그러면 d_1에서 ⓒ는 막전위 변화 시간이 $\frac{7}{3}$ms일 때임을 알 수 있습니다.
Ⅱ의 흥분 전도 속도는 1.5cm/ms이므로 d_1에서 ⓒ는 막전위 변화 시간이 $\frac{8}{3}$ms입니다.
$\frac{7}{3}$과 $\frac{8}{3}$은 2보다 크고 3보다 작은 값이므로 감소 구간에 속하므로 같은 막전위일 수 없습니다.
따라서 Ⅲ에서 자극을 준 지점은 d_4입니다.

3. 흥분 전도 속도 찾기

Ⅲ에서 d_2의 막전위가 -80mV이므로 Ⅲ의 흥분 전도 속도는 2cm/ms입니다.
Ⅰ, Ⅱ, Ⅲ의 흥분 전도 속도 비가 2:3:6이므로 Ⅰ과 Ⅱ의 흥분 전도 속도는 각각 $\frac{2}{3}$cm/ms, 1cm/ms입니다.

선지 해설

㉠ ㄴ

✓ Ⅰ의 d_2에서 d_5까지 전도되는 데 걸리는 시간은 $3\times\frac{3}{2}=$ 4.5ms입니다.
따라서 d_5에서 막전위 변화 시간은 0.5ms이므로 탈분극이 일어나고 있음을 알 수 있습니다.

☑ comment

① 현장에서 이 문항을 푼 학생들에게 물어본 결과, 절대 다수는 아래와 같이 풀었습니다.
Ⅰ과 Ⅱ에서 d_2에서의 막전위가 ⓐmV로 같으며, Ⅱ에서 d_1과 d_4에서 막전위가 ⓐmV로 같고,
Ⅰ에서 d_4와 Ⅱ에서 d_5에서의 막전위가 같음(거리비 속도비)을 통해 눈치껏 d_2에 자극을 줬다고 확정할 수 있습니다.
그러면 ⓐ는 -70이 되고, Ⅲ에서 막전위가 ⓐmV인데가 d_4이므로 자극을 준 지점은 d_4가 아닐까?
하고 풀면 실제로 맞습니다.

평소에 실전 모의고사 등을 풀 때는 잘 모르겠거나 시간이 너무 없을 때는 이렇게 푸는 연습도 하시는 게 좋습니다.

② 막전위 그래프의 그림을 가지고 판단하는 게 석연치 않으실 수도 있습니다.
다만 이런 식으로 판단하는 논리는 기출(17학년도 9월 11번, 19학년도 6월 17번 등)에서도 이미 몇 번 사용된 적이 있던 논리이므로 '이럴 수도 있다' 정도로 인지하고 계셔야 합니다.

43 〉 20학년도 10월 13번 | 정답 ①

문항 해설

1. 자료 해석

p_2에 역치 이상의 자극을 주고 경과된 시간이 4ms일 때 p_1에서의 막전위가 −80mV였으므로 p_2에서 p_1까지 전도되는 데 1ms가 소요됨을 알 수 있습니다. 2cm를 이동하는 데 1ms가 소요되었으므로 A의 흥분 전도 속도는 2cm/ms입니다. 흥분 전도 속도는 A가 B의 2배이므로 B의 흥분 전도 속도는 1cm/ms입니다.

ⓧ p_2에 준 자극이 p_4에 도달한 후,
p_3에 역치 이상의 자극을 주었습니다.

p_3에 준 자극이 p_4까지 전도되는 데 4ms가 소요되므로 p_3에 준 자극이 p_4에 도달했을 때 ⓧ는 이미 휴지 전위로 돌아간 상태입니다.
따라서 ⓧ는 고려할 필요가 없으므로 ㉠은 막전위 변화 그래프에서 2ms인 +30mV임을 알 수 있습니다.
(* 먼저 준 자극이 휴지 전위로 돌아가기 전에 다른 자극이 새롭게 도달할 경우 주어진 '자료만으론 해석할 수 없다.'가 맞습니다. 그래서 애초에 못 물어봅니다.)

선지 해설

㉠

✓ p_2에서 p_3까지 이동하는 데 최소한 1ms 이상 소요되므로 p_3에서 재분극이 일어나고 있지 않음을 알 수 있습니다. 따라서 자극이 아예 도달하지 못하거나 탈분극 시기일 수밖에 없습니다.

✓ ⓑ가 5ms일 때 p_1은 이미 ⓐ의 자극이 도달하고 휴지 전위로 돌아간 시점이고, p_4에서의 막전위는 막전위 변화 시간은 1ms인 점의 막전위 값입니다. 따라서 같을 수 없습니다.

44 〉 19학년도 4월 16번 Ⅰ 정답 ④

문항 해설

1. 자료 해석

경과된 시간이 5ms일 때,

d_1일 때 막전위가 -60mV인데,

d_2일 때 막전위가 -70mV이므로

자극 Ⅱ는 d_2에 영향을 주지 못했음을 알 수 있습니다.

(* 자극 Ⅱ가 d_2에 도달하여 영향을 줬다면 -70mV일 수 없습니다.)

따라서 d_3과 d_4를 해석할 때 자극 Ⅱ는 고려할 필요가 없습니다.
따라서 자극 Ⅰ에 의해 d_3은 막전위 변화 시간으로 3ms가 소요되었으므로 전도 시간은 2ms임을 알 수 있습니다.
4cm를 전도하는 데 2ms가 소요되었으므로 이 신경의 흥분 전도 속도는 2cm/ms입니다.

ⓐ가 4보다 작을 경우, 자극 Ⅱ에 의해 d_2의 막전위가 변하게 되므로 ⓐ는 4 이상임을 알 수 있습니다.
(* 예를 들어, ⓐ가 3.5ms라면 자극 Ⅱ는 총 1.5ms 동안 영향을 미치게 되는데, d_2까지 전도되는 데 1ms가 소요되므로 막전위를 0.5ms 동안 변화시키게 됩니다.)

그런데 ⓐ가 4보다 클 경우 d_1에서의 막전위가 -60mV일 수 없으므로 ⓐ는 4임을 확정할 수 있습니다.
(* d_1에서 −60을 보고 바로 ㉠이 4ms임을 확정하는 것은 자극 Ⅰ과 Ⅱ가 적절히 섞여 -60mV가 된 것일 수도 있기 때문에 비약입니다.)

선지 해설

ㄱ) ✗

ㄷ) 막전위 변화 시간이 2ms인 지점이므로 재분극이 일어나고 있습니다.

☑ comment

검토진 : 전도 마지막 문제이기 때문에 실전에 관한 이야기를 하나 해보려 합니다.
생명과학 시험지를 풀 때, 멘탈이 나갈 수 있는 구간은 절대 유전 킬러 부분이 아닙니다. 못풀 수 있다고 늘 인지하고 있기 때문입니다.
하지만 근수축, 신경 전도, 세포 분열의 경우 막혔을 때 넘어가지 못하는 학생들을 많이 봤습니다. 이런 경우, 대부분 멘탈이 나가 시험 전체를 망치게 됩니다.
여러분들은 어떤 문제든 어려울 수 있다 생각하시고, 본인만의 행동 강령을 준비하신 후 문제를 풀다 막혔을 때는 넘어갈 수 있도록 연습하시기 바랍니다.

45 〉 16학년도 6월 15번 Ⅰ 정답 ①

문항 해설

1. 자료 해석

그림을 통해 Zab가 1.0㎛임을 알 수 있고, A대의 길이가 1.6㎛임을 제시해주었으므로 마이오신 필라멘트의 길이는 1.6㎛임을 알 수 있습니다.

ⓐ일 때 X의 길이가 2.4㎛인데, 마이오신 필라멘트의 길이가 1.6㎛이므로 2×Za는 0.8㎛입니다. 따라서 ⓐ일 때 Za는 0.4㎛입니다.
Zab가 1.0㎛이므로 Zb는 0.6㎛입니다.
Zc는 X의 길이에서 2×Zab를 빼면 되므로 2.4−2×(1.0) = 0.4㎛입니다.
ⓑ일 때도 위와 같은 방식으로 구하면 다음과 같음을 알 수 있습니다.

시점	Za	Zb	Zc	X
ⓐ	0.4	0.6	0.4	2.4
ⓑ	0.8	0.2	1.2	3.2

(단위 : ㎛)

선지 해설

ㄱ. ~~ㄴ~~

~~ㄷ~~ 액틴 필라멘트의 길이는 항상 일정합니다.

☑ comment

① 이 문항처럼 그림에서 특정 구간의 길이를 나타내 주는 경우가 있습니다. 이 부분을 보지 못할 경우 답을 낼 수 없습니다. 시험 시간에 이런 부분을 놓치거나 나중에 발견할 경우 멘탈이 나가게 되므로 꼭 확인하는 습관을 만듭시다.

② 이 문항처럼 X가 좌우 대칭일 경우,

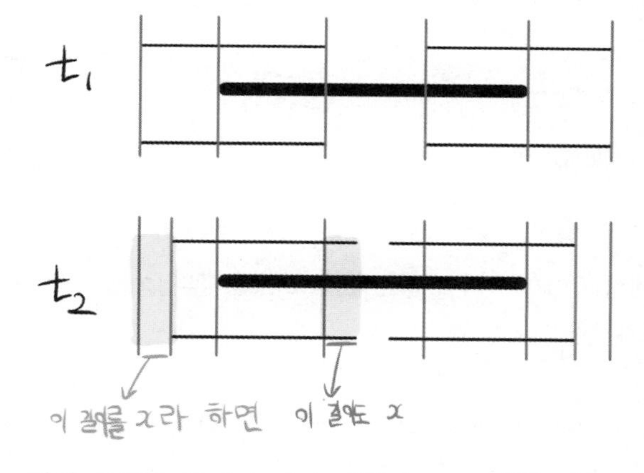

위의 그림과 같이 t_1에서 시점이 t_2로 바뀔 때 Za의 길이 변화량을 x라 하면,

t_2일 때 Za의 길이는 (t_1일 때 Za) + x,

t_2일 때 Zb의 길이는 (t_1일 때 Zb) - x

(* 예를 들어, 수축 과정이라면 x는 음수이므로 Za는 줄어들고 Zb는 늘어납니다.
이완 과정이라면 x는 양수이므로 Za는 늘어나고 Zb는 줄어듭니다.)

t_2일 때 Zc의 길이는 (t_1일 때 Zc) + 2x

(* H대의 경우 왼쪽과 오른쪽에서 +x만큼 길이가 변화게 되므로 길이 변화량이 2x입니다.)

t_2일 때 X의 길이는 (t_1일 때 X의 길이) + 2x입니다.

즉, Za, Zb, Zc, X의 길이 순으로 변화량이 +x, -x, +2x, +2x임을 알 수 있습니다.

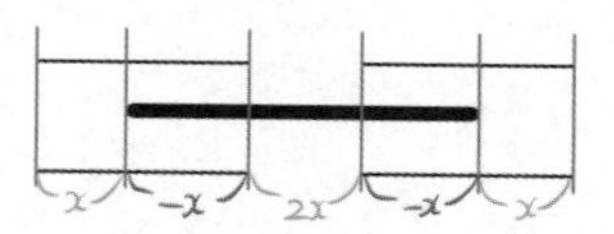

각 구간마다 위와 같이 길이가 변함을 알 수 있습니다.

이를 이용하여 위의 문제에서 ⓐ만으로 ⓑ를 확정할 수 있습니다.

시점	Za	Zb	Zc	X
ⓐ	0.4	0.6	0.4	2.4
ⓑ	㉮	㉯	㉰	3.2

(단위 : ㎛)

ⓐ에서 ⓑ로 시점이 바뀌었다 가정할 때, X의 길이가 +0.8㎛만큼 늘어났습니다.
X의 길이 변화량은 2x이므로 2x=0.8 → x=0.4㎛입니다.

따라서
Za의 길이 변화량은 x이므로 ㉮ = 0.4+x = 0.4+0.4 = 0.8입니다.
Zb의 길이 변화량은 −x이므로 ㉯ = 0.6−x = 0.6−0.4 = 0.2입니다.
Zc의 길이 변화량은 2x이므로 ㉰ = 0.4+2x = 0.4+2×0.4 = 1.2입니다.

물론 변화량으로'만' 문제를 푸는 습관을 들이는 건 권장하지 않습니다.
근수축 문제를 풀 때는 기본적으로 Zab와 마이오신 필라멘트의 길이는 일정하다는 개념을 활용하여 문제를 풀어야 합니다.

예를 들어, Zab는 항상 일정해야 하는데,
시점 ⓐ에서 0.4+0.6으로 Zab가 1.0㎛임을 알았으므로 ㉮가 0.8임을 알았을 때 ㉯는 1.0−0.8 = 0.2로 구하는 게 권장하는 풀이입니다.

다만, 경우에 따라 변화량의 관점에서 해석해야만 풀 수 있는 문항도 있기에 평소에도 충분한 연습을 해두시는 것을 권장합니다.
요약하면 둘 다 하세요.

46 〉 15학년도 7월 14번 ❙ 정답 ③

문항 해설

1. 자료 해석

A대의 길이와 마이오신 필라멘트의 길이가 같고, H대는 마이오신 필라멘트 길이의 일부이므로 마이오신 필라멘트의 길이가 H대의 길이보다 길어야 합니다.

(다)에는 마이오신 필라멘트가 존재하므로 A대 또는 H대인데,
이완일 때 (다)는 (나)보다 짧고,
수축일 때 (다)가 A대라면 여전히 0.2㎛인데 (가)보다 짧으므로 (다)는 A대일 수 없습니다.

따라서 (가) 또는 (나)가 A대인데, (나)는 시점이 달라졌을 때 길이가 변했으므로 A대일 수 없습니다.

따라서 (가)가 A대이고, (다)가 H대, (나)는 I대입니다.

선지 해설

ㄱ

~~ㄴ~~ 이완 시 X의 길이는 1.2+0.4로 1.6㎛입니다.

ㄷ

47 〉 15학년도 10월 18번 ❙ 정답 ②

문항 해설

1. 자료 해석

(* 해설이 이해가 가지 않는다면 45번 문항의 Comment를 참고해주세요.)

t_1에서 t_2로 시점이 변했다 가정할 때,

t_1과 t_2일 때 ㉡+㉢의 길이 변화가 0.4㎛이므로

t_1일 때 X의 길이는 2.2−0.4 = 1.8㎛이고,

t_2일 때 H대의 길이는 0.2+0.4 = 0.6㎛입니다.

(* 이 문제는 X가 좌우 대칭이라는 조건이 없으므로 ㉡+㉢ = 2Za이므로 변화량을 2x = 0.4라 하고 푸시면 원래는 안 됩니다.)

선지 해설

~~ㄱ~~ ~~ㄴ~~

ㄷ t_1에서 t_2로 시점이 바뀔 때 X의 길이가 늘어났으므로 ㉠은 t_1일 때가 t_2일 때보다 깁니다.

48 〉 16학년도 수능 16번 ❙ 정답 ②

문항 해설

1. 자료 해석

(* 해설이 이해가 가지 않는다면 45번 문항의 Comment를 참고해주세요.)

Zab는 1.0㎛이고, 마이오신 필라멘트의 길이는 1.6㎛입니다.

ⓐ에서 ⓑ로 시점이 변했다 가정할 때,
ⓐ일 때 X의 길이가 2.4㎛이므로
2Za = 2.4−1.6 = 0.8㎛입니다.
따라서 Za=0.4㎛, Zb=0.6㎛입니다.
Zc = 2.4 − 2×1.0 = 0.4㎛입니다.

위와 마찬가지로 구하면 다음과 같음을 알 수 있습니다.

시점	Za(㉠)	Zb(㉡)	Zc(㉢)	X
ⓐ	0.4	0.6	0.4	2.4
ⓑ	0.8	0.2	1.2	3.2

(단위 : ㎛)

선지 해설

ㄱ̸ 근육 섬유가 세포입니다. 근육 원섬유는 단백질 정도로 생각하시면 됩니다. 참고로 근육 섬유는 다핵 세포입니다.

ㄴ

ㄷ̸ ⓐ일 때 : $\frac{0.6}{0.4+0.4} = \frac{3}{4}$

ⓑ일 때 : $\frac{0.2}{0.8+1.2} = \frac{1}{10}$

이므로 ⓑ일 때가 더 작습니다.

49

16학년도 4월 17번 | 정답 ③

문항 해설

1. 자료 해석

A대의 길이는 항상 일정하므로 ⓐ는 1.4입니다.

선지 해설

ㄱ 골격근이므로 가로무늬근입니다.

(* 골격근과 심장근은 가로무늬근이고 내장근은 민무늬근입니다.)

ㄴ

ㄷ̸ (가)일 때보다 (나)일 때 H대의 길이가 더 짧으므로 (나)가 (가)보다 수축된 상태임을 알 수 있습니다.
따라서 H대의 길이는 (가)일 때가 (나)일 때보다 깁니다.

50

16학년도 7월 19번 | 정답 ①

문항 해설

1. 자료 해석

(* 해설이 이해가 가지 않는다면 45번 문항의 Comment를 참고해주세요.)

X의 길이가 2.0㎛에서 2.2㎛로 길어질 때,
Y의 길이는 0.8㎛에서 0.7㎛로 짧아졌습니다.

X의 길이 변화량은 2x이므로 2x = 0.2입니다.
따라서 -0.1㎛은 -x이고, 길이 변화량이 -x인 부분은 Zb이므로 Y는 ㉠입니다.

선지 해설

ㄱ 근육 섬유는 근육 원섬유로 구성되어 있습니다. 따라서 근육 원섬유인 X는 근육 섬유에 존재합니다.

ㄴ̸

ㄷ̸ ㉠+㉢의 길이는 Zab이므로 항상 일정합니다.
㉠+㉡의 길이 변화량은 (-x)+(2x)이므로 x입니다.

X의 길이가 2.0㎛인 시점에서 2.2㎛인 시점으로 바뀔 때,
변화량 2x=0.2이므로
X의 길이가 2.0㎛일 때 ㉠+㉡의 길이를 a라 하면
X의 길이가 2.2㎛일 때 ㉠+㉡의 길이는 a+x이므로
a+0.1㎛입니다.

따라서 분자는 동일한데 분모인 ㉠+㉡의 길이가 2.2㎛일 때 더 크므로

$\frac{㉠+㉢}{㉠+㉡}$은 2.2㎛일 때 작습니다.

51 〉 16학년도 10월 7번 Ⅰ 정답 ①

문항 해설

1. 자료 해석

(* 해설이 이해가 가지 않는다면 45번 문항의 Comment를 참고해주세요.)

t_1일 때 X의 길이가 2.0㎛인데
A대의 길이가 1.6㎛이므로 2Za = 0.4㎛입니다.
따라서 Za는 0.2㎛입니다.

t_1일 때 2Zb = 1.4㎛임을 제시해주었으므로,
Zb=0.7㎛이고, Zab=0.9㎛입니다.

따라서 Zc = 2.0 − 2×0.9 = 0.2㎛입니다.

t_1에서 t_2로 시점이 변했다 가정할 때,
t_1일 때와 t_2일 때 X의 길이 변화량이 0.2㎛이므로
2x=0.2입니다.
이를 통해 t_2의 Za, Zb, Zc를 찾으면,
t_2일 때 Za : 0.2 + 0.1 = 0.3㎛
t_2일 때 Zb : 0.7 − 0.1 = 0.6㎛
t_2일 때 Zc : 0.2 + 0.2 = 0.4㎛
입니다.

시점	Za	Zb	Zc	X
t_1	0.2	0.7	0.2	2.0
t_2	0.3	0.6	0.4	2.2

(단위 : ㎛)

선지 해설

ㄱ

ㄴ 2Zb이므로 1.2㎛입니다.

ㄷ $\frac{1.6}{2\times0.3} = \frac{8}{3}$입니다.
(* 액틴 필라멘트만 있는 부위는 2Za입니다.)

52 〉 17학년도 3월 6번 Ⅰ 정답 ①

문항 해설

1. 자료 해석

(* 해설이 이해가 가지 않는다면 45번 문항의 Comment를 참고해주세요.)

㉠은 Zb이고, ㉡은 Za입니다.
t_1에서 t_2로 시점이 변했다 가정할 때,
t_1일 때보다 t_2일 때 ㉠의 길이가 0.3짧으므로
−x = −0.3임을 알 수 있습니다.
따라서 2x = 0.6이므로 t_2일 때 X의 길이는 2.8㎛입니다.

선지 해설

ㄱ

ㄴ H대의 길이는 Zc의 길이이므로 2x만큼 차이납니다. 따라서 0.6㎛ 더 깁니다.

ㄷ

53 〉 17학년도 4월 11번 Ⅰ 정답 ⑤

문항 해설

1. 자료 해석

(* 해설이 이해가 가지 않는다면 45번 문항의 Comment를 참고해주세요.)

문제에서 제시된 정보를 표로 나타내면 다음과 같습니다.

시점	Za	Zb	Zc	X
t_1		0.2		3.2
t_2		0.7	0.2	

(단위 : ㎛)

t_1에서 t_2로 시점이 변했다 가정할 때,
t_2일 때가 t_1일 때보다 Zb의 길이가 0.5㎛ 더 길므로
−x = 0.5입니다.
따라서 2x = −1.0이므로
t_1일 때 Zc = 1.2㎛, t_2일 때 X의 길이 = 2.2㎛임을 알 수 있습니다.

마이오신 필라멘트의 길이는 2Zb + Zc이므로 1.6㎛임을 알 수 있습니다.
따라서 t_1일 때 2Za = 3.2 - 1.6 = 1.6㎛이므로 Za=0.8㎛이고, 마찬가지로 구하면 t_2일 때 Za=0.3㎛입니다.

시점	Za	Zb	Zc	X
t_1	0.8	0.2	1.2	3.2
t_2	0.3	0.7	0.2	2.2

(단위 : ㎛)

선지 해설

㉠ ㉡ ㉢

54 18학년도 6월 8번 | 정답 ⑤

문항 해설

1. 자료 해석
(* 해설이 이해가 가지 않는다면 45번 문항의 Comment를 참고해주세요.)

문제에서 주어진 조건을 표로 정리하면 다음과 같습니다.

시점	Za(㉠)	Zb(㉡)	Zc(㉢)	X
ⓐ				3.0
ⓑ			0.2	2.2

(단위 : ㎛)

ⓑ일 때 2Zab는 2.2 - 0.2 이므로 2.0㎛입니다.
Zab=1.0㎛이므로 ⓐ일 때 Zc = 3.0 - 2×1.0 = 1.0㎛입니다.
(* 물론 변화량으로 구해도 됩니다.)
이외의 정보는 알 수 없습니다.

시점	Za(㉠)	Zb(㉡)	Zc(㉢)	X
ⓐ	합이 1.0		1.0	3.0
ⓑ	합이 1.0		0.2	2.2

(단위 : ㎛)

선지 해설

㉠

㉡ ⓑ일 때가 ⓐ일 때보다 X의 길이가 0.8㎛ 더 짧으므로 변화량 2x = −0.8입니다.
㉡인 Zb의 길이 변화량은 -x이므로 ⓑ일 때가 ⓐ일 때보다 0.4㎛ 더 깁니다.

㉢ ㉠+㉡의 길이는 Zab이므로 항상 일정합니다.
㉢의 길이는 ⓑ일 때가 ⓐ일 때의 $\frac{1}{5}$이므로
분모가 $\frac{1}{5}$이니 분수 전체의 값은 ⓑ일 때가 ⓐ일 때의 5배입니다.

55 17학년도 7월 18번 | 정답 ②

문항 해설

1. 자료 해석

☑ **참고 사항**

원래 문제는 (나)에서 H대의 길이가 0㎛임이 제시되어 있지 않았습니다. 다만 이 조건이 없을 경우 그림만으로는 H대의 길이가 0㎛라고 확정할 수 없으므로 선지를 풀 수 없습니다.
예를 들어, 그림만으로는 H대의 길이가 0.0000000000000001㎛라도 있을 수 있고, 이는 육안으로 판별할 수 없습니다. 따라서 해당 조건을 추가했습니다.

(* 해설이 이해가 가지 않는다면 45번 문항의 Comment를

참고해주세요.)

문제에서 주어진 조건을 표로 정리하면 다음과 같습니다.

시점	Za(㉡)	Zb(㉠)	Zc	X
(가)		0.7		
(나)	0.2		0	

(단위 : ㎛)

(가)에서 (나)로 시점이 변했다 가정할 때,
X의 길이는 (가)일 때가 (나)일 때보다 0.3㎛ 길다고 제시되어 있으므로 2x=−0.3입니다.
따라서 (가)의 Za는 0.2+0.15 = 0.35㎛이고, (가)에서 Zab가 1.05㎛임을 알았으므로 (나)의 Zb는 1.05 − 0.2 = 0.85㎛입니다.
(* 물론 변화량으로만 풀어도 되지만 지금처럼 길이가 일정함을 통해 계산하는 연습도 해두셔야 합니다.)

A대의 길이는
2Zb + Zc이므로 (나)에서 1.7㎛임을 알 수 있습니다.
X의 길이는 2Za + A대의 길이이므로
(나)에서 X의 길이 = 0.4 + 1.7 = 2.1㎛임을 알 수 있습니다.

또한, (가)일 때 A대의 길이가 1.7㎛이므로
Zc는 0.3㎛이고, X의 길이는 2.4㎛입니다.

시점	Za(㉡)	Zb(㉠)	Zc	X
(가)	0.35	0.7	0.3	2.4
(나)	0.2	0.85	0	2.1

(단위 : ㎛)

선지 해설

ㄱ̸ ㄴ̸ ㉢

56 17학년도 10월 10번 | 정답 ①

문항 해설

1. 자료 해석
(* 해설이 이해가 가지 않는다면 45번 문항의 Comment를 참고해주세요.)

문제에서 주어진 조건을 표로 정리하면 다음과 같습니다.

시점	Za(㉠)	Zb(㉡)	Zc(㉢)	X
(가)				2.4
(나)				2.8

(단위 : ㎛)

A대의 길이가 1.4㎛이므로
t_1일 때 2Za의 길이는 1.0㎛입니다.
따라서 Za=0.5㎛입니다.

t_1일 때 Za+Zb+Zc = 2Zb+Zc 이므로
Zb = Za임을 알 수 있습니다.
따라서 Zb = 0.5㎛입니다.
Zc = A대의 길이 − 2Zb이므로 Zc = 0.4㎛입니다.

(가)에서 (나)로 시점이 변했다 가정할 때,
(가)일 때보다 (나)일 때 X의 길이가 0.4㎛ 더 길므로 변화량 2x = 0.4이고 이를 통해 (나)를 채우면 다음과 같습니다.

시점	Za(㉠)	Zb(㉡)	Zc(㉢)	X
(가)	0.5	0.5	0.4	2.4
(나)	0.7	0.3	0.8	2.8

(단위 : ㎛)

선지 해설

㉠ 체성 운동 신경의 말단에서 분비되는 신경 전달 물질은 아세틸콜린입니다.

ㄴ̸

ㄷ̸ $\frac{4}{5} < 1 < \frac{8}{7}$

57 〉 18학년도 4월 18번 ▮ 정답 ③

문항 해설

1. 자료 해석

A대의 길이는 시점에 관계없이 항상 일정하므로 ⓐ일 때도 1.6㎛입니다.

선지 해설

ㄱ A대의 길이와 마이오신 필라멘트의 길이는 같습니다. 따라서 1.6㎛입니다.

ㄴ H대에는 액틴 필라멘트가 관찰되지 않으므로 H대가 아닙니다. Zb에서의 단면입니다.

ㄷ 시점 ⓑ일 때가 ⓐ일 때보다 X의 길이가 0.2㎛만큼 더 짧으므로 2x = −0.2입니다.
I대의 길이 변화량은 2Za = 2x이므로 ⓑ일 때가 ⓐ일 때보다 I대의 길이는 0.2㎛만큼 더 짧습니다.

58 〉 18학년도 7월 13번 ▮ 정답 ②

문항 해설

1. 자료 해석

(* 해설이 이해가 가지 않는다면 45번 문항의 Comment를 참고해주세요.)

ⓐ의 길이는 시점에 관계없이 항상 1.6㎛이므로 ⓐ가 A대입니다.

H대의 길이는 t_1~t_3일 때 0보다 크므로 ㉠의 길이는 0.8㎛보다 작아야 합니다.

그런데 ⓑ의 길이는 t_1일 때 0.8㎛이므로 ⓑ가 ㉡이고 ⓒ가 ㉠임을 알 수 있습니다.

(나)에 주어진 정보를 표로 나타내면 다음과 같습니다.

시점	Za(㉡)	Zb(㉠)	Zc	X
t_1	0.8			
t_2		0.4		
t_3	0.4	0.6		

(단위 : ㎛)

t_3일 때 Zab가 1.0㎛임을 알 수 있으므로,
t_1일 때 Zb는 0.2㎛, t_2일 때 Za는 0.6㎛입니다.

X의 길이는 2Za + A대의 길이이므로
t_1, t_2, t_3일 때 X의 길이는 각각 3.2㎛, 2.8㎛, 2.4㎛입니다.

Zc의 길이는 A대의 길이 - 2Zb이므로
t_1, t_2, t_3일 때 Zc의 길이는 각각 1.2㎛, 0.8㎛, 0.4㎛입니다.

시점	Za(㉡)	Zb(㉠)	Zc	X
t_1	0.8	0.2	1.2	3.2
t_2	0.6	0.4	0.8	2.8
t_3	0.4	0.6	0.4	2.4

(단위 : ㎛)

선지 해설

ㄱ ㄴ

ㄷ $\frac{1.2-0.4}{2.8} = \frac{2}{7}$입니다.

59 〉 19학년도 9월 11번 ▮ 정답 ④

문항 해설

1. 자료 해석

(* 해설이 이해가 가지 않는다면 45번 문항의 Comment를 참고해주세요.)

(가)에서 ⓑ는 액틴 필라멘트만 있는 구간이므로
ⓑ가 ㉠이고 ⓐ와 ⓒ는 확정할 수 없습니다.

(나)에서 X-ⓒ의 길이가 시점에 관계없이 일정함을 알 수 있습니다.
X의 길이 변화량은 2x이므로 ⓒ의 길이 변화량도 2x여야 2x-2x = 0으로 길이가 변하지 않을 수 있습니다.
따라서 ㉠~㉢ 중 길이 변화량이 2x인 것은 ㉢이므로 ⓒ가 ㉢이고, ⓐ는 ㉡입니다.

선지 해설

㉠

ㄴ ⓐ와 ⓒ의 길이를 더한 값의 변화량은 2x-x이므로 x입니다.
따라서 t_1일 때와 t_2일 때 x만큼 차이가 나게 됩니다.

㉢ X의 길이 변화량은 2x입니다.
표 (나)에서 ⓑ+ⓒ의 값이 t_2일 때가 t_1일 때보다 1.2㎛가 더 짧은데, ⓑ+ⓒ의 변화량은 x+2x=3x이므로
3x=-1.2입니다.
따라서 2x=-0.8이므로 X의 길이는 t_1일 때가 t_2일 때보다 0.8㎛ 깁니다.

60 19학년도 수능 9번 | 정답 ⑤

문항 해설

1. 자료 해석
(* 해설이 이해가 가지 않는다면 45번 문항의 Comment를 참고해주세요.)

㉠-㉡는 A대의 길이에서 H대의 길이를 뺀 길이이므로 $\frac{㉠-㉡}{2}$ = Zb임을 알 수 있습니다.

따라서 문제에 주어진 정보를 표로 나타내면 다음과 같습니다.

시점	Za	Zb	Zc	X
t_1		0.2		3.2
t_2	0.5	0.5		
t_3	0.3			

(단위 : ㎛)

t_2일 때 Zab = 1.0㎛임을 알 수 있으므로,
t_1일 때 Za = 0.8㎛, t_3일 때 Zc = 0.7㎛입니다.

t_1일 때 Zc의 길이는 X - 2Zab이므로
Zc = 1.2㎛입니다.
따라서 A대의 길이가 1.6㎛임을 알 수 있으므로,
t_2일 때 Zc = 0.6㎛, t_3일 때 Zc = 0.2㎛입니다.

시점	Za	Zb	Zc	X
t_1	0.8	0.2	1.2	3.2
t_2	0.5	0.5	0.6	2.6
t_3	0.3	0.7	0.2	2.2

(단위 : ㎛)

선지 해설

ㄱ 액틴 필라멘트의 길이는 항상 일정합니다.

㉡

㉢ $\frac{1.6+0.8}{1.6+1.2} = \frac{24}{28} = \frac{6}{7}$입니다.
(* ㉠, ㉡, ㉢을 습관적으로 Za, Zb, Zc라 생각하고 푸시면 안 됩니다.)

61 19학년도 3월 19번 | 정답 ④

문항 해설

1. 자료 해석
(* 해설이 이해가 가지 않는다면 45번 문항의 Comment를 참고해주세요.)

t_1에서 t_2로 시점이 변했다 가정할 때,
X의 길이 변화량이 -0.6㎛이므로 2x=-0.6입니다.
(가)는 길이 변화량이 2x이므로 ㉢이고,
(나)는 길이 변화량이 -x이므로 ㉡입니다.
따라서 남은 (다)는 ㉠이고 길이 변화량이 x이므로
ⓐ는 0.6㎛입니다.

선지 해설

ㄱ) ✗

ㄷ) A대의 길이는 2Zb+Zc이므로
2×0.7 + 0.2 = 1.6입니다.

62 19학년도 7월 15번 | 정답 ①

문항 해설

1. 자료 해석
(* 해설이 이해가 가지 않는다면 45번 문항의 Comment를 참고해주세요.)

① A대의 길이가 1.4㎛이므로 t_1일 때
2Za = 1.6 → Za = 0.8㎛
2Zb = 0.8 → Zb = 0.4㎛

② t_1에서 t_2로 시점이 변했다 가정할 때,
t_2일 때 Zb의 길이가 t_1일 때보다 0.2㎛ 짧으므로
변화량은 -x=-0.2 → x=0.2이고, t_2일 때 Zb = 0.2㎛

변화량을 통해 t_2일 때 다른 구간의 길이를 구하면,
Za = 1.0㎛, Zc = 1.0㎛, X = 3.4㎛

③ t_2에서 t_3으로 시점이 변했다 가정할 때,
Zc의 길이는 t_3일 때가 t_2일 때보다 0.3㎛ 더 짧으므로 변화량은 2x=-0.3이고, t_3일 때 Zc = 0.7㎛

변화량을 통해 t_3일 때 다른 구간의 길이를 구하면,
Za = 1.0㎛, Zc = 1.0㎛, X = 3.4㎛

시점	Za(㉢)	Zb(㉡)	Zc(㉠)	X
t_1	0.8	0.4	0.6	3.0
t_2	1.0	0.2	1.0	3.4
t_3	0.85	0.35	0.7	3.1

(단위 : ㎛)

선지 해설

ㄱ) ✗ ✗

63 19학년도 10월 12번 | 정답 ⑤

문항 해설

1. 자료 해석
(* 해설이 이해가 가지 않는다면 45번 문항의 Comment를 참고해주세요.)

㉠의 변화량은 0,
㉡의 변화량은 2x,
㉢의 변화량은 x입니다.

표에서 X-2ⓐ의 길이 변화가 없는데,
X의 변화량은 2x이므로 ⓐ의 변화량은 x임을 알 수 있습니다.
따라서 ㉢이 ⓐ입니다.

ⓒ-ⓑ의 값이 양수인데, A대인 ㉠이 H대인 ㉡보다 클 수밖에 없으므로 ⓒ가 ㉠이고 ⓑ가 ㉡입니다.

선지 해설

㉠

㉡ ⓒ-ⓑ의 변화량은 0-2x = -2x입니다.

t_1에서 t_2로 시점이 변했다 가정할 때,

t_1에서 t_2로 변할 때 ⓒ-ⓑ의 값은 +0.6㎛이므로

-2x=0.6 → 2x=-0.6입니다.

따라서 t_2일 때 X의 길이는 3.0-0.6 = 2.4㎛입니다.

㉢ X의 변화량은 2x이고, ⓑ의 변화량도 2x입니다.

따라서 X-ⓑ의 길이 변화량은 2x-2x = 0이므로 시점에 관계 없이 항상 같습니다.

64 20학년도 수능 14번 | 정답 ③

문항 해설

1. 자료 해석

(* 해설이 이해가 가지 않는다면 45번 문항의 Comment를 참고해주세요.)

문제에서 주어진 조건을 표로 정리하면 다음과 같습니다.

시점	Za(㉢)	Zb(㉡)	Zc(㉠)	X
t_1	0.7	1.3		
t_2	0.5			

(단위 : ㎛)

A대의 길이가 1.6㎛이므로 t_1일 때

X의 길이는 1.4+1.6 = 3.0㎛이고,

Zb=0.3㎛이므로 Zc=1.0㎛입니다.

t_1에서 t_2로 시점이 변했다 가정할 때,

Za(㉢)의 변화량은 x인데, -0.2㎛이므로

x=-0.2이고, 이를 토대로 t_2를 모두 채우면 아래와 같음을 알 수 있습니다.

시점	Za(㉢)	Zb(㉡)	Zc(㉠)	X
t_1	0.7	0.3	1.0	3.0
t_2	0.5	0.5	0.6	2.6

(단위 : ㎛)

선지 해설

㉠

㉡ X와 ㉠의 변화량은 모두 2x이므로

X-㉠의 길이 변화량은 2x-2x = 0입니다.

따라서 시점에 관계 없이 항상 같습니다.

㉢ $\frac{0.6}{0.5+0.5}=\frac{6}{10}=\frac{3}{5}$ 입니다.

65 20학년도 4월 8번 | 정답 ③

문항 해설

1. 자료 해석

(* 해설이 이해가 가지 않는다면 45번 문항의 Comment를 참고해주세요.)

문제에서 주어진 조건을 표로 정리하면 다음과 같습니다.

시점	Za(㉡)	Zb(㉠)	Zc	X
t_1	0.2			
t_2			1.0	3.0

(단위 : ㎛)

A대의 길이가 1.6㎛이므로

t_1일 때 X의 길이는 2.0㎛이고,

t_2일 때 Zb의 길이는 0.3㎛입니다.

t_1에서 t_2로 시점이 변했다 가정할 때,
t_1일 때보다 t_2일 때 X의 길이가 1.0㎛ 더 길므로 변화량 2x=1.0입니다.
이를 통해 나머지를 채우면 아래와 같습니다.

시점	Za(㉡)	Zb(㉠)	Zc	X
t_1	0.2	0.8	0	2.0
t_2	0.7	0.3	1.0	3.0

(단위 : ㎛)

선지 해설

㉠ ㉡

✗ $\frac{0.3}{1.6} = \frac{3}{16}$이므로 아닙니다.

66 21학년도 6월 13번 | 정답 ①

문항 해설

1. 자료 해석
(* 해설이 이해가 가지 않는다면 45번 문항의 Comment를 참고해주세요.)

문제에서 주어진 조건을 표로 정리하면 다음과 같습니다.

시점	Za(㉢)	Zb	Zc(㉡)	X
t_1				3.0
t_2				2.6

(단위 : ㎛)

마이오신 필라멘트의 길이가 1.6㎛이므로 t_1과 t_2일 때 Za의 길이는 각각 0.7㎛, 0.5㎛임을 알 수 있습니다.
구체적인 Zb와 Zc는 구할 수 없습니다.

시점	Za(㉢)	Zb	Zc(㉡)	X
t_1	0.7			3.0
t_2	0.5			2.6

(단위 : ㎛)

선지 해설

㉠ 골격근이 수축될 때 ATP가 사용됩니다.

✗ ㉠-㉡ = 2Zb이므로 변화량은 -2x입니다.
X의 길이 변화량이 2x인데 t_1에서 t_2로 시점이 변했다 가정할 때, t_2일 때가 t_1일 때보다 0.4㎛만큼 더 짧으므로 2x=-0.4입니다.
따라서 -2x=0.4이므로 t_2일 때가 t_1일 때보다 0.4㎛만큼 큽니다.

✗

67 20학년도 7월 11번 | 정답 ③

문항 해설

1. 매칭하기
(* 해설이 이해가 가지 않는다면 45번 문항의 Comment를 참고해주세요.)

㉠의 변화량은 x,
㉡의 변화량은 -x,
㉢의 변화량은 2x이므로

㉠+㉡의 변화량은 0,
㉠+㉢의 변화량은 3x,
㉡+㉢의 변화량은 x입니다.

t_1에서 t_2로 시점이 변했다 가정할 때,
이때, ⓐ+ⓒ의 길이는 +0.3㎛만큼 변했고,
ⓑ+ⓒ의 길이는 +0.9㎛만큼 변했습니다.

0.3㎛와 0.9㎛의 비율은 1:3이므로 각각 x, 3x임을 알 수 있습니다.
따라서 ⓐ+ⓒ와 ⓑ+ⓒ에서 공통된 ⓒ가 ㉢이고,
남은 ⓐ는 ㉡이고, ⓑ는 ㉠입니다.

2. 길이 구하기

ⓐ+ⓒ와 ⓑ+ⓒ의 합은 ㉠+㉡+2㉢입니다.
이 값의 2배는 2(㉠+㉡)+㉢ + 3㉢인데,
2(㉠+㉡)+㉢ = X의 길이입니다.

따라서 t_1일 때
2×(1.0+0.8) = 2.4 + 3㉢
→ ㉢ = 0.4㎛

㉢=0.4이므로 ㉡=0.6㎛, ㉠=0.4㎛입니다.

이제 변화량을 통해 t_2를 채우면 다음과 같음을 알 수 있습니다.

시점	Za(㉠)	Zb(㉡)	Zc(㉢)	X
t_1	0.4	0.6	0.4	2.4
t_2	0.7	0.3	1.0	3.0

(단위 : ㎛)

선지 해설

ㄱ

ㄴ $\frac{1.6}{0.4}$ = 4입니다.

ㄷ

☑ comment

길이 구하기에서 적당히 더하거나 빼서 본문 해설처럼 의미 파악을 못 하겠다면 공통된 부분을 미지수로 잡아 계산하는 것도 괜찮습니다.

예를 들어, t_1일 때 ㉢의 길이를 k라 하면,
㉠=0.8-k
㉡=1.0-k
이므로,
2×(0.8-k+1.0-k)+k = 2.4
→ k=0.4
로 값을 구할 수 있습니다.

68 〉 23학년도 7월 14번 ❙ 정답 ⑤

문항 해설

1. 자료 해석

㉠+㉡은 액틴 필라멘트의 절반으로, ㉡+㉢은 마이오신 필라멘트의 절반으로 항상 일정합니다.
그런데 ⓐ+ⓑ는 시점에 따라 길이가 변하였으므로 ㉠과 ㉢을 순서 없이 더한 것임을 알 수 있습니다.
따라서 ⓒ는 ㉡입니다.

문제에서 ⓐ에는 액틴 필라멘트가 있다고 제시해주었으므로 ⓐ는 ㉠입니다. 따라서 남은 ⓑ는 ㉢입니다.

선지 해설

ㄱ ㄴ

ㄷ ㉠+㉢의 길이가 t_1에서 t_2로 시점이 변할 때, 0.2㎛가 줄었습니다.
㉠+㉢의 변화량은 2x이므로 X의 길이도 0.2㎛가 줄었음을 알 수 있습니다.
따라서 맞는 선지입니다.

69 〉 20학년도 10월 15번 ❙ 정답 ⑤

문항 해설

1. X 해석

(* 해설이 이해가 가지 않는다면 45번 문항의 Comment를 참고해주세요.)

㉠+㉡은 Zab이므로 길이가 항상 일정합니다.
t_2일 때 Zab=1.0㎛임을 알 수 있으므로, ⓐ=0.4㎛입니다.

㉠의 길이 변화량은 x이므로

t_1에서 t_2로 시점이 변했다 가정할 때,
x=0.1이므로 2x=0.2입니다.
따라서 t_1일 때 X의 길이는 2.4㎛입니다.

2. Y 해석
㉢의 길이 변화량은 x이므로
t_1에서 t_2로 시점이 변했다 가정할 때,
x=0.3이므로 2x=0.6입니다.

따라서 t_1일 때 Y의 길이는 2.0㎛이고,
ⓑ=0.4㎛입니다.

선지 해설

ㄱ)

ㄴ) H대의 길이는 (X의 길이)−2×Zab이므로
2.4−2.0 = 0.4㎛입니다.

ㄷ) A대 길이는 2Zb+Zc 또는 X−2Za이므로
X의 A대 길이는 1.6㎛이고,
Y의 A대 길이는 1.4㎛입니다.
따라서 X의 A대 길이에서 Y의 A대 길이를 뺀 값은
0.2㎛입니다.

70 21학년도 수능 16번 | 정답 ②

문항 해설

1. 자료 해석
(* 해설이 이해가 가지 않는다면 45번 문항의 Comment를 참고해주세요.)

ⓐ, $3d$, $10d$를 모두 더한 값은 $13d$+ⓐ이고,
ⓐ, $2d$, $3d$를 모두 더한 값은 $5d$+ⓐ입니다.

㉠+㉡+㉢의 변화량은 2x이므로 t_1에서 t_2로 시점이 변했다 가정할 때,
2x = $-8d$임을 알 수 있습니다.
따라서 각각의 길이에 $-4d$, $+4d$, $-8d$를 더해야 하는데,
$3d$에 $-4d$나 $-8d$를 더하면 음수가 되므로 $+4d$를 더해야 합니다.
따라서 $3d$는 ㉡이고, $3d+4d$ = $7d$이므로 ⓐ=$7d$입니다.

이를 통해 정리하면 다음과 같음을 알 수 있습니다.

시점	Za	Zb	Zc	X
t_1	$7d$	$3d$	$10d$	$30d$
t_2	$3d$	$7d$	$2d$	$22d$

선지 해설

ㄱ 근육 섬유가 근육 원섬유로 구성되어 있습니다.

ㄴ) ㄷ

comment

약간의 비약이 있지만, 실전이라면 Zab가 항상 일정함을 이용하는 것도 괜찮습니다.
t_1과 t_2에서 두 길이를 더해 일정한 값은 딱 봐도 ⓐ+$3d$이기에 $10d$와 $2d$를 ㉢ 확정하고 푸는 식으로요.

71 21학년도 4월 10번 | 정답 ①

문항 해설

1. 자료 해석
t_1일 때 ㉡의 길이를 k라 할 때, 문제에서 주어진 조건을 표로 나타내면 아래와 같음을 알 수 있습니다.

시점	Za	Zb	Zc	X
t_1	?	k	?	ⓐ
t_2	k	0.6	0.4	ⓑ

(단위 : ㎛)

(* A대의 길이가 1.6㎛이므로 t_2에서 Zb는 0.6㎛입니다.)

그런데 Zab는 항상 일정하므로 t_1에서 Za가 0.6임을 알 수 있습니다.
따라서 t_1에서 X의 길이는 2×0.6+1.6 = 2.8㎛입니다.
따라서 ⓐ가 2.8㎛이고, ⓑ가 2.4㎛입니다.
또한, 이를 통해 $2k = 2.4-1.6 \rightarrow k = 0.4$임을 알 수 있습니다.

시점	Za	Zb	Zc	X
t_1	0.6	0.4	0.8	2.8
t_2	0.4	0.6	0.4	2.4

(단위 : ㎛)

선지 해설

ㄱ) ✗

액틴 필라멘트의 길이는 항상 일정합니다.
따라서 ⓛ의 길이만 비교하면 되는데,
ⓛ의 길이는 $t_1 < t_2$이므로 틀린 선지입니다.

72 22학년도 6월 8번 ❙ 정답 ⑤

문항 해설

1. 자료 해석

표에서 ㉠의 길이는 시점에 상관 없이 항상 일정하므로 ㉠이 암대(ⓐ)이고, 남은 ⓛ은 명대(ⓑ)임을 알 수 있습니다.

선지 해설

ㄱ) Z선은 명대에 포함되어 있습니다.

ㄴ) 그림을 통해(또는 표에서 ⓛ의 길이를 통해) 시점이 (가)에서 (나)로 변할 때, 골격근이 수축함을 알 수 있습니다.
따라서 암대에는 Zb가 있으므로 맞는 선지입니다.

ㄷ) 골격근이 수축할 때 ATP가 사용됩니다.
(* 참고 : 이완할 때는 ATP가 사용되지 않습니다.)

73 23학년도 4월 10번 ❙ 정답 ③

문항 해설

1. 자료 해석

㉠의 길이와 ㉢이 길이의 변화량 비율이 1:2입니다.
따라서 2(ⓒ−ⓐ) = ⓑ−ⓐ 임을 알 수 있습니다.
이를 정리하면, 2ⓒ = ⓐ+ⓑ 임을 알 수 있습니다.
생긴 걸 보면 등차중항이 떠오르시죠? 따라서 ⓒ=0.6㎛입니다.

또한, 액틴 필라멘트의 길이는 항상 일정하므로 ㉠+ⓛ도 일정합니다.
t_1일 때 ㉠+ⓛ = ⓐ+ⓑ이므로 t_2일 때 ㉠+ⓛ은 2ⓒ = 1.2㎛입니다.

t_2일 때 ㉢의 길이는 X의 길이에서 2(㉠+ⓛ)을 뺀 값과 같으므로
ⓑ = 2.8 − 2×1.2
ⓑ=0.4㎛입니다. 남은 ⓐ=0.8㎛입니다.

시점	㉠	ⓛ	㉢	X의 길이
t_1	0.8	0.4	0.8	3.2
t_2	0.6	0.6	0.4	2.8

(단위 : ㎛)

선지 해설

ㄱ) ✗

ㄷ) 골격근이 수축될 때 ATP에 저장된 에너지가 사용됩니다.

☑ comment

이 문항에서는 길이의 변화량 해석과 액틴 필라멘트의 길이는 항상 일정함이 핵심이었습니다.
이 부분은 다른 문항들에서도 굉장히 많이 사용되므로 꼭 익숙해지도록 합시다.

74 　21학년도 7월 15번 | 정답 ①

문항 해설

1. 자료 해석

문제에서 주어진 조건을 표로 나타내면 아래와 같음을 알 수 있습니다.

시점	Za	Zb	Zc	X
t_1	0.3	0.6		
t_2	0.5+ⓐ	0.6+ⓐ	0.6	

(단위 : ㎛)

(* A대의 길이에서 ㉠의 길이를 뺀 후 2로 나누면 Zb의 길이입니다.)

이를 통해,

t_1에서 t_2로 시점이 변했다 가정할 때,

Za의 변화량과 Zb의 변화량은 부호가 반대이므로

{ 0.3 - (0.5+ⓐ) } = -{ 0.6 - (0.6+ⓐ) }

→ ⓐ = -0.1임을 알 수 있습니다.

또한, x = -0.1㎛이므로 t_1일 때 Zc는 0.8㎛입니다.

시점	Za	Zb	Zc	X
t_1	0.3	0.6	0.4	2.2
t_2	0.4	0.5	0.6	2.4

(단위 : ㎛)

선지 해설

㉠

A대의 길이는 1.6㎛입니다.

t_2일 때 ㉠의 길이는 0.6㎛, ㉡의 길이는 0.4㎛입니다.
따라서 ㉠의 길이가 ㉡의 길이보다 더 깁니다.

75 　22학년도 9월 9번 | 정답 ④

문항 해설

1. 자료 해석

조건을 정리하면 다음과 같습니다.

① (t_1일 때 ⓐ) = (t_2일 때 ⓑ+ⓒ)

② Zab = 1.0㎛

③

시점	ⓐ	ⓑ	ⓒ	X
t_1		0.2		
t_2	0.7			

(단위 : ㎛)

(* ⓐ와 ⓑ 중 어떤 게 Za, Zb인지 몰라 일단 ⓐ, ⓑ로 썼습니다.
ⓒ도 H대의 절반임에 유의해주세요.)

Zab = 1.0㎛이므로 t_1에서 ⓐ는 0.8, t_2에서 ⓑ는 0.3입니다.

(t_1일 때 ⓐ) = (t_2일 때 ⓑ+ⓒ)이므로 t_2일 때 ⓒ은 0.5입니다.

이를 통해, t_2일 때 X의 길이는

2×(0.7+0.3+0.5) = 3.0㎛임을 알 수 있습니다.

2. X의 길이 구하기

t_1에서 t_2로 시점이 변했다 가정할 때,

ⓐ와 ⓑ의 길이는 ±0.1㎛이므로

t_1일 때 Zc의 길이도 0.5±0.1㎛ 중 하나여야 합니다.

그런데 X의 길이가 3.0㎛보다 긴 시점이 있어야 하므로

t_1일 때 X의 길이는 3.0㎛보다 길어야 합니다.

따라서 t_1일 때 Zc의 길이는 0.6㎛이고,

X의 길이는 2×(0.8+0.2+0.6) = 3.2㎛입니다.

또한 ⓐ와 ⓒ의 길이 변화량과 부호가 같으므로

ⓐ는 ㉠이고, 남은 ⓑ는 ㉡입니다.

시점	ⓐ(㉠)	ⓑ(㉡)	㉢	X
t_1	0.8	0.2	0.6	3.2
t_2	0.7	0.3	0.5	3.0

(단위 : ㎛)

선지 해설

ㄱ)

ㄴ) ㉢은 H대의 절반이므로 H대의 길이는 $2 \times 0.6 = 1.2$㎛입니다.

ㄷ

☑ comment

① ㉢의 길이가 H대의 절반임을 푸는 도중에 까먹거나 처음부터 못 보고 잘못 푼 학생들이 많았습니다.
이 부분은 주의해야겠다 생각하고 풀어도 비슷한 실수를 반복할 가능성이 높으니 여러 문항들을 풀며 체크하는 습관을 들이시기 바랍니다.

② Zab의 길이가 일정한 것처럼,
H대의 길이가 절반(㉢)일 경우
Zb+㉢의 길이도 항상 일정함은 문제로 활용하기 좋은 소재이므로 함께 기억해주세요.

76 22학년도 수능 13번 | 정답 ⑤

문항 해설

1. 자료 해석

문제에서 주어진 상황을 표로 옮기면 아래와 같음을 알 수 있습니다.

시점	Za(㉢)	Zb(㉡)	Zc(㉠)	X
t_1	ⓐ			
t_2	0.7			3.0
t_3	0.6			

(단위 : ㎛)

(X의 길이) = 2Za + A대의 길이이므로
t_2에서 3.0 = 1.4 + A대
→ A대 = 1.6㎛임을 알 수 있습니다.
따라서 t_1일 때 Zb(㉡)의 길이는 0.4㎛이고,
t_3일 때 X의 길이는 2.8㎛입니다.

문제에서 t_1일 때 ㉢의 길이와 t_3일 때 ㉠+㉡의 길이가 ⓐ로 같다고 제시해주었습니다.
따라서 t_3일 때 Zb(㉡)의 길이는 (1.6−ⓐ)㎛입니다.

이를 정리하면 다음과 같은 상황임을 알 수 있습니다.

시점	Za(㉢)	Zb(㉡)	Zc(㉠)	X
t_1	ⓐ	0.4		
t_2	0.7			3.0
t_3	0.6	1.6−ⓐ		2.8

(단위 : ㎛)

t_1에서 t_3로 시점이 변했다 가정할 때,
Za와 Zb의 변화량은 부호가 반대이므로
(ⓐ−0.6) = −(0.4 − 1.6+ⓐ)이므로
ⓐ=0.9입니다.

이를 통해 정리하면 다음과 같음을 알 수 있습니다.

시점	Za(㉢)	Zb(㉡)	Zc(㉠)	X
t_1	0.9	0.4	0.8	3.4
t_2	0.7	0.6	0.4	3.0
t_3	0.6	0.7	0.2	2.8

(단위 : ㎛)

t_1에서 t_3으로 갈수록 X의 길이가 줄어들므로
X는 P의 근육 원섬유 마디임을 알 수 있습니다.
(* 팔을 구부릴 때 P는 수축하고, Q는 이완합니다.)

선지 해설

ㄱ)

ㄴ) A대의 길이는 시점에 관계 없이 항상 일정합니다.

ㄷ)

77 22학년도 4월 16번 | 정답 ②

문항 해설

1. 자료 해석

A대의 길이는 1.6㎛이므로 ㉡+㉢ = 0.8㎛입니다.
따라서 t_1일 때 ㉢의 길이는 0.1㎛이고, t_2일 때 ㉡의 길이는 0.5㎛입니다.

t_2일 때 ㉠과 ㉡의 길이가 같다 제시되어 있으므로 액틴 필라멘트의 절반은 1.0㎛입니다.
따라서 t_1일 때 ㉠의 길이는 0.3㎛입니다.
또한, t_1에서 t_2로 시점이 변했다 가정할 때, 변화량 x = 0.2㎛임을 알 수 있습니다.

선지 해설

ㄱ) 변화량 x가 양수이므로 이완입니다. 따라서 t_2일 때 X의 길이가 t_1일 때보다 더 깁니다.

ㄴ)

ㄷ) t_1일 때 ㉠의 길이는 0.3㎛인데, t_2일 때 H대의 길이는 0.3×2 = 0.6㎛이므로 아닙니다.

78 23학년도 6월 10번 | 정답 ②

문항 해설

1. 자료 해석

t_2일 때 ㉡의 길이를 k라 두면, $\frac{㉠-㉢}{㉡}$은 $\frac{0.7-(1.6-2k)}{k}$ = $\frac{1}{2}$이므로 $k=0.6$㎛임을 알 수 있습니다.
(* ㉡을 k라 둔 이유는, X의 길이와 A대의 길이를 알고 있으니 ㉠의 길이는 그냥 구할 수 있으므로 ㉡과 ㉢ 중 한 길이를 미지수로 둬야 하는데, 분모가 깔끔한 게 계산하기 편해서 ㉡을 미지수로 뒀습니다.)

따라서 t_2일 때 ㉠, ㉡, ㉢의 길이는
각각 0.7㎛, 0.6㎛, 0.4㎛이므로
t_1일 때 ㉠, ㉡, ㉢의 길이는
각각 (0.7−x)㎛, (0.6+x)㎛, (0.4−2x)㎛입니다.

따라서 t_1일 때 $\frac{㉠-㉢}{㉡}$은 $\frac{0.3+x}{0.6+x}$ = $\frac{1}{4}$이므로 x=0.1㎛입니다.
따라서 t_1일 때 ㉠, ㉡, ㉢의 길이는 각각 0.9㎛, 0.4㎛, 0.8㎛입니다.

선지 해설

ㄱ̸. 근육 섬유가 근육 원섬유로 구성되어 있습니다.

ㄴ

ㄷ̸. X의 길이는 t_1일 때가 t_2일 때보다 0.4㎛ 짧습니다.

comment

> 시험장이라면, ㄱ 선지가 틀린 건 그냥 알 수 있으므로 틀렸다 하면 ② 또는 ④가 답임을 알 수 있습니다.
> 따라서 ㄴ 선지는 맞는 선지이고, ㄷ 선지는 실제로 맞다는 전제 하에 대입해서 계산해보면 틀렸음을 알 수 있습니다.
> 실전 모의고사 등을 풀 때는 이렇게 푸시는 것도 연습해보시는 게 좋습니다.

79 22학년도 7월 11번 | 정답 ④

문항 해설

1. 자료 해석

X의 길이가 2.0㎛일 때, ㉠의 길이와 ㉡의 길이가 1:3이므로 각각 k, $3k$라 두면 ㉢의 길이는 $2-8k$임을 알 수 있습니다.

X의 길이가 2.4㎛일 때 ㉡의 길이는 $3k-0.2$이고, ㉢의 길이는 $2-8k+0.4$이므로
$2.4-8k = 6k-0.4 \rightarrow k=0.2$입니다.

따라서 정리하면 다음과 같습니다.

시점	Za(㉠)	Zb(㉡)	Zc(㉢)	X
t_1	0.2	0.6	0.4	2.0
t_2	0.4	0.4	0.8	2.4

(단위 : ㎛)

선지 해설

ㄱ

ㄴ̸. ㉢은 암대이고, ㉠이 명대입니다. 참고로 ㉡이 가장 어둡게 보입니다.

ㄷ. X의 길이가 3.0㎛일 때, ㉠의 길이는 0.7㎛이고, H대의 길이는 1.4㎛입니다.
따라서 2가 맞습니다.

80 23학년도 9월 19번 | 정답 ⑤

문항 해설

1. 자료 해석

㉡의 길이와 ⓐ가 1:1 대응되므로 ⓐ를 시점처럼 해석할 수 있습니다.
그러면 A대의 길이가 1.6㎛이므로 F_1일 때 ㉠의 길이를 $2x$, F_2일 때 ㉠의 길이를 $4y$라 두면
주어진 표를 통해 다음과 같이 정리할 수 있습니다.

힘	Za(㉠)	Zb(㉡)	Zc(㉢)	X
F_1	$2x$	$0.8-x$	$2x$	$3.2-4x$
F_2	$4y$	$0.8-3y$	$6y$	?

(단위 : ㎛)

$2\times(2x-4y) = 2x-6y$이므로 $x=y$입니다.

따라서 F_1에서 F_2로 힘이 바뀌었다는 가정 하에,
변화량은 x=$2x$이므로 F_2일 때 X의 길이는 3.2㎛입니다.

따라서 $8y+1.6$=3.2 $\rightarrow y=0.2$이므로 이를 정리하면 다음과 같습니다.

선지 해설

ㄱ. ⓐ는 ⓛ이 증가할 때 증가합니다. ⓛ은 ⓒ이 줄어들수록 증가합니다.
따라서 ⓒ이 상대적으로 짧은 0.3㎛일 때 ⓛ이 더 크므로 ⓐ가 더 큽니다.

ㄴ ㄷ

81 22학년도 10월 15번 | 정답 ③

문항 해설

1. 매칭하기

t_1과 t_2일 때 X의 길이가 각각 2.4㎛와 2.2㎛ 중 하나이므로 길이의 변화량 x는 ±0.1㎛임을 알 수 있습니다.

Ⅰ+Ⅲ과 Ⅱ−Ⅰ의 변화량은 -3x ~ +3x 사이 값이므로
시점이 바뀔 때 길이는 -0.3 ~ +0.3만큼 변할 수 있음을 알 수 있습니다.

그런데 위와 같은 변화량에서 0.8㎛가 ⓒ가, 0.2㎛가 ⓒ가 될 수 있으려면
ⓒ는 0.5㎛이며 0.8㎛에서 -0.3㎛만큼 변했고, 0.2㎛에서 +0.3㎛만큼 변했음을 알 수 있습니다.

따라서 겹쳐있는 Ⅰ이 ⓒ이고, Ⅲ은 ㉠, Ⅱ는 ⓛ이며 ㉠+ⓒ의 변화량이 -0.3㎛이므로
ⓐ가 2.4㎛이고, ⓑ가 2.2㎛임을 알 수 있습니다.

2. 길이 구하기

t_1일 때 Ⅰ+Ⅲ과 Ⅱ−Ⅰ에서 공통적으로 포함되어 있는 Ⅰ(ⓒ)의 길이를 x㎛라 하면,
㉠, ⓛ, ⓒ의 길이는 각각 $(0.8-x)$㎛, $(0.2+x)$㎛, x㎛이므로
$1\times2 + x = 2.4 \rightarrow x=0.4$입니다.

이를 정리하면 다음과 같습니다.

시점	Za(㉠)	Zb(ⓛ)	Zc(ⓒ)	X
t_1	0.4	0.6	0.4	2.4
t_2	0.3	0.7	0.2	2.2

(단위 : ㎛)

선지 해설

㉠

ㄴ. 1.6㎛입니다.

ⓒ

82 24학년도 6월 15번 | 정답 ④

문항 해설

1. 자료 해석

액틴 필라멘트의 길이는 항상 일정하므로 ㉠+ⓛ도 항상 일정합니다.
t_1일 때 ㉠+ⓛ=1.0㎛이고, X의 길이가 3.2㎛이므로 ⓒ의 길이는 $3.2 - 2\times1.0 = 1.2$㎛입니다.
ⓐ와 ⓑ는 확정할 수 없으므로 일단 ⓐ와 ⓑ로 두고, 조건대로 길이를 정리하면 다음 표와 같습니다.

시점	ⓐ의 길이	ⓑ의 길이	ⓒ의 길이	X의 길이
t_1	0.8	0.2	1.2	3.2
t_2	0.4	0.6	0.4	2.4

(단위 : ㎛)

(* ⓐ+ⓑ는 일정한데, t_1일 때 ⓐ=0.8㎛이므로 ⓑ=0.2㎛입니다. 따라서 t_2일 때 ⓑ=0.6㎛이고, ⓐ+ⓑ는 일정하므로 ⓐ의 길이=ⓒ의 길이=0.4㎛입니다.)

이때, ⓐ와 X의 길이 변화량이 1:2이므로 ⓐ가 ㉠이고, ⓑ는 ⓛ입니다.

선지 해설

ㄱ̸

ㄴ A대의 길이는 2×㉡ + ㉢이므로 1.6㎛입니다.

ㄷ

83 23학년도 10월 10번 | 정답 ③

문항 해설

1. 자료 해석

㉠과 ㉢의 길이 변화량은 x, 2x입니다.
따라서 t_2와 t_3일 때를 비교하면, 2(0.7 − ⓑ) = (ⓑ − 0.4)이므로 ⓑ=0.6입니다.
(* 변화량 비율이 1:2이므로, 0.4와 0.7의 2:1 내분점 느낌으로 보시면 딱봐도 0.6입니다.
이런 식으로 풀면 시간을 줄일 수 있는 경우가 많아 연습해두시기 바랍니다.)

또한, t_1에서 ⓐ의 길이는 t_2일 때 0.7, 0.6이 되었으므로 ⓐ는 0.8입니다.
(* 위와 같이 방정식을 푸셔도 되지만, 길이 변화량이 1:2이므로 ⓐ / 0.7 / 0.6은 등차수열입니다.
따라서 그냥 ⓐ=0.8이라 하시거나, 위의 괄호 풀이와 같이 내분점으로 보시는 것도 좋습니다.)

이후에는 t_2에서 ㉠+㉢이 1.3이라 딱 봐도 Ⅰ과 Ⅱ가 ㉠, ㉢을 순서 없이 나타낸 것입니다.
시험장에서 저라면 일단 이렇게 풀 것 같습니다.

다만, 엄밀하게 푼다면,
① t_1일 때 ㉠과 ㉢의 길이가 모두 0.8이므로 Ⅰ+Ⅲ에서 1.2를 만드려면 ㉡은 0.4임을 알 수 있습니다.
따라서 t_2, t_3일 때의 ㉡의 길이는 0.5, 0.6입니다.
이를 통해 t_2일 때 두 길이의 합이 1.3이 나올 수 있는 건 ㉠+㉢ 밖에 없음을 통해 푸셔도 괜찮고,
t_3일 때 두 길이의 합이 모두 같으려면 ⓒ=1.0으로 같을 수밖에 없음을 통해 푸셔도 괜찮습니다.

② t_3일 때 Ⅰ+Ⅱ = Ⅰ+Ⅲ = ⓒ이므로 Ⅱ=Ⅲ입니다.
㉠과 ㉢은 다르므로 ㉡은 Ⅱ 또는 Ⅲ입니다.
㉡이 Ⅱ면 Ⅰ+Ⅲ = ㉠+㉢, ㉡이 Ⅲ이면 Ⅰ+Ⅱ = ㉠+㉢입니다.
따라서 ⓒ = 0.6+0.4 = 1.0입니다.

③ 위의 풀이들이 떠오르지 않는다면 가정하시는 것도 나쁘지 않습니다.
t_1일 때 ㉠+㉢ = 1.6이므로 Ⅰ+Ⅲ이 아닙니다.
Ⅰ+Ⅲ이 ㉠+㉡이라면 ⓒ=1.2이고, t_3일 때 ㉠=0.6이므로 ㉡=0.6입니다.
그런데 ㉢은 0.4이므로 Ⅰ+Ⅱ는 1.2가 될 수 없습니다.
따라서 Ⅰ+Ⅲ은 ㉡+㉢입니다. 그러면 t_1에서 t_3이 될 때, 변화량 x=−0.2이므로 ⓒ=1.0입니다.
t_2일 때와 t_3일 때 Ⅰ+Ⅱ의 길이가 변하였으므로 Ⅰ+Ⅱ는 ㉠+㉢입니다.

따라서 겹치는 Ⅰ이 ㉢이고, Ⅱ는 ㉠, Ⅲ은 ㉡입니다.

시점	길이(㎛)				
	㉠	㉡	㉢	㉢+㉠	㉢+㉡
t_1	0.8	0.4	0.8	1.6	1.2
t_2	0.7	0.5	0.6	1.3	1.1
t_3	0.6	0.6	0.4	1.0	1.0

선지 해설

ㄱ ㄴ ㄷ̸

84 23학년도 수능 13번 | 정답 ③

문항 해설

1. 자료 해석

t_2일 때만 ㉠~㉢의 길이가 모두 같다고 제시되어 있으므로 각각의 길이를 k㎛로 둘 수 있습니다.
그러면 t_1일 때 ㉠, ㉡, ㉢의 길이는 각각 $(k-x)$㎛, $(k+x)$㎛, $(k-2x)$㎛입니다.

ⓐ가 ㉠일 경우
$\frac{k}{k-x} = \frac{k+x}{k}$ → $x=0$이므로 t_1일 때도 ㉠~㉢의 길이가 모두 같게 되므로 모순됩니다.

따라서 ⓐ는 ㉢입니다.
$\frac{k}{k-2x} = \frac{k+x}{k}$ → $x(2x+k)=0$ 인데 x는 0이면 안 되므로 $k=-2x$입니다.

따라서 이를 k에 관한 식으로 정리하면 다음과 같음을 알 수 있습니다.

시점	Za(㉠)	Zb(㉡)	Zc(㉢)	X
t_1	$1.5k$	$0.5k$	$2k$	$6k$
t_2	k	k	k	$5k$

(단위 : ㎛)

선지 해설

ㄱ) ✗

ㄷ) $6k$: L = (Z_1로부터 Z_2방향으로의 거리) : 0.3L
→ (Z_1로부터 Z_2방향으로의 거리) = $1.8k$이므로 ㉡에 속합니다.

85 18학년도 10월 5번 | 정답 ⑤

문항 해설

1. 자료 해석

M선으로부터 거리가 일정한 지점인데, ㉡은 마이오신 필라멘트가 포함되지 않은 지점이므로 시점이 어떻게 변하든 마이오신 필라멘트가 포함될 수 없습니다.
(* 수축이 일어나든, 이완이 일어나든 마이오신 필라멘트와 ㉡의 위치는 고정되어 있기 때문입니다.)

(나)에서 마이오신 필라멘트만 있던 단면이 액틴 필라멘트와 마이오신 필라멘트가 모두 있는 단면으로 바뀌었으므로 ㉠임을 알 수 있습니다.
이러한 변화가 나타나기 위해선 t_1에서 t_2로 변할 때 수축이 일어나야 함을 알 수 있습니다.

선지 해설

ㄱ)

ㄴ) 수축이 일어났으므로 H대의 길이인 ⓐ는 t_2일 때가 t_1일 때보다 짧습니다.

ㄷ) 시점과 관계 없이 액틴 필라멘트의 길이와 A대의 길이는 항상 일정하므로 같습니다.

☑ comment

이 문제를 통해 조금 더 생각해 보면 다음과 같은 결론을 얻을 수 있습니다.

M선으로부터 거리가 일정한 지점의 단면 변화
(* 거리가 $\frac{\text{X의 길이}}{2}$보다 짧을 때)

1) 수축일 때
Zc → Zc or Zb
Zb → Zb
Za → Za

2) 이완일 때
Zc → Zc
Zb → Zc or Zb
Za → Za

86 21학년도 9월 15번 | 정답 ②

문항 해설

1. 자료 해석
㉠은 Za의 단면, ㉡은 Zc의 단면, ㉢은 Zb의 단면입니다.

l_1~l_3은 모두 $\frac{t_2\text{일 때 X의 길이}}{2}$보다 작으므로
Z선으로부터의 거리가 M선을 넘어가는 경우는 고려하지 않아도 괜찮습니다.

X의 길이는 t_2일 때가 t_1일 때보다 짧으므로
시점이 t_1에서 t_2로 바뀌었다고 생각하면 수축 과정임을 알 수 있습니다.
(* 문제에서 t_1이 t_2보다 먼저라는 언급이 없으므로 반대로 해석할 수도 있습니다. 반대로 해석할 경우 이완 과정입니다.
답은 어떤 관점에서 해석하든 같으므로 편한대로 하면 됩니다.)

Z선으로부터의 거리가 Zab보다 짧을 경우 액틴 필라멘트는 시점에 관계없이 항상 포함될 수밖에 없음을 알 수 있습니다.
반대로, Zab보다 길 경우 액틴 필라멘트는 어떤 시점에서든 포함되면 안 됩니다.

따라서 수축 과정에서의 단면의 변화는
Za → Za or Zb
Zb → Zb
Zc → Zc
만 가능함을 알 수 있습니다.

l_1은 t_1일 때 ⓐ, t_2일 때 ⓑ로 바뀌었으므로
ⓐ가 Za(㉠), ⓑ가 Zb(㉢)의 단면임을 알 수 있습니다.

l_2일 때 t_1에서 ㉡은 Zc(㉡)의 단면이므로 어떤 시점이든 항상 Zc의 단면이어야 합니다. 따라서 ⓒ는 Zc입니다.

l_3일 때 t_1에서 단면은 Zb이므로 t_2일 때 단면도 Zb여야 합니다.
(* 수축 과정이기 때문에 확정 가능합니다. 물론 이완이라면 Za도 가능합니다.)

선지 해설

ㄱ. (X) 마이오신 필라멘트의 길이는 항상 일정합니다.

ㄴ. (O)

ㄷ. (X) 시점이 t_1일 때,
l_1일 때는 Za의 단면이 나타나는데,
l_3일 때는 Zb의 단면이 나타나므로
$l_1 < l_3$임을 알 수 있습니다.

comment

① Z선으로부터의 거리뿐만 아니라 M선으로부터의 거리도 염두해두셔야 합니다. 두 개가 섞여 나오거나 문제에서는 Z선으로부터의 거리, 선지에서는 M선으로부터의 거리가 출제될 수도 있겠죠?

② 수축/이완에 따라 변할 수 있는 단면의 모양을 미리 정리해두시는 걸 권장합니다.
다만 이를 무식하게 외우기보다는 머릿속으로 케이스를 빠르게 돌릴 수 있도록 연습해두시는 것을 권장합니다.

Z선으로부터의 거리가 M선을 넘지 못할 때 기준으로 **이완 과정**에서 단면의 변화는
Za → Za
Zb → Za or Zb
Zc → Zc
만 가능합니다.
(* 수축 과정일 때는 본문 해설 참고)

Z선으로부터의 거리가 M선을 넘었을 때 기준

1) 수축일 때

Za → Za

Zb → Za or Zb

Zc → Za or Zb or Zc

2) 이완일 때

Za → Za or Zb or Zc

Zb → Zb or Zc

Zc → Zc

만 가능함

M선으로부터의 거리는 85번 문제의 코멘트를 참고해 주세요.

87 23학년도 9월 10번 | 정답 ③

문항 해설

1. 자료 해석

l_1~l_3은 모두 $\frac{\text{X의 길이}}{2}$보다 작으므로 변할 수 있는 단면의 모양은 아래와 같습니다.

수축할 때	이완할 때
㉠ → ㉠ 또는 ㉡	㉠ → ㉠
㉡ → ㉡	㉡ → ㉡ 또는 ㉠
㉢ → ㉢	㉢ → ㉢

이 표는 무지성으로 암기하는 게 아니라 이해하셔야 합니다.

Z선으로부터 거리가 $\frac{\text{X의 길이}}{2}$보다 짧다는 전제 하에,

근육이 수축하여 Z선이 들어간 만큼 'Z선으로부터의 거리'와 '액틴 필라멘트의 절반'도 같이 들어가게 됩니다. 이완일 때도 마찬가지입니다.

따라서 시점에 관계 없이 액틴 필라멘트가 한 번이라도 포함되었다면, 항상 포함될 수밖에 없습니다.

반대로 액틴 필라멘트가 한 번이라도 포함되지 않았다면, 포함되지 않을 수밖에 없습니다.

그래서 위의 표에서도 액틴이 포함되지 않은 ㉢은 수축/이완에 관계 없이 ㉢이고,

수축이냐 이완이냐에 따라 ㉠과 ㉡은 바뀔 수도 있고 아닐 수도 있는 겁니다.

(* 이 부분도 무지성으로 암기하지 마시고, 머릿속으로 그릴 수 있도록 연습해보시기 바랍니다.

또한, 이미 거의 같은 문항이 기출되었으므로 위의 내용은 이미 다 알고 계셔야 합니다.)

따라서 t_2일 때 l_3의 단면이 ㉢이므로 ⓒ=㉢입니다.

ⓒ의 길이는 t_1일 때가 t_2일 때보다 짧으므로 t_1에서 t_2로 갈 때 이완되었음을 알 수 있습니다.

따라서 X는 Q의 근육 원섬유 마디입니다.

또한, l_2일 때 ⓑ가 ⓐ로 바뀌었는데, 이완일 때는 ㉡이 ㉠으로 바뀔 수 있으므로

㉡이 ⓑ이고, ㉠은 ⓐ입니다.

선지 해설

ㄱ. t_1일 때 l_1, l_2, l_3에서의 단면은 각각 ㉠, ㉡, ㉢이므로 $l_1 < l_2 < l_3$입니다.

ㄴ.

ㄷ. 이완이므로 ㉠이 맞습니다.

88 〉 24학년도 수능 12번 ❙ 정답 ①

문항 해설

1. 구간별 길이 해석

t_1일 때 세 길이의 합을 모두 더하면 19d입니다.

t_2일 때 세 길이의 합을 모두 더하면 15d입니다.

세 길이의 합의 변화량은 2x이므로 2x=−4d입니다.

(* 이 관점은 이미 기출되었으므로 당연히 생각하셨어야 합니다.)

각 길이의 변화량은 −2d, +2d, −4d가 되는데,
5d는 7d가 될 수밖에 없고, 6d는 2d가 될 수밖에 없고, 8d는 6d가 될 수밖에 없으므로 다음과 같음을 알 수 있습니다.

시점	㉠	㉡	㉢	X의 길이
t_1	8d	5d	6d	32d
t_2	6d	7d	2d	28d

2. 단면 찾기

t_1일 때 A대의 길이는 16d이므로 ⓒ의 길이는 8d입니다.
따라서 ⓒ=㉠입니다.

이미 단면의 변화 양상은 여러 번 정리하였습니다.
l_1에서 t_1에서 t_2로 수축할 때 ㉡이 될 수 있는 단면은 ㉠ 또는 ㉡인데,
이미 ⓒ=㉠임을 알고 있으므로 ⓐ=㉡입니다.
남은 ⓑ=㉢입니다.

거리	지점이 해당하는 구간	
	t_1	t_2
l_1	㉡	㉡
l_2	㉢	㉢
l_3	㉠	㉠

선지 해설

㉠ t_1일 때 l_1, l_2, l_3에서의 단면은 각각 ㉡, ㉢, ㉠이므로 $l_3 < l_1 < l_2$입니다.

ㄴ.

ㄷ. t_2일 때 ⓐ의 길이는 7d이고 H대의 길이는 2d이므로 아닙니다.

☑ comment

검토진 : 근수축에서 가장 중요한 것은 '정보의 가시성'입니다.
현재 근수축은 크게 계산 문제와 단면 문제로 나뉩니다. 계산 문제든 단면 문제든 평소에 본인만의 표기 습관을 만들고, 해당 틀대로 연습하시면 수능 때도 충분히 풀어낼 수 있다고 생각합니다.

PART 2

01

문항 해설

1. t_1과 t_2일 때 Ⅲ에서의 막전위를 통해 t_1=3.5ms, t_2=3ms임을 알 수 있습니다.

2. B에서 자극을 주었다면 A에는 전달이 되지 못하므로 막전위가 항상 -70mV여야 합니다.
   그런데 지점 Ⅰ~Ⅳ 모두에서 막전위 변화가 나타났으므로 자극은 A의 특정 지점에 주었음을 알 수 있습니다.

3. 경과된 시간이 3ms일 때 B에서 -80mV가 나타날 수 있어야 하므로
   A에서는 (나) 그래프와 같은, B에서는 (가)그래프와 같은 막전위 변화가 나타남을 알 수 있습니다.

4. 지점 Ⅱ와 Ⅲ에서 t_1일 때는 막전위가 -80mV로 같지만, t_2일 때는 다르므로 서로 다른 막전위 그래프를 쓰는 지점임을 알 수 있습니다.

   경과된 시간이 0.5ms만큼 늘어났을 때 +30mV에서 -80mV가 된 Ⅲ에서의 막전위 그래프가 (가)임을 알 수 있으므로 Ⅲ은 B에 있는 점이고, Ⅱ는 A에 있는 지점입니다.
   남은 Ⅰ과 Ⅳ도 하나는 A에, 다른 하나는 B에 있는 지점임을 알 수 있습니다.

5. t_2일 때 B에서 d_3과 d_4에서의 막전위 값이 하나는 -80mV, 다른 하나는 +30mV임을 알 수 있습니다.
   자극은 d_3에 먼저 도달하므로 d_3에서 −80mV이고, d_4에서 +30mV입니다.
   또한 전도 시간이 0.5ms임을 알 수 있는데, 2cm 떨어져 있으므로 흥분의 전도 속도가 4cm/ms임을 알 수 있습니다.

6. 흥분의 전도 속도가 4cm/ms이므로 A에서 자극을 준 지점은 d_2임을 알 수 있습니다.
   (* d_1에 자극을 주었다면, 전도하는 데만 1ms가 소요되므로 B에서 -80mV가 나올 수 없습니다.)
   따라서 Ⅱ는 d_1입니다.
   Ⅰ과 Ⅳ 중 하나는 d_2, 다른 하나는 d_3인데 확정은 불가능합니다.

선지 해설

ㄱ. (나)입니다.
ㄴ. d_2입니다.
ㄷ. d_1까지 전도되는 데 0.5ms가 소요되므로 막전위 변화 시간은 2.5ms입니다.
이때는 재분극 구간이므로 맞습니다.

02

문항 해설

1. B와 C의 속도가 같고, A의 속도는 2배입니다.

   시간 = $\frac{거리}{속도}$ 이므로 d_1에서 준 자극이 d_2까지 전도되는 시간의 비는 2:1입니다.
   즉, B와 C의 전도 시간을 2t라 한다면, A에서 전도 시간은 t입니다.

2. B에서 경과된 시간이 Ⅱms일 때 막전위는 -80mV입니다.
   만약 B에서 (나) 그래프와 같은 막전위 변화가 나타난다면, Ⅱ = (2t+3)ms가 됩니다.
   이때, 전도 시간이 t ms인 A는 (3+t)ms만큼 막전위가 변해야 하는데, 이럴 경우 막전위가 -60mV일 수 없으므로 모순됩니다.
   따라서 B에서는 (가) 그래프와 같은 막전위 변화가 나타남을 알 수 있습니다.

3. 경과된 시간이 Ⅰms일 때 A의 막전위는 +30mV이므로 Ⅰ = t+1.5입니다.
   경과된 시간이 Ⅰms, 즉 t+1.5일 때 B에서 막전위는 -

60mV입니다.

B에서는 전도 시간이 2t ms이므로 막전위 그래프에서 (1.5−t)ms만큼 막전위가 변했을 때 −60mV입니다.

따라서 탈분극에 위치한 −60mV임을 알 수 있고, t=0.5입니다.

선지 해설

ㄱ. B는 (가)와 같은 막전위 변화가 나타납니다.

ㄴ. 탈분극 중입니다.

ㄷ. C에서 경과된 시간이 Ⅰms와 Ⅲms 일 때 막전위가 −60mV인데,

C에서 전도 시간이 2t 즉, 1ms이므로 Ⅰ에서 −60mV는 막전위 그래프 상에서 1ms 변한 −60mV로 탈분극 지점의 −60mV임을 알 수 있습니다.

따라서 Ⅲ에서 −60mV는 재분극 지점의 −60mV입니다.

전체 시간이 Ⅱms, 즉 3ms 일 때 A에서 막전위가 −60mV이므로 막전위 그래프에서 2.5ms가 지났을 때 −60mV임을 알 수 있습니다.

따라서 Ⅲ = 1+2.5 = 3.5입니다.

03

문항 해설

1. A의 Ⅱ와 B의 Ⅳ에서 막전위는 −80mV로 같습니다.

따라서 전도 시간이 같음을 알 수 있고, 전도 시간이 같으므로 자극을 준 지점으로부터 속도비만큼 떨어진 지점이 각각 있음을 알 수 있습니다.

A와 B의 속도비는 3:4이므로, 자극을 준 지점도 3:4만큼 떨어진 지점입니다.

가능한 지점은 d_2에 자극을 준 후, d_3과 d_4에서 −80mV인 경우만 있음을 알 수 있습니다.

또한, 이를 통해 t_1=4임도 알 수 있습니다.

2. Ⅰ과 Ⅴ는 d_1, d_2, d_5 중 하나인데 d_1은 d_2에서 2cm 떨어진 지점이므로 +10mV가 불가능하고,

d_2는 자극을 준 지점이므로 +10mV가 불가능합니다.

따라서 +10mV가 가능한 지점은 d_5밖에 없습니다.

3. Ⅰ과 Ⅲ은 d_1 혹은 d_2이므로 ㉠과 ㉡ 중 하나는 −70mV입니다.

그런데 ㉠>㉡이고, d_1에서의 막전위는 막전위 그래프에서 시간이 $3+\frac{1}{3}$ms 혹은 3+0.5ms일 때의 막전위이므로 ㉠이 −70이며 Ⅲ이 d_2임을 확정할 수 있습니다.

또한, ㉡은 −70보다 작아야 하므로 $3+\frac{1}{3}$이어야 합니다. 따라서 B의 흥분 전도 속도가 3cm/ms입니다.

선지 해설

ㄱ. A의 흥분 전도 속도는 4cm/ms입니다.

ㄴ. Ⅰ은 d_1입니다.

ㄷ. B의 Ⅴ에서 막전위 그래프의 변화 시간은 $(5-\frac{8}{3})$ms이므로 $\frac{7}{3}$ms입니다.

4ms일 때 A의 Ⅴ에서 막전위가 +10mV였으므로, 막전위 그래프에서 2ms일 때 재분극의 +10mV임을 알 수 있습니다.

$\frac{7}{3}$은 2보다 크므로 +10mV보다 막전위 그래프에서 오른쪽입니다.

따라서 +10보다 작습니다.

04

문항 해설

0. 검토 과정에서 사설틱하다는 의견이 있어 넣을지 고민했습니다. 다만 논리적으로 풀이 과정이 깔끔하여 낯선 문항 연습용으로 좋다 판단되어 삭제하지 않았음을 미리 밝힙니다.

1. Ⅱ에서 d_2-d_3가 -110이므로 (-80) - (+30)임을 알 수 있습니다.
   이때 d_1은 -80mV보다 막전위 그래프에서 더 오른쪽에 있음을 알 수 있습니다.

   자극을 준 지점인 d_1에서 Ⅰ과 Ⅲ은 막전위가 0으로 같은데, Ⅱ는 다르므로
   Ⅱ는 (나) 그래프와 같은 막전위 변화가 나타나며 C임을 알 수 있습니다.

2. Ⅰ에서 d_2-d_3이 0입니다.
   만약 d_1이 탈분극 지점의 0이라면, d_2와 d_3이 같은 값이기 위해선 둘 다 -70mV여야 합니다.
   그런데 d_4에서 -60mV이므로 불가능합니다.

   따라서 d_1은 재분극 지점이며 아래 그림과 같이 막전위가 같음을 알 수 있습니다.

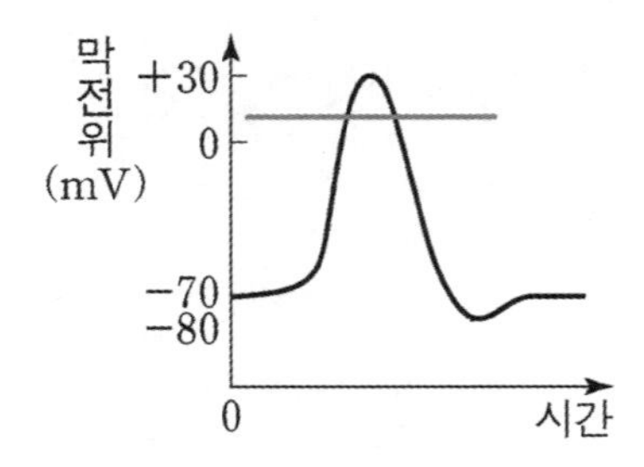

3. 만약 Ⅲ이 Ⅰ보다 빠르다면 d_2와 d_3에서 아래 그림의 1번 같은 막전위 값이,
   Ⅰ이 Ⅲ보다 빠르다면 아래 그림의 2번 같은 막전위 값을 갖게 됩니다.

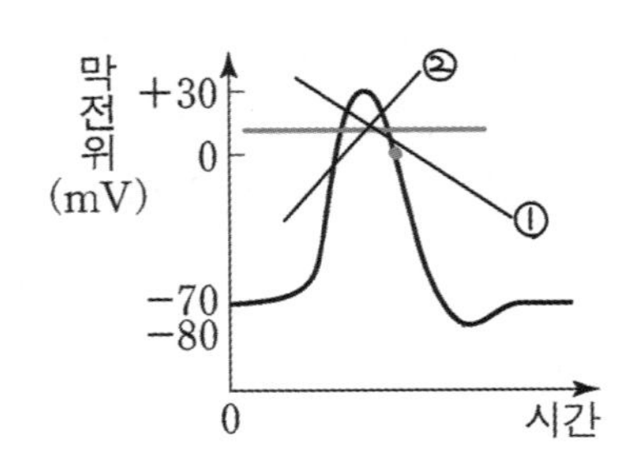

문제에서 ⓐ는 0보다 크다 했으므로 2번 같은 막전위 값을 가져야 합니다.
따라서 Ⅰ이 Ⅲ보다 빠르므로 Ⅰ이 A, Ⅲ이 B입니다.

선지 해설

ㄱ. 재분극이 일어나고 있습니다.

ㄴ. Ⅱ의 d_4는 +30mV인 d_3보다 왼쪽에 있어야 하므로 재분극 중이 아님을 알 수 있습니다.
  * 그래프에서 시간 간격이 로그 스케일 등이 아닌 일반적인 간격일 때, 축삭 돌기 그림에서 각 지점 사이의 거리가 거의 같음을 고려하면 막전위 그래프에서 간격도 거의 같아야 합니다. 따라서 다음 그림과 같이 자극이 도달하지 않은 점임을 유추할 수도 있습니다.

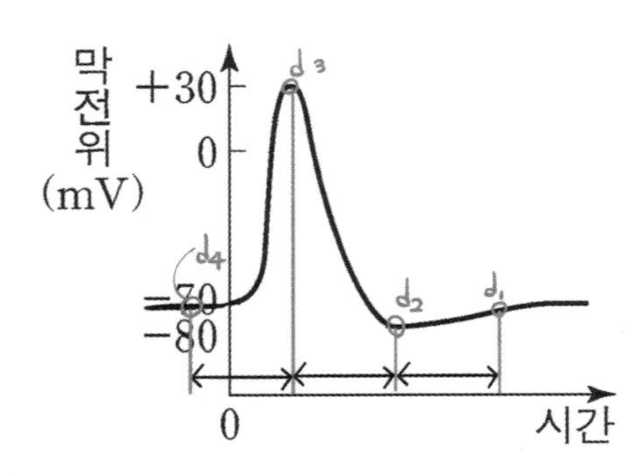

ㄷ. Ⅲ은 B입니다.

05

문항 해설

0. 아직 평가원에서 출제한 적은 없지만, 속도비가 정수비가 아닌 경우를 갑자기 접하면 당황할 수 있으므로 일부러 속도비를 정수로 제시하지 않았습니다.

1. 전도 시간 = $\frac{거리}{속도}$ 이므로 속도비에 따라 정리하면,

   A, B, C의 d_1에서 d_2까지의 전도 시간 비는 3:2:4 이므로 전도 시간을 각각 3t, 2t, 4t로 둘 수 있습니다.

2. Ⅲms일 때 A와 C에서 막전위가 모두 -10mV인데,
   서로 속도가 다르므로 하나는 탈분극, 다른 하나는 재분극의 -10mV입니다.
   A가 C보다 빠르므로 A에서의 -10mV가 재분극의 -10mV입니다.

   따라서 Ⅲ = 3t + ⓐ + 1 = 4t + ⓐ 이므로 t=1임을 알 수 있습니다.
   또한, Ⅲms일 때 B에서 -80mV이므로 Ⅲ = 2t + 3 = 5 임을 알 수 있습니다.

3. Ⅱms 일 때 A에서 막전위 -10mV는 탈분극 시기의 -10mV입니다.
   그런데 -10mV일 때 탈분극과 재분극은 막전위 그래프에서 1ms 만큼 차이납니다.
   5ms일 때 재분극이었으므로 Ⅱms는 4ms임을 알 수 있습니다.
   그런데, Ⅱ = 3 + ⓐ이기도 하므로 ⓐ=1임을 알 수 있습니다.

선지 해설

ㄱ. ⓐ는 1입니다.

ㄴ. Ⅰ=4+2=6, Ⅱ=4, Ⅲ=5, Ⅳ=4+3=7 이므로
   Ⅰ+Ⅲ=11=Ⅱ+Ⅳ입니다.

ㄷ. Ⅰms 일 때 A에서의 막전위 값(㉠)은 전도 시간 3ms, 막전위 변화 시간 3ms이므로 -80mV
   Ⅱms 일 때 C에서의 막전위 값(㉡)은 전도 시간 4ms, 막전위 변화 시간 0ms이므로 -70mV입니다.
   따라서 ㉠이 ㉡보다 '작'습니다.

06

문항 해설

1. A의 Ⅱ에서 막전위가 -80mV인데 Ⅰ에서는 +10mV이므로 Ⅱ가 Ⅰ보다 d_1에 더 가까운 지점입니다.

2. B의 Ⅰ과 Ⅱ에서 막전위가 +10이므로 하나는 탈분극 지점, 다른 하나는 재분극 지점입니다.
   C의 Ⅰ과 Ⅲ에서 막전위가 +10이므로 하나는 탈분극 지점, 다른 하나는 재분극 지점입니다.

   d_2와 d_3, d_3과 d_4 사이의 거리가 2cm로 동일합니다. 그런데 막전위가 +10mV로 같습니다.
   흥분 전도 속도는 C가 B보다 더 빠르므로 Ⅰ과 Ⅲ 중 하나가 d_2, 다른 하나가 d_4임을 알 수 있고, C의 흥분 전도 속도는 B의 2배입니다.

3. 남은 Ⅱ는 d_3인데, 해설 1번에서 Ⅱ가 Ⅰ보다 d_1에서 더 가까운 지점임을 밝혔으므로,
   Ⅰ은 d_4이고 남은 Ⅲ은 d_2입니다.

4. A에서 d_1에 준 자극이 d_3까지 전도되는 데 2ms가 소요됨을 알 수 있으므로
   A의 흥분 전도 속도는 2cm/ms입니다.
   따라서 B와 C의 흥분 전도 속도는 4cm/ms, 8cm/ms입니다.

5. A에서 Ⅰ의 +10mV는 막전위 그래프에서 2ms일 때의 지점이므로 재분극 지점의 +10mV입니다.
   B에서 Ⅱ가 Ⅰ보다 자극을 준 지점에서 더 가까우므로 Ⅱ에서 +10mV는 재분극 지점에서의 +10mV입니다.

   따라서 신경 B에서 Ⅱ를 통해

㉠ = (전도 시간) + (막전위 시간) = 1 + 2 = 3이고,
막전위 그래프에서 1.5ms일 때 탈분극 지점의 +10mV임을 알 수 있습니다.

마찬가지로 신경 C에서 Ⅲ을 통해
㉡ = (전도 시간) + (막전위 시간) = 0.25 + 2 = 2.25임을 알 수 있습니다.

선지 해설

ㄱ. Ⅰ은 d_4입니다.
ㄴ. ⓐ는 전도되는 데 0.5ms가 소요되므로 막전위는 1.75ms만큼 변하게 됩니다.
1.75ms는 1.5ms(탈분극 +10mV)와 2ms(재분극 +10mV) 사이의 값이므로 +10보다 큽니다.
ㄷ. ㉠+㉡ = 3+2.25 = 5.25입니다.

07

문항 해설

1. ⓑ의 Ⅱ에서 막전위는 -80mV이므로 자극을 준 지점으로부터 전도되는 데 2ms가 소요되는 지점입니다.
흥분의 전도 속도는 2, 3, 4cm/ms 중 하나이므로 4, 6, 8cm 떨어진 지점중 하나임을 알 수 있습니다.

d_2~d_4 중 4, 6, 8cm가 떨어질 수 있는 지점은 d_3에서 4cm 혹은 8cm 떨어진 지점밖에 없습니다.
8cm 떨어진 지점이라면 전도 속도가 4cm/ms가 되므로 -71mV가 불가능합니다.
따라서 4cm 떨어진 지점이 Ⅱ이며 d_1임을 알 수 있습니다.

또한, ⓑ에서 자극을 준 지점인 Ⅳ가 d_3이며, -71mV가 가능한 지점은 3cm 떨어진 d_4밖에 없으므로 Ⅴ가 d_4임을 알 수 있습니다.

2. ⓐ의 Ⅲ에서 막전위는 +30mV입니다.
경과된 시간이 5ms이므로 +30mV가 나오기 위해선 전도 시간이 3ms 이상이어야 합니다.
자극을 준 지점이 d_4라면 가장 먼 지점과의 거리가 7cm이므로 속도가 3cm/ms이든 4cm/ms이든 전도 시간이 3ms 이상일 수 없습니다.
따라서 ⓐ에서 자극을 준 지점은 d_2입니다.

3. d_2에서 제일 먼 지점은 10cm 떨어진 d_5입니다.
이는 속도가 3cm/ms일 때 전도 시간이 $\frac{10}{3}$ms로 3ms 이상일 수 있습니다.
이외의 지점은 불가능하므로 Ⅲ이 d_5입니다.

선지 해설

ㄱ. A의 흥분 전도 속도는 2cm/ms이므로 ⓑ입니다.
따라서 자극을 준 지점은 d_3입니다.
ㄴ. ⓒ의 흥분 전도 속도는 4cm/ms이므로 ⓐ에서보다 빠릅니다.
ㄷ. ㉠에서의 막전위 변화 시간은 $(3+\frac{1}{3})$ms이고, ㉡에서의 막전위 변화 시간은 $(3+\frac{1}{4})$ms입니다.
$\frac{1}{4}$이 $\frac{1}{3}$보다 작으므로 ㉡에서의 막전위 값이 -80mV에 더 가까운 값임을 알 수 있습니다.
따라서 ㉠이 ㉡보다 큽니다.
(* ⓑ의 Ⅴ에서 $(3+\frac{1}{2})$ms일 때 막전위가 -71mV였으므로 ㉠과 ㉡이 -70mV로 같을 수는 없습니다.)

08 〔수정 예정 해설〕

문항 해설

0. 낯선 문항 연습용입니다.

1. 표에서 지점을 모두 알려주었고, 특정 막전위일 때 막전위 변화 시간이 주어져 있습니다.
   A의 d_1에서 막전위는 -80mV이므로 d_1까지 전도되는 데 걸리는 시간은 (ⓣ-3)ms입니다.
   A의 d_3에서 막전위는 $+30$mV이므로 d_3까지 전도되는 데 걸리는 시간은 (ⓣ-1)ms입니다.

   거리 = 속력×시간이므로 A의 흥분 전도 속도를 v라 할 때, 자극을 준 지점에서 d_1까지의 거리는 (ⓣ-3)v이고, d_3까지의 거리는 (ⓣ-1)v입니다.

   따라서 (ⓣ-3)v + (ⓣ-1)v = (2ⓣ-4)v = 12이므로
   (ⓣ-2)v=6입니다.

2. 전도 속도가 1, 2, 3cm/ms 중 하나이므로
   위 방정식을 만족하는 v와 ⓣ를 (v, ⓣ)로 나타내면
   (1, 8) / (2, 5) / (3, 4)임을 알 수 있습니다.

   (1, 8)의 경우, 자극을 준 지점은 d_1으로부터 5cm 떨어진 지점이 되는데,
   이 경우 B의 d_2에서 -80mV가 불가능하므로 모순됩니다.

   (3, 4)의 경우, 자극을 준 지점은 d_1으로부터 3cm 떨어진 지점이 되는데, 이는 d_1과 d_2의 중점입니다.
   A와 B의 흥분 전도 속도가 다른데, A의 d_1과 B의 d_2에서 막전위가 -80mV로 같을 수는 없으므로 모순됩니다.

   따라서 (2, 5)임을 알 수 있습니다.

3. 자극을 준 지점은 d_1로부터 4cm 떨어진 지점이고, B의 d_2에서 막전위가 -80mV이므로
   B의 흥분 전도 속도가 1cm/ms임을 알 수 있습니다.
   따라서 C의 흥분 전도 속도는 3cm/ms가 됩니다.

선지 해설

ㄱ. A의 흥분 전도 속도는 2cm/ms입니다.
ㄴ. ⓣ는 5입니다.
ㄷ. 4cm 떨어진 지점입니다.

09

문항 해설

1. t_1일 때 -80mV인 지점이 d_1임이 자명하므로 t_1은 3ms입니다.

   3+ⓐ일 때 -80mV가 -70mV로 됐음이 자명하지만,
   나머지는 매칭이 불가능하므로 다음 조건을 봐야 합니다.

2. d_1에서 d_2까지의 거리를 $2k$라 하면 d_1에서 d_3까지의 거리는 $3k$입니다.
   따라서 d_1을 기준으로 d_2와 d_3이 같은 방향에 있다면 d_2와 d_3사이의 거리는 k이고,
   다른 방향에 있다면 $5k$입니다.

   $\frac{d_2\text{에서 } d_1\text{까지의 거리}}{d_2\text{에서 } d_3\text{까지의 거리}}$가 1보다 작아야 하므로
   d_2에서 d_3까지의 거리가 $5k$여야 함을 알 수 있습니다.

   3k 2k
   d_3 d_1 d_2

3. d_1에서 d_2까지의 거리가 $2k$이고, d_1에서 d_3까지의 거리가 $3k$이므로
   전도 시간의 비율도 2:3입니다. 이를 편의상 2t, 3t로 두겠습

니다.

따라서 d_2에서 막전위 변화 시간은 3−2t, d_3에서 막전위 변화 시간은 3−3t입니다.

t_1일 때 -20mV가 재분극 지점의 -20mV라면, d_3에서 +30mV이므로

3−3t = 2 → t = $\frac{1}{3}$ 입니다.

그런데 t_1+ⓐ일 때 -20mV가 80mV가 되었으므로 ⓐ는 $\frac{2}{3}$ 입니다.

이때 +30mV에서 $\frac{2}{3}$가 소요되면 -20mV일 수 없으므로 불가능함을 알 수 있습니다.

4. t_1일 때 -20mV는 탈분극 지점의 -20mV이므로 d_2에서 막전위가 +30mV입니다.
   +30mV → −80mV가 되어야 하므로 ⓐ는 1입니다.

   3−2t = 2 → t = $\frac{1}{2}$ 이므로 막전위 변화 시간이 1.5ms일 때 -20mV인데,
   1ms 이후에도 -20mV이므로 막전위 변화 시간이 2.5ms일 때 재분극 지점의 -20mV임을 알 수 있습니다.

선지 해설

ㄱ. +30입니다.

ㄴ. ⓐ는 1입니다.

ㄷ. t = $\frac{1}{2}$ 이므로 d_2에서 d_3까지 전도되는 데는 2.5ms가 소요됩니다.
따라서 막전위 변화 시간은 2.5ms이므로 -20mV임을 알 수 있습니다.

10

문항 해설

1. ⓐ가 -60, ⓑ가 +10일 경우
   d_2는 t_1에서 t_3까지 변할 때 탈분극 +10에서 재분극 +10으로 변하는데
   d_3은 t_1에서 t_2까지 변할 때 탈분극 -60에서 재분극 -60까지 변하므로 불가능함을 알 수 있습니다.
   (* 시간이 늘어난 만큼 막전위 그래프에서 오른쪽으로 이동하게 되는데, 탈분극 +10과 재분극 +10의 간격보다, 탈분극 -60과 재분극 -60의 간격이 더 넓기에 불가능합니다.)

   따라서 ⓐ가 +10이고, ⓑ가 -60임을 알 수 있습니다.

2. d_2에서 ⓑ는 t_1보다 시간이 더 지났는데 막전위가 -60mV이므로 재분극 지점의 -60임을 알 수 있습니다.
   d_3에서 t_2일 때 −60도 같은 이유로 재분극 지점의 -60임을 알 수 있습니다.

   d_3에서는 t_2일 때 재분극 지점의 -60인데, d_2에서는 t_3일 때 재분극 지점의 -60이므로
   자극을 준 지점이 d_3임을 알 수 있습니다.

3. 자극을 준 지점이 d_3이므로 ⓐ는 재분극 지점의 +10이고, t_1일 때 d_2에서 +10은 탈분극 지점의 +10입니다.

4. d_1, d_2, d_3 각 지점 사이의 거리가 같은데
   t_2일 때 d_3에서 −60과 t_3일 때 d_2에서 −60이 재분극 지점으로 완전히 같으므로
   d_3에서 d_2 까지 전도 시간과 $t_3 - t_2$가 같음을 알 수 있습니다.

   따라서 d_2에서 d_1까지 전도 시간과 $t_3 - t_2$도 같으므로 t_2일 때 d_2에서 막전위는 +10mV입니다.
   그런데 d_2에서 t_1일 때도 막전위가 +10mV였으므로 t_2일 때 +10mV는 재분극 지점의 +10mV입니다.
   이를 통해 d_3에서 d_2 까지 전도 시간과 $t_2 - t_1$도 같음을 알

수 있습니다.

선지 해설

ㄱ. d_3입니다.

ㄴ. 1입니다.

ㄷ. t_1일 때 d_2에서 측정한 막전위와 같으므로 탈분극 지점의 +10mV입니다.

11

문항 해설

1. ㉠ms일 때, A의 Ⅰ에서 막전위가 -80mV이므로 Ⅱ와 Ⅳ보다 d_1에 가까운 지점입니다.
ⓐ는 -70보다 작으므로 Ⅲ은 Ⅱ와 Ⅳ보다 d_1에 가까운 지점입니다.

2. ㉠ms일 때, Ⅳ에서 A와 B의 막전위가 다르므로 A와 B의 흥분 전도 속도가 다름을 알 수 있습니다.
㉠ms일 때, Ⅱ에서 A와 B의 막전위가 +20mV이고, Ⅳ에서 B의 막전위가 +20mV입니다.
B의 Ⅱ에서 +20mV가 탈분극 지점이라면, A의 Ⅱ와 B의 Ⅳ는 재분극 지점으로,
B의 Ⅱ에서 +20mV가 재분극 지점이라면, A의 Ⅱ와 B의 Ⅳ는 탈분극 지점입니다.
따라서 A의 Ⅱ와 B의 Ⅳ는 막전위가 완전히 같은 지점임을 알 수 있습니다.

3. ㉡ms일 때, B의 Ⅳ와 A의 Ⅱ도 같아야 합니다.
따라서 A의 Ⅱ에서 막전위가 -60mV임을 알 수 있는데, A의 Ⅲ에서 막전위도 -60mV입니다.
그런데 Ⅱ와 Ⅳ보다 Ⅰ과 Ⅲ에 자극이 먼저 도달했음을 알고 있으므로,
Ⅲ에서 -60mV는 재분극 지점, Ⅱ에서 -60mV는 탈분극 지점임을 알 수 있습니다.
A의 Ⅱ에서 -60mV가 탈분극 지점이므로, B의 Ⅳ에서 -60mV도 탈분극 지점입니다.

4. ㉠ms일 때, B의 Ⅳ에서 막전위는 +20mV였는데,
㉡ms일 때 B의 Ⅳ에서 막전위는 탈분극 지점인 -60mV입니다.
따라서 ㉠>㉡임을 알 수 있습니다.

5. ㉠ms일 때 B의 Ⅱ에서 막전위가 +20mV였는데, ㉡ms일 때는 -65mV입니다.
그런데 ㉠>㉡이므로 ㉡ms일 때의 -65mV는 탈분극 지점의 -65mV임을 알 수 있습니다.

따라서 ㉡ms일 때, A의 Ⅱ에서 -60mV는 탈분극 지점, B의 Ⅱ에서 -65mV도 탈분극 지점이므로 A가 B보다 흥분 전도 속도가 더 빠름을 알 수 있고,
㉡ms일 때 B의 Ⅱ와 Ⅳ를 통해 Ⅳ가 Ⅱ보다 자극을 준 지점에서 더 가까운 지점임을 알 수 있습니다.
(* 다른 방법 : A가 B보다 빠르므로 ㉠ms일 때 A의 Ⅱ, B의 Ⅳ는 재분극 지점, B의 Ⅱ는 탈분극 지점임을 알 수 있습니다. 이를 통해서도 Ⅳ가 Ⅱ보다 자극을 준 지점에서 더 가까움을 알 수 있습니다.)

6. ㉡ms일 때, A의 Ⅱ에서 막전위는 탈분극 지점의 -60mV이고, Ⅲ은 재분극 지점의 -60mV입니다.
따라서 Ⅱ와 Ⅲ 사이 지점에서의 막전위는 -60mV보다 커야 합니다.
그런데 ㉡ms일 때 A의 Ⅰ에서 막전위는 -70mV이므로 지점 Ⅱ와 Ⅲ 사이일 수 없습니다.
따라서 Ⅰ이 Ⅲ보다 자극을 준 지점에서 더 가까움을 알 수 있습니다.

정리하면 d_2, d_3, d_4, d_5 순으로 Ⅰ, Ⅲ, Ⅳ, Ⅱ임을 알 수 있습니다.

선지 해설

ㄱ. ㉠이 ㉡보다 큽니다.

ㄴ. Ⅱ는 d_5입니다.

ㄷ. 1) ⓑ 범위 구하기

ⓛms일 때, B의 Ⅳ에서 막전위가 탈분극 지점의 -60mV 이므로 ⓑ는 막전위 그래프에서 탈분극 지점의 -60mV보다 오른쪽에 있어야 합니다.
ⓛms일 때, A의 Ⅲ에서 막전위가 재분극 지점의 -60mV 이므로 ⓑ는 막전위 그래프에서 재분극 지점의 -60mV보다 왼쪽에 있어야 합니다.
따라서 -60mV보다 큽니다.

2) ⓒ 범위 구하기
ⓛms일 때, B의 Ⅳ에서 막전위가 탈분극 지점의 -60mV 이므로 ⓒ는 막전위 그래프에서 탈분극 지점의 -60mV보다 오른쪽에 있어야 합니다.
ⓛms일 때, A의 Ⅲ에서 막전위가 재분극 지점의 -60mV 이므로 ⓒ는 막전위 그래프에서 재분극 지점의 -60mV보다 왼쪽에 있어야 합니다.
따라서 -60mV보다 큽니다.

12

문항 해설

1. ⓑ가 ⓛ이라면 전체 변화량은 X 전체 변화량과 같습니다.
따라서 $(6k-5k) = (1.3-1.0)$으로 $k=0.3$이 됩니다.

그런데 ㉠+ⓛ은 ⓐ의 값인 0.3인데 ⓛ의 길이가 1.0이 되므로 모순됩니다.
따라서 ⓑ가 ㉠+ⓛ입니다.

2. ㉠+ⓛ의 변화량은 X 전체 변화량의 절반입니다.
X 전체의 변화량이 k이므로 ⓑ의 변화량은 $\frac{k}{2}$이고,
t_1에서 t_2로 시점이 변할 때 +0.3만큼 변하므로
$\frac{k}{2}=0.3 \rightarrow k=0.6$임을 알 수 있습니다.

정리하면 다음과 같습니다.

시점	$\frac{\text{I대의 길이}}{2}$	㉠의 길이	ⓛ의 길이	X의 길이
t_1	0.8	0.4	0.6	3.0
t_2	1.1	0.1	1.2	3.6

(단위 : μm)

선지 해설

ㄱ. ⓑ는 ㉠+ⓛ입니다.
ㄴ. k=0.6입니다.
ㄷ. t_2일 때 ⓐ의 길이는 1.2μm입니다.

13

문항 해설

1. ⓐ+ⓑ의 값이 t_1일 때와 t_3일 때 다릅니다.
㉠+ⓛ은 액틴 필라멘트 길이의 절반이므로 항상 같아야 합니다.
ⓛ+㉢은 마이오신 필라멘트의 길이이므로 항상 같아야 합니다.
따라서 ㉠+㉢임을 알 수 있습니다.

2. t_3일 때 X 전체의 길이가 1.5μm인데, ㉠+㉢이 0.8μm이므로 액틴 필라멘트 길이의 절반이 0.7μm임을 알 수 있습니다.
그런데 ⓑ+ⓒ는 0.7μm가 아니므로 ㉠+ⓛ이 아니라 ⓛ+㉢, 즉 마이오신 필레만트의 길이임을 알 수 있습니다.

3. 이를 통해 정리하면 다음과 같습니다.

시점	㉠	ⓛ	H대	X의 길이
t_1	0.4	0.3	0.5	1.9
t_2	0.6	0.1	0.9	2.3
t_3	0.2	0.5	0.1	1.5

(단위 : μm)

선지 해설

ㄱ. ⓑ는 공통된 부분이므로 ⓒ입니다.
ㄴ. t_1일 때 X의 길이는 1.9μm입니다.
ㄷ. $\frac{2}{5}$입니다.

14

문항 해설

1. t_2일 때 H대의 길이가 ㉠의 길이의 2배라고 제시되어 있습니다.
   이때 무리하게 미지수를 잡으며 계산할 수도 있지만, ㉠의 변화량은 H대의 변화량의 절반이므로,
   양쪽의 ㉠의 길이를 합한 값은 항상 H대의 길이와 같음을 알 수 있습니다.
   따라서 t_3일 때 H대의 길이는 0.4×2 = 0.8μm입니다.

2. t_3일 때 X의 길이를 $2k$μm로 두면, t_1일 때 H대의 길이는 k μm가 됩니다.
   X의 길이의 변화량과 H대 길이의 변화량은 같으므로
   $2k-2.2 = 0.8-k$
   k=1.0 임을 알 수 있습니다.

3. t_3일 때 X의 길이가 2.0μm이므로, ㉡=0.2입니다.
   따라서 정리하면 다음과 같습니다.

시점	㉠	㉡	H대	X의 길이
t_1	0.5	0.1	1.0	2.2
t_2	0.3	0.3	0.6	1.8
t_3	0.4	0.2	0.8	2.0

(단위 : μm)

선지 해설

ㄱ. 액틴 필라멘트의 길이는 ㉠+㉡의 2배이므로 1.2μm입니다.
ㄴ. t_1일 때 ㉡의 길이는 0.1μm, t_3일 때 ㉡의 길이는 0.2μm 이므로 $\frac{1}{2}$배입니다.
ㄷ. 1.8μm입니다.

15

문항 해설

1. X의 길이가 t_2일 때보다 t_1일 때 더 길므로 t_1에서 t_2로 시점이 변할 때 수축이 일어남을 알 수 있습니다.
   그런데 l_3의 길이가 t_2일 때 X의 길이의 절반보다 짧으므로 Z선으로부터의 거리가 M선을 넘는 경우는 고려할 필요가 없음을 알 수 있습니다.

   M선을 넘지 않는 경우, 수축할 때 관찰되는 단면의 변화는
   ㉠ → ㉠ 또는 ㉢
   ㉡ → ㉡
   ㉢ → ㉢
   만 가능하므로 ⓨ가 ㉠이고 ⓩ가 ㉢임을 알 수 있습니다.
   남은 ⓧ는 ㉡입니다.

선지 해설

ㄱ. 근육 섬유가 근육 원섬유로 구성되어 있습니다.
ㄴ. ⓨ는 ㉠입니다.
ㄷ. t_1일 때 나타나는 단면은 ㉠, ㉡, ㉢입니다.
   $l_1 < l_2 < l_3$이므로
   l_1일 때 나타나는 단면의 모양은 ㉠
   l_2일 때 나타나는 단면의 모양은 ㉢
   l_3일 때 나타나는 단면의 모양은 ㉡
   임을 알 수 있습니다.
   따라서 l_2일 때 나타나는 단면의 모양은 ㉢입니다.

16

문항 해설

1. l_1과 l_2가 t_1과 t_2 각각에서 $\frac{\text{X의 길이}}{2}$보다 작으므로
   Z선으로부터의 거리에 따른 단면의 모양을 고려할 때 M선을 넘어가는 경우는 고려할 필요가 없습니다.

2. 표에서 ⓧ로부터의 거리에 따른 단면의 모양은
   시점이 t_1에서 t_2로 변함에 따라 ⓑ → ㉡과 ⓐ → ㉡로 변했습니다.

   Z선으로부터의 거리는 ㉠이나 ㉢에서 ㉡으로 변할 수 없으므로
   ⓧ는 M선임을 알 수 있고, 남은 ⓨ는 Z선입니다.

3. Z선으로부터의 거리가 ⓐ에서 ㉠이 되었으므로
   ⓐ는 ㉠ 또는 ㉢입니다.
   그런데 M선으로부터의 거리는 ⓐ에서 ㉡이 되었으므로
   ⓐ는 ㉡ 또는 ㉢입니다.

   따라서 ⓐ는 ㉢임을 확정할 수 있고
   t_1일 때보다 t_2일 때 X의 길이가 더 길음을 알 수 있습니다.

   남은 ⓑ는 ㉡, ⓒ는 ㉠입니다.

선지 해설

ㄱ. ⓐ는 ㉢입니다.
ㄴ. 수축 과정이므로 $t_2 \rightarrow t_1$로 시간이 흘렀음을 알 수 있습니다.
따라서 t_2가 t_1보다 먼저입니다.
ㄷ. t_1일 때 M선으로부터의 거리가 l_1일 때 단면은 ㉡, l_2일 때 단면은 ㉢이었으므로
$l_1 < l_2$임을 알 수 있습니다.

17

문항 해설

1. t_1일 때 ㉠~㉢의 길이 합은 ⓐ + ⓐ$+6d$ + $12d$ = 2ⓐ$+18d$이고,
   t_2일 때 ㉠~㉢의 길이 합은 2ⓐ$+2d$ + ⓐ$+6d$ + $2d-$ⓐ = 2ⓐ$+10d$이므로
   t_1에서 t_2로 변할 때, X의 길이의 변화량은 $-8d$임을 알 수 있습니다.

2. t_1일 때 ⓐ나 ⓐ$+6d$가 t_2일 때 ⓐ$+6d$가 될 수는 없으므로
   $12d$가 ⓐ$+6d$가 됐음을 알 수 있습니다.

   1) $12d-8d$ = ⓐ$+6d$ → ⓐ$=-2d$
   → t_1일 때 길이가 ⓐ인 구간이 있으므로 불가능합니다. 길이가 음수일 수는 없습니다.
   2) $12d+4d$ = ⓐ$+6d$ → ⓐ$=10d$
   → t_2일 때 길이가 $2d-$ⓐ인 구간이 있으므로 불가능합니다. 길이가 음수일 수는 없습니다.

   따라서 $12d-4d$ = ⓐ$+6d$ → ⓐ$=2d$임을 알 수 있습니다.

3. ⓐ$=2d$를 대입하면 t_1과 t_2일 때의 길이가 각각 $2d$, $8d$, $12d$ / $6d$, $8d$, 0임을 알 수 있습니다.
   ㉠+㉡의 길이는 항상 일정해야 하고, t_1일 때 $12d$와 t_2일 때 ⓐ$+6d$가 ㉠임을 알고 있으므로 각각 다음과 같음을 알 수 있습니다.

시점	㉠	㉡	㉢
t_1	$12d$	$2d$	$8d$
t_2	$8d$	$6d$	0

선지 해설

ㄱ. 근육 섬유가 근육 원섬유로 구성되어 있습니다.
ㄴ. H대의 길이는 t_1일 때가 t_2일 때보다 깁니다.
ㄷ. $8d$입니다.

18

문항 해설

1. ㉠+㉡의 길이는 항상 일정하므로 ⓐ와 ⓑ 중 하나입니다.
   그런데 ⓐ가 ㉠+㉡이라면 ㉠의 길이는 최대 0.3㎛입니다.
   그런데 ㉠−㉢의 길이가 t_1일 때 1.2㎛나 2.6㎛라는 게 불가능하므로 ⓑ가 ㉠+㉡임을 확정할 수 있습니다.

2. ⓑ의 길이는 항상 일정하고, ㉠−㉢의 길이와 X−㉠의 길이를 더한 값은 X−㉢이므로 항상 일정합니다.
   따라서 (t_1일 때 ⓐ의 값 + 2.6) = (t_2일 때 0.3 + 2.1) 이므로, ⓐ는 −0.2㎛입니다.
   또한, X−㉠의 값은 음수가 나올 수 없으므로 ⓐ가 ㉠−㉢임을 알 수 있습니다.

3. X−㉠인 ⓒ의 값이 t_1일 때 2.6㎛, t_2일 때 2.1㎛, t_3일 때 2.8㎛입니다.
   이때 X의 길이가 3.9㎛라면 ㉠의 길이는 t_1일 때 1.3㎛, t_2일 때 1.8㎛, t_3일 때 1.1㎛가 됩니다.
   ㉠+㉡이 1.2㎛이므로 t_3일 때 X의 길이가 3.9㎛임을 알 수 있습니다.

4. t_3일 때 ㉠이 1.1㎛이므로 ㉡은 0.1㎛가 되고,
   ㉢ = 3.9 − 1.2×2 = 1.5㎛가 됩니다.
   따라서 마이오신 필라멘트의 길이가 1.7㎛임을 알 수 있습니다.

5. ㉠+㉡인 ⓑ에서 ㉠−㉢인 ⓐ를 뺀 값은 ㉡+㉢의 길이입니다.
   따라서 t_1일 때 ㉡+㉢의 길이가 1.4㎛입니다.
   마이오신 필라멘트의 길이가 1.7㎛이므로 ㉡은 0.3㎛, ㉢은 1.1㎛입니다.
   ㉠+㉡은 1.2㎛이므로 ㉠은 0.9㎛입니다.

   마찬가지로 t_2도 구하여 표를 작성하면 다음과 같음을 알 수 있습니다.

시점	㉠	㉡	㉢	X의 길이
t_1	0.9㎛	0.3㎛	1.1㎛	3.5㎛
t_2	0.4㎛	0.8㎛	0.1㎛	2.5㎛
t_3	1.1㎛	0.1㎛	1.5㎛	3.9㎛

선지 해설

ㄱ. ㉠+㉡은 ⓑ입니다.
ㄴ. ㉮는 t_3입니다.
ㄷ. $\frac{3.5}{0.4 + 0.1} = \frac{35}{5}$ = 7입니다.

19

문항 해설

1. t_2일 때 $\frac{ⓑ}{ⓐ}$와 $\frac{ⓒ}{ⓑ}$가 1이므로 ⓐ=ⓑ=ⓒ입니다.
   X의 길이는 ㉠, ㉡, ㉢의 길이보다 길어야 하므로 ⓓ는 X의 길이입니다.
   또한, t_2일 때 ⓐ의 길이를 k라 하면 다음과 같음을 알 수 있습니다.

시점	㉠	㉡	㉢	X
t_1				
t_2	k	k	k	$5k$

   따라서 t_2일 때 $\frac{ⓓ}{ⓒ}$는 5입니다.

   $\frac{ⓓ}{ⓒ}$는 t_2일 때 5에서 t_1일 때 3으로 작아졌으므로 ⓒ는 ㉢이 아닙니다.
   (* 가비의 리 / 무슨 말인지 모르겠다면 개념 설명 페이지를 복습해주세요.)

   ⓒ가 ㉠이라면 변화량이 x이므로, $\frac{5k+2x}{k+x}=3 \rightarrow x=-2k$

입니다.

그러면 t_1일 때 ㉠의 길이가 음수가 되므로 이는 불가능합니다.

따라서 ⓒ는 ㉡입니다.

$\frac{5k+2x}{k-x}=3 \rightarrow x=-0.4k$이므로 표를 완성하면 다음과 같습니다.

시점	㉠	㉡	㉢	X
t_1	$0.6k$	$1.4k$	$0.2k$	$4.2k$
t_2	k	k	k	$5k$

따라서 ⓑ는 ㉢이고, 남은 ⓐ는 ㉠입니다.

또한, $t_1 < t_2$이므로 $4.2k+0.8 = 5k \rightarrow k=1$입니다.

〈실전 풀이〉

t_1일 때, ⓑ:ⓒ:ⓓ = 1:7:21

t_2일 때, ⓑ:ⓒ:ⓓ = 1:1:5

인데, t_2에 적당한 수를 곱했을 때, 각 길이가 비율 관계만큼 변해야 합니다.

딱 봐도 t_2일 때 5를 곱하면 5:5:25이고, ⓑ는 +4, ⓒ는 -2, ⓓ는 +2이므로

ⓑ=㉢, ⓒ=㉡임을 알 수도 있습니다.

약간 야매지만, 보통 깔끔한 숫자로 문제가 출제되니 이렇게 푸는 연습도 해두시기 바랍니다.

선지 해설

ㄱ. ⓓ는 X입니다.

ㄴ. 짧

ㄷ. 0.6입니다.

20

문항 해설

1. t_1일 때 l_1+l_2 = X이므로 l_1과 l_2는 M선을 기준으로 대칭인 지점임을 알 수 있습니다.
   따라서 단면의 모양이 동일해야 하는데, 길이가 1.4㎛일 때는 단면의 모양이 ⓑ이므로 1.4㎛=l_3입니다.
   또한, t_2일 때 X의 길이는 $2l_3$이므로 t_2일 때 X의 길이는 2.8㎛입니다.
   l_3=1.4㎛이므로 이때의 단면은 ㉡입니다. 따라서 ⓒ=㉡입니다.

   추가로, l_1과 l_2는 각각 0.2㎛ 또는 2.2㎛이므로 t_1일 때 X의 길이는 2.4㎛입니다.

2. 거리가 1.4㎛일 때 t_2 ㉡ → t_1 ⓑ
   거리가 2.2㎛일 때 t_2 ㉢ → t_1 ⓐ
   가 되었으므로 ⓐ가 ㉠이고, ⓑ가 ㉢임을 알 수 있습니다.
   (* t_2에서 t_1으로 바뀔 때 근육은 수축하는 것으로 볼 수 있습니다.
   그런데 t_2에서 1.4㎛일 때 단면이 ㉡인데, 수축해서 ㉠이 나오면서
   t_2에서 2.2㎛인 단면은 M선을 넘은 ㉢단면이었는데, t_1일 때도 여전히 ㉢단면일 수 없음을 알 수 있습니다.)

3. t_3일 때 X의 길이는 H대 + l_1이므로 l_1은 양쪽 액틴 필라멘트 절반의 합임을 알 수 있습니다.
   그런데 t_1일 때 거리가 0.2㎛인 지점에서 단면의 모양이 ⓐ(㉠)이므로 l_1은 2.2㎛입니다.
   따라서 액틴 절반의 길이는 1.1㎛임을 알 수 있습니다.

선지 해설

ㄱ. ⓑ는 ㉢입니다.

ㄴ. l_1은 2.2㎛입니다.

ㄷ. t_3일 때 2.2㎛에서 단면이 ㉡이므로 H대의 길이는 1.1㎛보다 긺을 알 수 있습니다.
t_1일 때 X의 길이는 2.4㎛인데, Z선으로부터의 거리가

0.2㎛와 2.2㎛일 때 ㉠이므로 A대의 길이는 2㎛보다 작음을 알 수 있습니다.

(* 참고 t_2에서 단면의 모양을 통해 A대의 길이는 1.6㎛보다 길도 알 수 있습니다.)

따라서 $\frac{t_3\text{일 때 H 대의 길이}}{\text{A 대의 길이}}$는 $\frac{1.1}{2}$보다 큰 값입니다.

t_2일 때 H대의 길이는 X의 길이가 2.8㎛이므로
2.8 − 2×1.1 = 0.6㎛입니다.

l_3는 1.4㎛이므로 $\frac{t_2\text{일 때 H 대의 길이}}{l_3}$는 $\frac{0.6}{1.4}=\frac{3}{7}$인데, 이는 $\frac{1}{2}$보다 작은 값이므로

$\frac{t_3\text{일 때 H 대의 길이}}{\text{A 대의 길이}}$는 $\frac{t_2\text{일 때 H 대의 길이}}{l_3}$보다 큰 값임을 알 수 있습니다.